Motorzugförderung auf Schienen

Von

Ing. Dr. techn. **Otto Judtmann**

Wien

Mit 108 Abbildungen im Text

Wien

Verlag von Julius Springer

1938

ISBN-13: 978-3-7091-5657-5   e-ISBN-13: 978-3-7091-5697-1
DOI: 10.1007/978-3-7091-5697-1

Dem Andenken
meines verehrten Lehrers
Prof. Ing. Dr. **Leopold Örley** †

Dem Andenken

meines verehrten Lehrers

Prof. Ing. Dr. **Leopold Örley** †

Vorwort.

Bei der ständig steigenden Bedeutung der Motorfahrzeuge im Eisenbahnverkehr ist es selbstverständlich, daß immer weitere Kreise zur Beschäftigung mit jenen Zugförderungsfragen gezwungen werden, die sich durch die Indienststellung dieser neuartigen Fahrzeuge ergeben. Es handelt sich dabei einerseits um Ingenieure der Bauanstalten, die Motorfahrzeuge liefern und Planungen für Zugförderungen durcharbeiten müssen, anderseits aber um Beamte der Bahnverwaltungen, denen Motorfahrzeuge unterstellt sind, weshalb sie die mit diesen Triebfahrzeugen zusammenhängenden Zugförderungsaufgaben zu lösen haben.

Das vorhandene Schrifttum beschränkt sich entweder auf die Beschreibung ausgeführter Fahrzeuge, bei welchen oft gerade die für die Zugförderung wichtigsten Fragen nur gestreift oder überhaupt nicht erwähnt werden, oder auf die Behandlung einzelner Aufgaben, die in den verschiedenen Fachzeitschriften zerstreut sind, so daß es dem Außenstehenden nicht leicht ist, sich in dieses neue Sondergebiet einzuarbeiten. Dazu kommt noch, daß dieses Sondergebiet gewisse Kenntnisse aus dem neueren Motorenbau und besonders bei elektrischen Kraftübertragungen auch aus der Elektrotechnik erfordert, die dem Eisenbahntechniker fremd sind, der sich in der Schule und seiner bisherigen Praxis nur mit den Eigenschaften der Dampflokomotive vertraut gemacht hat.

Die vorliegende Arbeit soll nun diese Lücke schließen und allen jenen, die mit Motorfahrzeugen zu arbeiten haben, eine zusammenfassende Darstellung aller wichtigen Fragen der Eisenbahnzugförderung geben, dabei durch Erläuterungen über die Verbrennungsmotoren und die Kraftübertragungen die notwendigen Grundlagen für deren Verständnis zu schaffen. Die Darstellung stützt sich auf eine mehr als ein Jahrzehnt umfassende Tätigkeit auf diesem Sondergebiet, sie enthält daher die gesammelten Erfahrungen zahlreicher Planungen von Zugförderungen, Erprobungen von Maschinenanlagen und Meßfahrten mit Motorfahrzeugen verschiedenster Art und Größe von Kleinlokomotiven für Industriebahnen an bis zu Schnelltriebwagen großer Leistung.

Nach den einleitenden Abschnitten I bis III bringt der Abschnitt IV die Grundlagen der Eisenbahnzugförderung bei Verwendung von Motorfahrzeugen, aus denen sich die Erörterung der einzelnen Bestandteile

in den folgenden Abschnitten ergibt. Die Beschreibung der Verbrennungsmotoren und der Kraftübertragungen, bei denen auch die wichtige, aber
bisher recht wenig behandelte Frage der Teillasten eingehend besprochen
wird, erstreckt sich auf die Erläuterung der für die Zugförderung wichtigen
Fragen, da der Zugförderungstechniker weder Verbrennungsmotoren
noch Kraftübertragungen konstruieren will. Er muß aber wohl über die
verschiedenen Eigenschaften dieser Teile von Motorfahrzeugen unterrichtet sein, um deren Zusammenwirken ganz zu durchschauen und
gelegentlich den Konstrukteuren Abänderungs- oder Verbesserungsvorschläge machen zu können, für welche Bauanstalten dankbar sein
müssen, wenn sie nicht selbst Gelegenheit haben, ausgedehnte Betriebserfahrungen zu sammeln.

Gerade auf diesem Sondergebiet ist die Zusammenarbeit aller beteiligten Kreise ein Gebot der Notwendigkeit, da aus dem Zusammenbau
guter Maschinen und guter Wagen noch kein vorzügliches Motorfahrzeug
entstehen muß, wenn nicht von Anfang an auf ein harmonisches Zusammenpassen aller Einzelteile geachtet wird. Diese bei der Planung
zu leistende Arbeit des gegenseitigen Abstimmens kann aber nur auf
Grund der Kenntnisse der einzelnen Teile befriedigend gelöst werden.

Damit ergibt sich die Nützlichkeit der vorliegenden Darstellung für
den Studierenden, der sich für das Gebiet der Eisenbahnzugförderung
vorbereiten will, da er sich im Zusammenhang über die verschiedenen
Aufgaben der Zugförderung und deren Lösung unterrichten kann.

Bei der erstmaligen Zusammenfassung dieses großen Gebietes ist es
zu erwarten, daß sich an einigen Stellen Ergänzungen als notwendig
herausstellen können. Für alle dahingehenden Vorschläge danke ich im
voraus bestens, um sie gegebenenfalls berücksichtigen zu können. Dasselbe
gilt auch für den geschichtlichen Rückblick auf die Entwicklung der
Motorfahrzeuge, der auf Grund eines eingehenden Studiums des Schrifttums zusammengestellt wurde.

Diese Arbeit ist dem Andenken meines verehrten Lehrers, des leider
viel zu früh verstorbenen Prof. Ing. Dr. Leopold Örley, gewidmet, der
mir die Anregung gab, meine Kenntnisse und langjährigen Erfahrungen
auf dem Gebiete der Motorzugförderung in zusammenhängender Darstellung zu veröffentlichen. Auch allen Bauanstalten und Bahnverwaltungen, die mich bei der Abfassung der Arbeit durch Überlassung von
Unterlagen unterstützten, sei der beste Dank ausgesprochen.

Wien, im Frühjahr 1938.

Ing. Dr. techn. Otto Judtmann.

Inhaltsverzeichnis.

                                                        Seite

I. Kurzer geschichtlicher Rückblick auf die Entwicklung der Motorfahrzeuge auf Schienen, Hinweis auf das Schrifttum   1

   A. Entwicklung der Motorfahrzeuge   1

   B. Hinweis auf das Schrifttum   7

II. Allgemeines über Motorfahrzeuge, ihre Einteilung und Verwendung   8

   A. Einschränkung auf die Schienenfahrzeuge   8

   B. Einteilung der Motorfahrzeuge   8

      a) Nach der Bauart   8

      b) Nach der Leistung   8

      c) Nach dem Verwendungszwecke   8

      d) Nach dem verwendeten Brennstoffe   8

      e) Nach der Kraftübertragung   8

      f) Zusammenziehung der Kennzeichnungen in der Praxis . . .   9

   C. Verwendung der Motorfahrzeuge   9

III. Übersicht über den derzeitigen Stand der Motorisierung des Schienenverkehrs in einigen europäischen Ländern und in Übersee 12

   A. Motorisierung in Europa 12
      Deutsches Reich, Österreich, Tschechoslowakei, Ungarn, Holland, Frankreich, England, Dänemark, Belgien, Italien, Polen, Litauen, Schweden, Rumänien, Jugoslawien, Rußland.

   B. Motorisierung in Amerika und in den übrigen Erdteilen 20
      Vereinigte Staaten von Nordamerika, Kanada, Argentinien, Japan, Mandschurei, Siam, Tunis, Südafrika, Australien.

   C. Schätzung der Gesamtzahl der Schienenmotorfahrzeuge 22

IV. Die Grundlagen der Eisenbahnzugförderung bei Verwendung von Motorfahrzeugen 22

   A. Ableitung der Grundformel der Zugförderung 22

   B. Fahrwiderstände 23

      a) Fahrwiderstand in der Waagrechten 24
          1. Verlauf der Widerstandkurven 24. — 2. Widerstandsformeln für Wagenzüge 25. — 3. Widerstandsformel der Studiengesellschaft 26. — 4. Widerstandsformeln für Triebwagen 27. — 5. Einzelheiten über den Luftwiderstand 29.

      b) Steigungswiderstand 32

      c) Krümmungswiderstand 33

      d) Beschleunigungswiderstand 35

      e) Gesamtfahrwiderstand 36

      f) Bremsneigung 37

Seite

C. Ermittlung der Leistung 38
   a) Leistung am Radumfang, Zugförder- und Motorleistung . 38
   b) Beispiel 40
D. Reibungsgewicht und Haftreibungswerte 42
E. Höchstbefahrbare Steigung 44
F. Theoretische untere Geschwindigkeitsgrenze aus Reibung und Leistung 45
G. Begründung der folgenden Abschnitte 46

V. Die Verbrennungsmotoren 47
A. Beschränkung auf Kolbenkraftmaschinen, Hinweis auf Otto und Diesel 47
B. Einteilung nach Arbeitsverfahren 48
   a) Viertaktmotoren 48
   b) Zweitaktmotoren 49
   c) Allgemeine Angaben 50
C. Einteilung nach Gemischbildung und Zündung 50
   a) Allgemeines über Otto- und Dieselmotoren 50
   b) Gegenüberstellung der Eigenschaften von Otto- und Diesel-
      motoren 51

1. Bildung des Brennstoff-Luftgemisches; 2. Zündung des Brennstoff-Luftgemisches 52. — 3. Brennstoffe; 4. Verdichtungsverhältnis ε; 5. Theoretischer thermischer Wirkungsgrad des Kreisprozesses η_t; 6. Gütegrad des Kreisprozesses η_g 53. — 7. Innerer oder indizierter Wirkungsgrad η_i; 8. Mechanischer Wirkungsgrad η_m; 9. Wirtschaftlicher Wirkungsgrad η_w 54. — 10. Verdichtungsdruck; 11. Verbrennungsdruck; 12. Verhältnis des Verbrennungsdruckes zum Verdichtungsdruck; 13. Erste Annahme für den Verlauf des Kreisprozesses; 14. Tatsächlicher Verlauf des Kreisprozesses 55. — 15. Zusammenhang zwischen Leistung und Drehmoment 56. — 16. Zahlentafel der derzeit gebräuchlichen effektiven Mitteldrücke; 17. Leistung in PS über der Drehzahl; 18. Drehmomente M über der Drehzahl 57. — 19. Kennzeichnende Schaubilder des Brennstoffverbrauches 58. — 20. Spezifischer Brennstoffverbrauch 60. — 21. Theoretischer Luftbedarf für die Verbrennung; 22. Praktischer Luftbedarf für die Verbrennung; 23. Energieschaubilder 61. — 24. Praktische Brennstoffverbrauchszahlen; 25. Brennstoffverbrauch bei wechselnder Drehzahl 62. — 26. Einfluß der Luftdichte 63.

D. Vorverdichtung oder Aufladung 63
E. Anlassen 64
F. Leistungsgewichte ausgeführter Maschinen 65
G. Hubraumleistung in PS je Liter 65
H. Bauarten 65
J. Forderungen an einen Fahrzeugdieselmotor 66
K. Ausführungen von Verbrennungsmotoren 68
   a) Maybach-Dieselmotor GO 6 68

Seite

    b) Simmeringer Dieselmotor R 8 70

    c) Hinweis auf Veröffentlichungen 73

VI. Allgemeines über Kraftübertragungen 73

  A. Unmittelbarer Antrieb 73

  B. Die Eigenschaften der Verbrennungsmotoren und die Forderungen der Zugförderung 73

  C. Seltenere Kraftübertragungen 75

  D. Beurteilung der Kraftübertragungen 76

  E. Allgemeingültige Beziehungen 77

    a) Zusammenhang zwischen Drehmoment eines Triebmotors und Zugkraft am Radumfang 77

    b) Zusammenhang zwischen der Fahrgeschwindigkeit und der Drehzahl des Triebmotors 78

    c) Zusammenhang zwischen Drehmoment und Zugkraft 78

VII. Die mechanische Kraftübertragung mit Zahnradstufengetrieben .. 78

  A. Grundsätzlicher Aufbau 78

  B. Ausnutzungsziffer und Wahl der Stufen 80

  C. Wirkungsgrad und Zugförderleistung 82

  D. Einfluß der Zugkraftunterbrechung 83

  E. Ausführung von Stufengetrieben 84

    a) Myliusgetriebe 85

    b) Ardeltgetriebe 88

  F. Ermittlung der Fahrzeugkennlinien eines diesel-mechanischen Triebwagens 91

  G. Zusammenfassung 94

VIII. Die hydraulische Kraftübertragung 95

  A. Allgemeines 95

  B. Die Kreisläufe und Zubehör 96

    a) Wandler und Marschwandler 96

    b) Flüssigkeitskupplung 101

    c) Kühlung des Getriebes 103

    d) Füllung und Entleerung der Kreisläufe 104

  C. Beschreibung eines Voith-Maybach-Turbogetriebes mit Marschwandlern 104

  D. Ermittlung der Fahrzeugkennlinien eines diesel-hydraulischen Triebwagens 107

  E. Zusammenfassung 112

IX. Die elektrische Kraftübertragung 112

  A. Grundsätzliche Anordnung 112

  B. Allgemeines über Gleichstrommaschinen und deren Zubehör 114

    a) Aufbau, Grundformeln, Schaltungen 114

    b) Wirkungsgrade und Verluste 117

    c) Erwärmung und Temperaturbestimmung 118

    d) Zubehörteile 120

      1. Fahrtrichtungsschalter; 2. Anlaßwicklungen; 3. Hilfs-

Seite

einrichtungen; 4. Vielfachsteuerung 120. — 5. Sicherheits-
fahrschaltwerk 121.

C. Die Hauptstromfahrmotoren 121
   a) Grundformeln... 121
   b) Kennlinien 122
   c) Achsantriebe... 124
   d) Zahl der Fahrmotoren 125
   e) Reihenschaltung und Feldschwächung.................. 125

D. Die Fahrzeuggeneratoren 126
   a) Grundformeln und Kennlinien........................ 126
   b) Schaltungen für Motorfahrzeuge 128
   RZM 128. — Gebus, Lemp 129. — Leistungswächter von
   BBC, Ward Leonard; Hyperbelsteuerungen von Westinghouse und Siemens-Schuckert 131. — AEG-Vollastschaltung 132. — „Torque"-System, Öldruckfeldreglersteuerung
   von BBC 133.

E. Das Zusammenarbeiten von Generatoren und Fahrmotoren .. 135
   a) Kennlinien eines Generators unter Berücksichtigung der
      Antriebsleistung eines Verbrennungsmotors 136
      1. Vollastkennlinien 136. — 2. Teillastkennlinien 138.
   b) Zusammenhang von Generator- und Fahrmotorkennlinien 140
   c) Ermittlung der Zugkraft-Geschwindigkeitskurve aus den
      Schaublättern.. 144

F. Rechnerische Ermittlung der Zugkraft-Geschwindigkeitskurven... 145

G. Ermittlung der Fahrzeugkennlinien eines diesel-elektrischen
   Triebwagens.. 148

H. Elektromechanische Kraftübertragungen.................... 149
   a) Vorläufer wie Entz, Porsche u. a. 149
   b) Das System Sousedik 151
      1. Grundsätzlicher Aufbau 151. — 2. Leistungsaufteilung,
      Wirkungsgrade und Kennlinien 152.

J. Zusammenfassung.. 153

X. Anfahrt, Streckenfahrt, Bremsung 154

A. Überschußzugkraft 154

B. Steigfähigkeit.. 155
   a) Erläuterung und Formeln............................. 155
   b) Steigfähigkeit eines 425 PS diesel-hydraulischen Triebwagens 155
   c) s-V-Kurven... 157
   d) Steigungs-Geschwindigkeitstafeln...................... 158

C. Beschleunigung 159

D. Anfahrschaulinien 159
   a) Anfahrzeit und Anfahrweg 159
   b) Abschnittsweise Berechnung........................... 159
      1. Erläuterung des Verfahrens 159. — 2. Anfahrt eines
      425 PS diesel-elektrischen Triebwagens 160. — 3. Verzöge-
      rung bei Einfahrt in eine Steigung 162. — 4. Verwendung
      von Fluchtlinientafeln 163.

Seite

c) Verfahren von Kothen, Ehrensberger und Klein 166
d) Vereinfachtes analytisches Verfahren von Kinkeldei 168
e) Näherungsformel des Verfassers für mittlere Beschleunigung 170
    1. Ableitung 171. — 2. Beispiel; 3. Schaublätter 172.
f) Rechnerisch-zeichnerisches Verfahren von E. Meyer 174
g) Zeichnerische Verfahren 175
    1. Allgemeines 175. — 2. Verfahren von Lipetz-Strahl mit
    Beispiel 176. — 3. Verfahren von Nußbaum 181.

E. Einfluß der Zuglänge 181
F. Bremsung 182
    a) Verzögerung 182
    b) Reibung zwischen Rad und Bremsklotz 182
        1. Allgemeine Erläuterung 182. — 2. Zahlenwerte 183. —
        3. Bestimmung mittlerer Gleitzahlen aus Bremsversuchen
        184.
    c) Zusammenhang zwischen Raddruck, Bremskraft und den
       Gleitzahlen 185
    d) Veränderung der Bremskraft in Abhängigkeit von der
       Geschwindigkeit 186
    e) Mittlere Bremsverzögerung, Vorbereitungszeit, Bremsweg 188
    f) Bremszeiten und Bremswege in Abhängigkeit von Geschwin-
       digkeit und Verzögerung 189
    g) Bremstafeln 189
    h) Bauarten der Reibungsbremsen 190
    i) Elektromagnetische Schienenbremse 190
        1. Allgemeines 190. — 2. Beschreibung einer Schienen-
        bremse nach Jores-Müller 191. — 3. Anpreßdruck und
        Gleitzahlen 192. — 4. Beispiel einer Bremsung 193.
G. Die Wucht eines in Bewegung befindlichen Fahrzeuges 194

XI. Der Brennstoffverbrauch von Motorfahrzeugen 195

A. Zusammenhänge und Ermittlungsverfahren 195
B. Verbrauch während der Anfahrt 197
    a) Bei Flüssigkeitsgetrieben mit Wandlern 197
    b) Bei Flüssigkeitskupplungen mit Kupplungen und Stufen-
       getrieben 197
    c) Bei elektrischer Kraftübertragung.................... 198
C. Mehrverbrauch für die Fahrt mit Haltestellen 201
D. Ergänzung des s-V-Schaubildes durch die Brennstoffver-
    brauchskurven β 204
    a) eines diesel-hydraulischen Triebwagens 204
    b) eines diesel-elektrischen Triebwagens 206
    c) eines diesel-mechanischen Triebwagens 206
E. Verfahren von Eberan-Eberhorst 211
F. Arbeiten von Richter, Kamm und Berndorfer 212
G. Näherungsformel des Verfassers für den Brennstoffverbrauch
    in Gramm je Tonnenkilometer 213
    a) Ableitung für die Vollaststufe der elektrischen Kraftüber-
       tragung 213

Seite

b) Ergänzungen bei nicht voller Leistungsausnützung 216
c) Nachprüfung der Formelwerte gegenüber den genauen Verbrauchszahlen................................. 217
   1. Auf Grund von Kurvenblättern der drei Kraftübertragungen 217. — 2. Auf Grund der Meßergebnisse von Streckenfahrten 221.
d) Vorberechnung des Brennstoffverbrauchs für eine Fahrt Wien—Salzburg... 224

H. Schmierölverbrauch 225

XII. Zusammenfassung der Grundlagen der Mechanik. Prüfung der Maschinenanlage, Aus- und Ablaufversuche, Meßfahrten mit Motorfahrzeugen 226

A. Mechanik 227

a) Arten der Bewegung 227
   1. Gleichförmige Bewegung; 2. Gleichförmig beschleunigte Bewegung; 3. Ungleichförmig beschleunigte Bewegung, abhängig von der Zeit 227. — 4. Ungleichförmig beschleunigte Bewegung, abhängig vom Weg; 5. Ungleichförmig beschleunigte Bewegung, abhängig von der Geschwindigkeit 228.
   Allgemeine Abhängigkeit; Quadratische Abhängigkeit (turbulente Strömung) 228.

b) Zusammenhang der Bewegungsvorgänge 229
   1. Verlauf der Kurven abhängig von der Zeit; 2. Mit der Zeit als Parameter 229. — 3. Mit dem Weg als Parameter 230.
c) Grundgesetze der Kinetik 232

B. Prüfung der Maschinen 232

a) Verbrennungsmotoren 232
b) Übertragungsteile 234
   1. Stufengetriebe 234. — 2. Flüssigkeitsgetriebe; 3. Elektrische Übertragung 235. — 4. Hilfseinrichtungen 236.
c) Ergebnisse der Prüfungen 237
   1. Kennlinien der Motor- und Zugförderleistungen; 2. Brennstoffverbrauchskurven; 3. Ausnutzungsziffern und Wirkungsgradkurven 237.

C. Ermittlung der Fahrwiderstände 237

a) Allgemeines 237
b) Auslauf- und Ablaufversuche 238
   1. Bestimmung des Massenzuschlages 238. — 2. Auslaufversuche 241. — 3. Auswertung der Meßergebnisse 242.
c) Fahrversuche mit Leistungsmessungen 244
d) Ermittlung der Formeln 244

D. Meßfahrten 245

E. Meßwagen 250

XIII. Sonderverhältnisse bei Verwendung von Schmalspurfahrzeugen auf öffentlichen Bahnen, Verschiebe- und Industrielokomotiven 251

A. Schmalspurfahrzeuge auf öffentlichen Bahnen Europas 251

Inhaltsverzeichnis.   **XIII**

Seite

a) Unterschiede gegenüber Regelspurfahrzeugen 251
b) Fahrwiderstandswerte 252

B. Verschiebelokomotiven 253

C. Industrie- und Förderlokomotiven 255
a) Besonderheiten, Bauarten, Wirkungsgrade, Leistungen . . 255
b) Vergleich der mechanischen und elektrischen Kraftübertragung 257
c) Fahrwiderstandswerte 258
d) Zugkräfte 260
e) Reibungsgewicht 260
f) Steigungs- und Belastungstafeln 260
g) Beispiel 261

XIV. Wirtschaftlichkeitsberechnungen für Motorfahrzeuge 265

A. Allgemeines 265

B. Einflüsse auf die Wirtschaftlichkeit 265
a) Einteilung 265
b) Erläuterung 266

C. Amerikanische Betriebskostenaufstellung 267

D. Kosten 268
a) für Verzinsung und Abschreibung mit Angaben über die Lebensdauer 268
b) für Ausbesserung der Betriebsmittel 269
c) für zusätzliche ortsfeste Anlagen 270
d) der Bedienungsmannschaft 270
e) der Betriebskraft 270
f) der Betriebsstoffe 270
g) der Betriebspflege 271
h) für Unterhaltung und Erneuerung der Gleisanlagen 271
i) für zusätzlichen Rangierdienst 271
k) Zusammenfassung 272

E. Überschlagsformeln für den Vergleich von Motor- und Dampfbetrieb 272

XV. Ausblick auf die Zukunft. Probleme der Triebwagen und die Verwendung von Großlokomotiven im Eisenbahnbetrieb 273

A. Aussichten der Verbrennungsmotoren 273

B. Entwicklung der Kraftübertragungen 274

C. Probleme der Triebwagen 276

D. Motorgroßlokomotiven 277

Namen- und Sachverzeichnis 281

I. Kurzer geschichtlicher Rückblick auf die Entwicklung der Motorfahrzeuge auf Schienen, Hinweis auf das Schrifttum.

A. Entwicklung der Motorfahrzeuge.

Bald nach der Erfindung der Verbrennungsmotoren, die zuerst als „Gasmotoren" für ortsfesten Betrieb Verwendung fanden, versuchte man, die neue Kraftquelle in Schienenfahrzeuge einzubauen, nachdem es gelungen war, sie für Straßenfahrzeuge heranzuziehen. Trotz der unvermeidlichen Mängel der Erstausführungen erkannte man die Vorzüge des Verbrennungsmotors, wie rasche Betriebsbereitschaft, gute Brennstoffausnutzung und einfache Bedienung, stand jedoch sofort vor der Frage der Kraftübertragung, da der Verbrennungsmotor, wie später näher erläutert wird, eine für die Zugförderung ungeeignete Charakteristik besitzt.

Nach dem Schrifttum[1] baute die Automobilfabrik Daimler in Stuttgart zusammen mit der Maschinenfabrik Eßlingen im Jahre 1891 eine Industrielokomotive mit einem 4 PS-Benzinmotor und Zahnradgetriebe, zwei Jahre später schritt dieselbe Bauanstalt an die Konstruktion von Triebwagen für die Württembergischen Staatsbahnen, mit denen beachtenswerte Erfolge erzielt wurden. Im Jahre 1892 lieferte der Amerikaner Patton die erste benzinelektrische Lokomotive mit einem Gasolinmotor,[2] verwendete also ungefähr zu gleicher Zeit die elektrische Kraftübertragung für Motorfahrzeuge, wie sie von Heilmann[3,4] für Dampflokomotiven in Frankreich vorgeschlagen und erprobt wurde. Eine spätere Ausführung von Patton aus dem Jahre 1897 mit einem 18 PS-Motor ist in Dinglers Journal[2] beschrieben, die Patton Motor Vehicles Co., Chicago, erzeugte um 1900 auch Lastkraftwagen mit elektrischer Kraftübertragung.[5]

Inzwischen hatte die Deutzer Gasmotorenfabrik, die unter

---

[1] Lomonossoff: Die diesel-elektrische Lokomotive, S. 9ff. Berlin: VDI-Verlag.

[2] Dinglers polytechn. J. 1898, S. 15.

[3] Rev. Industrielle, H. vom 23. IV. 1891.

[4] Waskowsky: Die neuen Heilmann-Lokomotiven. ETZ 1898, H. 4.

[5] Kurzel-Runtscheiner: Österreichs Anteil an der Entwicklung des Automobils. Z. Ö. I. A. V. 1924, H. 1/2 u. 5/6.

Leitung von Otto, des Erfinders des Viertaktkreislaufes, und Langen einen großen Aufschwung erlebte, im Jahre 1892 einen 8 PS-Petroleummotor auf einen Güterwagen gesetzt[1] und mittels Reibungskupplung, Zahnrädern und Ketten die Achse angetrieben, dann im Jahre 1895 eine Kleinlokomotive mit einem stehenden 12 PS-Gasmotor erzeugt,[2] der einen Stromerzeuger mittels Riemen antrieb, also die elektrische Kraftübertragung verwendet. Diesen Versuchslokomotiven folgten zahlreiche Industrie- und Grubenlokomotiven, die heute von der Nachfolgerin der alten Gasmotorenfabrik, der Humboldt-Deutz-Motoren A. G. in Köln, mit Zahnradstufengetrieben in großen Reihen für Förderzwecke aller Art geliefert werden. Die Motorfahrzeuge auf Schienen machten dabei dieselbe Entwicklung mit wie die Dampflokomotive am Beginne des 19. Jahrhunderts, sie wurden zuerst auf Förderbahnen der Industrie und des Bergbaues erprobt, bevor sie für die Personenbeförderung herangezogen wurden.

Eingeschoben sei hier, daß die Wiener Karosseriefabrik Lohner um 1900 zusammen mit Ing. Porsche, dem auf dem Gebiete der Kraftwagen so erfolgreichen Konstrukteur, Personenkraftwagen mit elektrischer Kraftübertragung, dem sogenannten „System mixte", erzeugte, bei denen Radnabenmotoren als elektrischer Radantrieb verwendet wurden, die später auch in den Sonderstraßenfahrzeugen der Nürnberger Firma „Faun" zu finden sind.

Im Jahre 1902 baute die englische North Eastern Railway zuerst 85 PS-Motortriebwagen mit elektrischer Kraftübertragung,[3] denen später Fahrzeuge mit 100 PS-Motoren folgten.[4] Zu derselben Zeit befaßten sich auch die Dion-Bouton-Werke in Frankreich mit ähnlichen Konstruktionen, die auf dem Boden der ehemaligen österreichisch-ungarischen Monarchie bei der Arad-Csanader Bahn[5] dauernde Verwendung fanden. Ein Dion-Bouton-Benzinmotor von 35 bzw. 70 PS war direkt mit einem Siemens-Schuckert-Stromerzeuger mit Gegenverbundwicklung gekuppelt, der den Strom für die Achsmotoren lieferte.[6] Nach eingeholten Erkundigungen standen diese jetzt in Rumänien befindlichen Triebfahrzeuge noch vor kurzer Zeit in Dienst, was nach dreißigjährigem Betrieb als Zeichen einer kräftigen Bauart und guter Erhaltung gewertet werden kann. Jedenfalls ist die Arad-Csanader Bahn als die Vorkämpferin des Triebwagenverkehrs in Europa zu bezeichnen.

---

[1] Niederstraßer: Bauliche Entwicklung der Kleinlokomotiven der Deutschen Reichsbahn, G. A., H. vom 15. V., 1. u. 15. VI. 1932.

[2] Eisenbahntechnik der Gegenwart, Bd. IV, Abschn. B, C, S. 467.

[3] Z. Ö. I. A. V. 1903, S. 220.

[4] Eisenbahntechnik der Gegenwart, Bd. IV, Abschn. B, C, S. 469.

[5] Krizko: Benzinelektrische Selbstfahrer im Eisenbahnbetrieb. Z. Ö. I. A. V. 1906, H. 23.

[6] Eisenbahntechnik der Gegenwart, Bd. IV, Abschn. B, C, S. 473.

Um 1904 baute die Brill Co. in Philadelphia, die noch heute in Amerika auf dem Triebwagengebiete führend ist, die ersten amerikanischen Triebwagen für den Personenverkehr,[1] während die ebenfalls amerikanische Firma Strang in ihre benzinelektrischen Triebwagen große Batterien einbaute,[2-4] die in der Ebene und auf Gefällen aufgeladen wurden und auf den Bergstrecken Zuschußkraft zu liefern hatten, also Vorläufer der heute für Verschubdienste verwendeten Zweikraft-Lokomotiven waren.

Im Jahre 1909 stellten die Preußisch-Hessischen Staatsbahnen den ersten 100 PS benzolelektrischen Triebwagen mit einem Deutzer Motor und AEG-Ausrüstung in Dienst,[5] dem weitere ähnliche Ausführungen mit NAG-Motoren und elektrischer Kraftübertragung der Bergmann-Werke[6] und 1917 ein 200/250 PS diesel-elektrischer Wagen mit einem Dieselmotor von Sulzer und BBC-Ausrüstung folgten. Die Sächsischen Staatsbahnen hatten schon Mitte 1914 einen Dieseltriebwagen eingesetzt,[7] die Weiterentwicklung wurde aber durch den Weltkrieg empfindlich gestört.

Von 1908 bis 1912 lieferte die amerikanische General Electric Company etwa 90 benzinelektrische Ausrüstungen für Triebwagen,[8] von 1912 an die schwedische Diesel-Elektriska-Vogen Aktiebolaget, auch als Polar-Deva bekannt, diesel-elektrische Fahrzeuge von 75 und 120 PS,[9] denen sich ab 1920 größere Triebwagen mit 160 und 250 PS Leistung anschlossen.

Bemerkenswert war ein Versuch mit direktem Antrieb der Achsen vom Verbrennungsmotor aus, den die Brüder Sulzer in Winterthur um 1909 über Auftrag der Preußisch-Hessischen Staatsbahnen unternahmen. Die mit einem Zweitakt-Dieselmotor von 960 PS ausgerüstete Motorlokomotive wurde nach längerer Bauzeit in Dienst gestellt, doch es zeigte sich bald, daß sie weder für den Schnellzug- noch Personenzugverkehr geeignet war.[10] Der für das Anfahren bis etwa 10 km/h vorgesehene Druckluftbehälter erschöpfte sich zu rasch, der größte Mangel war aber

---

[1] Eisenbahntechnik der Gegenwart, Bd. IV, Abschn. B, C, S. 476.

[2] Guillery: Handbuch über Triebwagen für Eisenbahnen, S. 136. 1908.

[3] L'Industrie technique, H. vom 10. VII. 1906.

[4] Z. Ö. I. A. V. 1906, H. 40.

[5] Guillery: Handbuch über Triebwagen für Eisenbahnen, S. 44, Ergänzungsheft 1919.

[6] Wechmann: Neuere benzolelektrische Triebwagen, E. K. B. 1912, H. 30.

[7] Zeuner: Die diesel-elektrischen Triebwagen für die sächsischen Staatsbahnen, E. K. B. 1915, H. 26.

[8] R. A., H. vom 30. VIII. 1924.

[9] Guillery: Handbuch für Eisenbahntriebwagen, S. 68, Ergänzungsheft.

[10] Lomonossoff: Die diesel-elektrische Lokomotive, S. 11.

die unveränderliche Zugkraft, die sich durch das praktisch konstante Drehmoment des Dieselmotors ergibt, wenn keine Vorsorgen für entsprechende Drehmomentänderungen getroffen oder keine Kraftübertragungen dazwischengeschaltet werden. Dieser Mißerfolg des Versuches mit direktem Antrieb war für die Entwicklung von Großlokomotiven von Nachteil, wie Prof. Lomonossoff in seinem mehrmals herangezogenen Buche über die im Jahre 1924 gelieferte diesel-elektrische 1200 PS-Lokomotive für Rußland mit Recht angibt.

Knapp vor dem Weltkrieg begannen die Österreichischen Daimlerwerke in Wiener Neustadt mit dem Bau von Heeresmotorfahrzeugen für den Transport schwerer Lasten und Geschütze, und zwar zuerst nach den Gedanken des Generals Ottokar von Landwehr-Pragenau[1] den „Landwehrzug" für Straßenfahrt und dann die „C-Züge" für Straße und Schiene, bei denen ein benzinelektrischer Maschinensatz von 150 PS in einen „Generatorwagen" eingebaut war, der den Strom für zwei im Generatorwagen und acht im Anhängewagen vorhandene Elektromotoren lieferte. Beide Wagen hatten feste Achsen, auf denen die Räder in Kugellagern liefen. Jedes Rad war durch einen eigenen Elektromotor angetrieben, so daß für die Straßenfahrt ein elektrisches Differential gesichert war, das sich bei der Durchfahrung enger Kurven auf behelfsmäßigen Gleisen sehr bewährte, die sich bei dem Anschluß an die Hauptgleise dann ergaben, wenn die Geschütze auf Gleisen bis in die Stellung gebracht werden konnten. Für den Wechsel von Schiene und Straße waren auf den Radreifen aufsteckbare Räder mit Vollgummireifen vorhanden, die Umstellung erfolgte auf besonderen Auflaufstücken.

Den „C-Zügen" folgten während des Krieges Motor-Feldbahnzüge mit Vielachsenantrieb für Schmal- und Regelspur, die auch auf behelfsmäßigen Gleisen mit großen Steigungen und kleinen Krümmungen sehr leistungsfähig waren und in zahlreichen Frontabschnitten mit schwierigem Gelände, so z. B. in den Karpathen, in den Alpen und in Albanien, die einzigen Nachschublinien bedienten.

In Frankreich erzeugte Henry Crochat ähnliche Fahrzeuge für Heereszwecke, bei denen es darauf ankam, daß leistungsfähige Lokomotiven ohne Rauch und Funkenflug auf leichten Schienen in größeren Steigungen und engen Krümmungen arbeiten konnten.[2]

Der Verbrennungsmotor erlangte im Weltkrieg eine ungeahnte Bedeutung, ja vielleicht war er sogar für den Ausgang entscheidend, wenn man an den Einsatz der französischen Personenkraftwagen bei der Schlacht an der Marne und der Panzerwagen und Flugzeuge in den Kämpfen der letzten Jahre des Völkerringens denkt.

Selbstverständlich wirkte sich diese Bedeutung in einer ständig fort-

---

[1] Landwehr-Pragenau: Automobile Straßenzüge. 1913.
[2] Lomonossoff: Die diesel-elektrische Lokomotive, S. 12.

schreitenden Entwicklung des Verbrennungsmotors aus, der hinsichtlich seiner Betriebssicherheit, Lebensdauer und Brennstoffwirtschaft wesentlich verbessert wurde. Da gerade diese Eigenschaften für den Personenverkehr wichtig sind, ergibt sich die zunehmende Verwendung von Motorfahrzeugen auf Schienen aus der Anpassung der Eigenschaften des Verbrennungsmotors an die Bedürfnisse des Eisenbahnverkehrs.

Während Europa noch unter den Verhältnissen der Nachkriegszeit litt, nahm in den Vereinigten Staaten von Nordamerika die Zahl der Motortriebwagen stark zu. Zuerst waren es leichte Fahrzeuge mit geringer Motorleistung, bei denen man mit den im Kraftwagenbau durchgebildeten Schubgetrieben das Auslangen fand, doch schritt man bald zu dem Einbau größerer Leistungen, da der Triebwagenverkehr allgemein Anklang fand. Im Zusammenhang damit stieg die Verwendung der elektrischen Kraftübertragung, bei welcher auf die im Straßenbahn- und Vollbahnverkehr entwickelten elektrischen Maschinen gegriffen werden konnte, weshalb auch die Umsetzung großer Motorleistungen in Zugkraft und Geschwindigkeit keine Schwierigkeiten bereitete. Wegen der gegenüber Kraftwagen beträchtlich größeren Massen der Eisenbahnfahrzeuge hatten sich bei den Schubgetrieben und Reibungskupplungen schon nach kurzer Zeit große Abnutzungen gezeigt, eine Erscheinung, die übrigens auch jetzt bei großen Kraftomnibussen auftritt, die mit ihren Gewichten von 8 bis 12 t schon in die Nähe der Gewichte der Triebwagen der Jahre um 1925 kommen. Die Amerikaner gingen daher immer mehr zur elektrischen Kraftübertragung über, wie sich aus den jährlichen, in der Zeitschrift „Railway Age" veröffentlichten Berichten über die Zahl der im Laufe des Jahres bestellten Motorfahrzeuge ergibt. So wurden von 1922 bis einschließlich 1927 in den Vereinigten Staaten und in Kanada 752 Motortriebwagen von den verschiedenen Bauanstalten geliefert,[1] von denen im Jahre 1925 noch 66% und im Jahre 1927 nur mehr 3,8% mit mechanischer Kraftübertragung, also Zahnradstufengetrieben, ausgerüstet waren.

In Europa ergab sich mit einer Zeitverschiebung von einigen Jahren eine ähnliche Entwicklung, doch war sie lange nicht so einheitlich, da sich die Vielfältigkeit der europäischen Staaten auch auf diesem Gebiete auswirkte. Wohl verschwanden auch hier bald die Schubgetriebe, die elektrische Kraftübertragung blieb in den Jahren bis etwa 1931 aber auf gebirgige Länder, wie z. B. Österreich, die Tschechoslowakei und andere beschränkt, da sich die stufenlose Leistungsausnutzung für Gebirgsstrecken als besonders wertvoll erwies. In Ländern mit vorwiegend ebenen Strecken wurde das ganze Augenmerk auf eine Verbesserung des mechanischen Getriebes gelegt, was zu eisenbahnmäßig durchgebildeten Zahnradgetrieben führte, die den Anforderungen des Verkehrs ent-

---

[1] Judtmann: Die neuzeitlichen Triebwagen Nordamerikas, Organ, H. 9 vom 1. V. 1928.

sprachen. Die Zahnradpaare bleiben in ständigem Eingriff und werden jeweils an die Antriebs- und Abtriebswelle durch geeignete Kupplungen angeschlossen, schließlich verfügt man auch über Getriebe mit Vorwählung der Gangstufe und über Getriebe, die ohne Zugkraftunterbrechung arbeiten, die sich von den ersten Schubgetrieben ganz wesentlich unterscheiden. Eine Einzeldarstellung der verschiedenen Bauarten nach dem Weltkriege würde aus dem Rahmen dieses Buches fallen,[1-3] doch sei von der Entwicklung der letzten Jahre erwähnt, daß sie gerade in Europa in enger Verbindung mit der außerordentlich raschen Weiterbildung des Fahrzeugdieselmotors steht.

Da der Dieselmotor fast um ein Drittel weniger Brennstoff als ein Benzin- oder, wie er heute meist genannt wird, Ottomotor verbraucht, dazu noch einen billigeren und praktisch feuersicheren Brennstoff, bietet er für den Verkehr Vorteile, denen als Nachteil ein durch den Verbrennungsvorgang bedingtes höheres Gewicht und größerer Raumbedarf gegenüberstand. In dem letzten Jahrzehnt ist es nun gelungen, durch Verwendung hochwertiger Baustoffe im Verein mit neuen Konstruktionen leistungsfähige Fahrzeug-Dieselmotoren zu schaffen, die trotz hoher Leistungen bequem in Fahrzeugen aller Art unterzubringen sind. Damit war es möglich, den gesteigerten Verkehrsanforderungen entsprechende leistungsfähige Triebfahrzeuge zu schaffen, von denen die Schnelltriebwagen und Triebwagenzüge der letzten Jahre mit Höchstgeschwindigkeiten um 160 km/h am bemerkenswertesten sind. Hand in Hand damit ging eine Erneuerung des Wagenbaues, bei dem die fast 100 Jahre alten Richtlinien, die teilweise noch vom Kutschenbau herstammten, verlassen wurden, um durch neuzeitliche Planung unter Verwendung geeigneter Baustoffe zu einer Leichtbauweise zu gelangen, die mit den Anforderungen des Schienenverkehrs in Einklang stand.[4, 5] Die Triebwagen sind nunmehr nicht mehr schwerer als ältere Personenwagen mit gleichem Fassungsraum, trotzdem sie Maschinenanlagen beträchtlicher Leistung eingebaut haben.

Für die Dieselmotoren über etwa 200 PS kam zuerst ausschließlich die elektrische Kraftübertragung zur Verwendung, die in den letzten Jahren teilweise durch Flüssigkeitsgetriebe verdrängt wurde, haupt-

---

[1] L'état actuel de la traction sur voies ferrées par moteurs à combustion interne, G. C., H. vom 4. u. 11. IV. 1925.

[2] Draeger: Die Triebwagen auf der Seddiner Ausstellung, Organ 1925, H. 3.

[3] Dannecker: Die Diesellokomotive auf der Hauptversammlung des Vereines Deutscher Ingenieure in Stuttgart, Organ 1925, H. 3.

[4] Baumstark: Weiterentwicklung der Triebwagen mit Verbrennungsmotoren, V. T., H. vom 20. III. 1937.

[5] Taschinger: Entwicklung und gegenwärtiger Stand im Bau geschweißter Trieb-, Steuer- und Beiwagen, Organ 1937, H. 14.

sächlich wegen des geringeren Gewichtes der Übertragungsteile. Es ist auch wieder ein Versuch mit direktem Antrieb gemacht worden, indem eine Motorlokomotive mit einem dreizylindrigen doppeltwirkenden Humboldt-Deutz-Zweitaktmotor liegender Bauart, Bohrung 380 mm und Hub 600 mm, ausgerüstet wurde, der direkt auf die Triebachsen arbeitet. Ein 150 PS-Hilfsdieselmotor erzeugt in einem dreizylindrigen, stehenden Deutz-Luftpresser die für das Anfahren und die Fahrt auf Steigungen erforderliche Druckluft.[1] Die Lokomotive mit der Achsfolge 2 B 2 und 36 t Reibungsgewicht bei 87 t Gesamtgewicht soll auf der Strecke Köln—Kleve befriedigend arbeiten und durch die neuartige Ausbildung der Zuladung im unteren Geschwindigkeitsbereich eine genügend gesteigerte Zugkraft besitzen.

B. Hinweis auf das Schrifttum.

Über die Bauarten und die Richtlinien der Nachkriegsjahre geben folgende Zusammenstellungen ein gutes Bild:

M. Delanghe: Les Applications des Moteurs Diesel à la traction sur voie ferrée.

Dr. Kurt Friedrich: Der Eisenbahntriebwagen. Berlin. 1931.

Franco-Labrijn: Verbrennungs-Motor-Lokomotiven und Triebwagen. Den Haag. 1932.

Einen laufenden Überblick über die neueren Motorfahrzeuge gewinnt man aus den vierwöchentlich erscheinenden Zusatzheften der „Railway Gazette", London, die gesondert unter dem Titel „Diesel Railway Traction" zu haben sind. Diese Zusatzhefte bringen Beschreibungen von Motoren, Kraftübertragungen und ausgeführten Fahrzeugen und ergänzen damit die in den verschiedenen Fachzeitschriften veröffentlichten Beiträge auf dem Gebiete der Motorisierung.

Einzelheiten über die elektrische Zugförderung sind in dem Buche Dr. E. Seefehlner: Die elektrische Zugförderung zu finden. Eine Aufstellung der Fachzeitschriften, die nun folgt, gibt rechts jene Abkürzungen an, die bei Hinweisen auf das Schrifttum in der vorliegenden Arbeit verwendet wurden.

V. D. I.-Zeitschrift des Vereines Deutscher Ingenieure, Berlin	Z. V. D. I.
Organ für die Fortschritte des Eisenbahnwesens, Berlin	Organ
Verkehrstechnik, Berlin	V. T.
Verkehrstechnische Woche, Berlin	Verkehrstechn. W.
Glasers Annalen, Berlin	G. A.
Elektrische Kraftbetriebe und Bahnen, Berlin	E. K. B.
Elektrische Bahnen, Berlin	E. B.
Die Reichsbahn, Amtliches Nachrichtenblatt der Deutschen Reichsbahn-Gesellschaft, Berlin	Reichsbahn

---

[1] Trials of a direct-drive Diesel locomotive. Oil E., VII. 1937.

ATZ-Automobiltechnische Zeitschrift, Berlin   ATZ
Zeitschrift des Österreichischen Ingenieur- und Archi-
    tekten-Vereines, Wien   Z. Ö. I. A. V.
Die Lokomotive, Wien   Lok.
Elektrotechnik und Maschinenbau, Wien   E. u. M.
Sparwirtschaft, Wien   Sparw.
Verkehrswirtschaftliche Rundschau, Wien   Verkehrswirt. R.
Spoor- en Tramwegen, Utrecht   Sp. & T.
Railway Age, New York   R. A.
Railway Gazette, London   R. G.
Diesel Railway Traction, London   D. R. T.
The Oil Engine, London   Oil E.
Le Genie Civil, Paris   G. C.
Les Chemins de Fer et les Tramways, Paris   Ch. Fer & T.
Traction Nouvelle, Paris   Tract. Nouv.
Monatsschrift der Internationalen Eisenbahn-Kongreß-
    Vereinigung, Brüssel   I. E. K. V.
Schweizerische Bauzeitung, Zürich   Schweiz. Bztg.

II. Allgemeines über Motorfahrzeuge, ihre Einteilung und Verwendung.

A. Einschränkung auf Schienenfahrzeuge.

Unter Motorfahrzeug wird in der vorliegenden Arbeit jedes selbstfahrende Schienenfahrzeug verstanden, das einen Verbrennungsmotor als Kraftquelle besitzt, der Begriff wird also auf Schienenfahrzeuge eingeschränkt, das Kraftfahrzeug der Straße daher bis auf einige Ausnahmen aus den Betrachtungen ausgeschlossen. Damit ist nicht gesagt, daß die Zugförderung auf der Straße von jener auf Schienen grundsätzlich abweicht, doch bestehen hinsichtlich der Reibungsverhältnisse, der Leistungsziffer und durch das Fehlen oder Vorhandensein einer festen Spurführung Unterschiede, die an anderem Orte[1] erläutert wurden.

B. Einteilung der Motorfahrzeuge.

Die Einteilung der Motorfahrzeuge kann nach ihrer Bauart, ihrer Leistung, ihrem Verwendungszweck, nach dem Brennstoff oder nach der Kraftübertragung durchgeführt werden. Dadurch ergeben sich folgende Benennungen:

a) Einteilung nach der Bauart.

1. *Lokomotiven* als Zugmaschinen ohne Raum für Personen- oder Gepäckbeförderung.

2. *Triebwagen* als Fahrzeuge mit Fahrgasträumen, also motorisierte Personenwagen.

---

[1] Judtmann: Die Zugförderung auf der Straße und auf Schienen, ein Vergleich. Z. Ö. I. A. V. 1937, H. 21/22 u. 23/24.

3. *Gepäcktriebwagen*, ein Mittelding zwischen Lokomotive und Triebwagen, das hauptsächlich als Zugmaschine dient, jedoch einen Raum für Gepäck- und manchmal auch Personenbeförderung enthält.

4. *Sonderfahrzeuge*, wie Überwachungs-, Turm-, Hilfs- und Montagewagen, die wegen ihrer raschen Betriebsbereitschaft besonders für elektrifizierte Strecken verwendet werden.

b) Einteilung nach der Leistung.

1. *Kleinfahrzeuge* mit Leistungen bis etwa 100 PS.
2. *Fahrzeuge mittlerer Leistung* von 100 bis etwa 400 PS.
3. *Fahrzeuge großer Leistung* von etwa 400 PS an.

Die Einteilung nach der Leistung ist nicht einheitlich, manchmal wird die Bezeichnung „große Leistung" auf Fahrzeuge von etwa 1000 PS an beschränkt, insbesondere bei Großlokomotiven, da erst von dieser Grenze an annähernd die Leistungen der gebräuchlichen Dampflokomotiven für den Verkehr auf Hauptstrecken erreicht wird.

c) Einteilung nach dem Verwendungszweck.

1. *Industrie- und Grubenlokomotiven* für Förderzwecke aller Art, für Bauten, Bauanstalten, Werke, Steinbrüche, Gruben, Bergwerke u. a.
2. *Fahrzeuge für Nah- und Vorortverkehr.*
3. *Fahrzeuge für Nebenbahnen.*
4. *Fahrzeuge für Hauptbahnen*, unterschieden nach Güter-, Personen-, Eil- und Schnellverkehr.

d) Einteilung nach dem verwendeten Brennstoffe.

1. *Benzinfahrzeuge*, worunter wegen desselben Verbrennungsmotors auch alle Fahrzeuge für Betrieb mit Benzol, Spiritus oder Gemischen fallen.
2. *Dieselfahrzeuge* mit Rohöl- oder Dieselmotoren.
3. *Fahrzeuge mit Vergasungseinrichtungen* für feste Brennstoffe, wie Holzgas- oder Holzkohlengasfahrzeuge.
4. *Fahrzeuge mit anderen Brennstoffen*, die aber noch keine allgemeine Bedeutung erlangt haben und als Versuche zu bezeichnen sind.

e) Einteilung nach der Kraftübertragung.

1. *Motorfahrzeuge mit direktem Antrieb*, also ohne Kraftübertragung, jedoch besonderen Einrichtungen für die Anfahrt.
2. *Motorfahrzeuge mit mechanischer Kraftübertragung*, worunter alle Zahnradstufengetriebe zu verstehen sind, die von Hand aus, durch Druckluft oder elektromagnetisch geschaltet und gekuppelt werden können.
3. *Motorfahrzeuge mit elektrischer Kraftübertragung*, bei welchen ein vom Verbrennungsmotor angetriebener Stromerzeuger den Strom für die Elektromotoren des Achsantriebes (Bahnmotoren) liefert.
4. *Motorfahrzeuge mit Flüssigkeitsgetrieben*, die verschiedene Arten von Pumpen und Turbinen für die Umwandlung des Drehmomentes besitzen.
5. *Motorfahrzeuge mit gemischter Übertragung*, bei denen während der Anfahrt ein Drehmomentwandler, sei er elektrisch oder hydraulisch, und für den oberen Geschwindigkeitsbereich direkter Antrieb verwendet wird.

f) Zusammenziehung der Kennzeichnungen in der Praxis.

In der Praxis zieht man die Einteilungen häufig zusammen und spricht z. B. von benzinmechanischen Nebenbahn-Triebwagen, von benzinelektrischen Turmwagen, von 820 PS diesel-elektrischen Triebwagenzügen oder von diesel-hydraulischen Eiltriebwagen. Aus der Benennung kann man meist schon die hauptsächlichsten Merkmale des Fahrzeuges entnehmen, für eine Beurteilung der Fahreigenschaften braucht man jedoch noch Angaben über die Höchstgeschwindigkeit, Zugkräfte und über das Gewicht in leerem und besetztem Zustand.

Im nächsten Abschnitte mit einem Bericht über den derzeitigen Stand der Motorisierung in verschiedenen Ländern werden wir eine Reihe von Fahrzeugen kennenlernen, bei denen die übliche Benennung der Praxis angewendet wird.

C. Verwendung der Motorfahrzeuge.

Bei der Einteilung der Motorfahrzeuge nach der Verwendung sind zuerst die Industrie- und Grubenlokomotiven genannt, die sich allgemein durchgesetzt haben. Sie waren die ersten Motorlokomotiven, die den größeren Einheiten der öffentlichen Bahnen den Weg bereiteten. Ihre Anspruchslosigkeit in bezug auf Wartung, ihre einfache Bedienung, die schon erwähnte rasche Betriebsbereitschaft zusammen mit dem Fehlen von Rauch und Qualm sicherten ihnen ein großes Arbeitsfeld, so daß sie aus den verschiedenen Industrien, Baustellen und Bergwerken nicht mehr wegzudenken sind.

Für den Personenverkehr kamen Motorfahrzeuge zuerst auf Nebenbahnen zum Einsatz, wo sich unter dem Drucke des neuen Wettbewerbers, des Kraftwagens, das Bedürfnis nach kleinen, rasch und häufig verkehrenden Zugseinheiten herausstellte. Diese kleinen Zugseinheiten sind mit Dampflokomotiven lange nicht so wirtschaftlich zu führen, abgesehen davon, daß der Triebwagen schon durch seine neuzeitlichen Fahrgasträume werbend wirkte. Eine weitere Aufgabe der Motorisierung der Nebenbahnen war die Trennung des Personen- und Güterverkehrs, da die „gemischten" Züge den Verkehr verzögerten und unbeliebt machten. Durch verbesserte Anschlüsse und verkürzte Fahrzeiten gelang es in zahlreichen Fällen, der Abwanderung der Fahrgäste vom Schienenverkehr Einhalt zu gebieten und die Motorisierung durch hohe Kilometerleistungen der Triebfahrzeuge zu einem „verkehrlichen, betrieblichen und wirtschaftlichen Erfolg" zu gestalten, wie sich aus einem Bericht über die Motorisierung in der Bayerischen Ostmark[1] er-

---

[1] **Scharrer** und **Friedrich**: Erfolgreiche Nebenbahnmotorisierung in der Bayerischen Ostmark, Reichsbahn 1936, H. 43.

gibt, nach dem sich die Gesamtkosten eines zweiachsigen Dieseltriebwagens der Leichtbauart mit Anhänger je Kilometer Fahrleistung auf RM 0,883 einschließlich Verzinsung, Abschreibung, Bahnhofdienst und Oberbauerhaltung stellen gegenüber RM 1,109 bzw. RM 1,222 für einen leichten Dampfzug ohne bzw. mit Verzinsung und Abschreibung der Fahrzeuge. Da die 30 Motortriebwagen der Reichsbahndirektion Regensburg monatlich etwa 200000 km zurücklegen, ergeben sich durch die Motorisierung jährliche Ersparnisse von etwa RM 650000,— ohne, bzw. RM 930000,— mit Berücksichtigung des Anlagegeldes für den Dampfzug.

Die bei den Industrielokomotiven erwähnten Vorteile sind auch für den Verschubbetrieb der öffentlichen Bahnen von Bedeutung, weshalb die Motorlokomotiven auch hierfür immer steigende Verwendung finden. Bereits im Jahre 1918 hat Prof. Ing. Findeis anläßlich der Erörterung von Maßnahmen zur Bekämpfung des Wagenmangels auf die Vorteile von Verschubfahrzeugen für den Bahnhofverschub in Zwischenbahnhöfen verwiesen.[1,2] Meist sind es Kleinlokomotiven, doch sind in Nordamerika auch schon zahlreiche Maschinen mit mittleren und großen Leistungen in Dienst, die besonders wegen ihrer fast vierundzwanzigstündigen Betriebszeit außerordentlich wirtschaftlich arbeiten. Die Kleinlokomotiven, die im Ausland Locotractoren oder Locomotoren genannt werden, dienen für den Verschub in kleinen und mittleren Bahnhöfen, auch für die Sammlung von Güterwagen an größeren Haltepunkten, wodurch die Güterzüge von dem Anhalten in Zwischenhalten befreit und ohne Aufenthalt zwischen den Brennpunkten des Verkehrs fahren können. Selbstverständlich können diese häufig mit selbsttätigen Ein- und Auskuppelungsvorrichtungen versehenen Verschubfahrzeuge einmännig geführt werden, noch dazu meist vom Verschubpersonal selbst, so daß sich gegenüber dem Dampfverschub wesentliche Ersparnisse erzielen lassen.

Auf Hauptbahnen sind Triebwagen als Ersatz schwach besetzter Personenzüge und als Eilzüge wichtig, ferner auch für den Nah- und Vorortsverkehr für kleine und mittlere Städte, für den die kurzen Umkehrzeiten der mit beidseitigen Führerständen ausgerüsteten Triebwagen ausschlaggebend sind. Bei Erhöhung des Verkehrsanfalles können mehrere Triebwagen zu vielfach gesteuerten Zügen gekuppelt oder Triebwagen mit Steuerwagen verbunden werden, bei denen die vorteilhafte Steuerung der gesamten Maschinenanlage vom führenden Führerstand erhalten bleibt. Die Bildung von festen Zugseinheiten ist deshalb zu emp-

---

[1] Findeis: Zeitung des Vereines Deutscher Eisenbahnverwaltungen 1918, H. 69.

[2] Findeis: Gedanken über den Verschiebedienst auf Eisenbahnen. Wasserwirtschaft 1935, H. 34—35.

fehlen, weil hierbei die Leistungsziffer PS je Tonne annähernd unverändert bleibt, da, wie wir später sehen werden, die Anfahrzeiten, die gerade im Nahverkehr von Wichtigkeit sind, mit dieser Leistungsziffer sehr zusammenhängen und verringerte Leistungsziffern durch Ankuppeln von mehreren Anhängewagen die Einhaltung des knapp erstellten Fahrplanes unmöglich machen können.

Schließlich haben **Triebwagen und Triebwagenzüge mit Höchstgeschwindigkeiten um 160 km/h im Schnellverkehr** eine große Bedeutung gewonnen, sie sind als Verbindung von Großstädten auf größeren Entfernungen nicht mehr zu entbehren. Durch eine Formgebung nach aerodynamischen Grundsätzen gelang es, den Luftwiderstand bei den hohen Fahrgeschwindigkeiten stark herabzusetzen und damit mit Leistungen das Auslangen zu finden, die für die frühere Kastenform nur für etwa zwei Drittel der angegebenen Höchstgeschwindigkeiten ausgereicht hätten.

Gleichzeitig sorgte man durch entsprechende Konstruktion des Lauf- und Triebwerkes, dem die hin- und hergehenden Massen der Dampflokomotive fehlen, für einen ruhigen Lauf und bildete die Fahrgasträume derart einladend aus, daß Schnellfahrzeuge mit Reisegeschwindigkeiten von etwa 125 km/h mit großer Anziehungskraft auf das Publikum entstanden. Einer der diesel-elektrischen Dreiwagenzüge der Deutschen Reichsbahn hält übrigens derzeit mit 205 km/h den Geschwindigkeitsweltrekord für Streckenfahrzeuge, der im Februar 1936 ausgefahren wurde; höhere Geschwindigkeiten sind bisher nur von Versuchsfahrzeugen — Oberleitungswagen auf der Strecke Marienfelde—Zossen und Luftschraubenwagen von Kruckenberg — erreicht worden.

III. Übersicht über den derzeitigen Stand der Motorisierung des Schienenverkehrs in einigen europäischen Ländern und in Übersee.

A. Motorisierung in Europa.

Nach der allgemein gehaltenen Schilderung der Verwendungsmöglichkeiten von Motorfahrzeugen ist eine gedrängte Übersicht über den derzeitigen Stand der Motorisierung in einigen Ländern am Platze, um sich ein Bild über die steigende Verbreitung des Motorverkehrs machen zu können.

Deutschland. Wenn wir zuerst das Deutsche Reich betrachten, so ist festzustellen, daß die Deutsche Reichsbahn im Schnellverkehr bahnbrechend vorausging und durch den im Winter 1932/33 fertiggestellten

820 PS diesel-elektrischen Doppeltriebwagen,[1-3] der unter dem Namen „Fliegender Hamburger" weltbekannt wurde, eine Wende im Schnellverkehr einleitete, da zum erstenmal betriebsmäßig Geschwindigkeiten von 160 km/h erreicht wurden. Nach gründlicher Erprobung dieser ohne Vorbild geschaffenen Bauart, bei der neben den Maschinenanlagen auch neue Fragen des Wagenlaufes und der Bremsung zu lösen waren, kamen 13 weitere Doppeltriebwagen zum Einsatz, die nunmehr auf den Strecken Berlin—Hamburg, Berlin—Köln, Hamburg—Köln, Berlin—Frankfurt, Berlin—München und Berlin—Stuttgart Schnellverbindungen mit Reisegeschwindigkeiten von 100 bis 132 km/h (der Höchstwert gilt für die Teilstrecke Hamm—Hannover mit 177 km Länge) je nach den Streckenverhältnissen darstellen, die es dem Reisenden ermöglichen, in einem Tage fast bis 700 km entfernte Städte mit ausreichender Aufenthaltsdauer zu besuchen. Die Ausrüstung dieser Triebwagenzüge mit Vielfachsteuerung gestattet die gemeinsame Steuerung von zwei oder sogar drei Zügen von einem Führerstande aus, so daß einerseits bei stärkerer Besetzung die Sitzplatzanzahl mindestens verdoppelt und anderseits auch beim Zusammentreffen zweier Züge mit demselben Endziel in einem Knotenpunkt der Zug als Vierwagenzug weitergeführt werden kann. Auf der Strecke Berlin—Breslau wurden vier dreiteilige 1200 PS-Triebwagenzüge[4, 5] in Dienst gestellt, von denen zwei mit elektrischer und zwei mit hydraulischer Kraftübertragung ausgerüstet sind. Weitere Zwei- und Dreiwagenzüge für das Ruhrgebiet und für Querverbindungen im Reiche sind vor der Inbetriebsetzung. Es befinden sich auch noch zwei Vierwagenzüge mit nur einem M. A. N.-Dieselmotor von 1300 PS Leistung in Bau,[6, 7] der in einem Maschinenwagen mit Gepäck- und Postabteil frei aufgestellt wird, während alle bisherigen Triebwagen die Dieselmotoren, meist zwölfzylindrige Maybach-Motoren mit 410 PS ohne und mit 600 PS mit Aufladung in Drehgestellen eingebaut hatten.

Die Erhöhung der Reisegeschwindigkeiten, die gerade bei den großen

---

[1] **Judtmann:** Neuere Motortriebwagen mit elektrischer Kraftübertragung System Gebus. Lok. 1932, H. 12.

[2] **Fuchs und Breuer:** Der Schnelltriebwagen der Deutschen Reichsbahngesellschaft. Z. V. D. I. 1933, H. 3.

[3] **Kraut:** Der Schnelltriebwagen der Deutschen Reichsbahn-Gesellschaft. Siemens-Zeitschrift 1933, H. 2.

[4] **Breuer:** Der dreiteilige Schnelltriebwagen mit diesel-hydraulischem Antrieb. Organ, H. vom 1. VIII. 1935.

[5] **Zielke:** Die ersten dreiteiligen Schnelltriebwagen der Deutschen Reichsbahn. G. A., H. vom 1. VI. 1936.

[6] **Stroebe:** Entwicklung des Triebwagens vom Standpunkt der baulichen Durchbildung und besondere Untersuchungen über die Übertragungsarten und die Bremsung. I. E. K. V., Aprilheft 1937, S. 73.

[7] **Breuer:** Neue vierteilige, diesel-elektrische Schnelltriebwagen der Deutschen Reichsbahn. Organ 1937, H. 23.

Entfernungen im Deutschen Reiche von Wichtigkeit sind, kann erst richtig gewürdigt werden, wenn man bedenkt, daß sie bei den schnellsten deutschen Zügen seit Jahrzehnten kaum 90 km/h überschritt und für Schnellzüge im Mittel bis 1932 bei 80 km/h lag, wie aus einer Zusammenstellung des Direktors der Deutschen Reichsbahngesellschaft, Dr. Ing. Leibbrand,[1] zu entnehmen ist. In dieser Veröffentlichung wird auch über die Untersuchung eines Planes berichtet, der den Ersatz der Hälfte der heute verkehrenden deutschen Reisezüge durch die doppelte Zahl von Triebwagenzügen vorsieht. Dadurch würden die Zugkilometer im ganzen um 26% vermehrt, der Betriebsaufwand jedoch außerordentlich sinken und das Anlagekapital kleiner als der Wiederbeschaffungswert jener Fahrzeuge, die durch die Triebwagen ersetzt werden sollen. Anschließend daran wird bekanntgegeben, daß· der eingangs erwähnte „Fliegende Hamburger" bei einer Jahresleistung von 168000 km Jahresbetriebskosten der Zugförderung von RM 194000,— einschließlich Oberbauerhaltung, Verzinsung und Erneuerungsanteil aufweist, während die jährliche Fahrgeldeinnahme bei der ständig günstigen Ausnutzung RM 600000,— erreicht, so daß die vergleichsweise hohen Anschaffungskosten dieser neuen Ausführung, die etwa RM 360000,— betragen haben dürften, in überraschend kurzer Zeit getilgt werden konnten.

Wenn auch der Schnellverkehr im In- und Ausland am eindrucksvollsten wirkt,[2, 3] so bedeutet er zahlenmäßig doch nur einen kleinen Teil der Motorisierung im Deutschen Reiche. Über die erfolgreiche Einführung des Motorverkehres auf Nebenbahnen der Reichsbahn wurde schon im vorhergehenden Abschnitt gesprochen,[4, 5] dazu kommen die zahlreichen Eiltriebwagen,[6] von denen Ende 1936 schon über 100 Stück mit 410 bis 450 PS Motorleistung in Betrieb waren, eine große Anzahl von Motorlokomotiven für den Verschubdienst,[7–9] schließlich die Fahrzeuge der Privatbahnen, die sich in steigendem Maße der Motorfahrzeuge für die

---

[1] Leibbrand: Fortschritte und Wirtschaftlichkeit im Schienenverkehr. Z. V. D. I. 1936, H. 12.

[2] The fastest Train. Oil E., Juniheft 1933.

[3] Diamond: A Run with the Flying Hamburger. D. R. T., H. vom 5. X. 1934.

[4] S. Note 1 auf S. 10.

[5] Norden: Zweiachsige 120 PS diesel-elektrische Leichttriebwagen der Deutschen Reichsbahn-Gesellschaft. Organ 1932, H. 23.

[6] Hille und Norden: Der 410 PS diesel-elektrische Triebwagen der Deutschen Reichsbahn. Organ 1933, H. 3.

[7] S. Note 1 auf S. 2.

[8] Leibbrand: Verwendung von kleinen Motorlokomotiven auf Unterwegsbahnhöfen zur Beseitigung der Rangieraufenthalte der Notgüterzüge. Reichsbahn, H. vom 14. V. 1930.

[9] Witte und Stamm: Motorkleinlokomotiven im Betriebe der Deutschen Reichsbahn. Verkehrstechn. W. 1930, H. 44 u. 45.

Belebung und Verdichtung des Verkehrs bedienen.[1-8] Insgesamt dürften sich derzeit annähernd 800 Motorfahrzeuge öffentlicher Bahnen in Bau und Betrieb befinden, da in einer Veröffentlichung von Mitte 1937[9] die Zahl der Dieselfahrzeuge Deutschlands mit 657 angegeben ist.

In **Österreich**[10] haben die Österreichischen Bundesbahnen bis Ende 1936 rund 70 Motorfahrzeuge in Betrieb, bemerkenswert ist dabei, daß hier gleichlaufend mit den Erprobungen von Triebwagen auch Motorlokomotiven für den Streckendienst eingestellt wurden. Für Regelspur baute die Grazer Waggonfabrik im Jahre 1925 die 200 PS-Lokomotive Reihe 2020[11] mit diesel-elektrischem Antrieb und eine gleichstarke Schmalspurlokomotive für 760 mm Spur, denen von der St. E. G. und der Maschinen- und Waggonbaufabriks A. G. in Simmering gelieferte benzin- und diesel-elektrische Lokomotiven mit der Reihenbezeichnung 2021/s,[12] 2040/s und 2041/s[13-15] folgten. Die Verwendung von Schmalspurlokomotiven gestattete bei dem durch die Spurweite sehr beschränkten Raum die Unter-

---

[1] **Ahrens:** Erfahrungen mit benzin- und diesel-elektrischen Triebwagen bei Privatbahnen. V. T. 1932, H. 30.

[2] **K. A. Müller:** Die Bedeutung des Schienentriebwagens für Neben- und Kleinbahnen. V. T., H. 30 vom 22. XII. 1932.

[3] **Prüss:** Schienentriebwagen. Ein Mittel zur Neugestaltung und Belebung des Verkehrs auf Neben- und Kleinbahnen. V. T., H. 30 vom 22. XII. 1932. (Mit ausführlichem Schrifttumsnachweis.)

[4] **Steinhoff und Kettler:** Wirtschaftliche Betriebsführung mit Triebwagenzügen der Bauart „Blankenburg". V. T. 1932, H. 30.

[5] **Semke:** Triebwagenbetrieb bei regelspurigen, nicht reichseigenen Schienenbahnen. V. T., H. vom 4. XII. 1936.

[6] **Rummel:** Diesel-hydraulischer Triebwagenzug der Westfälischen Landeseisenbahnen. V. T., H. vom 20. III. 1937.

[7] **Manck:** Ein neuer diesel-mechanischer Triebwagen der Lübeck-Büchener Eisenbahnen. V. T., H. vom 5. IV. 1937.

[8] **Gotschlich:** Diesel-Lokomotivbetrieb im planmäßigen Streckendienst einer regelspurigen Schienenbahn. V. T., H. vom 5. V. 1937.

[9] Diesel Rail Traction on the Continent. Oil E., Juliheft 1937.

[10] Nach den weltgeschichtlichen Ereignissen im März 1938 ist Österreich ein Land des Deutschen Reiches. Die Österreichischen Bundesbahnen sind ein Glied der Deutschen Reichsbahn geworden, weshalb die knappe Aufzählung der vorhandenen Motorfahrzeuge von besonderem Interesse sein dürfte.

[11] **Nebesky:** Diesel-Lokomotive mit elektrischer Kraftübertragung. Reihe 2020 der Österreichischen Bundesbahnen. E. u. M. 1928, H. 52.

[12] **Judtmann:** Motorlokomotiven mit elektrischer Kraftübertragung System Gebus. Z. Ö. I. A. V. 1928, H. 1/2.

[13] **Judtmann:** Neuere diesel-elektrische Verschub- und Schmalspurlokomotiven System Gebus. Wasserwirtschaft u. Technik 1935, H. 31—35.

[14] **Lehner:** Neuere Kleinlokomotiven der Österreichischen Bundesbahnen. Organ 1936, H. 10/11.

[15] **Neusser:** Diesel-elektrische Schmalspurlokomotiven der Österreichischen Bundesbahnen. Siemens-Zeitschrift, Septemberheft 1937.

bringung größerer Leistungen, als dies bei Schmalspurtriebwagen möglich gewesen wäre, außerdem blieb der vorhandene Wagenpark, der sehr leicht gebaut ist, verwendbar. Die Österreichischen Bundesbahnen stellten auch eine Anzahl von Leichttriebwagen mit einer Räderbauart in Dienst, bei der ein Luftreifen innen in einem mit Spurkranz versehenen Stahlreifen läuft,[1,2] wodurch ein ruhiger Lauf der Wagen erzielt wurde. Die sehr rasch laufenden Ottomotoren aus der Kraftwagenerzeugung bewährten sich allerdings nicht, sie werden derzeit gegen Dieselmotoren ausgetauscht,[3] durch welche auch das Auftreten von Wagenbränden vermieden werden wird. Für Nebenbahnen haben sich die Gepäcktriebwagen Reihe VT 70[4,5] mit 300 PS-Dieselmotoren und elektrischer Kraftübertragung recht bewährt, ebenso die diesel-elektrischen 160 PS-Triebwagen der Reihe VT 41,[4,5] denen in den letzten Jahren eine größere Anzahl der Reihe VT 42[6-8] folgte, die zwei diesel-elektrische Anlagen von je 210 PS-Motorleistung besitzen und wegen der Anfahrzugkraft von 5000 kg und der Höchstgeschwindigkeit von 110 km/h sowohl mit Anhängewagen für die Bergstrecken bis 25⁰/₀₀ Steigung als auch für Schnellverbindungen, z. B. Wien—Budapest, verwendet werden. Eine Triebwagenreihe VT 44 mit einem Simmeringer Dieselmotor von 425 PS und Flüssigkeitsgetriebe der Maschinenfabrik Voith ist im Bau.

In der **Tschechoslowakei** ist die Motorisierung schon sehr weit vorgeschritten, sie dürfte im Verhältnis zum Eisenbahnnetz vielleicht am stärksten in Europa entwickelt sein, was deswegen weniger bekannt ist, weil aus den Jahren um 1930 noch eine große Anzahl von Benzinfahrzeugen in Dienst steht, die teilweise mit einem Mischbrennstoff aus Benzin, Benzol und Spiritus betrieben werden und mit denen sich das Schrifttum der letzten Jahre, das sich fast ausschließlich auf Dieselfahrzeuge erstreckt, nicht beschäftigte. Neben ganz leichten Schienenautobussen der Tatrawerke mit mechanischer Kraftübertragung gibt es zahlreiche zweiachsige Triebwagen mit elektrischer Kraftübertragung,

---

[1] Der Austro-Daimler 80 PS-Leichttriebwagen. Z. Ö. I. A. V. 1928, H. 27/28.

[2] Schienenexpreß von Austro-Daimler. Europa-Motor, Julinummer 1932.

[3] Preitner: Die Ausrüstung der Vierachsen-Austro-Daimler-Leichttriebwagen mit „Oberhänsli Dieselmotoren". Verkehrswirt. R. Augustheft 1937.

[4] Wallner: Die elektrische Einrichtung der neuen diesel-elektrischen Triebwagen der Österreichischen Bundesbahnen. E. u. M. 1935, H. 1 u. 2.

[5] Lehner: Neuere diesel-elektrische Triebwagen der Österreichischen Bundesbahnen. Organ 1935, H. 18.

[6] Judtmann: Der neue Triebwagen, Reihe VT 42, der Österreichischen Bundesbahnen. Z. Ö. I. A. V. 1935, H. 45/46.

[7] Kaan: New Diesel Railcars and Locomotives in Austria. D. R. T., H. vom 22. II. 1935.

[8] Preitner: Neue diesel-elektrische Triebwagen der Österreichischen Bundesbahnen. Organ 1936, H. 10/11.

von denen der erste anfangs 1928 in Betrieb genommen wurde.[1] Bei den späteren Lieferungen ist die gedrängte Bauart des 100/110 PS-Maschinensatzes[2] bemerkenswert, der quer im Wagen aufgehängt ist. Diese auf Nebenbahnen eingesetzten Triebwagen haben durch eine wesentliche Verbesserung der Anschlüsse und Fahrzeiten einen Großteil der zum Kraftwagen abgewanderten Fahrgäste dem Schienenverkehr wieder zurückgewonnen. Nach den guten Erfahrungen mit der Motorisierung von Nebenbahnen schritten die Tschechoslowakischen Staatsbahnen auch zur Einführung von größeren Triebwagen auf Hauptbahnen, so einer schweren Bauart mit im Wagenkasten aufgestelltem Dieselmotor[3] und einer leichteren Ausführung mit einer elektrisch-mechanischen Übertragung,[4, 5] die als „Slowakischer Pfeil" einen Schnellverkehr zwischen Prag und Preßburg bedient und die rund 400 km lange krümmungsreiche Strecke in $4^1/_2$ Stunden zurücklegt. Ende 1936 sollen insgesamt mehr als 500 Motorfahrzeuge auf öffentlichen Bahnen der Tschechoslowakei in Dienst stehen.

In **Ungarn** ist eine ganz ähnliche Entwicklung festzustellen, da auch in diesem Lande der Verkehr auf den Nebenbahnen schon zum größten Teil motorisiert ist.[6, 7] Dafür stehen zahlreiche zweiachsige benzin- und diesel-mechanische Triebwagen der Firma Ganz & Co., Budapest, in Dienst, die durch ihre einheitliche Bauart Ersparnisse in der Erhaltung ergaben. Von Schnellfahrzeugen sei der 250 PS diesel-mechanische „Arpad" erwähnt, der abwechselnd mit österreichischen Triebwagen der Reihe VT 42 einen Schnellverkehr zwischen Wien und Budapest bedient. In Summe dürften Ende 1936 in Ungarn rund 130 Motorfahrzeuge in Betrieb sein.

In **Holland** stehen außer etwa 20 älteren Triebwagen und 2 neueren benzinelektrischen Turmwagen[8] gegen 130 Motorlokomotiven[9, 10] und

---

[1] J u d t m a n n : Motortriebwagen mit elektrischer Kraftübertragung System „Gebus". V. T. 1928, H. 28.

[2] S. Note 1 auf S. 13.

[3] J a n s a : 300/400 PS diesel-elektrische Schnelltriebwagen der Tschechoslowakischen Staatsbahnen, Reihe M 264. Lok. 1933 H. 6.

[4] L e i n e r : La transmission mixte mécanique de la «Flèche Slovaque». Tract. Nouv., Jänner/Feberheft 1937.

[5] K o l l e r : Der „Slowakische Pfeil". I. E. K. V., Aprilheft 1937.

[6] V e r e s s : Grundsätzliches über die Verwendung von Öltriebwagen. Organ, H. 18/19 vom 20. IX. 1929.

[7] D o r n e r : Entwicklung des Triebwagenbaues bei den Kgl.-ungarischen Staatsbahnen. Organ 1934, H. 1/2.

[8] K a t e r und B e c k e r i n g : De Motor-montagewagens der Ned. Spoorwegen. Sp. &. T., H. vom 19. VII., 2. u. 16. VIII. 1932.

[9] S. Note 13 auf S. 15.

[10] L a b r i j n : New Locotractors in Holland. D. R. T. 1934, H. 22.

40 diesel-elektrische Dreiwagenzüge[1-3] in Dienst, die den Verkehr zwischen den Handelszentren dieses Landes wesentlich beschleunigt haben. Die Motorisierung durch Triebwagenzüge wird in Holland als Vorläuferin der Elektrifizierung betrachtet, die erst bei einer solchen Verkehrssteigerung herangezogen werden soll, wenn eine ausreichende Verzinsung und Tilgung der hohen Anlagekosten für Kraftwerke, Streckenausrüstungen, Speiseleitungen und Unterwerke gesichert ist. Für Nebenbahnen sind in letzter Zeit einige vierachsige 150 PS-Triebwagen mit mechanischer Kraftübertragung[4] eingestellt worden, so daß Ende 1937 die Zahl der Motorfahrzeuge in Holland einschließlich der auf Privatbahnen verkehrenden 225 überschreiten wird.

In **Frankreich** vergrößert sich die Zahl der Motorfahrzeuge ständig. Zuerst wurden sie nur im Lokalverkehr mit kleinen Leistungen verwendet,[5-8] in den letzten Jahren wurden aber zahlreiche größere Dieselfahrzeuge eingesetzt,[9] nachdem auch die luftbereiften Leichtfahrzeuge von Michelin[10,11] ständig in der Leistung erhöht wurden. Nach deutschem und holländischem Vorbilde wurden Triebwagenzüge in Dienst gestellt, darunter 800 PS-Dreiwagenzüge mit elektrischer Kraftübertragung auf der Nordbahn,[1,12] weiters 800 PS-Bugatti-Triebwagen[13] auf der P. L. M., 500 und 1000 PS diesel-mechanische Renault-Triebwagen[14,15] auf der Staatsbahn und 600 PS diesel-elektrische Triebwagen[16] der P. L. M. für Steigungsstrecken. Durch diese Schnellfahrzeuge wurden rasche Verbindungen von Paris zur Nordseeküste, nach Brüssel, zum Mittelmeer

---

[1] **Judtmann:** Dieselmotorfahrzeuge mit elektrischer Kraftübertragung, System „Gebus". Wasserwirtschaft 1933, H. 34—35.

[2] Forty Diesel Trains for Holland. D. R. T., H. vom 18. V. 1934.

[3] **Hupkes:** Die dreiteiligen Triebwagenzüge mit elektrischer Kraftübertragung der Niederländischen Eisenbahnen. Organ 1937, H. 14.

[4] More Diesels for Holland. D. R. T., H. vom 27. XI. 1936.

[5] **Calfas:** Les nouvelles automotrices à moteur à explosion des chemins de fer de l'état. G. C., H. vom 28. X. 1922.

[6] **Jacquinot:** L'exploitation des chemins de fer d'intéret local par automotrices à moteurs à explosion. G. C., H. vom 27. I. 1923.

[7] Small Diesel-electric Railcar in France. D. R. T., H. vom 30. XI. 1934.

[8] **Hamacher:** Die Bedeutung des Schienentriebwagens für die französischen Eisenbahnen. V. T., H. vom 4. I. 1935.

[9] Diesel Railcar Services in France. D. R. T., H. vom 27. XII. 1935.

[10] **Lucius:** Michelin et ses Michelins. Tract. Nouv., Juli/Augustheft 1937.

[11] **Hamacher:** Neue Schienentriebwagen der Französischen Staatsbahn. V. T., H. vom 5. VII. 1933.

[12] Diesel-Electric Express on the Nord. D. R. T. 1934, H. 20.

[13] High Speed Railcar Services on the P. L. M. R. G., H. vom 13. VII. 1934.

[14] Performance of a 500 B. H. P. Railcar. D. R. T., H. vom 2. X. 1936.

[15] 1000 b. h. p. Diesel-Mechanical Trains for France. D. R. T. 1935, H. 38.

[16] High Power Single-Unit Cars for Mountain Service. D. R. T., H. vom 20. X. 1936.

und nach dem Osten geschaffen. Nunmehr stehen auch neuzeitliche Triebwagen mittlerer Leistung zur Verfügung,[1-4] die für den Anschlußverkehr bestimmt sind, es werden auch Großlokomotiven geprüft, von denen außer einer 800 PS diesel-elektrischen Lokomotive der Pariser Gürtelbahn[5, 6] die zwei diesel-elektrischen Lokomotiven der P. L. M. mit zwei gekuppelten Einheiten, Achsfolge $2 - C_0 - 2 + 2 - C_0 - 2$, Maschinenleistung 4400 PS mit zwei stehenden Sulzer Dieselmotoren und Rateau-Aufladung, die bekanntesten sind.[7-9]

Es würde zu weit führen, den Stand der Motorisierung in allen europäischen Ländern genauer aufzuzeigen, weshalb nur noch ein kurzer Überblick über die restlichen Länder gegeben wird.

In **England** gewinnt der Triebwagen erst jetzt an Boden, dagegen werden bereits zahlreiche Verschublokomotiven[10] verwendet, die ebenso wie einige Triebwagenkonstruktionen für den Export von Bedeutung sind.

In **Dänemark** sind die zahlreichen Motorfahrzeuge der Privat- und Anschlußbahnen bemerkenswert. Wenn man mit dem D-Zug durch Dänemark reist, so sieht man fast in jedem Knotenpunkt Triebwagen für die Nebenstrecken warten. Schon im Herbst 1935 gab es 116 Dieselfahrzeuge auf den dänischen Staats- und Privatbahnen,[11] zu denen noch Triebwagenzüge mit hoher Motorleistung bis 1000 PS — geteilt in vier Maschinensätze von je 250 PS — für Geschwindigkeiten bis etwa 140 km/h kamen, die auf der Strecke Kopenhagen—Esbjörg einen Schnellverkehr ermöglichen.[12]

---

[1] A Successful French Railcar. D. R. T., H. vom 23. III. 1934.

[2] Hamacher: Neue französische Schienentriebwagen. V. T., H. vom 5. V. 1934.

[3] French Diesel Railcar Practice. D. R. T., H. vom 5. X. 1934.

[4] A New French Double-Bogie Railcar. D. R. T., H. vom 20. X. 1936.

[5] Piot: La locomotive Diesel-électrique de 800 chevaux des Chemins de fer de Ceinture de Paris pour service de manœuvres et de trains de marchandises. Science et Industrie, Juliheft 1933.

[6] The Design and operation of a heavy Diesel Locomotive. D. R. T., H. vom 17. V. 1935.

[7] Two Super-Power Diesel Electric Locomotives for the P. L. M. D. R. T. H. vom 22. III. 1935.

[8] 4000 B. H. P. Locomotives for the P. L. M. Railway. D. R. T., H. vom 14. V. 1937.

[9] Wögerbauer: Die diesel-elektrische Schnellzugslokomotive 262 BDl der Paris—Lyon-Mediterranée. Z. Ö. I. A. V. 1937, H. 37/38.

[10] More L. M. S. R. Diesel-Electric Shunters. D. R. T., H. vom 17. IV. 1936.

[11] Pedersen: Diesel Traction Experience in Denmark. D. R. T., H. vom 4. X. 1935.

[12] Stroebe: Entwicklung des Triebwagens. I. E. K.V., S. 74, Aprilheft 1937.

Auch **Belgien**[1] besitzt schon viele Triebwagen, die teilweise im Nahverkehr eingesetzt sind,[2] teilweise für den Schnellverkehr mit Stromlinienwagen und -zügen dienen.[3]

In **Italien** laufen neben älteren Fahrzeugen für Klein- und Nebenbahnen[4] hauptsächlich rasche Wagen und Züge[5-7] mit mechanischer Kraftübertragung, die den schon im allgemeinen recht schnellen Personenverkehr noch beschleunigen.

Auch in **Polen**[8] plant man nach der Motorisierung einer Anzahl von Nebenstrecken mit vierachsigen Triebwagen[9] den Einsatz von Schnelltriebwagen auf Hauptstrecken, nachdem schon ein 420 PS diesel-elektrischer Triebwagen mit 110 km/h Höchstgeschwindigkeit ähnlich den österreichischen Triebwagen der Reihe VT 42 längere Zeit in Dienst steht.

Litauen besitzt zahlreiche diesel-elektrische Zweiachser,[10] Holzgastriebwagen auf den Schmalspurstrecken, **Schweden** diesel-elektrische Triebwagen und Lokomotiven,[11, 12] **Rumänien** und **Jugoslawien** Zweiachser und Vierachser verschiedener Bauarten.

Rußland hat einige Großlokomotiven in Dienst gestellt, die durch die Veröffentlichung der Versuchsergebnisse durch Prof. Lomonossoff[13, 14] sehr bekanntgeworden sind.

B. Motorisierung in Amerika und in den übrigen Erdteilen.

Die Leser amerikanischer Zeitschriften sind über die große Zahl von Motorfahrzeugen unterrichtet, die in den **Vereinigten Staaten von Nord-**

---

[1] Diesel Railcar Development in Belgium. D. R. T., H. vom 18. V. 1934.
[2] Multi-stop Diesel Services in Belgium. D. R. T., H. vom 7. VIII. 1936.
[3] Belgian Streamlined Trains. D. R. T., H. vom 2. X. 1936.
[4] Mellini et La Valle: Automotrices sur rails à Moteur à combustion interne. L'Industrie des Voies Ferrées et des Transports Automobiles, Oktoberheft 1928.
[5] Stainless Steel Railcars in Italy. D. R. T., H. vom 12. VI. 1936.
[6] Express Buffet Cars for Italy. D. R. T., H. vom 20. X. 1936.
[7] Triple Car Super-Speed Trains in Italy. D. R. T., H. vom 27. XI. 1936.
[8] The Adoption of Diesel Traction in Poland. D. R. T., H. vom 30. XI. 1934.
[9] Ogurek: Automotrice Polonaise. Ch. Fer. & T., Februarheft 1936.
[10] S. Note 1 auf S. 18.
[11] Soberski: Diesel-elektrische Triebwagen auf schwedischen Eisenbahnen. V. T., H. vom 16. II. 1923.
[12] Schapira: Diesel-elektrische Triebwagen im schwedischen Eisenbahnbetrieb. V. T., H. vom 13. VIII. 1926.
[13] S. Note 1 auf S. 1.
[14] Dobrowolski: Die Diesel-Getriebelokomotive und ihre Erprobung. Z. V. D. I., H. vom 18. VI. 1927.

amerika und **Kanada**[1,2] in Betrieb sind. Bis 1934 stieg diese Zahl schon auf etwa 1200 Triebwagen und Lokomotiven mit Verbrennungsmotoren,[3] für welche die elektrische Kraftübertragung fast ausschließlich zur Verwendung kam. Wegen des geringen Preisunterschiedes zwischen Benzin und Rohöl wurden Vergasermotoren bis zu großen Leistungen eingebaut, in den letzten Jahren hat jedoch der Fahrzeugdieselmotor an Verbreitung gewonnen, insbesondere für die Stromlinienzüge, die mit Geschwindigkeiten um 160 km/h das amerikanische Festland durcheilen. Nach den Dreiwagenzügen der Bauart „Zephyr"[4] kamen u. a. der „Comet",[5] „The Rebel",[6] „The Green Diamond",[7] die Zwölfwagenzüge „City of Denver" der Union Pacific,[8] bei welchen die Maschinenanlage von 2×1200 PS in den zwei ersten Wagen untergebracht ist, denen Gepäck-, Post-, Personen- und Speisewagen folgen, und schließlich die Vierzehnwagenzüge „Denver Zephyr"[9] der Burlington mit 3000 PS Motorleistung. Bemerkenswert ist auch die große Zahl der im Verschubdienst verwendeten Motorlokomotiven mit Leistungen von 300 bis 600 PS[10] und Großlokomotiven mit 2000[11] und 3600 PS,[12] letztere für den Dienst auf einer Strecke, welche zuerst für die Elektrifizierung ausersehen war.

Auch in Südamerika schreitet die Einführung von Motorfahrzeugen rasch vorwärts, so ist in letzter Zeit ein Auftrag der **Argentinischen Staatsbahnen** auf 99 vierachsige 100 PS diesel-mechanische Triebwagen[13] bekanntgeworden, der wohl die größte bisher gemeinsam durchgeführte Bestellung von Triebwagen gleicher Bauart darstellen dürfte.

---

[1] S. Note 1 auf S. 5.

[2] Gage: Oil-Electric Traction on the Canadian National Railways. D. R. T., H. vom 10. VIII. 1934.

[3] Witte: Die Entwicklung des Triebwagens mit eigener Kraftquelle in den Vereinigten Staaten und Kanada. Organ 1934, H. 1/2.

[4] Burglington „Zephyr" Completed at Budd Plant. R. A., H. vom 14. IV. 1934.

[5] The Design, Construction and Operation of a Streamlined Diesel Train. D. R. T., H. vom 19. II. 1937.

[6] Gulf, Mobile & Northern buys Motor Trains of welded construction. R. A., H. vom 15. VI. 1935.

[7] Illinois Central High Speed Train goes on extensive Tour. R. A., H. vom 11. IV. 1936.

[8] The New Streamlined „City of Denver". R. A., H. vom 4. VII. 1936.

[9] Denver Zephyrs hauled by 3000 hp. Diesel Locomotives. R. A., H. vom 7. XI. 1936.

[10] New Haven's Ten Switchers Involve Unusual Considerations. R. A., H. vom 31. X. 1936.

[11] Illinois Central Gets Powerful Switchers. R. A., H. vom 29. VIII. 1936.

[12] More 3600 B. H. P. Oil-Electric Locomotives. D. R. T., H. vom 16. IV. 1937.

[13] Features of the hundred Railcars for Argentinia. D. R. T., H. vom 16. IV. 1937.

In **Asien** ist besonders Japan[1], die Mandschurei[2] und Siam[3] zu erwähnen, doch auch in **Afrika,** wie in Tunis,[4] wo diesel-elektrische Lokomotiven schon vor zehn Jahren in Dienst gestellt wurden, und **Südafrika** mit zahlreichen Minenlokomotiven, und in **Australien** mit leichten Triebwagen schreitet die Motorisierung vorwärts.

C. Schätzung der Gesamtzahl der Schienenmotorfahrzeuge.

Insgesamt laufen jetzt in Europa mindestens 3500 Motorfahrzeuge auf öffentlichen Bahnen, wozu noch die Lokomotiven der Industrie- und Werksbahnen kommen, von denen schätzungsweise 15000 Stück in Betrieb stehen. Da sich die Zahlen für die außereuropäischen Länder auf gleicher Höhe bewegen dürften, kann man annehmen, daß die Gesamtzahl der Motorfahrzeuge von öffentlichen und nichtöffentlichen Bahnen mindestens 30000 bis 35000 beträgt.

Durch diese Zahl findet die im Vorwort gegebene Darstellung von der steigenden Bedeutung der Motorfahrzeuge für den Schienenverkehr ihre Bestätigung. Dabei ist die Entwicklung noch keineswegs abgeschlossen, sie geht sprunghaft weiter, so daß eine gründliche Kenntnis der besonderen zugförderungstechnischen Eigenheiten der Motorfahrzeuge für den immer größer werdenden Kreis von Ingenieuren und Beamten, die sich mit der Zugförderung von Motorfahrzeugen beschäftigen müssen, ein Gebot der Notwendigkeit ist.

IV. Die Grundlagen der Eisenbahnzugförderung bei Verwendung von Motorfahrzeugen.

A. Ableitung der Grundformel der Zugförderung.

Wenn wir uns nunmehr nach einem Überblick über die große Bedeutung der Motorfahrzeuge den Grundlagen der Eisenbahnzugförderung bei Verwendung dieser Fahrzeuge zuwenden, so müssen wir zuerst die allgemeinen Beziehungen durchgehen, die für alle Schienenfahrzeuge gelten. Ergänzungen ergeben sich bei der Ermittlung der Fahrwiderstände, für welche wegen der neuen Verhältnisse neue Formelwerte gesucht werden mußten.

---

[1] Japanese Local Freight Diesel Locomotives. D. R. T., H. vom 27. XI. 1936.

[2] Glauser: 750 PS diesel-elektrische Lokomotive für die Südmandschurei. Bulletin Oerlikon, Märzheft 1932.

[3] Ablieferung der 900 PS diesel-elektrischen Schnellzugslokomotiven für Siam. Bulletin Oerlikon, Märzheft 1932.

[4] Poullain: Description et essais d'une nouvelle locomotive Diesel électrique en service en Tunis. Revue Générale, Juliheft 1927.

Bei allen Zugförderungsaufgaben tritt vor allem die Frage auf, welche Leistung in das Triebfahrzeug eingebaut werden muß, damit es den jeweiligen Forderungen des Betriebes entspricht.

Die Leistung ist das Differential der Arbeit nach der Zeit und die Arbeit gleich der Zugkraft mal dem Wege, daher

$$N = \frac{dA}{dt} = Z \cdot \frac{ds}{dt} = Z \cdot v, \tag{1/IV}$$

wobei N die Leistung am Radumfang in kgm/Sek, v die Geschwindigkeit in m/Sek und Z die Zugkraft am Radumfang in kg bedeutet. Für die Umrechnung in PS und km/h ergibt sich

$$N^{PS} = \frac{Z^{kg} \cdot V^{km/h}}{3,6 \cdot 75}$$

und damit die bekannte **Grundformel der Zugförderung**

$$N = \frac{Z \cdot V}{270}. \tag{2/IV}$$

Da die Fahrgeschwindigkeit entweder für ein bestimmtes Fahrprogramm vorgeschrieben ist oder im Rahmen gewisser Grenzen, die durch den Verwendungszweck gegeben sind, gewählt werden kann, sind für die Bestimmung der Leistung vorzugsweise die erforderlichen Zugkräfte maßgebend. Diese Zugkräfte werden in der Eisenbahntechnik aus den Gewichten der Lokomotive und der Anhängewagen in Tonnen und den spezifischen Fahrwiderständen in kg/t ermittelt, also

$$Z^{kg} = G^t_{Lok} \cdot w^{kg/t}_{Lok} + G^t_{Wagen} \cdot w^{kg't}_{Wagen}, \tag{3/IV}$$

während sich für Triebwagen wegen des vom Gewicht unabhängigen Luftwiderstandes die direkte Berechnung des gesamten Fahrwiderstandes durchgesetzt hat. Sowohl für Lokomotivzüge als auch später für eine einfache Brennstoffverbrauchsformel benötigen wir Werte des spezifischen Fahrwiderstandes, weshalb wir uns auch mit diesen befassen wollen.

B. Fahrwiderstände.

Da im Abschnitt XII eingehend über die Versuche und Meßfahrten zur Gewinnung von Unterlagen für die Widerstandsformeln berichtet wird, gehen wir gleich auf die übliche Einteilung des Fahrwiderstandes ein. Trotz eingehender Bemühungen liegen neuere Erkenntnisse über die physikalische Natur der Bewegungswiderstände nicht vor, wir begnügen uns daher bewußt mit möglichst guten Näherungswerten, die aus den Versuchsergebnissen mit Fahrzeugen verschiedener Bauart ermittelt werden.

Der Fahrwiderstand besteht aus folgenden Einzelgrößen:

1. *Laufwiderstand*, bedingt durch Lagerreibung, Rollreibung zwischen

Rad und Schiene, Stoßwiderstand durch Schienenstöße und Unebenheiten der Gleise.

2. *Luftwiderstand.*

3. *Steigungswiderstand.*

4. *Krümmungswiderstand.*

5. *Beschleunigungswiderstand.*

a) Fahrwiderstand in der Waagerechten.

Der unter 1 und 2 angeführte Lauf- und Luftwiderstand werden zweckmäßigerweise zum Fahrwiderstand in der geraden Ebene oder Waagerechten zusammengezogen, da er dem Widerstand bei gleichmäßiger Fahrt auf gerader ebener Strecke entspricht.

1. Verlauf der Widerstandskurven.

Diesen Widerstandskurven ist ein annähernd parabelförmiger Verlauf gemeinsam, dem entweder eine zweigliedrige Formel

$$w = k_1 + k_2 \cdot V^2 \text{ kg/t}$$

oder eine dreigliedrige

$$w = k_1 + k_2 \cdot V + k_3 \cdot V^2 \text{ kg/t}$$

zugrunde gelegt wird. Mit dem quadratischen Glied wird dabei vorzugsweise der Luftwiderstand erfaßt, doch sind Untersuchungen veröffentlicht,[1] die für das Anwachsen des Luftwiderstandes eine geringere Potenz als 2 annehmen, wenn die Oberflächenreibung einen Einfluß hat. So hat schon Froude im Jahre 1872 als Potenz 1,825[1] und Aspinall für eine englische Bahn $5/_3$[2] angegeben. Bei der dreigliedrigen Formel, die schon einmal aufgegeben wurde, scheint dem nicht genau quadratisch ansteigenden Wert des Luftwiderstandes Rechnung getragen, sie wird aber derzeit noch wenig verwendet.

Die Festwerte k werden nach den Versuchsergebnissen mathematisch ermittelt, doch ist festzuhalten, daß k_1 nicht für den ersten Anfahrbereich gilt, obwohl er nach den Formeln für $V = 0$ übrig bleibt. Nach neueren russischen Versuchen beginnt der Fahrwiderstand unter etwa 8 km/h wieder zu steigen, doch fehlen ausreichende Unterlagen über die Größe des Anstieges, da die Untersuchungen von Glinski aus dem Jahre 1912[3] einer Überprüfung bedürfen. Es besteht jedenfalls ein Zusammenhang mit der Stillstandszeit, und zwar derart, daß bei Gleitlagern während eines kleinen Zeitraumes ein wesentlicher Anstieg unterbleibt, was mit

---

[1] Vogelpohl: Die physikalische Natur der Bewegungswiderstände von Eisenbahnfahrzeugen. Z. V. D. I. 1935, H. 28.

[2] Aspinall: I. E. K. V. 1903, S. 188.

[3] Glinski: Der Bewegungswiderstand von Eisenbahnfahrzeugen zu Beginn des Anfahrens. Z. V. D. I. 1912, H. 51.

dem Schmierfilm der Lager zusammenhängen dürfte, der nach längerem Stillstand gestört wird. Bei Rollenlagern müßte darnach mit geringeren Unterschieden zu rechnen sein, was auch mit der Wirklichkeit übereinstimmt. Da aber im Anfahrbereich ohnedies der Beschleunigungswiderstand überwiegt und gerade die Geschwindigkeiten bis etwa 8 km/h in einigen Sekunden durchfahren werden, sind im allgemeinen besondere Annahmen für diesen Bereich entbehrlich.

2. Widerstandsformeln für Wagenzüge.

Wenn wir uns wegen der Lokomotivzüge zuerst mit den Widerstandsformeln für Wagenzüge beschäftigen, so ist auf Frank, Sanzin, Strahl und Nordmann hinzuweisen, die auf diesem Gebiet aufbauend tätig waren.

Die vereinfachten Formeln von Frank und Strahl für Wagenzüge lauteten[1]

$$w = 2{,}5 + k_2 \left(\frac{V}{10}\right)^2 \text{kg/t,} \qquad (4/\text{IV})$$

wobei

$k_2 = 0{,}033$ für Schnellzüge mit leichten Wagen und

$ = 0{,}025$ für Schnellzüge mit schweren Wagen und Faltenbälgen

angegeben wird.

Für Züge aller Art war bis nach 1900 in Preußen die „Erfurter Formel"

$$w = 2{,}4 + 0{,}1 \left(\frac{V}{10}\right)^2 \text{kg/t} \qquad (5/\text{IV})$$

und bei anderen Bahnen die ähnliche Formel von Clark

$$w = 2{,}4 + \frac{1}{13} \left(\frac{V}{10}\right)^2 \text{kg/t} \qquad (6/\text{IV})$$

in Gebrauch.

Die neuesten Formeln für Wagenzüge ohne Triebfahrzeug gründen sich auf Versuche der Deutschen Reichsbahn im Jahre 1929, die sowohl von Nocon[2] als auch Sauthoff[3] bearbeitet wurden. Nach Prof. Nordmann[1] ist die Auswertung von Sauthoff zu empfehlen, die zu folgendem Ergebnis kommt:

$$w = 1{,}9 + b \cdot V + 0{,}0048 \frac{1}{G} \, (n + 2{,}7) \cdot f \cdot V_R^2 \, \text{kg/t.} \qquad (7/\text{IV})$$

---

[1] Nordmann: Die Mechanik der Zugförderung in ihrer Entwicklung und ihren neuesten Ergebnissen. G. A., H. vom 1. und 15. XII. 1932.

[2] Nocon: Neue Versuche mit Personen- und D-Zügen. G. A., 1931/I, 99ff.

[3] Sauthoff: Die Bewegungswiderstände der Eisenbahnwagen unter besonderer Berücksichtigung der neueren Versuche der Deutschen Reichsbahn. Dissertation, Techn. Hochschule Berlin. 1933.

Dabei bedeutet:

G = Gewicht des Wagenzuges in t,
V = Fahrzeuggeschwindigkeit in km/h,
V_r = Relativgeschwindigkeit der Luft zum Fahrzeug in km/h,
n = Anzahl der Wagen,
b = 0,0025 für vierachsige Wagen,
= 0,004 „ dreiachsige „ ,
= 0,007 „ zweiachsige „ ,
f = Äquivalentfläche 1,45 m² für D-Wagen neuerer Bauart,
= „ 1,55 „ „ „ älterer „ ,
= „ 1,15 „ „ 2- u. 3achsige Personenwagen.

Der Zuschlag von 2,7 zur Wagenzahl entspricht dem Sog am Zugende, der gewissermaßen durch eine Verlängerung des Zuges berücksichtigt wird.

Wenn wir nun zu den Triebfahrzeugen übergehen, so mussen wir uns vor Augen halten, daß deren Fahrwiderstand ganz wesentlich von der Bauart abhängt, wie wir dies schon von den Dampflokomotiven wissen. Bei Blindwellen und gekuppelten Achsen werden wir sogar auf die für Lokomotiven in jedem Handbuch zu findenden Formeln greifen müssen, wenn für die Motorlokomotiven noch keine Meßergebnisse vorliegen, im allgemeinen kommen wir aber bei Motorfahrzeugen mit den Triebwagenformeln durch, da auch die meisten Motorlokomotiven bezüglich des Antriebes ähnlich den Triebwagen gebaut sind.

3. Widerstandsformel der Studiengesellschaft.

Da die Zugkraftermittlung gerade für hohe Geschwindigkeiten von großer Bedeutung ist, müssen die Versuche der Studiengesellschaft für elektrische Schnellbahnen, die 1901 bis 1903 auf der Militäreisenbahn Zossen—Marienfelde stattfanden, erwähnt werden, da die gefundene Widerstandsformel noch für Vergleichszwecke dienen kann. Diese Formel der Studiengesellschaft, die schon den gesamten Fahrwiderstand erfaßte, lautete:

$$\begin{aligned}
\text{Erster Wagen } W &= G\,(1{,}8 + 0{,}0067 \cdot V) + 0{,}0052 \cdot F \cdot V^2 + \\
\text{Mittlere } „ \quad &+ G_m \cdot n\,(1{,}3 + 0{,}0067 \cdot V) + 0{,}0052 \cdot f \cdot V^2 + \\
\text{Letzter } „ \quad &+ G_1 \cdot (1{,}8 + 0{,}0067 \cdot V) + 0{,}0052 \cdot f \cdot V^2 \text{ kg.}
\end{aligned} \qquad (8/\text{IV})$$

W = Fahrwiderstand in kg,
G = Gewicht des ersten Wagens in t,
G_m = Gewicht eines Mittelwagens in t,
G_l = Gewicht des letzten Wagens in t,

n = Zahl der Mittelwagen,
V = Fahrgeschwindigkeit in km/h,
F = Stirnfläche in m²,
f = 1,5 m² für seitlichen und rückwärtigen Windanfall.

Im Aufbau zeigt die Formel (8/IV) eine große Ähnlichkeit mit (7/IV), sie besitzt ein lineares Glied für V und sucht ebenfalls den Sog zu erfassen.

4. Widerstandsformeln für Triebwagen.

Bei den ersten Triebwagen der Č. S. D. mit eckiger Kopfform erzielte der Verfasser mit einer Formel ähnlich jener von Clark, und zwar mit

$$w = 2{,}5 + 0{,}08 \left(\frac{V}{10}\right)^2 \text{kg/t,} \qquad (9/\text{IV})$$

brauchbare Ergebnisse, wobei aber für Gewährleistungen mit wenig eingefahrenen Wagen ein Mindestwert von 4 kg/t eingeführt wurde, also die Kurve des spezifischen Widerstandes unter etwa 43 km/h durch eine Waagerechte entsprechend 4 kg/t ersetzt wurde. Dieser Mindestwert fand übrigens bei Auslaufversuchen der österreichischen Triebwagenreihe VT 42 knapp nach ihrer Inbetriebsetzung eine Bestätigung, da sich für diesen nicht eingelaufenen Zustand der Wagen die Beziehung

$$w = 4 + 0{,}04 \left(\frac{V}{10}\right)^2 \text{kg/t} \qquad (10/\text{IV})$$

ergab. Beide Wagenarten besitzen Gleitlager, was für den größeren Laufwiderstand ohne Einlaufen die Ursache sein dürfte; der Hinweis auf diese Verhältnisse soll bei Übergabsfahrten zur Vorsicht mahnen, die häufig mit eben aus den Werkstätten hervorgegangenen Fahrzeugen durchgeführt werden müssen.

Für Triebwagen mit höchstens drei Anhängewagen haben die im Jahre 1933 bekanntgegebenen Widerstandsformeln der Deutschen Reichsbahn, die weiterhin als Reichsbahnformeln I bezeichnet werden, große Verbreitung gefunden:[1]

$$\text{Triebwagen } W \text{ in kg} = c_1 . 2{,}5 . G_t + c_2 . 0{,}5 \left(\frac{V}{10}\right)^2 . F_t +$$

$$\text{Anhänger} \qquad + n\left[1{,}5 . G_a + c_3 . 0{,}5 \left(\frac{V}{10}\right)^2 . F_a\right]. \qquad (11/\text{IV})$$

Darin bedeuten:

W = Fahrwiderstand in kg,
c_1 = 1 für Regelspur 1435 mm,
G_t = Gewicht des Triebwagens in t,
F_t = Stirnfläche des Triebwagens in m²,
c_2 = 0,85 für Vierachser, eckige Kopfform,
= 0,50 für Vierachser, abgerundete Kopfform,
= 0,75 für Zweiachser, eckige Kopfform,
= 0,45 für Zweiachser, abgerundete Kopfform,

c_3 = 0,25 bis 0,30 für eckige Kopfform,
= 0,20 bis 0,25 für abgerundete Kopfform,
n = Zahl der Anhängewagen (höchstens 3),
G_a = Gewicht eines Anhängewagens in t,
F_a = Stirnfläche eines Anhängewagens in m²,
V = Geschwindigkeit in km/h.

---

[1] S. Note 1 auf S. 18.

Die Geschwindigkeit V entspricht dabei der Relativgeschwindigkeit der Luft zum Fahrzeug, weshalb für Gegenwinde deren voller Wert hinzugefügt werden muß. Herrscht z. B. ein Gegenwind von 30 km/h und fährt das Fahrzeug dabei mit 100 km/h Geschwindigkeit, so ergibt sich der Widerstand durch Einsetzen von $V = 100 + 30 = 130$ km/h. Für die Erfassung mittlerer Seitenwinde wird der Wert $(V + 12)$ statt V empfohlen.

Im Jahre 1936 wurden die Formeln für die neuen Bauarten ergänzt, wir wollen sie Reichsbahnformeln II nennen; deren Aufbau ist unverändert geblieben, doch besitzen sie andere Beiwerte.

Die Reichsbahnformeln II lauten mit denselben Bezeichnungen wie Formeln (11/IV):

Triebwagen allein
$$W = 2 \cdot G_t + 0{,}5 \cdot 0{,}5 \left(\frac{V}{10}\right)^2 \cdot F_t \text{ kg,}$$

Triebwagen mit kurzgekuppeltem Anhänger
$$= 2\,(G_t + G_a) + 0{,}65 \cdot 0{,}5 \left(\frac{V}{10}\right)^2 \cdot F_t \text{ kg,}$$

Triebwagen mit normal gekuppeltem Anhänger
$$= 2\,(G_t + G_a) + 0{,}80 \cdot 0{,}5 \left(\frac{V}{10}\right)^2 \cdot F_t \text{ kg,}$$

Zweiwagenzug
$G_t =$ Gesamtgewicht
$$= 2{,}5 \cdot G_t + 0{,}5 \cdot 0{,}5 \left(\frac{V}{10}\right)^2 \cdot F_t \text{ kg,}$$

Dreiwagenzug
$G_t =$ Gesamtgewicht
$$= 2{,}5 \cdot G_t + 0{,}6 \cdot 0{,}5 \left(\frac{V}{10}\right)^2 \cdot F_t \text{ kg.}$$

$$(12/\text{IV})$$

In diesen Formeln hat sich die Erkenntnis ausgewirkt, daß sich der Luftwiderstand eines Fahrzeuges mit glatter Seitenfläche auch bei einer Verlängerung wie vom Zwei- auf den Dreiwagenzug nur um einen kleinen Betrag für die geringe Seitenreibung erhöht.[1]

Für die Berechnung der Zugkraft bei den verschiedenen Geschwindigkeiten, insbesondere aber bei der Höchstgeschwindigkeit soll noch ein Zuschlag von $(G_t + G_a) \cdot 3$ kg hinzugefügt werden, wodurch ein entsprechender Zugkraftüberschuß gesichert wird, über den wir bei der Besprechung der Steigfähigkeit und der Anfahrt noch ausführlich sprechen

---

[1] Nach Abschluß dieser Arbeit veröffentlichte Reichsbahndirektor Breuer in einem Aufsatz über die vierteiligen Schnelltriebwagen (s. Note 7 auf S. 13) folgende Formeln:

Zweiteiliger Schnelltriebwagen
$$G = 101^t, \quad W = 1{,}5 \cdot G + 0{,}45 \cdot 0{,}5 \left(\frac{V}{10}\right)^2 \cdot F,$$

Dreiteiliger Schnelltriebwagen
$$G = 150^t, \quad W = 1{,}5 \cdot G + 0{,}60 \cdot 0{,}5 \left(\frac{V}{10}\right)^2 \cdot F,$$

Vierteiliger Schnelltriebwagen
$$G = 207^t, \quad W = 1{,}5 \cdot G + 0{,}71 \cdot 0{,}5 \left(\frac{V}{10}\right)^2 \cdot F.$$

$$(12\,a/\text{IV})$$

werden. Dieser Zuschlag bedeutet nichts anderes, als daß die betreffende Geschwindigkeit noch auf einer um $3^0/_{00}$ größeren Steigung als verlangt gefahren werden kann, allerdings nur bei genügend langer Strecke.

Wenn wir als Beispiel den Fahrwiderstand für einen alleinfahrenden Triebwagen von 50 t Gewicht mit 10 m² Stirnfläche für eine Fahrgeschwindigkeit von 125 km/h nach den Formeln (8/IV) für eckige Kopfform und nach (12/IV) mit windschnittiger Form rechnen, so erhalten wir

nach (8/IV): · nach (12/IV):

$$W = 50\,(1{,}8 + 0{,}84) + 813 = 945\,\text{kg}, \qquad W = 100 + 391 = 491\,\text{kg},$$

$$N = \frac{945 \cdot 125}{270} = 438\,\text{PS a. R.}, \qquad N = \frac{491 \cdot 125}{270} = 227\,\text{PS a. R.},$$

Verhältniszahl 1, Verhältniszahl 0,52,

also eine Ersparnis von fast $50^0/_0$ an Leistung durch entsprechende Ausbildung der Kopfform, wodurch überhaupt erst die Erreichung der jetzt im Schnellverkehr ausgefahrenen hohen Geschwindigkeiten möglich war. Der spezifische Fahrwiderstand beträgt in dem einen Fall 18,9 und im zweiten 9,8 kg/t, während nach Formel (10/IV) etwa 10,2 kg/t, also ein mit (12/IV) gut stimmender Wert erhalten wird.

5. Einzelheiten über den Luftwiderstand.

Der Luftwiderstand ist in den neuen Formeln unabhängig vom Gewicht, was auch leicht verständlich ist, da für ihn außer der Geschwindigkeit nur die Querschnittsfläche und die Kopfform des Fahrzeuges maßgebend sein kann, da er ein reiner Formwiderstand ist. Für die früheren Geschwindigkeiten, die selten 80 km/h überschritten, war mit den Formeln für den spezifischen Widerstand noch das Auslangen zu finden, obwohl es klar war, daß ein schwererer Zug bei derselben Geschwindigkeit und gleichen Querschnitts- und Kopfformverhältnissen wegen des gleichbleibenden Luftwiderstandes einen geringeren spezifischen Fahrwiderstand aufweisen muß als ein leichterer, was übrigens nach Vogelpohl schon Graf de Pambour[1] im Jahre 1835(!) erkannt hat. Die bedeutend erhöhten Geschwindigkeiten des letzten Jahrzehntes, hauptsächlich aber die Einführung eines Schnellverkehres mit etwa 160 km/h Höchstgeschwindigkeit, zeigten den ausschlaggebenden Einfluß des Luftwiderstandes, der mit den alten Formeln für den spezifischen Widerstand falsch erfaßt wurde.

Man schritt zu ausgedehnten Modellversuchen im Windkanal, wobei in Nordamerika die Anlagen der Westinghouse Electric & Manufacturing Company[2] und in Deutschland der Windkanal des Zeppelin-Luftschiff-

---

[1] Pambour: Traité théorique et pratique des machines locomotives, S. 114. Paris. 1835.

[2] Tietjens and Ripley †: A Study of Air Resistance at High Speeds. R. A., H. vom 6. II. 1934.

baues besonders bekannt wurden. Die den Wagenformen möglichst genau
angepaßten Modelle werden im Windkanal angeblasen und der Luftwiderstand und der Druckverlauf um das Fahrzeug mit immer mehr
verbesserten Formen untersucht.

Einer Werbeschrift der Maybach-Motorenbau G. m. b. H. in Friedrichs-
hafen, deren Anregungen volle Unterstützung der Deutschen Reichsbahn-
gesellschaft fanden, ist die Abb. 1 entnommen, die den Druckverlauf
längs des Modells des „Fliegenden Hamburgers“ bei großen Geschwindigkeiten zeigt. Einem hohen Überdruck an der Vorderseite des Doppel-
wagens folgt ein beträchtlicher Unterdruck,
an den sich längs der Seitenwand eine fast
drucklose Zone anschließt. Am rückwärtigen Ende zeigt sich wieder ein kleinerer
Unterdruck. Für Wagen mit glatten
Flächen, gut ausgebildeter Kopfform und
schürzenartig ausgeführter Verkleidung
der Drehgestelle und des Raumes unterhalb
des Wagenkastens dürfte der Verlauf des
Druckes nach Abb. 1 kennzeichnend sein.
Der nicht unbeträchtliche Unterdruck nahe
der Stirnseite fand bei einer Probefahrt

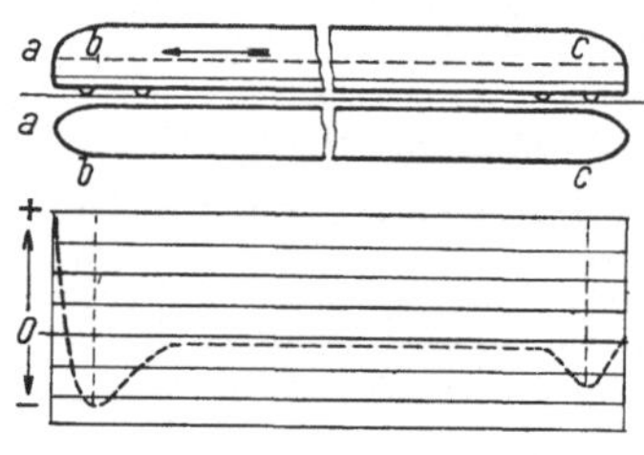

Abb. 1.
Druckverlauf längs eines Modelles des
„Fliegenden Hamburgers“ bei hohen
Geschwindigkeiten (nach Maybach).

eines Triebwagenzuges der Österreichischen Bundesbahnen, bei dem ein
Steuerwagen vorne lief, seine Bestätigung, und zwar dadurch, daß beim
Öffnen des am Ende der Kopfabrundung im Führerstand befindlichen
Seitenfensters schon bei Geschwindigkeiten knapp über 100 km/h die
Luft aus dem Fahrgastraum bei nicht ganz geschlossenen Abteiltüren
pfeifend herausgesaugt wurde.

Die Verbesserung der Wagenform ist deshalb von so großer Bedeutung,
weil die Geschwindigkeit in der Leistung, insofern der Luftwiderstand
maßgebend ist, in der dritten Potenz aufscheint, was durch nachfolgende,
von Direktor Breuer der Deutschen Reichsbahngesellschaft angegebene
Gegenüberstellung[1] über das Anwachsen der Zugkraft und Leistung gegenüber den als Einheit gewählten Verhältnissen bei 60 km/h besonders
deutlich wird:

Fahrgeschwindigkeit in km/h 60   70   80   90   100   120
Zugkraft gegenüber 60 km/h 1   1,23 1,49 1,76 2,17 2,82
Leistung am Radumfang gegenüber
    60 km/h 1   1,44 1,98 2,64 3,60 5,65

Mit dem Anwachsen des Luftwiderstandes tritt der Anteil des Lauf-
und Reibungswiderstandes immer mehr zurück, wie auch Versuche der

---

[1] Breuer: Neuere Triebwagen mit Verbrennungsmotoren. Z. V. D. I.,
H. vom 23. I. 1932.

Deutschen Reichsbahn mit den neuen dreiteiligen Schnelltriebwagen bewiesen. Die in einer Veröffentlichung von Zielke[1] enthaltene Abb. 2 zeigt den Anteil des Luftwiderstandes am Gesamtwiderstand des dreiteiligen diesel-elektrischen Schnelltriebwagens über der Fahrgeschwindigkeit, welcher Anteil von ungefähr 35% bei 70 km/h auf 74% bei 160 km/h und auf 81% bei 200 km/h steigt.

Dies ist derselbe diesel-elektrische dreiteilige Triebwagenzug, der eine Höchstgeschwindigkeit von 205 km/h bei einer Versuchsfahrt am 17. Februar 1936 erreicht hat.

Aus der Abb. 2 sieht man auch, daß sich bei den hohen Geschwindigkeiten der Schnelltriebwagen ein Unterschied im Gewicht bei Fahrten auf ebenen Strecken wenig auswirkt. Zielke weist dazu nach, daß das Mehrgewicht der diesel-elektrischen gegenüber den diesel-hydraulischen Dreiwagenzügen — 129,5 — 119 = = 10,5 t — bei der betriebsmäßigen Höchstgeschwindigkeit von 160 km/h nur mit einer Widerstandserhöhung von 1,9% in Erscheinung tritt, woraus der Schluß zu ziehen ist, daß für schnelle Motorfahrzeuge die Bedeutung der Leistungsziffer PS/t gegenüber dem Wirkungsgrad und der Ausnutzungsziffer im ganzen Fahrbereich zurückbleibt. Diese Erkenntnis wer-

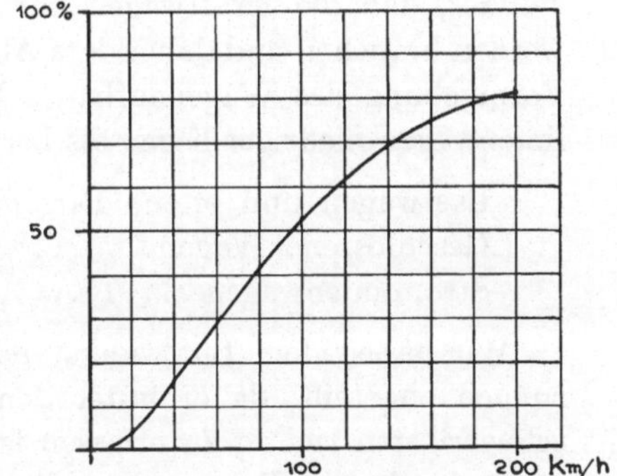

Abb. 2. Anteil des Luftwiderstandes am Gesamtfahrwiderstand in der Waagerechten (dreiteiliger Scnnellbetriebwagen der Deutschen Reichsbahn).

den wir bei der Beurteilung der verschiedenen Übertragungen, bei der für die elektrische Kraftübertragung ein „Gewichtsfaktor" abgelehnt werden wird, heranziehen.

In der amerikanischen Veröffentlichung der Ingenieure der Westinghouse E. & M. Co.[2] ist der Einfluß der Wagenform auf die jährlichen Betriebskosten untersucht worden. Als Ergebnis zeigt sich, daß durch stromlinienförmige Ausbildung der Züge bei einer Erhöhung der Durchschnittsgeschwindigkeit von 40 auf 100 Meilen je Stunde die Kosten einer Fahrgastmeile um nur 0,2 Cent (etwa 0,5 Pfennig) steigen, welche Steigerung mit Recht im Vergleich zu den beachtenswerten Vorteilen des Schnellverkehrs als geringfügig erklärt wird.

Für den Luftwiderstand allein wird manchmal folgende Formel[3] verwendet, die der Vollständigkeit halber angeführt sei:

[1] S. Note 5 auf S. 13.

[2] S. Note 2 auf S. 29.

[3] Richter und Zemann: Belastung, Fahrgeschwindigkeit und Brennstoffverbrauch. ATZ 1935, H. 13.

$$W_{\text{Luft}} = \frac{1}{207{,}4} \cdot cF \cdot V^2 \text{ kg}$$

$$= 0{,}0048 \cdot cF \cdot V^2.$$

(13/IV)

Der Faktor $\dfrac{1}{207{,}4} = 0{,}0048$ ergibt sich aus $\dfrac{\text{Wichte der Luft}}{3{,}6^2 \cdot 2\,g} \doteq$
$\doteq \dfrac{1{,}225}{12{,}96 \cdot 19{,}62} \doteq \dfrac{1}{207{,}4}$ und entspricht dem Wert $0{,}5 \times \left(\dfrac{1}{10}\right)^2$ des
zweiten Gliedes der Reichsbahnformeln (11 und 12/IV), er stellt den
Luftwiderstand einer Platte von 1 m² Querschnittsfläche dar. Der Beiwert c der windgedrückten Fläche entspricht c_2 dieser Formeln, bei denen
seine Werte für Schienenfahrzeuge angegeben sind. Für Kraftwagen
seien sie ebenfalls genannt, da sie für Stromlinienwagen wegen des Um-
standes, daß die Kraftwagen nur für eine Fahrtrichtung durchgebildet
werden brauchen und daher dem Abströmen der Luft durch entsprechende
Formgebung des Wagenaufbaues Rechnung tragen können, bei Stromlinienwagen niedriger liegen als bei Triebwagenzügen:

Lastwagen und offene Personenwagen.. etwa $c = 0{,}80$ bis $1{,}0$
Geschlossene Wagen.................   „ $= 0{,}60$ „ $0{,}70$
Stromlinienwagen ....   „ $= 0{,}30$

Wir haben dem Luftwiderstand einen großen Raum in den Ausführungen zugeteilt, da er unter den bedeutungsvollen Widerständen am
schwierigsten richtig zu erfassen ist, obwohl er für die Leistungsbestimmung bei hohen Fahrgeschwindigkeiten von größter Bedeutung ist, wie
in den vorhergehenden Zeilen nachgewiesen wurde. Jeder Zugförderungstechniker möge daher Probefahrten dazu benutzen, die vorhandenen
Formeln zu prüfen, besonders hinsichtlich der Größe der Beiwerte in
Abhängigkeit von der Kopfform und bei neuen Fahrzeugreihen für Meßfahrten eintreten, um feststellen zu können, ob die immer wünschenswerte
Verbesserung der Wagenform in dem angestrebten Maße gelungen ist.

b) Steigungswiderstand.

Wir können uns nun dem Steigungswiderstand zuwenden, der bekanntlich in kg/t gleich der Steigung in ⁰/₀₀ gesetzt werden kann. Aus
der Zerlegung des Gewichtes auf einer schiefen Ebene in einen senkrecht
auf die Ebene wirkenden Normaldruck und eine in Richtung der schiefen
Ebene wirkenden Zugkraft ergibt sich letztere als $G \cdot \sin\alpha$. Die Werte
für den Sinus stimmen bis etwa 6⁰ praktisch mit jenen des Tangens überein, die lauten bei 6⁰ z. B. $\sin 6^0 = 0{,}10\,453$ und tg $6^0 = 0{,}10\,510$, weshalb
es für Reibungsbahnen gestattet ist, statt des richtigen Sinus den Tangens
zu setzen, und zwar wegen des Verhältnisses: 1 : 1000 von kg : t die
Steigung in ⁰/₀₀, die ja auch nichts anderes besagt, als daß die betreffende
Strecke im Verhältnis $s : 1000$, also s Meter auf 1000 Meter steigt. Bei
Gefällen ist s negativ.

Zusammenfassend sei daher nochmals gesagt, daß der spezifische Steigungswiderstand s kg/t und der gesamte Steigungswiderstand gleich dem Gewicht des ganzen Zuges mal dem spezifischen Steigungswiderstand, also $W_s = (G_t + n \cdot G_a) \cdot s$ kg ist. Auf einer Steigung wirkt sich daher jede Tonne Mehrgewicht mit dem Werte s aus, weshalb auf Gebirgsstrecken Leichtbaufahrzeuge Verwendung finden sollen, um die Leistungsanforderungen nicht zu hoch hinaufzutreiben. Da bei den Triebfahrzeugen ohnedies möglichst an Gewicht gespart wird, ergibt sich daraus die Forderung, für den Triebwagendienst auch leichtgebaute neuzeitliche Anhängewagen einzustellen, da es nicht zu vertreten wäre, wenn an dem „Herz" des Zuges, der maschinellen Ausrüstung des Triebfahrzeuges in jeder Weise gespart würde und dabei alte Anhängewagen mit ihren viel zu großen Totgewichten befördert werden müßten. Mit leichten Anhängewagen können auf den Steigungen bei gleicher Leistung größere Geschwindigkeiten eingehalten werden und damit die Reisegeschwindigkeiten auf solchen Linien, die im allgemeinen für Dampfzüge recht niedrig liegen, verhältnismäßig mehr erhöht werden, als dies durch den Einsatz von Triebwagen auf Flachstrecken möglich ist.

c) Krümmungswiderstand.

Während für den Steigungswiderstand erfreulicherweise ganz klare Verhältnisse herrschen, finden wir uns bei der Besprechung des Krümmungswiderstandes wieder auf einem Gebiete, auf dem diese Klarheit fehlt. Der Krümmungswiderstand entsteht durch die Erhöhung der Reibungswiderstände, die in den ungleichen, von den Rädern derselben Achse herrührenden Weglängen, in der vermehrten Reibung der Spurkränze und an den äußeren Schienen infolge der Fliehkraft begründet sind.[1] Für die Größe des Krümmungswiderstandes ist der Krümmungshalbmesser, die Spurerweiterung, der Zustand der Radreifen, Spurkränze und Schienenköpfe, der Radstand, die Art der Achsführung und das Spiel der Achsen maßgebend. Es ist leicht einzusehen, daß wohl der Krümmungshalbmesser, nicht aber die anderen Einflüsse, besonders für mehrere Wagen, genau und richtig zu erfassen sind, weshalb man sich meist noch immer mit den alten Formeln von Röckl behilft, die der Vollständigkeit halber auch hier angeführt werden, obwohl sie in jedem Handbuch und in fast jeder Schrift über die Zugförderung von Schienenfahrzeugen enthalten sind.

Wenn mit R der Krümmungshalbmesser in Metern bezeichnet wird, so lauten die Röcklschen Formeln für den spezifischen Krümmungswiderstand w_k für verschiedene Spurweiten:

---

[1] **Foerster:** Taschenbuch für Bauingenieure, II. Teil, S. 1392 f.

$$\text{Spurweite } 1435\,\text{mm, Hauptbahnen}, R \geqq 300\,\text{m}, \; w_k = \frac{650}{R-55}\,\text{kg/t,}$$

$$\text{,, } \quad 1436\,\text{mm, Nebenbahnen}, R \leqq 300\,\text{m}, \qquad = \frac{500}{R-30}\,\text{,, ,}$$

$$\text{,, } \quad 1000\,\text{mm}, \qquad\qquad\qquad\qquad\qquad = \frac{400}{R-28}\,\text{,, ,}$$

$$\text{,, } \quad 750/760\,\text{mm} \qquad\qquad\qquad\qquad = \frac{350}{R-10}\,\text{,, ,}$$

$$\text{,, } \quad 600\,\text{mm} \qquad\qquad\qquad\qquad\qquad = \frac{200}{R-5}\,\text{,, .}$$

$$(14/\mathrm{IV})$$

Bei fast allen mitteleuropäischen Bahnlinien ist die Steigung in Krümmungen nach diesen Formeln ermäßigt, damit in den Krümmungen kein zusätzlicher Widerstand gegenüber der freien Steigungsstrecke auftreten soll. Für Flachstrecken ist der Krümmungswiderstand jedoch zu berücksichtigen, weshalb auch noch neuere Formeln angegeben werden.

Für einzelne Fahrzeuge können die Formeln von Hoffmann[1] herangezogen werden, die zwischen festen und Lenkachsen unterscheiden und wenigstens den Radstand A in Metern des Fahrzeuges enthalten:

$$\text{Wagen mit festen Achsen} \quad w_k = \frac{4 \cdot A + A^2}{R-45} \cdot 21\,\text{kg/t,}$$

$$\text{Wagen mit Lenkachsen} \qquad = \frac{40 \cdot A}{R} + 0{,}4\,\text{kg/t.}$$

$$(15/\mathrm{IV})$$

Von anderen Formeln seien noch die von Blondel-Dubois

$$w_k = 400\,\frac{\text{Spurweite in m}}{R}\,\text{kg/t} \qquad\qquad (16/\mathrm{IV})$$

und jene von Wood für Drehgestellwagen

$$w_k = 0{,}2 + \frac{183 + 100\,C}{R}\,\text{kg/t,} \qquad\qquad (17/\mathrm{IV})$$

wobei C den Radstand der Drehgestelle in Metern bedeutet.

Die Universität Illinois nennt eine Formel mit Berücksichtigung der Geschwindigkeit V, und zwar

$$w_k = \frac{32}{R} \cdot V\,\text{kg/t.} \qquad\qquad (18/\mathrm{IV})$$

In einer ausführlichen Zusammenstellung über den Krümmungswiderstand[2] schlägt Protopapadakis Formeln vor, die aus der im französischen Fachschrifttum abgeleiteten Beziehung

$$w_k = \frac{0{,}50 \cdot f\,(e + \sqrt{e^2 + A^2})}{R} \qquad\qquad (19/\mathrm{IV})$$

entwickelt werden, in der

---

[1] Foerster: Taschenbuch für Bauingenieure, II. Teil, S. 1392f.

[2] Protopapadakis: Bemerkungen über die zur Berechnung des Krümmungswiderstandes w_k angewendeten Formeln. I. E. K. V., Aprilheft 1937.

$f\ $ = Reibungswert in kg/t,

$e\ $ = Abstand der Schienenmitten in m,

$A\ $ = fester oder starrer Abstand zwischen den äußersten Achsen eines und
desselben Rahmens in m,

$R\ $ = Krümmungsradius in m

bedeuten, wobei für f im Sommer 220 kg/t und im Winter wegen der ungünstigen Schienenverhältnisse 165 kg/t gesetzt werden soll. Damit lautet die Formel in einer gleichwertigen linearen Fassung:

für Normalspur

$$\left.\begin{array}{l}
\overset{\text{Sommerbetrieb}}{w_k = \dfrac{233{,}2 + 103{,}4 \cdot A}{R}}, \quad \overset{\text{Winterbetrieb}}{w_k = \dfrac{174{,}9 + 77{,}6 \cdot A}{R}}, \overset{\text{Grenzen für } A}{1{,}75 - 8{,}25\,\text{m}}, \\[2mm]
\text{für Meterspur} \\
w_k = \dfrac{159{,}7 + 104{,}1 \cdot A}{R}, \quad w_k = \dfrac{120 + 78{,}1 \cdot A}{R}, 1{,}25 - 5{,}00\,\text{m}, \\[2mm]
\text{für 75-cm-Spur} \\
w_k = \dfrac{128{,}5 + 100{,}3 \cdot A}{R}, \quad w_k = \dfrac{96{,}4 + 75{,}2 \cdot A}{R}, 1{,}00 - 3{,}00\,\text{m}, \\[2mm]
\text{für 60-cm-Spur} \\
w_k = \dfrac{102{,}7 + 101{,}2 \cdot A}{R}, \quad w_k = \dfrac{77{,}1 + 75{,}9 \cdot A}{R}, 0{,}90 - 2{,}50\,\text{m}.
\end{array}\right\} \quad (20/\text{IV})$$

Der Gesamtwiderstand für eine Krümmung ergibt sich aus dem Produkt des Zuggewichtes mal dem spezifischen Krümmungswiderstand, also $W_k = G \cdot w_k$, für dessen Größe die angeführten Formeln einen ungefähren Anhalt bieten. Bei diesel- und oberleitungselektrischen Triebwagen durchgeführte Beobachtungen der Stromstärken in Krümmungen haben bisher noch zu keinem brauchbaren Ergebnis über die Größe des Krümmungswiderstandes geführt, da für solche Messungen die Erreichung des Beharrungszustandes notwendig ist, der eine entsprechende Streckenlänge voraussetzt, die in gleichmäßiger Krümmung nicht zu finden war.

d) Beschleunigungswiderstand.

Wir kommen nun zum Beschleunigungswiderstand, der bei jeder Geschwindigkeitserhöhung auftritt, und dem bei Geschwindigkeitserniedrigung ein negativer Wert, der Widerstand der Verzögerung entspricht. Bei der Besprechung der Auslauf- und Ablaufversuche für die Bestimmung des spezifischen Fahrwiderstandes in ebener Gerader werden wir uns noch eingehend mit der Beschleunigung befassen und stellen jetzt nur fest, daß in der Grundgleichung

$$\text{Kraft} = \text{Masse} \times \text{Beschleunigung}$$

wegen des Einflusses der rotierenden Massen der Räder und Achsantriebe eine Ersatzmasse eingeführt werden muß. Für neuzeitliche Triebwagen ist ein Massenzuschlag γ von im Mittel 5% ausreichend, für Großlokomotiven wird man mit wesentlich höheren Zahlen rechnen müssen.[1]

Für die Beschleunigung ist ein Zugkraftüberschuß notwendig, es muß also die bei der jeweiligen Geschwindigkeit vorhandene Zugkraft des Fahrzeuges größer sein als der auftretende Fahrwiderstand, wenn eine Beschleunigung möglich sein soll. Die Grundgleichung der Bewegung lautet daher mit $\gamma = 0{,}05$

$$\Delta Z = M' \cdot \frac{dv}{dt} =$$

$$= M' \cdot a =$$

$$= \frac{1000 \cdot G}{g} (1 + \gamma) \cdot a = 107 \cdot G \cdot a \qquad (21/\mathrm{IV})$$

und der spezifische Beschleunigungswiderstand w_a in kg/t ist gleich

$$\frac{\Delta Z}{G} = \frac{107 \cdot G \cdot a}{G} = 107 \cdot a = w_a, \qquad (22/\mathrm{IV})$$

wobei aber darauf hingewiesen wird, daß der Beiwert 107 zwar als Mittelwert angenommen ist, daß aber die im Schrifttum zu findenden Zahlen von 105 bis 110 für bestimmte Fahrzeugarten ebenso oder besser passen können.

Aus der Formel (22/IV) ersieht man, daß hohe Anfahrbeschleunigungen große spezifische Beschleunigungswiderstände ergeben, die bei Fahrzeugen im Ortsverkehr, die oft und rasch anfahren müssen, zum Einbau einer größeren Leistung führen können, als es der Betrieb auf der Strecke erforderte. So gibt eine im Vergleich zum Kraftfahrzeug auf der Straße noch niedrige Beschleunigung von $0{,}80$ m/Sek² ein $w_a = 86$ kg/t, was einer Steigung von 86% gleichkommt, und die bei Triebwagen oft erreichte Beschleunigung von $0{,}45$ m/Sek² schon ein $w_a = 48$ kg/t. Wir werden später sehen, daß die Beschleunigung wesentlich von dem Verhältnis der am Radumfang zur Verfügung stehenden Leistung zum Fahrzeuggewicht, der Leistungsziffer, abhängt, schreiten aber zuerst zur Bestimmung des Gesamtfahrwiderstandes, nachdem wir die einzelnen Einflüsse untersucht haben.

e) Gesamtfahrwiderstand.

Der Gesamtfahrwiderstand ist gleich der Summe der Einzelwiderstände und daher bei Verwendung der spezifischen Fahrwiderstände

$$W = G\,(w \pm s + w_k + 107 \cdot a) = G \cdot \Sigma w \quad \text{kg} \qquad (23/\mathrm{IV})$$

und mit Ersatz von w durch die zweigliedrige Formel $k_1 + k_2 \cdot V^2$

$$W = G\,(k_1 + k_2 \cdot V^2 \pm s + w_k + 107 \cdot a) \quad \text{kg.} \qquad (24/\mathrm{IV})$$

---

[1] **Lomonossoff:** Widerstand und Trägheit der diesel-elektrischen Lokomotive. Organ 1928, H. 7.

Wenn der Fahrwiderstand in gerader Ebene, z. B. nach den Reichsbahnformeln, bereits in kg als W' berechnet wird, so ergibt sich der Gesamtfahrwiderstand mit

$$W = W' + G\,(\pm\, s + w_k + 107\,.\,a)\ \text{kg} \qquad (25/\text{IV})$$

oder mit dem Zuschlag von 3 kg/t für genügende Endbeschleunigung

$$W = W' + G\,(s + w_k) + 3\,.\,G. \qquad (26/\text{IV})$$

Dieser Widerstand W muß durch die Zugkraft überwunden werden, weshalb W gleich Z gesetzt werden kann und für eine bestimmte Geschwindigkeit V, deren Annahme auch für W' oder w bei der Ermittlung der Größe des Luftwiderstandes notwendig ist, nach der Formel (2/IV) die Leistung am Radumfang mit

$$N = \frac{W\,.\,V}{270}$$

errechnet wird.

f) Bremsneigung.

Wir können uns noch fragen, auf welcher Neigung ein Fahrzeug ohne Antriebsleistung und ohne Vernichtung von Energie durch Bremsung rollen wird. Da sich das Fahrzeug im Beharrungszustand befindet, ist a gleich Null, w_k scheiden wir aus und setzen in Formel (23/IV) die Zugkraft $Z = W = 0$ und erhalten mit der Bezeichnung s_b als Bremsneigung folgende Beziehung:

$$s_b = w = k_1 + k_2\,.\,V^2. \qquad (27/\text{IV})$$

Diese Bremsneigung ist vorteilhaft immer dann zu verwenden, wenn die Höhe frei gewählt werden kann und einseitige Lasttransporte, z. B. in Steinbrüchen oder auf Baustellen, vorkommen.[1] Diese Bremsneigung ist zugleich der Grenzwert der unschädlichen Neigungen,[2] die den Namen davon führen, daß sie bei annähernd gleichem Verkehr in beiden Richtungen für die Berg- und Talfahrt in Summe keine größere Zugförderungsarbeit erfordern, als wenn die Bewegung auf waagerechter Strecke vor sich ginge. Wie aus Formel (27/IV) ersichtlich, ist die Bremsneigung gleich dem spezifischen Widerstand, sie liegt also für Schienenfahrzeuge zwischen 3 und $6^0/_{00}$, wenn von den ganz hohen Geschwindigkeiten abgesehen wird. Im Abschnitt XI über den Brennstoffverbrauch wird an einem Beispiel gezeigt, daß die Verbrauchskurve eines diesel-elektrischen Triebwagens für eine Steigung von $+\,2{,}5^0/_{00}$ fast genau um denselben Wert über jener für die Ebene liegt, um den die Kurve für ein Gefälle von $-\,2{,}5^0/_{00}$ unter ihr liegt. Es ist bemerkenswert, daß diese Verhältnisse auf der Straße

---

[1] Judtmann: Die Zugförderung im Baubetrieb. Z. Ö. I. A. V. 1926, H. 3/4.

[2] Foerster: Taschenbuch für Bauingenieure, 4. Aufl., Bd. II, S. 1410.

wegen des fast zehnmal höheren Widerstandes der gummibereiften Kraftwagen unschädliche Neigungen zwischen 3 und 5%/0 ergeben,[1] worauf bei der Linienführung neuer Straßen Rücksicht genommen wird, obwohl die Brennstoffausnutzung der Kraftwagen, die durchwegs mit mechanischer Kraftübertragung ausgerüstet sind, nicht so gleichmäßig ist wie bei der elektrischen Kraftübertragung, wodurch sich eine gewisse Herabsetzung der erwähnten Neigungsgrenze ergibt.[2]

C. Ermittlung der Leistung.

a) Leistung am Radumfang, Zugförder- und Motorleistung.

Wir kehren zur Berechnung der Leistung zurück und stellen fest, daß uns die Formel (2/IV) erst die **Leistung am Radumfang** N ergibt, während wir die einzubauende Motorleistung wissen wollen. Zwischen Radumfang und Motorwelle geht im Getriebe Leistung verloren, dann müssen noch die Hilfseinrichtungen angetrieben werden, so daß sich die Motorleistung aus der Leistung am Radumfang plus Getriebeverlust plus Leistung der Hilfseinrichtungen errechnet.

Die für die Zugförderung zur Verfügung stehende Leistung am Motor wird als **Zugförder-** oder **Traktionsleistung** N_z bezeichnet und gleich dem Quotienten der Leistung am Radumfang N durch den Gesamtwirkungsgrad der Übertragung η gesetzt,

$$N_z = \frac{N}{\eta} = \frac{Z \cdot V}{270 \cdot \eta}\ \mathrm{PS}. \tag{28/IV}$$

Die Leistung für die Hilfseinrichtungen schwankt je nach den Anforderungen an die Kühlung, die von den klimatischen Verhältnissen abhängt, für das Anlassen des Verbrennungsmotors, für die Beleuchtung, die auch manchmal für Anhängewagen ausreichend sein muß, und für die Bremsung, bei welcher die Luftsaugebremse einen größeren Leistungsbedarf hat als die Druckluftbremse, zwischen 5 und 10%/0 der Zugförderungsleistung, wobei höhere Motorleistungen wegen eines gewissen konstanten Grundbedarfes für die Beleuchtung und Bremsung im allgemeinen günstiger abschneiden als mittlere und kleine. Für Überschlagsrechnungen wählen wir bei Leistungen um 300 PS einen Mittelwert von 7,5%/0, dem wir durch eine Verminderung des Gesamtwirkungsgrades η Rechnung tragen können, indem wir η durch 1,075 dividieren. Wenn wir diesen „Fahrzeugwirkungsgrad" mit η_1 bezeichnen, können wir die Beziehungen für die **Motorleistung** N_m in PS wie folgt aufstellen:

---

[1] S. Note 1 auf S. 8.

[2] **Richter** und **Vetiska:** Straßensteigung und Brennstoffverbrauch. ATZ 1937, H. 4.

$$N_m = N_z + N_h \doteq 1{,}075 \cdot N$$

$$\doteq \frac{1{,}075 \cdot Z \cdot V}{270 \cdot \eta} \qquad\qquad (29/\mathrm{IV})$$

$$\doteq \frac{Z \cdot V}{270 \cdot \eta_1}.$$

Wie wir bei der Besprechung der Übertragungen sehen werden, ist ihr Gesamtwirkungsgrad innerhalb des Fahrbereiches nicht gleichbleibend, doch ist es möglich, bei Ausschaltung des Anfahrbereiches gewisse Durchschnittswerte anzunehmen, um bei der Projektierung einen ersten Überblick über die erforderliche Motorleistung zu erhalten.

In nachfolgender Zahlentafel sind ganz allgemein die Werte $270 \cdot \eta$ und $270 \cdot \eta_1$ als Nenner der Formel (29/IV) für verschiedene η und damit η_1 zusammengestellt:

Zahlentafel 1. Nennerwerte der Leistungsformeln.

Gesamtwirkungsgrad η der Kraftübertragung	$270 \cdot \eta$	Mittlerer Fahrzeugwirkungsgrad η_1 bei 7,5% Kraftbedarf der Hilfseinrichtungen	$270 \cdot \eta_1$
0,92	248	0,865	233
0,90	243	0,837	224
0,88	237	0,818	221
0,86	232	0,800	216
0,84	226	0,781	211
0,82	221	0,763	206
0,80	216	0,744	201
0,78	210	0,725	196
0,76	205	0,707	191
0,74	200	0,689	186
0,72	194	0,670	181
0,70	189	0,651	176

Wenn wir also für eine Übertragung die Zugförderungs- und Motorleistung nach den Formeln (28/IV) und (29/IV) bestimmen wollen, setzen wir für den Nenner aus der Zahlentafel jenen Wert $270 \cdot \eta$ oder $270 \cdot \eta_1$ ein, der in dem jeweiligen Fahrbereich zu erwarten ist.

Man kann sich auch eine Zahlentafel zusammenstellen, in der die Produkte $270 \cdot \eta$ und $270 \cdot \eta_1$ für verschiedene Übertragungen eingesetzt sind, was in folgender Zahlentafel 2 für eine mittlere Leistung von etwa 300 PS durchgeführt wurde. Man darf aber dabei nicht übersehen, daß die Werte für alle Übertragungsarten mit direkter Verbindung der Welle des Verbrennungsmotors und der Triebachse wohl in den einzelnen Stufen einen annähernd unveränderten Wirkungsgrad aufweisen, daß sich aber die ausnutzbare Leistung wegen der Drehzahldrückung fast im Verhältnis des Drehzahlunterschiedes zwischen der Höchstdrehzahl und der durch die Fahrgeschwindigkeit gegebenen vermindert, wodurch die sogenannte

Ausnutzungsziffer in die Rechnung hineinkommt, worüber bei der Erörterung der verschiedenen Kraftübertragungen noch eingehend gesprochen wird. Bei den Übertragungen mit annähernd konstanter Drehzahl gilt diese Beschränkung nur in geringem Maß, bei ihnen wurde auch nicht der erreichbare Höchstwert in die Tafel eingesetzt, sondern ein Mittelwert über einen größeren Bereich.

Zahlentafel 2. Nenner der Leistungsformeln für verschiedene Kraftübertragungen, Motorleistung etwa 300 PS, Kraftbedarf der Hilfsbetriebe 7,5% der Zugförderleistung.

Übertragung	η	$270 . \eta$	$270 . \eta_1$
a) Mechanische:			
direkter Gang (große Drehzahländerung)	0,90	243	224
niedrige Gänge (große Drehzahländerung)....	0,855	231	215
b) Hydraulische:			
Wandler (konst. Drehzahl)...................	0,72	194	181
Marschwandler (prakt. konst. Drehzahl)	0,79	213	198
Kupplung (große Drehzahländerung)	0,88	237	221
c) Elektrische (prakt. konst. Drehzahl)..........	0,80	216	201

Aus dieser Zahlentafel ersehen wir schon, daß gerade die Übertragungsarten mit hohen Wirkungsgraden mit großen Drehzahländerungen arbeiten, so daß die Mittelwerte der Produkte von Wirkungsgrad und Ausnutzungsziffer von jenen mit etwas niedrigerem, aber über dem Fahrbereich praktisch konstantem Wirkungsgrad und praktisch konstanter Leistungsausnutzung nicht viel abweichen werden.

Wenn wir nach der vorstehenden Zahlentafel 2 den Nenner der Leistungsformel mit 200 wählen, so erhalten wir für rasche Berechnungen mittlerer Motorleistungen eine sehr einfache Form, und zwar

$$N_m = \frac{Z . V}{200}\ \text{PS}, \tag{30/IV}$$

aus der wir bei ermittelter Zugkraft und Geschwindigkeit leicht den ungefähren Wert der einzubauenden Motorleistung bestimmen können.

b) Beispiel.

An einem Beispiel aus der Praxis werden wir eine solche rasche Überprüfung durchführen und nehmen an, daß eine Bahnverwaltung einen vierachsigen normalspurigen Triebwagen mit abgerundeter Kopfform ausgeschrieben hat, der bei einem Gewicht von 50 t in besetztem Zustand in der geraden Ebene sicher 110 km/h und maximal 120 km/h, wenn auch auf längerem Weg, erreichen soll. Derselbe Triebwagen soll aber gegebenenfalls auf einer langen Steigungsstrecke mit einer maßgebenden bezüglich der Krümmungen ausgeglichenen Steigung von $25^0/_{00}$ noch einen Salonwagen mit 50 t Gesamtgewicht mit 25 km/h befördern.

Wir gehen für die Ermittlung des Fahrwiderstandes W' von der Reichsbahnformel I aus und schreiben für die Fahrt in der Ebene mit einem Zuschlag von 3 kg/t für 110 km/h und von nur 2 kg/t für 120 km/h:

$$\text{Ebene } 110\,\text{km/h:}\quad W = 2{,}5 \cdot 50 + 0{,}5 \cdot 0{,}5 \left(\frac{110}{10}\right)^2 \cdot 10 + 3 \cdot 50$$

$$= 125 + 303 + 150 = 578\,\text{kg,}$$

$$\text{Ebene } 120\,\text{km/h:}\quad W = 125 + 0{,}5 \cdot 0{,}5 \left(\frac{120}{10}\right)^2 \cdot 10 + 2 \cdot 50$$

$$= 125 + 360 + 100 = 585\,\text{kg.}$$

Da wir uns für 120 km/h mit einem Zuschlag von $2^0/_{00}$ als Zugkraftüberschuß zwecks ausreichender Endbeschleunigung begnügt haben, sind die Zugkräfte für 110 und 120 km/h fast gleich und wir errechnen die ungefähre Motorleistung mit

$$N_m \doteq \frac{585 \cdot 120}{200} \doteq 351\,\text{PS.}$$

Für die Steigungsfahrt mit einem Anhänger ergibt sich

$$W = 2{,}5 \cdot 50 + 0{,}5 \cdot 0{,}5 \left(\frac{25}{10}\right)^2 \cdot 10 + 1{,}5 \cdot 50 + 0{,}3 \cdot 0{,}5 \left(\frac{25}{10}\right)^2 \cdot 10 +$$

$$+ 100 \cdot 25 + 100 \cdot 3 = 125 + 16 + 75 + 10 + 2800 = 3026\,\text{kg.}$$

Die notwendige Motorleistung für die Steigung beträgt

$$N_m = \frac{3026 \cdot 25}{200} = 379\,\text{PS,}$$

ist also größer als für die Fahrt ohne Anhängelast in der Ebene. Wir suchen nun die nächsthöhere geeignete Motortype und nehmen für die erste Durchrechnung des Gewichtes des Triebwagens einen Motor mit 420 PS oder können für Sonderfälle auch die Leistung teilen und zwei Motore mit je etwa 200 bis 210 PS annehmen. Durch die etwas höhere Leistung haben wir auch die Sicherheit, daß das verlangte Fahrprogramm eingehalten werden kann, was wegen der schon erwähnten Unsicherheit der Fahrwiderstandsformeln und der Faustformel (30/IV) für die Leistung zweckmäßig ist.

Wir können nun für diesen Triebwagen die Hilfsleistungen genauer bestimmen und nehmen an, daß für die Belüftung der in zwei Gruppen angeordneten Kühler 4 Lüfterflügel mit je 5 PS Aufnahme erforderlich sind, daß der am Motor angebaute Luftpresser 3,6 PS und die Lichtmaschine für Batterieladung und Beleuchtung 5 PS benötigt, in Summe also 28,6 PS, so daß von der Motorleistung von 420 PS etwa 391,5 PS für die Zugförderung übrig bleiben. Von dieser aus gerechnet ergibt sich für die Hilfsleistungen $7{,}3^0/_0$ entsprechend unserem Mittelwerte von $7{,}5^0/_0$.

Mit dieser Zugförderleistung von rund 390 PS für die Normaldrehzahl des Verbrennungsmotors ist nun an Hand der Ausnutzungs- und Wirkungsgradkurve der gewählten Kraftübertragung die Zugkraft-Geschwindigkeitskurve des Fahrzeuges genau zu bestimmen, die uns für die Geschwindigkeiten von 25, 110 und 120 km/h die erreichbaren Zugkraftwerte gibt. Diese Zugkräfte müssen mindestens gleich den oben errechneten Widerstandswerten sein, was bei einer Geschwindigkeit von 25 km/h eine besondere Auslegung der Übertragung erfordern kann, da gerade bei dieser fast nur ein Fünftel der Höchstgeschwindigkeit entsprechenden Geschwindigkeit die eingebaute Leistung schon voll zur Verfügung stehen muß.

D. Reibungsgewicht und Haftreibungswerte.

Wir haben nun die Leistung festgelegt, müssen nun aber auch ermitteln, welche Anfahrzugkraft und damit welches Reibungsgewicht vorhanden sein muß, um den Anforderungen des Betriebes zu entsprechen. Da über die Anfahrschaulinien und deren Berechnung im Abschnitt X gesprochen wird, wollen wir jetzt nur die Größe der wünschenswerten Anfahrzugkraft festlegen und gehen von der Bedingung aus, daß der 100 t-Zug noch auf $25^0/_{00}$ anfahren muß, wenn er z. B. durch ein geschlossenes Signal aufgehalten wird.

Für die Anfahrt auf der Steigung nehmen wir einen spezifischen Fahrwiderstand von 4 kg/t und eine durchschnittliche Beschleunigung von 0,10 m/Sek² an, womit sich eine Zugkraft von

$$Z = 100 \, (4 + 25 + 107 \cdot 0{,}10) \doteq 4000 \; \text{kg}$$

als Durchschnittszugkraft für den Bereich von Null bis 25 km/h ergibt. Wenn wir eine Übertragung mit annähernd geradlinig ansteigendem Verlauf der Zugkraft-Geschwindigkeitskurve im Anfahrbereich vor uns haben, wie es beim Wandler der hydraulischen und bei zahlreichen elektrischen Systemen der Fall ist, wird dann die Anfahrzugkraft bei 0 km/h etwa 5000 kg erreichen müssen, um im Mittel bis 25 km/h 4000 kg zur Verfügung zu haben. Bei annähernd waagerechtem Abschluß der Z-V-Kurve entsprechend der Zugkraftstufe der mechanischen Kraftübertragung muß der Zugkraftwert der ersten Stufe auf mindestens 4000 kg liegen, damit nach dem Lösen der Bremse auf der Steigung angefahren werden kann.

Welches Reibungsgewicht ist nun notwendig, um die sichere Ausübung der Anfahrzugkraft zu gewährleisten? Für die Ausnutzung einer Zugkraft ist die Haftreibung zwischen Rad und Schiene maßgebend, die bemerkenswerterweise den fast hundertfachen Wert des Rollwiderstandes erreicht und dadurch die Möglichkeit gibt, Anhängelasten in größerem Ausmaß zu befördern und Steigungen zu befahren.

Daß dieser uns aus der Erfahrung so geläufige und für die glatte Fahrbahn so hohe Haftreibungswert nicht selbstverständlich ist, beweist die

Entstehungsgeschichte der Semmeringbahn der Strecke Wien—Graz, für die vor nicht viel mehr als 80 Jahren von den Sachverständigen nach englischem Muster Seilaufzüge vorgeschlagen wurden. Ghegas sprunghafte Schöpfung einer Reibungsbahn mit Steigungen von $25^0/_{00}$ muß immer wieder als eine Großtat der Technik hervorgehoben werden. Sie wurde das Vorbild für die zahlreichen Gebirgsbahnen der Welt.

Auch heute sind die physikalischen Grundlagen der Haftreibung noch nicht eindeutig erklärt, wahrscheinlich geht sie auf Oxydationserscheinungen des Eisens zurück.[1] Da es nicht unsere Aufgabe sein kann, diese Grundlagen zu suchen, begnügen wir uns mit der Feststellung, daß wir mit den nachfolgenden Haftreibungswerten f, denen Gleitwiderstandszahlen $\mu = \dfrac{f}{1000}$ entsprechen, rechnen können, wobei f in kg/t und daneben in Klammer in der noch manchmal gebräuchlichen Bruchform $\dfrac{1}{x}$ angegeben ist, der Zusammenhang ist $f = 1000 \cdot \dfrac{1}{x}$.

Zahlentafel 3. Haftreibungswerte zwischen Rad und Schiene.

Größtwert bei geringen Geschwindigkeiten und
gesandeten Schienen bei trockenem Wetter.. 300—350 kg/t (ca. $^1/_3$)
Normalwerte für trockene Schienen .... 180—250 ,, (ca. $^1/_4$—$^1/_6$)
    ,,   ,, nasse   ,, ... 160—240 ,, ($^1/_4$—$^1/_6$)
Werte für schlüpfrige Schienen (z. B. Tau) .... 90—150 ,, ($^1/_7$—$^1/_{11}$)

Diese Werte sind auf Grund ausgedehnter Versuche von Metzkow[2] mit der Feststellung veröffentlicht worden, daß die Haftreibungswerte über der Geschwindigkeit aufgetragen nicht in Kurven, sondern in Streubändern liegen, wonach eine Verwendung der noch in neueren Handbüchern zu findenden Formeln von Galton, die bei hohen Geschwindigkeiten nur sehr kleine Haftreibungswerte ergaben, nicht mehr tunlich erscheint.

Für unser Sondergebiet, die Zugförderung bei Verwendung von Motorfahrzeugen, ist es wichtig, daß hier im allgemeinen und im besonderen bei der elektrischen Kraftübertragung wegen des gleichmäßigen Drehmomentes und des Fehlens der hin- und hergehenden Massen der Stangenantriebe und Kolben mit höheren Haftreibungswerten gerechnet werden kann als bei Dampflokomotiven, so für die Anfahrt ohne Sanden bei nicht zu ungünstigen Schienenverhältnissen mit 250 kg/t und für die Streckenfahrt mit 200 kg/t.

---

[1] Wilhelm Müller: Die Grundlagen des Eisenbahnbetriebes und der technische Fortschritt. V. M. E., H. vom 16. IV. 1936. [In diesem Aufsatz wird wegen der Oxydationserscheinungen des Eisens auf eine Arbeit von Dr. Ing. Frick im Arch. Eisenhüttenw. Bd. 6, S. 161 (1932/33) verwiesen.]

[2] Metzkow: Untersuchung der Haftungsverhältnisse zwischen Rad und Schiene beim Bremsvorgang. Organ 1934, H. 13.

Zwischen der Zugkraft Z und dem Reibungsgewicht G_r, das auch als Anteil α des Fahrzeuggewichtes G als $G_r = \alpha \cdot G$ eingesetzt werden kann, besteht bekanntlich folgende Beziehung:

$$Z \leqq f \cdot G_r \leqq f \cdot \alpha \cdot G. \qquad (31/\text{IV})$$

Für die Anfahrzugkraft von 5000 kg unseres Beispiels benötigt man daher bei zwei angetriebenen Achsen, was bei gleichen Achsdrücken einen Wert von $\alpha = 0{,}50$ ergibt, wahlweise für 250 und 200 kg/t ein Gewicht

$$G = \frac{5000}{0{,}5 \cdot 250} = 40 \text{ t} \quad \text{oder} \quad G = \frac{5000}{0{,}5 \cdot 200} \; 50 \text{ t,}$$

das kleiner oder gleich dem gegebenen Triebwagengewicht von 50 t ist.

Aus der Formel (31/IV) können wir auch das notwendige Reibungsgewicht für die Beförderung von Anhängelasten, z. B. bei Lokomotivzügen berechnen, wenn wir vereinfachend den Fahrwiderstand der Anhängewagen gleich jenem des Triebfahrzeuges setzen. Mit der Bezeichnung Q für die Anhängelast können wir für den Beharrungszustand die Formel (31/IV) auch schreiben

und daraus[1]
$$Z = (G + Q) \cdot \Sigma w = f \cdot \alpha \cdot G$$
$$\frac{Q}{G} = \frac{\alpha \cdot f}{\Sigma w} - 1 = p \qquad (32/\text{IV})$$
oder
$$G = \frac{Q}{p}.$$

Für den Verhältniswert p kann man sich Fluchtlinientafeln zeichnen,[1] z. B. eine für $\alpha = 1$, aus der man das Verhältnis $\frac{Q}{G}$ durch Ziehen einer Geraden für die verschiedenen Haftreibungswerte und Summen der spezifischen Fahrwiderstände ermitteln kann. Da bei Motorlokomotivzügen aber meist $\alpha = 1$ ist und der Haftreibungswert sicherheitshalber $= 200$ kg/t gewählt wird, ergibt sich p leicht durch Division von 200 durch Σw und Verringerung des errechneten Wertes um 1, was sich meist im Kopf durchführen läßt.

Für $\Sigma w = 40$ kg/t und daher $p = \frac{200}{40} - 1 = 4$ ist das Reibungsgewicht einer Lokomotive, die 60 t Anhängelast unter dieser Voraussetzung befördern soll, gleich 15 t.

E. Höchstbefahrbare Steigung.

Aus der Gleichung

$$(G + Q) \cdot \Sigma w = f \cdot \alpha \cdot G$$

können wir auch die höchste zu befahrende Steigung ausrechnen, wenn wir $\Sigma w = w + s_{\max}$ setzen. Es ist dann

---

[1] S. Note 1 auf S. 37.

$$(G + Q)\,(w + s_{\max}) = f \cdot \alpha \cdot G$$

und

$$s_{\max} = \frac{f \cdot \alpha \cdot G}{G + Q} - w \qquad (33/\mathrm{IV})$$

und die Neigungsgrenze, die ein Fahrzeug allein ohne Anhängelast befahren kann,

$$s'_{\max} = \frac{f \cdot \alpha \cdot G}{G} - w = f \cdot \alpha - w. \qquad (34/\mathrm{IV})$$

Da w im Verhältnis zu $f \cdot \alpha$ klein ist, kann man sagen, daß bei Antrieb aller Achsen die Neigungsgrenze $s'_{\max}$ ungefähr gleich dem Haftreibungswert ist und daher bei trockenen Schienen zwischen 180 und 250⁰/₀₀ liegt, was bei der Verladung von Kleinlokomotiven auf behelfsmäßigen Rampen mit solchen Steigungen bestätigt wurde.

F. Theoretische untere Geschwindigkeitsgrenze aus Reibung und Leistung.

In diesem Zusammenhang können wir auch noch den Fall untersuchen, daß die im Fahrzeug eingebaute Anfahrzugkraft höher ist als die durch die Haftreibung des Reibungsgewichtes gegebene Zugkraft, was bei diesel-elektrischen Verschublokomotiven nicht selten vorkommt, und zwar dann, wenn die Stundenzugkraft wegen lang dauernder Langsamfahrten des Verschubdienstes einer niedrigen Geschwindigkeit zugeordnet wird, wodurch die Anfahrzugkraft, die, wie wir noch näher hören werden, dem etwa 2,2fachen Wert der Stundenzugkraft entspricht, über die Reibungsgrenze zu liegen kommt.

Die Frage lautet dann, von welcher Geschwindigkeit V_{ut} an kann die Leistung theoretisch konstant ausgenutzt werden, oder wo liegt der Schnittpunkt zwischen der Waagerechten der Reibungsgrenze und der theoretischen Z-V-Kurve mit konstanter Leistung am Radumfang. Wir bestimmen die Anfahrzugkraft Z_a einerseits aus der Leistung und anderseits aus der Reibung, setzen

$$Z_a = \frac{N \cdot 270}{V_{\mathrm{ut}}} = f \cdot \alpha \cdot G,$$

führen für den Quotienten: Leistung am Radumfang durch Gewicht des Triebfahrzeuges den Ausdruck „Leistungsziffer" LZ in PS am Radumfang je Tonne[1] ein und erhalten

$$V_{\mathrm{ut}} = \frac{N}{G} \cdot \frac{270}{f \cdot \alpha} = LZ \cdot \frac{270}{f \cdot \alpha}. \qquad (35/\mathrm{IV})$$

Um ein Bild über diese *theoretische untere Geschwindigkeitsgrenze* zu bekommen, prüfen wir die Verhältnisse für eine 160 PS diesel-elektrische Verschublokomotive mit 24 t Gewicht und zwei angetriebenen Achsen,

---

[1] Friedrich: Der Eisenbahntriebwagen, S. 20. Berlin 1931.

also $\alpha = 1$. Es läßt sich nämlich nur bei der elektrischen Kraftübertragung mit ihrer hyperbelähnlichen Z-V-Kurve ein Zusammenhang zwischen der theoretischen Hyperbel und dem wirklichen Verlauf der Z-V-Kurve ein Zusammenhang herstellen, der bei stufenförmigen Schaubildern fehlt. Die Leistungsziffer LZ in PS a. R./t ist bei einer Zugförderleistung von rund 150 PS und einem mittleren Wirkungsgrad der Übertragung von 0,77 $\dfrac{150 \cdot 0{,}77}{24} = 4{,}81$ PS/t und die theoretische untere Leistungsgrenze V_{ut} für einen Haftreibungswert von $f = 250$ kg/t, der bei elektrischem Radantrieb, niedrigen Geschwindigkeiten und guten Schienenverhältnissen die Regel ist,

$$V_{\mathrm{ut}} = 4{,}81 \cdot \frac{270}{250} = 5{,}2 \,\mathrm{km/h},$$

welcher Geschwindigkeit aus der Leistung gerechnet eine Zugkraft von $\dfrac{150 \cdot 0{,}77 \cdot 270}{5{,}20} = 6000$ kg, oder aus der Reibung gerechnet $250 \cdot 1 \cdot 24 = {} = 6000$ kg entspricht.

Da sich im Anfahrbereich ein Absinken des Wirkungsgrades nicht vermeiden läßt, muß die Stundenzugkraft der Verschublokomotive auf einem relativ sehr hohen Wert, etwa bei 5000 kg liegen, wenn zwischen den Schnittpunkten der theoretischen und praktischen Zugkraft-Geschwindigkeitskurve mit der Waagerechten der Reibungsgrenze keine zu große Abweichung bestehen soll. Die Beziehung nach Formel (35/IV) soll daher mehr zur Klarstellung der Zusammenhänge zwischen Leistungsziffer und Reibung dienen, da sie praktisch nur dann richtig verwendbar ist, wenn man den zu erwartenden Wirkungsgrad in der Nähe der Geschwindigkeitsgrenze bereits kennt und ihn für die Bestimmung der Leistung am Radumfang oder der Leistungsziffer heranzieht. Diese Geschwindigkeitsgrenze V_{ut} ist auch im Schrifttum[1] zu finden, wobei zur Angleichung an die tatsächlichen Ausführungen vorgeschlagen wird, zu V_{ut} einen festen Zuschlag von 10 km/h zu machen, womit eine untere praktische Geschwindigkeitsgrenze $V_u = V_{\mathrm{ut}} + 10$ für den Fahrbereich mit konstanter Leistung eingeführt wird. Nach Erachten des Verfassers ist dieser Zuschlag für Verschublokomotiven mit hohen Stundenzugkräften zu groß, für Schnellfahrzeuge aber zu klein und nur für Fahrzeuge mit mittleren Geschwindigkeiten annehmbar, aus denen er auch abgeleitet wurde, weshalb eine allgemeine Verwendung dieses Zuschlages nicht zu empfehlen ist.

G. Begründung der folgenden Abschnitte.

Der Bereich der praktisch konstanten Leistungsausnutzung muß wohl immer aus den Kennlinien der eingebauten Maschinen und Übertragungen

---

[1] Bilek: Leistungsdiagramme von Fahrzeugen der unabhängigen elektrischen Traktion. Elektrotechnický Obzor, Augustheft 1935, 30.

ermittelt werden, weshalb in den nächsten Abschnitten vor der Errechnung der Anfahrschaulinien nähere Erläuterungen über die besonderen Eigenschaften der Verbrennungsmotoren und Kraftübertragungen gegeben werden, soweit sie derzeit allgemein in Verwendung sind.

Um die Eigenschaften der Verbrennungsmotoren deutlich zu machen, ist auch eine knappe Gegenüberstellung der theoretischen Grundlagen der Verbrennung in den Motoren eingefügt, dann folgt ein Abschnitt über die Kraftübertragungen im allgemeinen, an die sich in besonderen Abschnitten eingehende Besprechungen der mechanischen, hydraulischen, elektrischen und einer mechanisch-elektrischen Kraftübertragung anschließen. Bei jeder Kraftübertragung wird die Ermittlung der Zugkraft-Geschwindigkeitskurve an einem Beispiel mit 425 PS Motorleistung gezeigt. Diese Z-V-Kurven können wir dann zu Vergleichszwecken verwenden und bei der Lösung von Zugförderungsaufgaben heranziehen, da sie sich sowohl für die Festlegung der Anfahrschaulinien als auch der Steigfähigkeit und mit gewissen Ergänzungen auch für die Bestimmung des Brennstoffverbrauches besonders eignen.

V. Die Verbrennungsmotoren.

A. Beschränkung auf Kolbenkraftmaschinen, Hinweis auf Otto und Diesel.

Die Verbrennungsmotoren werden in Kolbenmotoren, bei denen die Kolben durch den statischen Überdruck im Verbrennungsraum bewegt werden, und in Schaufelmotoren oder Turbinen eingeteilt, deren Schaufeln durch die lebendige Kraft der ausströmenden Verbrennungsgase getrieben werden. Da Kolbenkraftmaschinen derzeit in Fahrzeugen so gut wie ausschließlich Verwendung finden, befassen wir uns nachstehend nur mit diesen, bei denen in einem oder mehreren Arbeitszylindern ein Brennstoff-Luft-Gemisch verbrannt und die im Brennstoff enthaltene Energie durch Kolben und Pleuelstangen auf eine Kurbelwelle übertragen und so unmittelbar in der Maschine in mechanische Arbeit umgewandelt wird.

Wer sich über die Geschichte der Verbrennungsmotoren näher unterrichten will, lese die historischen Übersichten der Fachbücher nach, z. B. des Buches „Ölmaschinen" von Löffler-Riedler oder „Das Entwerfen und Berechnen der Verbrennungskraftmaschinen und Kraftgasanlagen" von Güldner.[1] Hier sei nur kurz erwähnt, daß der erste brauchbare

---

[1] Einen Bericht über die Entwicklung des Dieselmotors in Europa, der als Sonderdruck „European Diesel-Engine Developments" erschienen ist, gab O. F. Allen, Manager der General Electric, Schenectady, am 14. VI. 1928 bei dem National Oil and Gas Power Meeting der A. S. M. E., Oil and Gas Power Division, The Pennsylvania State College Cooperating.

Vergasermotor von **Dr. Nikolaus August Otto,** dem Mitbegründer der Gasmotorenfabrik Deutz, aus der die jetzige Humboldt-Deutz-Motoren A. G. hervorging, konstruiert wurde, weshalb die deutschen Techniker übereingekommen sind, den Viertaktmotor mit äußerer Gemischbildung und Fremdzündung als Ottomotor zu bezeichnen und damit die grundlegende Arbeit eines Deutschen auf diesem Gebiete der Verbrennungsmotoren ebenso festzuhalten, wie dies für den Motor mit innerer Gemischbildung und Selbstzündung der Fall ist, der mit dem Namen des deutschen Erfinders **Rudolf Diesel** ebenso unauflöslich verbunden ist.

B. Einteilung nach Arbeitsverfahren.

Die Kolbenmotoren, die wir weiterhin auch unter der allgemeineren Bezeichnung „Verbrennungsmotoren" verstehen wollen, werden zuerst nach der Zahl der Kolbenhübe, die auf die eine Arbeit erzeugende Verbrennung entfällt, in Vier- und Zweitaktmotoren eingeteilt.

a) Viertaktmotoren.

Bei den Viertaktmotoren wird innerhalb von vier Kolbenhüben ein Arbeitshub geleistet, wie aus Abb. 3 mit dem Arbeitsspiel eines Viertakt-Dieselmotors hervorgeht.

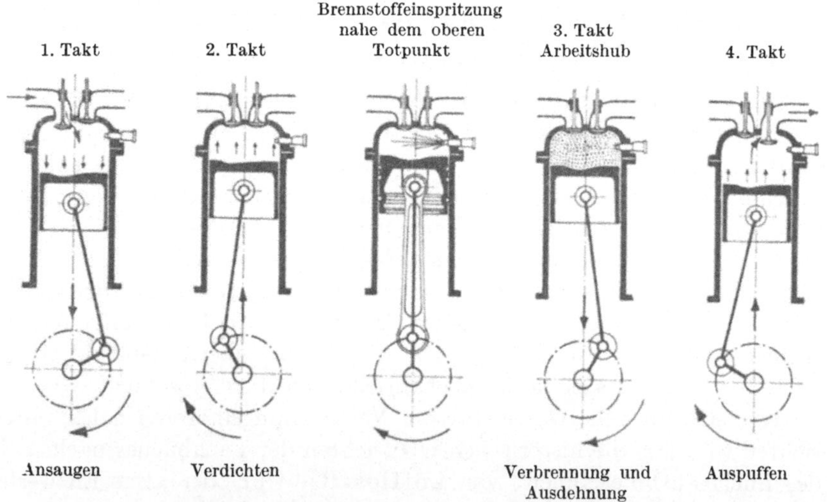

Abb. 3. Arbeitsspiel eines Viertakt-Dieselmotors.

Beim ersten Takt wird durch das offene Ansaugventil Luft oder beim Ottomotor das Brennstoff-Luft-Gemisch angesaugt, das beim zweiten Takt verdichtet wird. In der Nähe des oberen Totpunktes erfolgt die Zündung des Gemisches, und zwar entweder durch einen elektrischen Funken, also durch Fremdzündung, beim Ottomotor oder durch Selbstzündung beim Dieselmotor, bei dem der Brennstoff in die verdichtete und erhitzte Luft eingespritzt wird. Der dritte Takt ist der eigentliche Arbeitshub, bei welchem die Verbrennungsgase den Kolben auf der Abb. 3 nach abwärts drücken, daran schließt sich der vierte Takt mit dem Ausschub der Abgase durch das geöffnete Auslaßventil. Die Steuerung der Ventile erfolgt zwangsläufig durch eine von der Kurbelwelle angetriebene Nockenwelle.

b) Zweitaktmotoren.

Bei den Zweitaktmotoren ist der Viertaktmotor gewissermaßen in zwei Teile geteilt, in einen Hochdruckmotor für die Verdichtung und

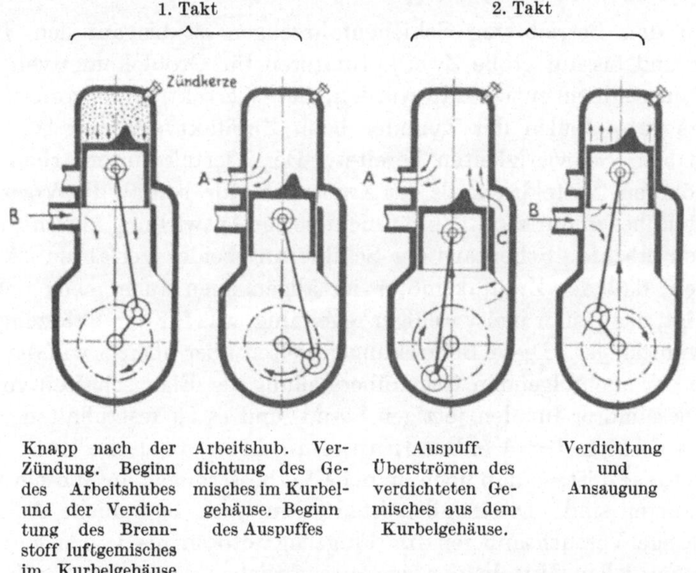

Knapp nach der Zündung. Beginn des Arbeitshubes und der Verdichtung des Brennstoff luftgemisches im Kurbelgehäuse

Arbeitshub. Verdichtung des Gemisches im Kurbelgehäuse. Beginn des Auspuffes

Auspuff. Überströmen des verdichteten Gemisches aus dem Kurbelgehäuse.

Verdichtung und Ansaugung

Abb. 4. Arbeitsspiel eines Zweitaktmotors mit äußerer Gemischbildung und Fremdzündung.

Ausdehnung, der innerhalb von zwei Takten einen Arbeitshub leistet, und in eine leichter gebaute Hilfsmaschine für das Spülen und Laden, die bei der Kurbelkastenspülung durch die Rückseite des Arbeitskolbens ersetzt wird. Für Einlaß und Auslaß sind häufig nur Schlitze in der Zylinderwand vorgesehen, doch sind auch Zweitaktmotoren mit gesteuerten Auslaßventilen bekannt. Die Abb. 4 zeigt das Arbeitsspiel eines Zweitaktmotors mit Kurbelkastenspülung. Beim ersten Bild des ersten Taktes befindet sich der Kolben des Motors mit äußerer Gemischbildung und Fremdzündung nach der Zündung und beginnt das in den Kurbelkasten angesaugte Brennstoff-Luft-Gemisch zu verdichten, während das zweite Bild den Arbeitshub mit der weiteren Vorverdichtung des Gemisches und dem Beginn des Auslasses durch die Auslaßschlitze *A* darstellt. Das erste Bild des zweiten Taktes zeigt den Auspuff und das Überströmen des vorverdichteten Gemisches in den Zylinder durch die Verbindung C und schließlich das zweite Bild das Verdichten des Gemisches im Zylinder und das Ansaugen durch die Schlitze B in den Kurbelkasten. Für einen Dieselmotor tritt an Stelle des Brennstoff-Luft-Gemisches Luft allein und an Stelle der Fremdzündung die Selbstzündung des in die hochverdichtete Luft eingespritzten Brennstoffes.

Für Fahrzeuge hat sich eine Sonderbauart mit Doppelkolben von Prof. Junkers eingeführt, die auch nach Lizenzen im Ausland, z. B. in Frankreich,[1] viel gebaut wird.

c) Allgemeine Angaben.

Für den Betrieb von Schienenfahrzeugen ist bis auf den Junkersmotor und bis auf große Zweitaktmotoren für Großlokomotiven, die als Schiffsmaschinen entwickelt wurden, der Viertaktmotor vorherrschend, da das gute Spülen der Zylinder beim Zweitaktverfahren bei höheren Drehzahlen Schwierigkeiten bereitet. Der Viertaktmotor arbeitet auch mit höherem Mitteldruck als der Zweitaktmotor, so daß der Vorteil eines Arbeitshubes in nur zwei Takten nicht so zur Auswirkung kommt, als man glauben möchte. Schon aus der Schilderung beider Verfahren ist zu entnehmen, daß der Zweitaktmotor im allgemeinen auch mehr Schmieröl benötigt, dazu ist er meist weniger regelfähig, was für den Fahrzeugbetrieb unerwünscht ist. Diese Bemerkungen gelten aber ebenso wie die Einzelheiten der nachfolgenden Gegenüberstellung der Eigenschaften von Otto- und Dieselmotor für den jetzigen Stand, und es ist festzuhalten, daß die Entwicklung der Verbrennungsmotoren noch keineswegs abgeschlossen ist, so daß noch manche Verbesserungen auf diesem Gebiete zu erwarten sind. Die in allen Staaten in Gang befindliche Aufrüstung hat riesige Versuchsanlagen für Flugzeugmotoren ins Leben gerufen, in denen mit allen Mitteln der wissenschaftlichen Versuchstechnik an der Erhöhung der Betriebssicherheit, der Leistungsfähigkeit und an der Verbesserung der Brennstoffwirtschaft der Flugzeugmotoren gearbeitet wird. Neue Erfahrungen werden sich auch auf die Fahrzeugmotoren für Schienen- und Straßenfahrzeuge auswirken und vielleicht den Ersatz von Konstruktionsteilen veranlassen, die schon als abgeschlossen betrachtet wurden. Bei der raschen Entwicklung der Technik muß man sich vor abschließenden Urteilen hüten, die oft nach kurzer Zeit überholt sind.

C. Einteilung nach Gemischbildung und Zündung.

a) Allgemeines über Otto- und Dieselmotoren.

Die wichtige Einteilung der Verbrennungsmotoren nach dem Verfahren der Gemischbildung und Zündung wurde bereits eingangs dieses

---

[1] S. Note 13 auf S. 15.

Abschnittes bei den Namen der Erfinder **Otto** und **Diesel** erwähnt. Die Ottomotoren trugen bisher die Bezeichnung „Vergaser- oder Zündermotoren", als „Brennermotoren" galten die Dieselmotoren, unter welchem Sammelnamen mit einer gewissen Freiheit die „Gleichdruckmotoren" mit Lufteinblaseverfahren, die Ölmotoren mit luftloser oder „direkter" Einspritzung, die Vorkammer- und die Luftspeichermotoren[1,2] zusammengefaßt werden. Die Glühkopfmotoren können bei ihrer geringen Bedeutung für Schienenfahrzeuge außerhalb unserer Betrachtung bleiben.

Obwohl die Ottomotoren mit Benzinbetrieb in Schienenfahrzeugen immer mehr durch Dieselmotoren ersetzt werden, müssen wir uns auch mit ihnen befassen, da sie neuerlich durch den Betrieb mit festen Brennstoffen, wie Holz, Holzkohle, Briketts und ähnlichen entgasungsfähigen Stoffen, oder flüssigen Gasen, wie Propan und Butan, auch für Schienenfahrzeuge an Bedeutung gewonnen haben. Bei dem immer größer werdenden Streben aller Staaten nach Bedarfsdeckung ihrer Rohstoffe im Inland suchen besonders jene ohne eigene Quellen flüssiger Treibstoffe, ohne Rohöllager, Ersatz in der Vergasung der heimischen festen Brennstoffe.[3] Für die Wehrfreiheit ist die Treibstoffversorgung von besonderer Wichtigkeit,[4] weshalb alle Bestrebungen zum Einsatze dieser einheimischen Treibstoffe volle Unterstützung der Heeresverwaltungen finden. Die Erfahrungen mit Ersatztreibstoffen sind bei richtiger Verwendung jetzt schon recht gut[5] und werden mit fortschreitender Entwicklung und Anpassung der Gaserzeuger-Bauarten an den Fahrzeugbetrieb noch günstiger werden. Derzeit laufen bereits einige Gastriebwagen auf deutschen Nebenbahnen,[6] Holzgaswagen auf Schmalspurstrecken Litauens und 280 PS-Triebwagen mit Gaserzeugern in Frankreich.

b) Gegenüberstellung der Eigenschaften von Otto- und Dieselmotoren.

Für die Eigenschaften der Otto- und Dieselmotoren wurde die Form einer Gegenüberstellung gewählt, womit sich ein gutes Bild über die Unterschiede in den theoretischen Grundlagen und der Ausbildung ergibt. Damit wird auch der Beurteilung der verschiedenen Eigenschaften vom

---

[1] **Riehm:** Schnellaufende Fahrzeug-Dieselmotoren. Der Motorwagen, H. vom 29. II. 1928.

[2] **Patzl:** Der Saurer-Fahrzeug-Diesel. Die Technik 1936, H. 4.

[3] **Richter:** Gase als Treibstoffe. Sparw. 1936, H. 4 und 5.

[4] Wolfgang **Örley:** Treibstoff und Wehrfreiheit. Z. Ö. I. A. V. 1937, H. 3/4.

[5] **Münz:** Erfahrungen mit verschiedenen Motortreibstoffen im Vergleich zum Benzin. V. T. 1935, H. 4.

[6] **Jaeger:** Grundlagen der Holzgasanlagen für ortsfesten und fahrbaren Betrieb. 1936, S. 178.

Standpunkt der Eisenbahnzugförderung aus ermöglicht. Auf Mischformen der beiden Bauarten, wie Dieselmotoren mit Fremdzündung nach Patent Hesselmann, und Ottomotoren mit Benzineinspritzung,[1] denen in Zukunft vielleicht eine große Bedeutung zukommen wird, sei hier nur kurz hingewiesen, deren Verständnis wird nach Durcharbeitung der Angaben der Gegenüberstellung keine Schwierigkeiten bereiten.

Ottomotor   Dieselmotor

1. Bildung des Brennstoff-Luft-Gemisches

außerhalb der Zylinder, entweder im Vergaser, dann Brennstoffe mit niedrigem Siedepunkt, oder Verwendung bereits gasförmiger Brennstoffe, die z. B. in Gaserzeugern aus festen Brennstoffen erzeugt werden.

innerhalb der Zylinder, daher Siedepunkt gleichgültig.

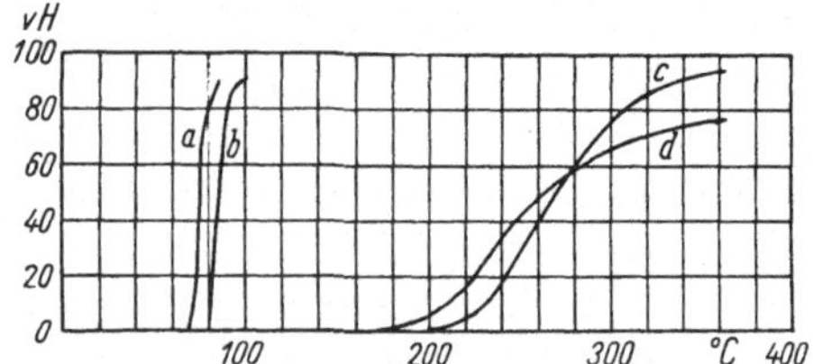

Abb. 5. Siedekurven flüssiger Brennstoffe (nach Riehm). *a* Benzin, *b* Benzol, *c* Gasöl, *d* Teeröl.

2. Zündung des Brennstoff-Luft-Gemisches

durch Fremdzündung, meist durch elektrischen Funken. Der Brennstoff muß zur Vermeidung von Frühzündungen beim Verdichten des Gemisches eine relativ hohe Selbstzündungstemperatur besitzen.

durch Selbstzündung des in die erhitzte Luft eingespritzten Brennstoffes, der eine relativ niedrige Selbstzündungstemperatur besitzen muß. Die lange Siedekurve der Schweröle ist für eine ruhige Verbrennung in Dieselverfahren förderlich. Steinkohlenteeröl braucht bereits eine Hilfszündung.

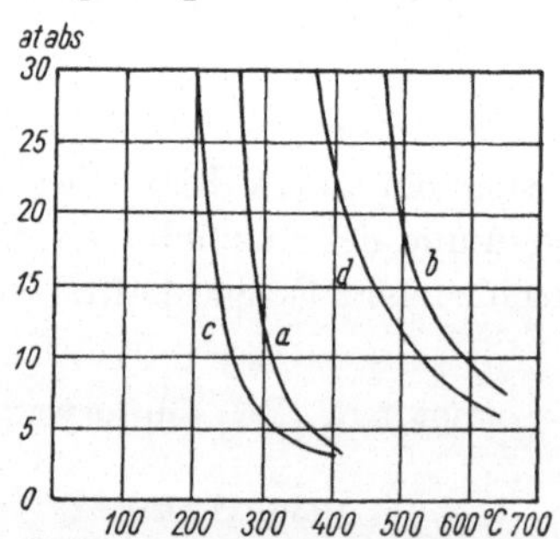

Abb. 6. Abhängigkeit der Selbstzündungstemperatur vom Druck (nach Riehm). Kurven *a* bis *d* wie Abb. 5.

---

[1] Wittekind: Fortschritte in der Entwicklung von Einspritzmotoren. Beilage Technik und Betrieb der Frankfurter Zeitung vom 24. XII. 1936.

3. Brennstoffe.

Leichtöle mit einem Siedebereich von 70 bis 170⁰, wie Benzin, Benzol, Petroleum, Spiritus und Gemische. Destillations- und Schwelgase, wie Holz-, Holzkohlen-, Torf- und Torfkohlengas. Flüssiggase, wie Propan und Butan, die Nebenerzeugnisse der synthetischen Benzinherstellung. Schwachgase, wie Gicht- und Generatorgas, Naturgase, wie Erd- und Methangas, Stadtgas. Wichte Benzin 0,70 bis 0,78.

Gasöl, Braunkohlenteeröl, Steinkohlenteeröl. Wichte Gasöl 0,85 bis 0,87.

4. Verdichtungsverhältnis ε,

d. i. das Verhältnis des Gesamtraumes v_0, der sich aus dem Verdichtungsraum v_c plus Hubraum v ergibt, zu dem Verdichtungsraum v_c, also $\varepsilon = \dfrac{v_0}{v_c}$ oder

$$\varepsilon = \frac{v_c + v}{v_c}$$

trotz höherer Selbstzündungstemperatur Verdichtungsverhältnis ε bei normalen Brennstoffen mit 5 bis 6 beschränkt, bei klopffesten bis 8.

hohes Verdichtungsverhältnis möglich und erforderlich, praktisch zwischen 12 und 16, bei kleinen Motoren sogar bis 20.

5. Theoretischer thermischer Wirkungsgrad des Kreisprozesses η_t.

Für die Verbrennung mit gleichem Raum, welche den theoretisch günstigsten unter allen durchführbaren Kreisprozessen ergibt, ist der theoretische thermische Wirkungsgrad

$$\eta_t = 1 - \varepsilon^{1-k}. \tag{1/V}$$

Dabei ist k das Verhältnis der spezifischen Wärmen bei konstantem Druck und konstantem Raum, also $k = \dfrac{c_p}{c_v} = 1,35$ bis $1,40$. Der theoretische thermische Wirkungsgrad ist also nur vom Verdichtungsverhältnis abhängig, er steigt mit steigendem ε, zuerst kräftig, dann langsamer, so daß schließlich eine weitere Erhöhung von ε unter Berücksichtigung der immer größer werdenden Triebwerkskräfte, die das Gewicht des Triebwerkes erhöhen, keinen wirtschaftlichen Erfolg mehr bringt. Für die ersten Langsamläufer der Dieselmotoren mit Lufteinblasung hatte die Annahme einer Verbrennung im Gleichdruck eine gewisse Berechtigung, deren thermischer Wirkungsgrad bei gleichem ε etwas niedriger ist.

$$\eta_t = 0,40 \text{ bis } 0,50, \qquad\qquad \eta_t = 0,55 \text{ bis } 0,60.$$

5. Gütegrad des Kreisprozesses η_g

berücksichtigt die Abweichungen des praktischen Verlaufes vom theoretischen Prozeß mit Adiabaten und damit die Wärmeverluste durch Leitung und Strahlung und die Dissoziationsverluste. Allgemeine Angaben über die Höhe des Gütegrades dürfen nur mit Vorsicht gemacht werden, da er oft auch zum Ausgleich aller sonstigen Einflüsse, z. B. Veränderlichkeit der spezifischen Wärmen und Form des Indikatordiagramms, herangezogen wird. Als Anhalt diene

$$\eta_g \sim 0,65 \text{ bis } 0,70, \qquad\qquad\qquad \eta_g \sim 0,70.$$

7. Innerer oder indizierter Wirkungsgrad η_i

ist das Produkt aus thermischem Wirkungsgrad und Gütegrad und kann aus dem Verhältnis der indizierten und zugeführten Wärmemenge bestimmt werden. Wenn N_i' die indizierte Leistung in kgm bedeutet, dann ergibt sich die indizierte Wärmemenge Q_i aus $N_i'/427$, durch Division mit dem mechanischen Wärmeäquivalent.

$$\eta_i = \text{ca. } 0,28 \text{ bis } 0,32, \qquad \eta_i = \text{ca. } 0,40 \text{ bis } 0,45.$$

8. Mechanischer Wirkungsgrad η_m

ist das Verhältnis der effektiven Bremsleistung an der Welle zur indizierten Leistung und erfaßt die Reibungs- und Formänderungsverluste. Mit den Bezeichnungen N_e für die effektive Bremsleistung, N_i für die indizierte und N_v für die Verlustleistung ergibt sich

$$\eta_m = \frac{N_e}{N_i} = \frac{N_i - N_v}{N_i} = 1 - \frac{N_v}{N_i}, \qquad (2/\text{V})$$

$$\eta_m = \text{ca. } 0,75 \text{ bis } 0,85, \qquad\qquad \eta_m = \text{ca. } 0,80 \text{ bis } 0,84.$$

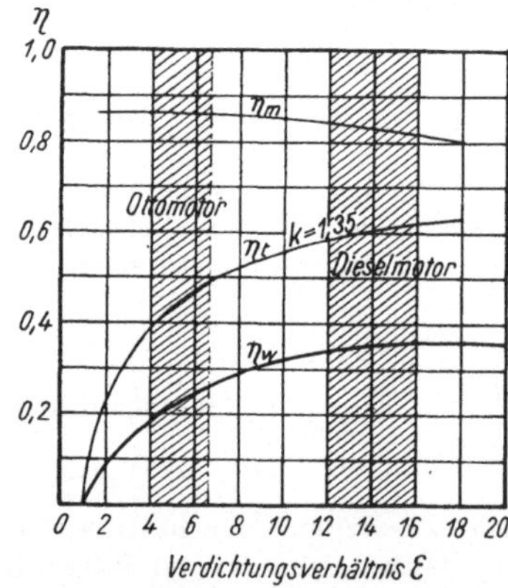

Abb. 7. Ungefährer Verlauf der Wirkungsgrade (Gleichraumprozeß) über dem Verdichtungsverhältnis. (Die Bereiche normaler Otto- und Dieselmotoren sind angedeutet.)

9. Wirtschaftlicher Wirkungsgrad η_w

ist das Produkt aus innerem und mechanischem Wirkungsgrad und wird aus dem Brennstoffverbrauch je Pferdekraftstunde (PSh) mit der Bezeichnung b_1 kg/PSh bestimmt. Man muß dazu den unteren Heizwert des Brennstoffes in kcal je kg, Bezeichnung H_u, kennen und errechnet

$$\eta_w = \frac{75 \cdot 3600}{427} \cdot \frac{1}{b_1 \cdot H_u} = \frac{632}{b_1 \cdot H_u} \qquad (3/\text{V})$$

im Mittel bei Vollast: im Mittel bei Vollast:

$$\eta_w = 0,22 \text{ bis } 0,26, \qquad\qquad \eta_w = 0,34 \text{ bis } 0,35.$$

10. Verdichtungsdruck

abhängig von der Höhe der Selbstzündungstemperatur, im allgemeinen zwischen 4 und 6 atü.

Bei hochausgenutzten Sondermotoren mit klopffesten Brennstoffen (Rennwagen) bis 10 atü.

wegen sicherer Selbstzündung des Brennstoffes in der verdichteten und erhitzten Luft bis 40 atü.

Bei Vorkammermotoren etwas niedriger, im Mittel 25 bis 35 atü.

11. Verbrennungsdruck

im Mittel 20 bis 30 atü, manchmal jedoch 40 und darüber.

im Mittel 30 bis 50 atü, bei direkter Einspritzung auch bis 80 atü und darüber.

12. Verhältnis des Verbrennungsdruckes zum Verdichtungsdruck

wird häufig mit ζ bezeichnet und liegt

zwischen 3 und 5 im Mittel,   zwischen 1 und 1,9 im Mittel,

daher

13. Erste Annahme für den Verlauf des Kreisprozesses.

Gleichraumprozeß, d. i. Verbrennung mit gleichem Volumen, die in Wirklichkeit nur bei einer schlagartigen Verbrennung vorhanden wäre, den Verlauf jedoch annähernd richtig erfaßt.

Gleichdruckprozeß, d. i. Verbrennung mit gleichem Druck, die bei allmählicher Einspritzung des Brennstoffes in die über die Selbstzündungstemperatur erhitzte Luft tatsächlich eintritt.

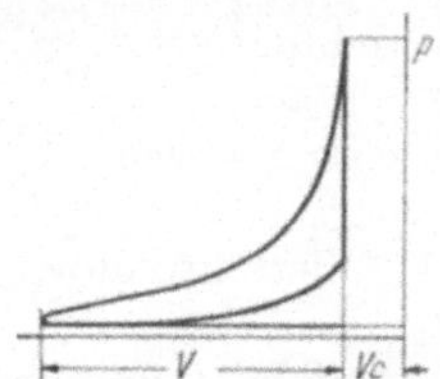
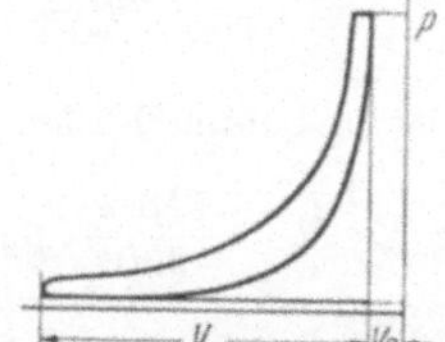

Abb. 8. Verbrennung mit Gleichraum   Abb. 9. Verbrennung mit Gleichdruck

(Bei den Abb. 8 und 9 bedeuten die Abszissen das Volumen und die Ordinaten den Druck).

14. Tatsächlicher Verlauf des Kreisprozesses,

der einer Zwischenform, die theoretisch als Sabathé-Prozeß erfaßt wird, entspricht, wobei zu beachten ist, daß bei ein- und derselben Maschine verschiedene Zwischenformen durch Änderung des Zünd- oder Einspritzzeitpunktes erzielt werden können.

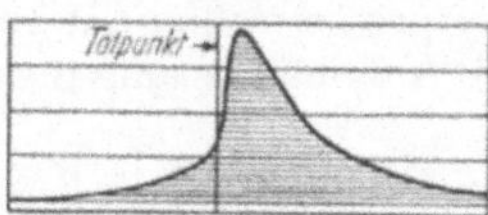

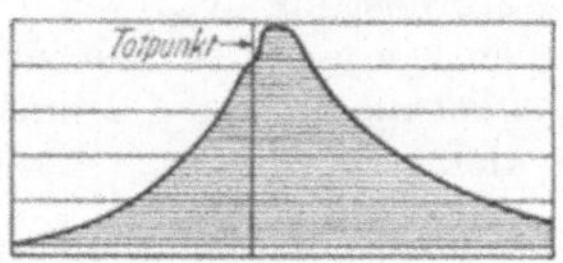

Abb. 10. Indikatordiagramm eines Ottomotors.   Abb. 11. Indikatordiagramm eines Dieselmotors.

Die Abb. 10 und 11 zeigen den Verlauf des Druckes in der Form, wie sie von den neueren Indikatoren erhalten wird.[1] Durch Umklappen der einen Kurvenhälfte um die Gerade, die dem Totpunkt entspricht, erhält man Diagramme nach den Abb. 8 und 9.

Für das Ansteigen des Verdichtungsdruckes auf den Verbrennungsdruck ist ein gewisser, wenn auch kleiner Kolbenweg, der ja dem Volumen verhältnisgleich ist, notwendig.

Auch hier steigt der Druck meist noch etwas am Beginn des Arbeitshubes an, der Unterschied gegenüber dem Ottomotor ist trotzdem augenscheinlich.

15. Zusammenhang zwischen Leistung und Drehmoment.

Bezeichnungen:

N_i = indizierte Leistung in PS,
N_e = effektive Bremsleistung in PS,
n = Umdrehungen je Minute (U/Min),
V_m = Hubraum des Motors in Litern,

p_m = gerechneter Mitteldruck des Prozesses,
p_{mi} = indizierter Mitteldruck in kg/cm²,
p_{me} = effektiver Mitteldruck in kg/cm²,
M = Drehmoment in kgm.

$$M = \frac{75 \cdot 60}{2\,\pi} \cdot \frac{N_e}{n} = 716{,}2 \cdot \frac{N_e}{n}, \tag{4/V}$$

$$N_e = \frac{V_m \cdot p_{me} \cdot n}{900} \text{ Viertaktmotor,} \tag{5/V}$$

$$N_e = \frac{V_m \cdot p_{me} \cdot n}{450} \text{ Zweitaktmotor.} \tag{6/V}$$

Für N_i ist in beiden Fällen statt p_{me} der Wert p_{mi} zu setzen.

$$M = \frac{716{,}2}{900} \cdot p_{me} \cdot V_m \doteq 0{,}8\ p_{me} \cdot V_m \text{ Viertaktmotor.} \tag{7/V}$$

Das Drehmoment eines Verbrennungsmotors ist daher nur abhängig vom Mitteldruck und vom Hubraum, die Leistung jedoch bei gleichem Mitteldruck direkt verhältnisgleich der Zahl der Umdrehungen je Minute.

Diese Beziehungen sind für die Beurteilung der Zugförderungseigenschaften eines Verbrennungsmotors von größter Bedeutung. Bei direktem Achsantrieb ist die Motordrehzahl der Fahrzeuggeschwindigkeit und das Motordrehmoment der Zugkraft am Radumfang verhältnisgleich, so daß sich über der Geschwindigkeit eine annähernd konstante Zugkraft ergibt, wie wir sie auch bei den einzelnen Stufen der mechanischen Kraftübertragung kennenlernen werden. Die effektive Bremsleistung N_e entspricht dann der in Abschnitt IV festgelegten Motorleistung N_m, wenn alle Hilfseinrichtungen nach der Kupplung angetrieben werden. Ist aber z. B. ein Bremsluftpresser schon am Motor angebaut, so ist die effektive Bremsleistung um die Antriebsleistung dieses Luftpressers kleiner als N_m.

---

[1] Fritz A. F. Schmidt: Vergleichende Untersuchungen der Verbrennungs- und Arbeitsvorgänge an Motoren verschiedener Bauart. Z. V. D. I. 1936, H. 25.

16. Zahlentafel 4. Derzeit gebräuchliche effektive Mitteldrücke.[1]

Art	Brennstoff	p_{me} kg/cm²
Ottomotoren	Petroleum	3,0
	Benzin bei ortsfesten Motoren	4,0
	„ „ Fahrzeugmotoren:	
	a) für Dauerleistungen	5,0
	b) „ Höchstleistungen	7,0
	Benzol und Spiritus (beste Durchbildung)	4,5—5,5
	Generatorgas aus festen Brennstoffen	3,8—4,5
Dieselmotoren	Gasöl bei Fahrzeugmotoren:	
	a) für Dauerleistungen	5,0—5,5
	b) „ Höchstleistungen	6,0—7,0
	c) mit Aufladung	6,0—8,0
	Teeröl	4,5—6,0

Nun folgt eine Reihe von *Schaubildern*, und zwar:

17. Leistung in PS über der Drehzahl.

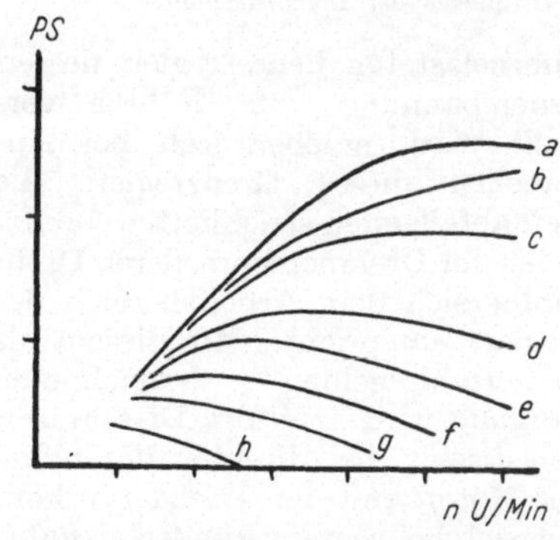

Abb. 12.   Leistungsschaubild eines Ottomotors. *a* volle Öffnung der Drosselklappe, *b—h* verschiedene Stellungen der Drosselklappe.

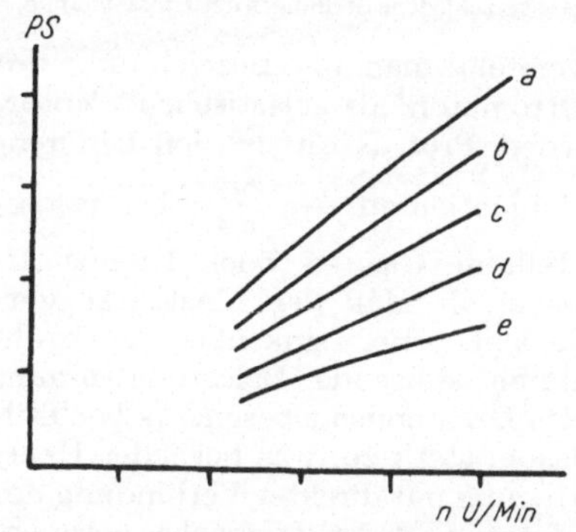

Abb. 13.   Leistungsschaubild eines Dieselmotors. *a* volle Füllung, *b—e* verringerte Füllungen der Brennstoffpumpe.

18. Drehmomente M über der Drehzahl.

Kennzeichnend ist der steile Abfall der Drehmomentkurven über der Drehzahl mit zunehmender Drosselung und ihr Zusammenlauf bei niedriger Drehzahl, welches Verhalten durch die Abhängigkeit des Unterdruckes im Zylinder von Drehzahl und Drosselöffnung bedingt ist, wobei sich das Mischungsverhältnis wenig ändern darf.

Das Drehmoment ist hier durch Füllung der Brennstoffpumpe bestimmt und nur wenig von der Drehzahl abhängig, da die Ansaugluft nicht gedrosselt wird. Die Änderung der Füllung, welcher Vorgang als „Füllungsregelung" bezeichnet wird, erfolgt durch Veränderung des wirksamen Pumpenhubes, worüber in Spezialschriften der Lieferfirmen von

---

[1] Teilweise nach Hütte, 26. Aufl., II. Bd, S. 537.

Bei Betrachtung dieses Schaubildes im Zusammenhang mit Abb. 12, welche die Abhängigkeit der Leistung von der Drehzahl zeigt,

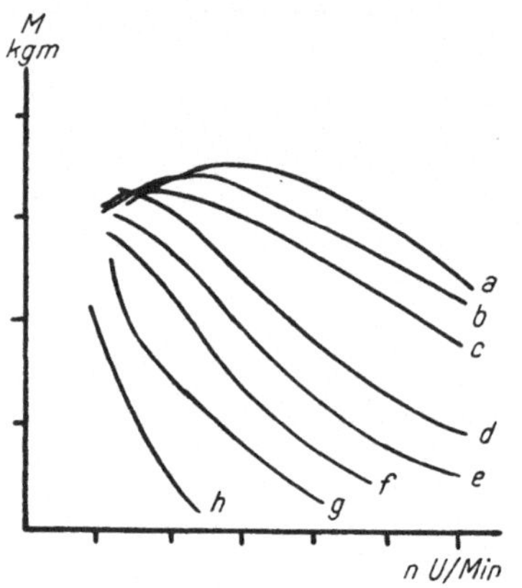

Abb. 14. Drehmomentkennlinien eines Ottomotors. *a* volle Öffnung der Drosselklappe. *b—e* verschiedene Stellungen der Drosselklappe.

versteht man die Bezeichnung des Ottomotors als „elastischen" Motor, wobei Prof. Richter[1] den Differentialquotienten $-\dfrac{dM}{dn}$ bei festgestelltem Gas — oder Brennstoffhebel als Maß der Elastizität vorschlägt. Bei sinkender Drehzahl durch steigende Belastung nimmt das Drehmoment besonders bei Teillasten stark zu, was bei jeder Übertragung mit direkter Verbindung des Motors und der Triebachse, also sowohl bei der mechanischen als auch bei der Kupplungsstufe der hydraulischen, eine große Zugkraftzunahme bedeutet.

Für elektrische Kraftübertragungen ist die geringe Leistungsänderung des Drosselmotors über einen weiten Drehzahlbereich erwünscht, da dieser Umstand die Konstanthaltung des Produktes aus Strom und Spannung erleichtert.

Brennstoffpumpen, z. B. der Robert Bosch A. G. in Stuttgart, ausführliche Angaben zu finden sind. Bei Regelung des Ganges durch einen

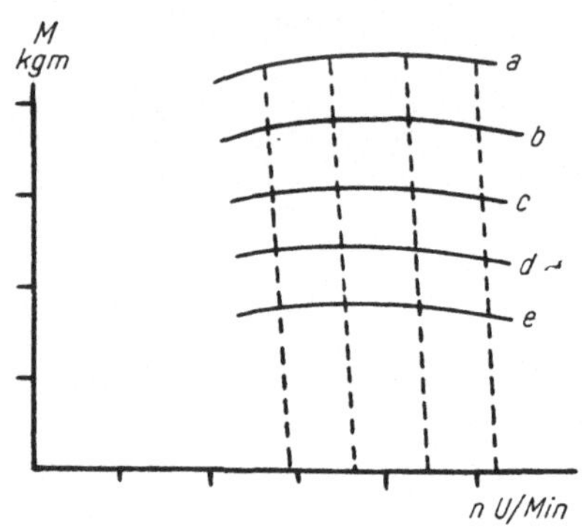

Abb. 15. Drehmomentkennlinien eines Dieselmotors. *a* volle Füllung, *b—e* verringerte Füllungen der Brennstoffpumpe.

federbelasteten Pendelregler, dessen Federspannung vom Führer verstellt wird, ergeben sich bei Ansprechen dieses Grenzreglers die steil abfallenden strichlierten Grenzlinien der Drehmomente, deren Drehzahlbereich dem Arbeitsbereich des Reglers entspricht. Mit diesem als „Drehzahlregelung" bezeichneten Vorgang wird auch der Dieselmotor „elastisch", bei direkter Kupplung des Motors mit der Triebachse können sich bei wenig veränderter Fahrgeschwindigkeit die Fahrwiderstände in großen Grenzen in diesem Bereiche ändern. Für Kraftwagen macht man auch Versuche mit Drosselung der Ansaugluft, die vom Fahrer beeinflußt wird, wodurch Kennlinien entstehen, die sich von jenen des Ottomotors nur wenig unterscheiden.

19. Kennzeichnende Schaubilder des Brennstoffverbrauches.

Die Abb. 16 bis 23 zeigen keinen grundsätzlichen Unterschied im Verlauf. Der Brennstoffverbrauch je Stunde steigt, wie nicht anders zu er-

---

[1] S. Note 3 auf S. 31.

warten, mit der Drehzahl und dem Drehmoment sowohl beim Ottomotor als auch beim Dieselmotor. Da größere Vergasermotore derzeit für den Schienenverkehr nicht mehr gebaut werden, sind als Schaubilder für einen Ottomotor

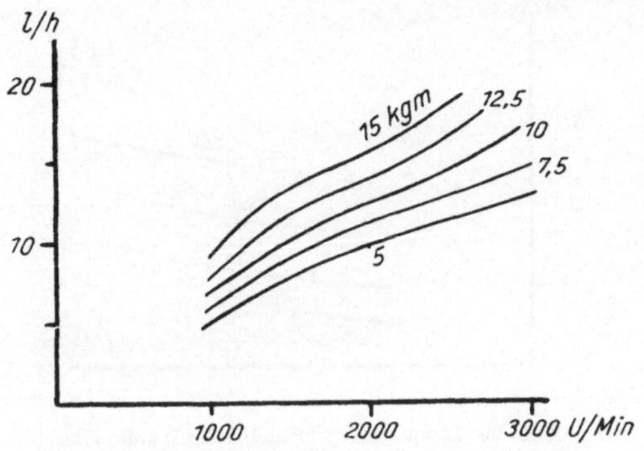

Abb. 16. Brennstoffverbrauch in l/h eines Ottomotors für gleiche Drehmomente über die Drehzahl.

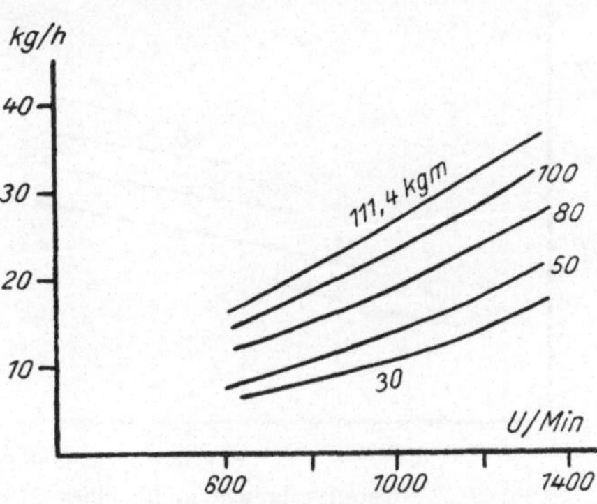

Abb. 17. Brennstoffverbrauch in kg/h eines Dieselmotors für gleiche Drehmomente über der Drehzahl.

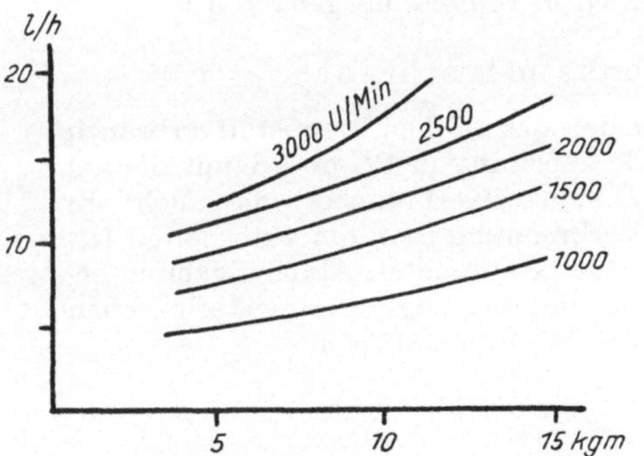

Abb. 18. Brennstoffverbrauch in l/h eines Ottomotors für gleiche Drehzahlen über dem Drehmoment.

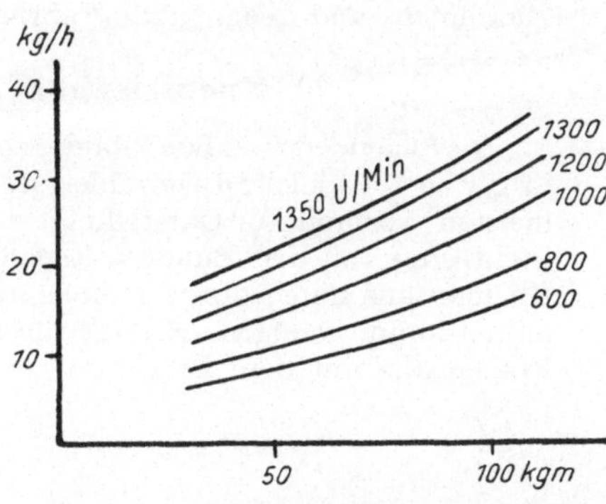

Abb. 19. Brennstoffverbrauch in kg/h eines Dieselmotors für gleiche Drehzahlen über dem Drehmoment.

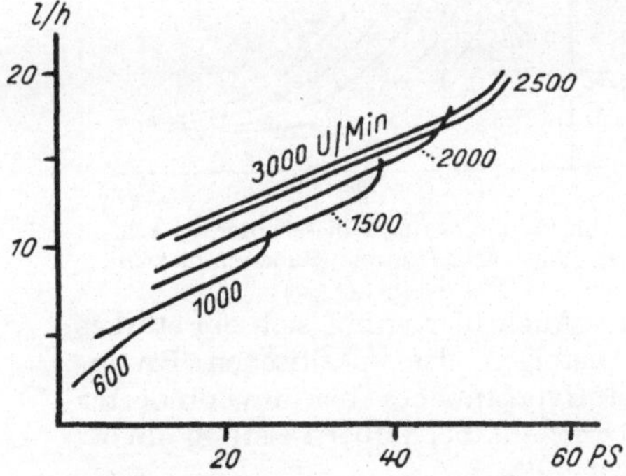

Abb. 20. Brennstoffverbrauch in l/h eines Ottomotors für gleiche Drehzahlen über der Leistung.

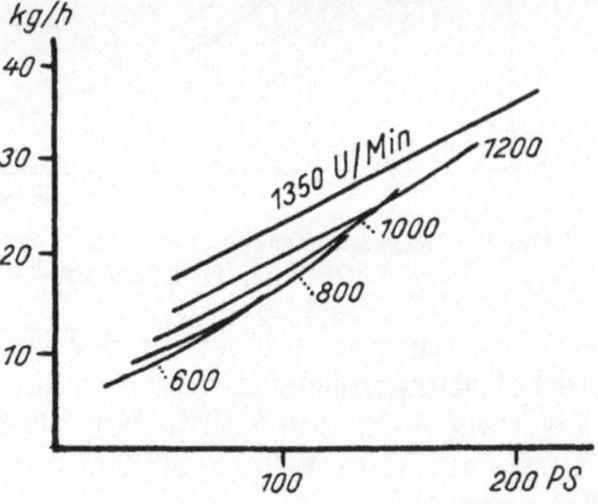

Abb. 21. Brennstoffverbrauch in kg/h eines Dieselmotors für gleiche Drehzahlen über der Leistung.

die Kurven eines AFN-Spez.-Kraftwagenmotors nach der schon erwähnten Veröffentlichung von Prof. Richter[1] aufgetragen. Die Schaubilder für den Brennstoffverbrauch eines Dieselmotors wurden aus den Ergebnissen von

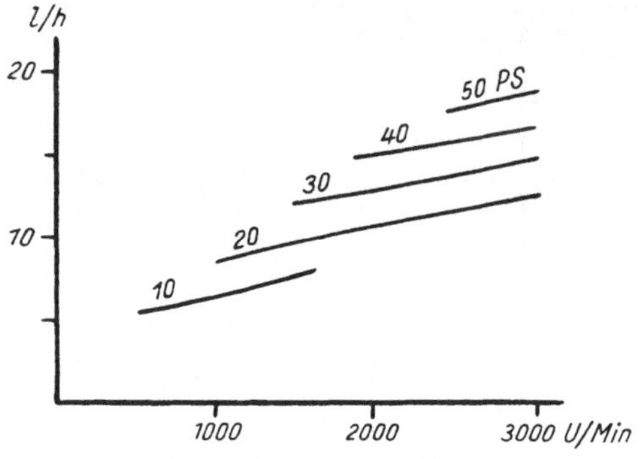

Abb. 22. Brennstoffverbrauch in l/h eines Ottomotors für gleiche Leistungen über der Drehzahl.

Abb. 23. Brennstoffverbrauch in kg/h eines Dieselmotors für gleiche Leistungen über der Drehzahl.

Messungen des Fahrzeug-Dieselmotors R 8 errechnet, der in zahlreiche Motorfahrzeuge der Österreichischen Bundesbahnen eingebaut ist und von der Maschinen- und Waggonbau-Fabriks A. G. in Simmering gebaut wird.

20. Spezifischer Brennstoffverbrauch.

Die folgenden zwei Schaubilder zeigen den spezifischen Brennstoffverbrauch in g/PSh für gleiche Drehzahlen über der Leistung in PS und damit die am meisten verbreitete Darstellung des Brennstoffverbrauches, die auch am leichtesten von den Bauanstalten der Verbrennungsmotoren zu erhalten ist. Da man aus ihnen durch Umrechnung alle gewünschten Abhängigkeiten erhalten kann, genügen sie auch für die Lösung der zugförderungstechnischen Fragen, die mit dem Brennstoffverbrauch zusammenhängen.

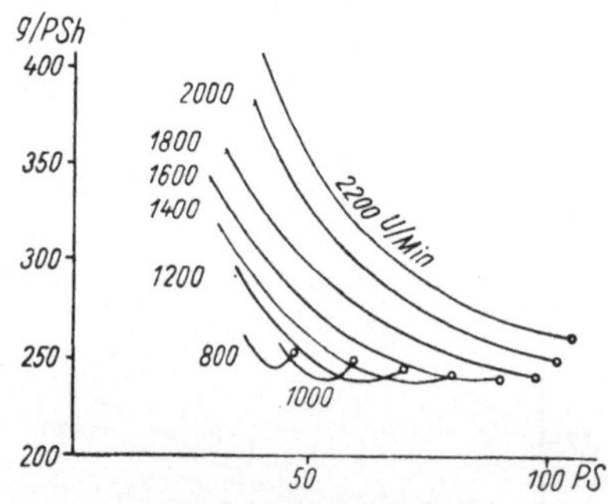

Abb. 24. Maybach Benzinmotor OS 5 Sechszyl. 94 mm Ø /168 mm, Hubraum rd. 7 l.

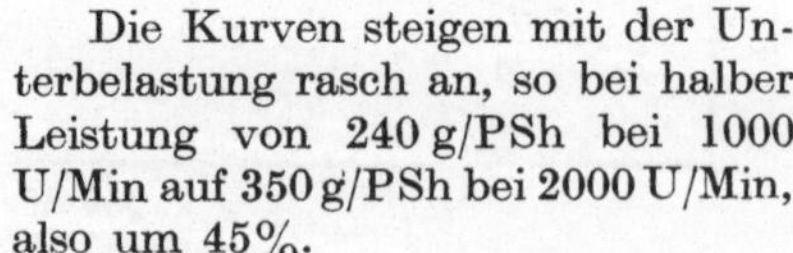
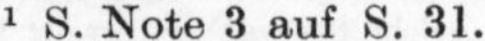
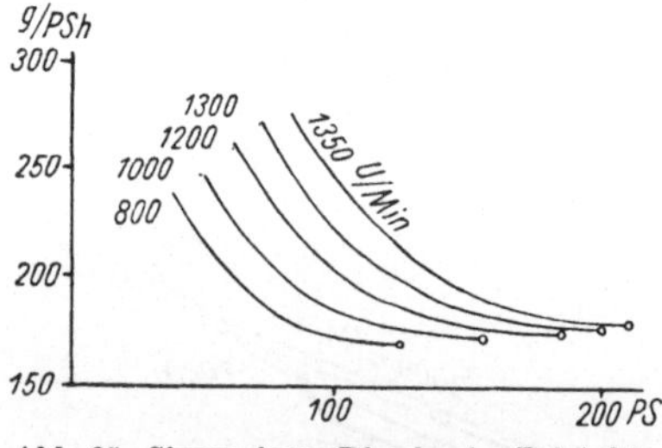

Abb. 25. Simmeringer Dieselmotor R 8 Achtzyl. 150 mm Ø /190 mm, Hubraum rd. 26,8 l.

Die Kurven steigen mit der Unterbelastung rasch an, so bei halber Leistung von 240 g/PSh bei 1000 U/Min auf 350 g/PSh bei 2000 U/Min, also um 45%.

Auch hier ergibt sich ein starkes Ansteigen des spezifischen Brennstoffverbrauches bei unveränderter Drehzahl, bei halber Leistung um etwa 40%.

[1] S. Note 3 auf S. 31.

Die beiden Schaubilder weisen darauf hin, daß immer möglichst mit jener Drehzahl gefahren werden soll, die der gerade erforderlichen Leistung entspricht. Jene Kraftübertragung wird den günstigsten Brennstoffverbrauch aufweisen, die einen Betrieb in der Nähe der „Einhüllenden" der Kurven des spezifischen Brennstoffverbrauches gewährleistet.

Der höhere Verbrauch gegenüber Dieselmotoren ergibt sich zum Großteil durch den wesentlich geringeren Verdichtungsdruck und den dadurch bedingten geringeren thermischen Wirkungsgrad des Kreisprozesses.

Bei Teillasten sinkt durch die Drosselung der Liefergrad und damit der Verdichtungs- und Explosionsdruck, wozu noch der gemeinsame Vergaser kommt, der auch für den ungünstigst liegenden Zylinder noch ein entsprechend angereichertes Gemisch liefern muß.

Der niedrigere Verbrauch, der bei Fahrzeug-Dieselmotoren bei 180 g/PSh und bei neuzeitlichen Großmotoren bei 160 g/PSh liegt, ist durch den höheren thermischen Wirkungsgrad bedingt.

Die Grenze der Belastung ist hier die Rauchgrenze, die anzeigt, daß der eingespritzte Brennstoff nicht mehr vollkommen verbrannt werden kann.

Bei Teillasten steht stets genügend Luftüberschuß zur Verfügung, da die Ansaugung im allgemeinen nicht gedrosselt wird.

21. Theoretischer Luftbedarf für die Verbrennung

ist genau nur bei Kenntnis des chemischen Aufbaues und des Mischungsverhältnisses zu ermitteln, nachstehend eine Überschlagsformel.[1]

$$L_0 \text{ in kg} = 4{,}25 \left(\frac{8}{3} \cdot C + 8 \cdot H + S \right), \qquad (8/\mathrm{V})$$

wobei C den Gehalt des Brennstoffes an Kohlenstoff, H den Gehalt an Wasserstoff und S an Schwefel, alles in kg, bedeutet,

im Mittel 12 bis 13 kg,   im Mittel 14 kg.

22. Praktischer Luftbedarf für die Verbrennung.

Geringer Luftüberschuß, bei neuzeitlichen Motoren jetzt häufig auch nur 80 bis 90% des theoretischen Luftbedarfes.[2]

Wegen der Gemischbildung im Zylinder, die in überaus kurzer Zeit stattfinden muß, größerer Luftüberschuß, für Vollast ca. 150% des theoretischen Luftbedarfes,[2] bei Teillasten und Leerlauf bis 1000%.

23. Energieschaubilder.

Angenäherte Verteilung der zugeführten Wärme bei Vollast.

Für Überschlagsrechnungen:
ca. $^1/_4$ 632 kcal Leistung,
 „ $^1/_3$ 800   „   Auspuff,
 „ $^5/_{12}$ 1100   „   Kühlwasser und
                  Reibung.

Angenäherte Verteilung der zugeführten Wärme bei Vollast.

Für Überschlagsrechnungen:
ca. $^1/_3$ 632 kcal Leistung,
 „ $^1/_3$ 600   „   Auspuff,
 „ $^1/_3$ 600   „   Kühlwasser und
                  Reibung.

Folgerung: Kühlanlagen kleiner als bei Ottomotoren.

---

[1] Löffler-Riedler: Ölmaschinen, S. 45.
[2] S. Note 1 auf S. 56.

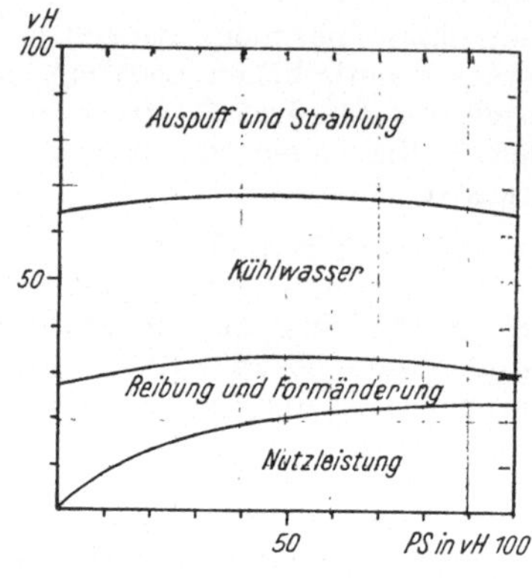

Abb. 26. Energieschaubild eines Ottomotors über der Leistung.

Abb. 27. Energieschaubild eines Dieselmotors über der Leistung.

24. Praktische Brennstoffverbrauchszahlen.

Bei Vollast

Benzin (Bi)	250—280	g/PSh
Benzol (Bo)	250	„
Bi-Bo-Gemisch	250	„
Bi-Spir.-Gemisch	300	„
Holz	ca. 1000—1100	„
Holzkohle	„ 400— 450	„
Propan	„ 200	„

Mittlere Leistungen:

Gasöl .... $\sim$ 180 g/PSh

Teeröl .... $\sim$ 180 „ „

Kleinmotoren:

Gasöl .... $\sim$ 210 g/PSh

25. Brennstoffverbrauch bei wechselnder Drehzahl.

Bei jeder Drehzahländerung wird das gleichmäßige Brennstoffgemisch, das sich auf Grund der Drehzahl und des Unterdruckes eingestellt hat, zerstört. Der Gasstrom besitzt ein gewisses Beharrungsvermögen. Obgleich der Unterdruck bei der Verengung des Saugrohrquerschnittes durch die schließende Drosselklappe steigt, verringert doch die Drosselwirkung die Saugwirkung auf die Brennstoffdüse. Der Brennstoffstrahl reißt nun nicht plötzlich ab, er tröpfelt noch aus der Düse nach, wodurch der Brennstoffverbrauch ungünstig beeinflußt wird. Bei rascher Öffnung der Drosselklappe wird eine größere Brennstoffmenge aus der Düse herausgerissen als die Zylinder verbrennen können, der Motor raucht.

Auch hier geben plötzliche Drehzahländerungen einen Mehrverbrauch, weil die Anpassung der Brennstoffmenge an die geänderten Verhältnisse eine gewisse Zeit erfordert, doch ist dieser Mehrverbrauch verhältnismäßig geringer als beim Ottomotor. Beim Dieselmotor ist weiters die Art der Regelung zu beachten. Wenn die Drehzahlregelung durch Änderung der Federspannung des Grenzreglers allein vorgenommen wird, ergibt sich für Teillasten die Fahrt auf den stark abfallenden, in Abb. 15 gestrichelt eingetragenen Kurven, denen die Verbrauchskurven für Unterbelastung entsprechen. Wenn gleichzeitig mit der Drehzahl auch die Füllung herabgesetzt wird, kann für die Teillasten ebenfalls mit günstigstem Verbrauch gefahren werden, weshalb diese Regelart für Fahrzeuge mehr als bisher angewendet werden sollte.

26. Einfluß der Luftdichte,

die durch die Seehöhe und Erwärmung verändert wird.

Die Leistung ändert sich verhältnisgleich mit dem spezifischen Gewichte der Luft, der Luftdichte, wobei für Seehöhen bis etwa 2000 m die Faustformel gilt, daß die Leistung für je 100 m Höhe über dem Ort des Prüfstandes um rund 1% sinkt. Bei größeren Seehöhen verringert sich der Leistungsverlust, so beträgt er bei 3000 m ca. 26% und bei 4000 m ca. 32%, größere Seehöhen kommen für Schienenfahrzeuge nicht in Betracht. Ein Ausgleich des Leistungsabfalles in größeren Höhen ist durch die Vorverdichtung möglich. Wenn bei Dieselmotoren die Füllung auch bei verringerter Luftdichte noch rauchfrei verbrannt werden kann, was bei reichlich bemessenen und nicht voll ausgenutzten Motoren der Fall ist, verschieben sich die oben angegebenen Werte für den Leistungsverlust, d. h. daß gewisse Höhen noch ohne Leistungsverlust befahren werden können.

D. Vorverdichtung oder Aufladung.

Unter Vorverdichtung oder Aufladung versteht man jeden Vorgang, bei dem in die Zylinder eine größere Luft- oder Gemischmenge eingeführt wird, als es durch die Ansaugung allein möglich wäre. Bei der Besprechung der Zweitaktmotoren haben wir daher schon eine solche Vorverdichtung — sei es durch eine Ladepumpe als Hilfsmaschine oder nach Abb. 4 durch die Rückseite des Arbeitskolbens — gesehen, doch geht ein Teil der Vorverdichtung bei der Spülung des Zylinders verloren, bei der die Auspuffschlitze noch geöffnet sein müssen. Mit „Auflademotoren" bezeichnet man daher meist nur Motoren, welche mit einer gesonderten Aufladepumpe versehen sind, die entweder vom Motor selbst oder auch von einer fremden Kraftquelle angetrieben wird. In letzter Zeit haben die Abgasturbogebläse nach Büchi starke Verwendung gefunden,[1,2] bei denen die Auspuffgase in einer rasch laufenden Turbine mit 8000 bis 30000 U/Min die für das Aufladegebläse notwendige Kraft liefern, so daß diese Leistung ohne zusätzlichen Brennstoffverbrauch gewonnen wird. Die Leistungssteigerung durch Aufladung ist durch einen erhöhten effektiven Mitteldruck gegeben, der aber nicht durch eine Erhöhung der Spitzendrücke, sondern durch ein Indikatordiagramm mit größerem Flächeninhalt erzeugt wird. Durch Änderung der Zeitpunkte des Ventilöffnens wird gleichzeitig eine Spülung in den Zylindern erzielt, die mit einer Kühlung verbunden ist, so daß die Aufladung keine größere Maschinenbeanspruchung, weder durch höhere Drücke noch durch höhere Temperaturen, bedeuten muß. Das Abgasturbogebläse hat noch den Vorteil, daß sich

---

[1] Supercharged Railcars for the German State Railway. D. R. T., H. vom 7. VIII. 1936.

[2] Klingelfuß: Die Leistungssteigerung von Dieselmotoren und Flugmotoren nach dem Büchi-Verfahren durch das Mittel der Abgasturbo-Aufladung. Brown Boveri-Mitt., Juliheft 1937.

seine Leistung mit der Leistung des Verbrennungsmotors selbsttätig ändert. Bei Vollast läuft es schnell und fördert eine große Luftmenge mit höherem Druck, während es bei Teillasten mit geringerer Drehzahl auch eine kleinere Luftmenge mit kleinerem Druck erzeugt. Der Aufladedruck ist bei Langsamläufern verhältnismäßig niedrig, etwa 0,3 atü, bei rasch laufenden Fahrzeugdieselmotoren ist er höher. Ohne auf weitere Einzelheiten eingehen zu können, ist festzuhalten, daß die Aufladung durch Abgasturbinengebläse jedenfalls ein Mittel ist, die Leistung von Motoren ohne größere Inanspruchnahme des Werkstoffes, ohne zusätzlichen Kraftverbrauch und ohne wesentlich größeren Raumbedarf zu erhöhen.

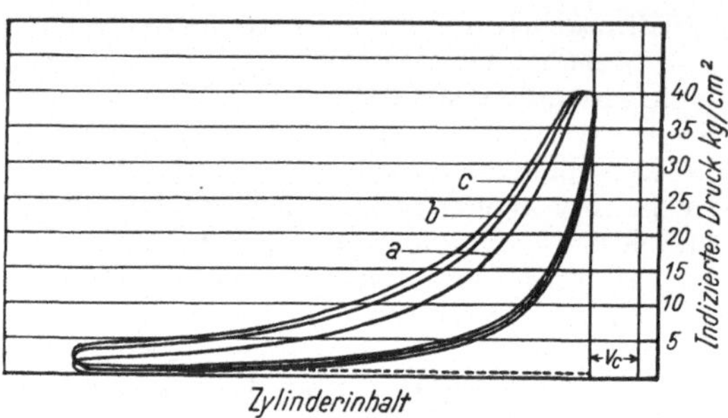

Abb. 28. Indikatordiagramm eines 2000-PS-Dieselmotors (nach Büchi). a mit normaler Ansaugung $p_{me} = 4,85$ kg/cm², $\eta_m = 0,75$; b mit Abgasturbinenaufladung $p_{me} = 6,1$ kg/cm², $\eta_m = 0,77$ Leistungssteigerung 28%; c mit Abgasturbinenaufladung $p_{me} = 7,4$ kg/cm², $\eta_{\eta\eta} = 0,81$ Leistungssteigerung 55%.

E. Anlassen.

Für die Ingangsetzung eines Verbrennungsmotors ist eine fremde Kraftquelle erforderlich, von welcher die Anwurfeinricht gespeist wird. Sehr verbreitet ist die elektrische Startung entweder mit angebauten Startmotoren, deren Ritzel in einen meist auf dem Schwungrad befestigten Zahnkranz eingreifen oder, bei elektrischen Kraftübertragungen, vom Hauptgenerator aus, der hierfür eine Reihenwicklung erhält und als Motor anläuft, wenn die Anlaßwicklung an den Stromspeicher angeschlossen wird. Bei größeren Motoren wird auch Druckluft für das Anlassen verwendet, die über besondere Anlaßventile in die Zylinder geführt wird.

Der Kraftbedarf für das Anlassen hängt sehr von der Temperatur des Motors ab. Ein kalter Motor braucht das Mehrfache jenes Drehmomentes, das er in warmem Zustand benötigt, weshalb bei Triebfahrzeugen manchmal vorgeschrieben wird, den Motor vor dem Anlassen auf eine Temperatur von 25° und mehr zu bringen. Bei Dieselmotoren mit Vorkammern ist eine Vorwärmung des Verbrennungsraumes gebräuchlich, die meist mittels elektrischer Glühkerzen durchgeführt wird. Von Bedeutung ist auch der Zustand des Schmieröles, weshalb in der kalten Jahreszeit mit dünneren „Winterölen" geschmiert wird. Beim Durchdrehen eines Motors muß der Zylinderinhalt verdichtet werden, weshalb manchmal auch eigene Vorrichtungen zum Aufheben der Ventile — Dekompressionseinrichtung — vorhanden sind, die während der ersten Anlaßumdrehungen eine Verdichtung unmöglich machen.

Die Frage des Kraftbedarfes für das Anlassen kann allgemein schwer beantwortet werden, für die Berechnung der Anlaßdrehmomente von Hauptgeneratoren haben sich nachfolgende Überschlagswerte recht bewährt, wobei als M das Regeldrehmoment des Motors, das nach Formel (4/V) dem Quotienten Leistung durch Drehzahl proportional ist, eingesetzt wird.

	Ottomotor	Dieselmotor
Anlaßdrehmoment für das erste Anreißen	$0,8$ bis $1 \times M$	$1,1$ bis $1,3 \times M$
Zünddrehzahlen	60—100 U/Min	100—150 U/Min
Drehmoment bei der Zünddrehzahl......................	$0,16$ bis $0,20 \times M$	$0,35$ bis $0,40 \times M$

Für das Anlassen eines Dieselmotors sind wegen der höheren Verdichtung und der Selbstzündung des Brennstoff-Luft-Gemisches größere Drehmomente erforderlich als für einen Ottomotor.

F. Leistungsgewichte ausgeführter Maschinen.

d. i. das Gewicht eines Motors je PS in kg/PS.

Kraftwagenmotor .	2,5 bis 6,0 kg/PS	Lastwagenmotor....	5 bis 10 kg/PS
Fahrzeugmotor ...	4,0 „ 7,0 „	Fahrzeugmotor.....	4 „ 12 „
Flugzeugmotor ...	0,7 „ 1,5 „	Flugzeugmotor.....	1 „ 2 „
Rennwagenmotor .	0,4 „ 0,6 „	Schiffsmotor.......	6 „ 25 „

G. Hubraumleistung.

Kraftwagenmotor ...	15 bis 25 PS/l	Kraftwagenmotor..	8,5 bis 14 PS/l
Fahrzeugmotor	8 „ 17 „	Fahrzeugmotor....	6,0 „ 15 „
Flugzeugmotor......	über 15 „	Flugzeugmotor um	20,0 „ 30 „
Rennwagenmotor ...	ca. 60 „	Schiffsmotor......	verschieden

H. Bauarten.

Man unterscheidet je nach der Lage der Zylinder Motoren stehender, V-förmiger oder liegender Bauart. Bei stehender Anordnung spricht man auch von Reihenbauart, die besonders für Leistungen bis 150 PS vorherrschend ist. Bei größeren Leistungen verwendet man gelegentlich zwei nebeneinanderstehende senkrechte Reihen, Doppelwellenmotoren, wobei die zwei Kurbelwellen mittels Zahnrad gemeinsam auf eine Abtriebswelle arbeiten. Für den Einbau in Drehgestelle hat sich bei Leistungen bis 425 PS ohne und bis 600 PS mit Aufladung die V-förmige Bauart durchgesetzt, bei der zwei Zylinderreihen unter 60 oder 90⁰ schräg gegeneinanderstehen. Gegenüber der stehenden Zylinderanordnung ergibt sich eine beträchtliche Verkürzung des Motors, Zylinderzahlen von 6, 8 und 12 sind die Regel. Klappt man schließlich die zwei Zylinderreihen der V-Form in eine Ebene, so hat man einen liegenden Motor, der einen guten Massenausgleich besitzt. Der liegende Motor kann bei guter Zugänglichkeit der zu wartenden Teile unterhalb des Wagenkastens untergebracht werden, wodurch die gesamte Grundfläche für Personen und Gepäckbeförderung zur Verfügung steht.

Diese Gegenüberstellung hat ein allgemeines Bild über die Eigenschaften der zwei Arten des Stoffwechsels bei Verbrennungsmotoren geben sollen, wozu zusammenfassend gesagt werden kann, daß der Dieselmotor wegen seiner höheren Arbeitsdrücke eine schwerere Bauart als der Ottomotor erfordert, die sich in höheren Anschaffungskosten ausdrückt, die aber durch die Verwendung eines billigeren Brennstoffes wettgemacht werden. Dazu kommt noch, daß das Gasöl praktisch feuersicher ist und weder Vergaser noch Zündkabel und Magnete vorhanden sind, was Fahrzeugbrände erschwert, die bei Benzinfahrzeugen in letzter Zeit bedauerliche Unglücksfälle, die zum Tod von Fahrgästen führten, hervorriefen.

Es ist daher verständlich, daß der Fahrzeugdieselmotor immer weitere Verbreitung gefunden hat, doch wurde schon eingangs dieses Abschnittes darauf hingewiesen, daß der Ottomotor bei Betrieb mit „heimischen" Brennstoffen, wie Holz, Holzkohle, Holz- oder Torfkohlenbriketts, die in Gaserzeugern vergast werden, erneute Bedeutung erlangen kann.[1]

J. Forderungen an einen Fahrzeugdieselmotor.

Wenn wir uns noch fragen, welche Forderungen an einen Fahrzeugmotor und insbesondere an einen Fahrzeugdieselmotor gestellt werden müssen, so ergeben sich folgende wichtige Gesichtspunkte:

1. *Hohe Betriebssicherheit*, denn der wirtschaftlichste Motor nutzt dem Betriebe nichts, wenn er wegen Störungen eine häufige Außerdienststellung des Fahrzeuges erzwingt. Daraus ergibt sich die Forderung nach

2. *kräftiger Bauart*, bei der alle einzelnen Teile so bemessen sein müssen, daß größere Instandhaltungsarbeiten erst bei den periodischen Hauptuntersuchungen vorzunehmen sind.

3. *Gute Zugänglichkeit* der zu wartenden Teile erleichtert die fortlaufenden Instandhaltungsarbeiten wesentlich, da erfahrungsgemäß jene

---

[1] Schläpfer und Tobler: Theoretische und praktische Untersuchungen über den Betrieb von Motorfahrzeugen mit Holzgas. Bericht Nr. 3 der Schweizerischen Gesellschaft für das Studium der Motorbrennstoffe.

Arbeiten, die nur mit großem Zeitaufwand durchzuführen sind, von der Bedienung vernachlässigt werden.

4. *Gute Brennstoffwirtschaft* für Voll- und Teillasten, deren Ausnutzung für den Fahrbetrieb aber wesentlich von der Kraftübertragung abhängt.

5. *Ausreichende Kühlung* auch bei längerer Ausnutzung der Vollaststufe.

6. *Dauernde Abgabe der gewährleisteten Bremsleistung*, wofür die Bahnverwaltungen verschiedene Vorschriften aufgestellt haben. So verlangt die Deutsche Reichsbahn einen Lauf von 64 Stunden innerhalb von vier aufeinanderfolgenden Tagen mit der für das Fahrzeug in Aussicht genommenen Leistung, wobei auch für Kühlung und Auspuff möglichst gleiche Verhältnisse, wie sie im Fahrzeug vorhanden sind, herrschen sollen. Die Österreichischen Bundesbahnen schrieben für den ersten Motor einer neuen Bauart einen Hundertstundenlauf vor, innerhalb welcher Zeit aber auch die Teillasten überprüft werden.

Hier sei eingefügt, daß die manchmal übliche Zeitbeschränkung für bestimmte Überlasten im Zusammenhang mit der zuerst fast ausschließlich verwendeten elektrischen Kraftübertragung aus der Elektrotechnik entnommen zu sein scheint, wo die Angabe von Einstunden-, durch zehn Minuten zulässiger oder für das Anfahren verfügbarer Stromstärken in der Erwärmung der Elektromaschinen begründet ist. Die Leistung eines Dieselmotors z. B. ist dagegen praktisch durch die Füllung gegeben, die für die Beanspruchung der bewegten Teile und für die Wärmeabfuhr maßgebend ist. Überlasten, die zu unzulässigen Beanspruchungen innerhalb kurzer Zeit, z. B. innerhalb einer Stunde, führen, sind für Verbrennungsmotoren auszuschließen, es können nur solche Überlasten angegeben werden, deren längere Inanspruchnahme wohl eine Verringerung der Lebensdauer ergeben, auf keinen Fall aber eine Zerstörung wie bei elektrischen Maschinen zur Folge haben würden. Für Fahrzeugmotoren sind also am besten nur solche Leistungen zu nennen, die im Betrieb dauernd abgegeben werden können, Leistungen mit Zeitgrenzen sind hier auf unrichtiger Grundlage aufgebaut.

7. *Gute Regelfähigkeit*, da auch bei größeren Motoren das Fahren mit unveränderter Drehzahl, wie es z. B. bei der elektrischen Kraftübertragung nach Ward-Leonard der Fall war, aus Gründen der Brennstoffwirtschaft und der Lebensdauer, die bei Langsamläufern noch eine geringere Rolle spielte, aufgegeben wurde.

Für eine gute Regelfähigkeit über den ganzen Drehzahlbereich ist erforderlich.

8. *praktische Schwingungsfreiheit*, die außer einem möglichst vollkommenen Massenausgleich gegebenenfalls die Anordnung eines geringster Abnutzung unterliegenden Schwingungsdämpfers notwendig machen kann.

K. Ausführungen von Verbrennungsmotoren.

Zum Schlusse dieses Abschnittes noch einige Worte über Ausführungen von Verbrennungsmotoren für Schienenfahrzeuge, die sich auf Dieselmotoren beschränken können, da man für den Betrieb mit Holz-, Holzkohlen- oder Brikettgas in Zukunft vorzugsweise Dieselmotoren umbauen wird, welche bei der höheren Klopffestigkeit der Gase die Anwendung eines höheren Verdichtungsverhältnisses, und zwar eines $\varepsilon = 8$ bis 10 und mehr, gestatten, wodurch der Leistungsabfall durch das kalorienärmere Gas, der bei unveränderten Benzinmotoren etwa 35 bis 40% erreicht, auf 20 bis 25% und weniger gebracht werden kann.

a) Maybach-Dieselmotor GO 6.

Die Abb. 29 zeigt einen der leistungsfähigsten derzeit auf dem Markt befindlichen Fahrzeugdieselmotoren, den Zwölfzylindermotor GO 6 der Maybach-Motorenbau G. m. b. H., der mit Aufladung bei 1400 U/Min 600 PS abgibt. In den dreiteiligen Schnelltriebwagenzügen der Deutschen Reichsbahn sind zwei Maschinensätze dieser Leistung eingebaut. Der Auflademotor GO 6[1, 2] ist aus dem Zwölfzylindermotor GO 5 entwickelt, doch wurde die Bohrung von 150 auf 160 mm vergrößert, der Hub blieb mit 200 mm unverändert. Der Dieselmotor GO 5 hat außer anderen Verwendungen in den zweiteiligen Schnelltriebwagen und zahlreichen Eiltriebwagen der Deutschen Reichsbahn und in den Dreiwagenzügen der Niederländischen Eisenbahnen nach Durchführung einiger Verbesserungen gute Betriebserfolge erzielt.

Der Dieselmotor GO 6 arbeitet im Viertaktverfahren mit Strahlzerstäubung (direkter Einspritzung) und mit Aufladung mittels Abgasturbogebläse System Büchi, das von den Brown Boveri-Werken in Baden, Schweiz, erzeugt wird. Das gesamte Hubvolumen V_m des Motors beträgt 48,2 l, der mittlere effektive Druck daher 8 kg/cm² bei Vollast. Das Gewicht des Motors einschließlich Gebläse erreicht nur 2300 kg, also nicht ganz 4 kg/PS, wozu im fahrbereiten Zustand noch ca. 45 kg Schmieröl und ca. 95 kg Kühlwasser kommen.

Der Gehäuseoberteil ist ebenso wie der Unterteil in Silumin ausgeführt, sie enthalten die sieben Lagerstellen der Kurbelwelle. Die 12 Zylinder sind in 2 Reihen zu je 6 Zylindern V-förmig unter 60° angeordnet und in Grauguß als Doppelzylinder gebaut. Jeder Zylinder besitzt je zwei gesteuerte Ein- und Auslaßventile, ein Hochdruck-Einspritzventil und ein Sicherheitsventil. Laufbahn, Ventilsitze und Gaskanäle der Zylinder werden mit Wasser gekühlt. Die aus einer Aluminiumlegierung her-

---

[1] **Breuer:** Schnelltriebwagen der Deutschen Reichsbahn. Z. V. D. I. 1935, H. 37.

[2] A 600 b. h. p. Pressure-charged Power Unit for Railway Traction. Oil E., Augustheft 1936.

gestellten Kolben haben je sechs Kolbenringe, der im Treibstangenkopf festsitzende Kolbenbolzen ist unmittelbar im Kolbenauge drehbar gelagert. Die Hauptkolbenstangen der rechten Zylinderseite wirken direkt auf die Kurbelwelle, an ihnen sind die Kolbenstangen der gegenüberliegen-

Abb. 29. Dieselmotor GO 6 mit Büchiaufladung. Maybach-Motorenbau G. m. b. H.

den Zylinder angelenkt. Die Schwinghebel für die Steuerung der Ventile laufen mit Rollen auf den Nocken der im Einsatz gehärteten Steuerwellen, die mit halber Motordrehzahl laufen, und sind auf festen Achsen gelagert.

Der Motor besitzt zwei Brennstoffpumpen, je eine für eine Zylinderreihe, der Antrieb erfolgt ebenfalls von der Steuerwelle aus. In den Brennstoffleitungen zu den Pumpen sind besondere Filter eingebaut. Die Einspritzung erfolgt über Hochdruckleitung und Einspritzventile unmittelbar in Zylindermitte. Der Regler arbeitet als DrucköIregler mit dem Schmieröldruck des Motors und dient daher gleichzeitig als Sicherheitseinrichtung bei Versagen der Schmierung; er wird vom Motor angetrieben und durch ein auf der Verstellachse aufgesetztes Kettenrad auf eine bestimmte Drehzahl eingestellt, wobei die Betätigung meist durch einen ferngesteuerten Verstellmotor erfolgt. Über das Abgasturbogebläse nach Büchi ist schon bei der Erläuterung der Aufladung ausführlich gesprochen worden. Wegen der Schalldämpfung und der Abkühlung der Auspuffgase in der Abgasturbine ist ein besonderer Auspufftopf entbehrlich.

Eine Zahnradölpumpe dient für die Druckumlaufschmierung, dabei ist in den Ölkreislauf ein Filter eingeschaltet, um Verunreinigungen auszuscheiden. Das Kühlwasser wird durch eine Zentrifugalpumpe umgewälzt, die es durch die Zylinder und die sonstigen Kühlräume und die von Flügeln belüftete Kühlanlage treibt.

b) Simmeringer Dieselmotor R 8.

Als zweites Beispiel eines für Schienenfahrzeuge entwickelten Fahrzeug-Dieselmotors wird ein Achtzylinder-V-Motor mit Vorkammer der

Abb. 30. Dieselmotor R 8, Maschinen- und Waggonfabriks A. G. in Simmering, Wien.

Maschinen- und Waggonbau-Fabriks A. G. in Simmering, Wien, beschrieben, der in zahlreiche Motorfahrzeuge der Österreichischen Bundesbahnen und ausländischer Bahnverwaltungen eingebaut ist. Die Abb. 30 zeigt eine Ansicht dieses Motors, der aus einer ebenfalls achtzylindrigen Bauart W 8 mit kleinerem Literinhalt entwickelt wurde.[1]

[1] Fieber: Dieselmotoren in neuen Triebfahrzeugen der Österreichischen Bundesbahnen. Sparw. 1933, H. 10.

Bei 150 mm Bohrung und 190 mm Hub besitzt der Motor eine Dauerleistung von 210 PS bei 1350 U/Min, sein effektiver Mitteldruck beträgt

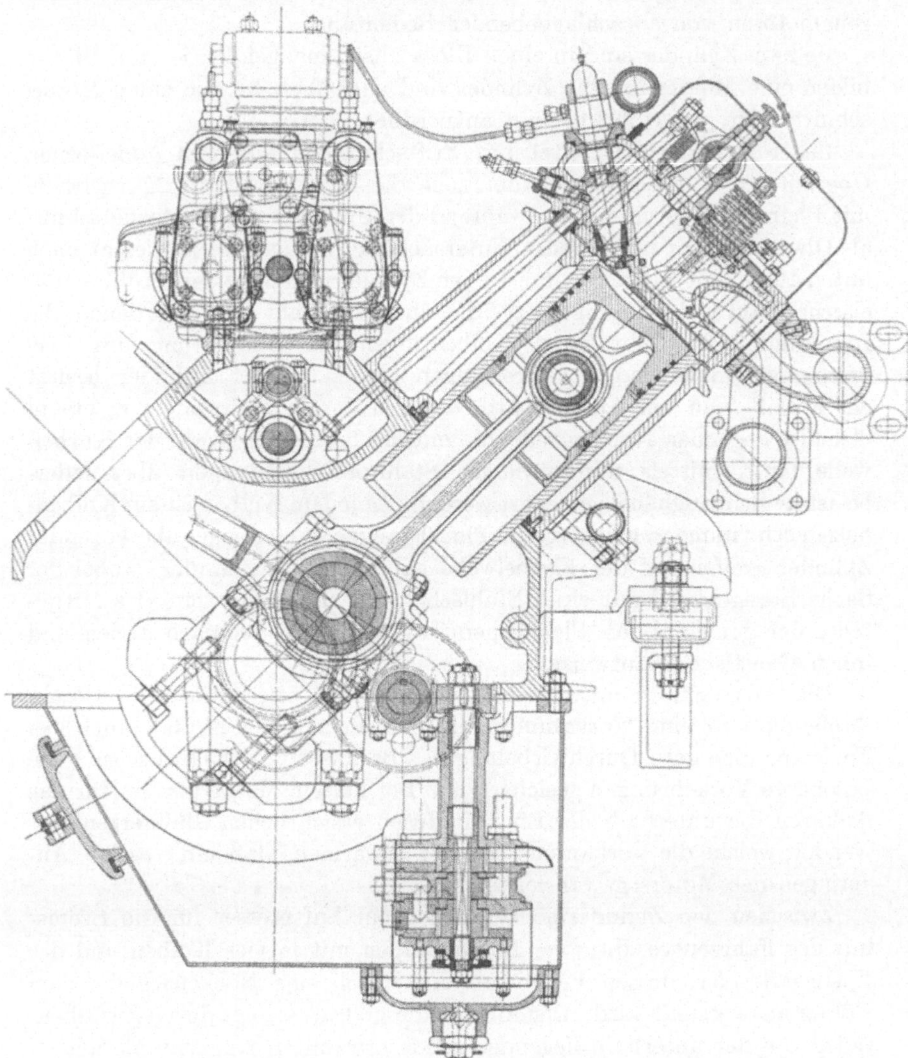

Abb. 31. Schnitt durch Simmeringer Dieselmotor R 8 (linke Seite nur angedeutet).

dabei 5,21 kg/cm², eine für den Dauerbetrieb durchaus bewährte Größe.
Eine Überschreitung der Dauerleistung von 210 PS ist im Fahrzeug nicht
möglich, aus Gründen der Betriebssicherheit und Erhaltung wurde von
einer Überlaststellung abgesehen. Wie weit der Motor bei der Dauerleistung von der Rauchgrenze weg ist, sieht man daraus, daß auf dem

Prüfstand bei einem maximalen effektiven Mitteldruck von ca. 7 kg/cm² Leistungen bis 280 PS entnommen werden konnten. Die richtige Festlegung der zulässigen Dauerleistung bleibt für die Lebensdauer der Fahrzeugmotoren von ausschlaggebender Bedeutung.

Je zwei Zylinder sind in einen Block zusammengefaßt, je zwei Blöcke bilden eine Motorseite, die Zylinder sind nach Abb. 31, die einen Motorschnitt zeigt, unter 90° geneigt angeordnet.

Jeder Zylinderblock sitzt mit Stiftschrauben auf dem gußeisernen Oberteil des Kurbelgehäuses, der auch die Lagerungen der Kurbelwelle mit Bleibronzelagern enthält, während der Unterteil aus Leichtmetall nur als Ölwanne dient und zwecks Untersuchung des Laufwerkes leicht nach unten ausgebaut werden kann. In den Zylindern sind wassergekühlte gußeiserne Laufbüchsen eingesetzt, die auszuwechseln sind, in denen die Aluminiumkolben mit ihren Kolbenringen zur Abdichtung des Verbrennungsraumes und Ölabstreifringen gleiten. Jeder Zylinder besitzt ein Einlaß- und ein Auslaßventil, die von der in Motormitte in einem Gehäuse liegenden Nockenwelle, die mit der halben Drehzahl der Kurbelwelle läuft, mittels dünnwandiger Stahlrohr-Stoßstangen über federbelastete Schwinghebel gesteuert werden. In jedem Kolben ist ein Kolbenbolzen schwimmend gelagert, die Pleuelstangen zweier gegenüberliegender Zylinder greifen auf der Kurbelwelle gabelförmig ineinander, wobei der flache Stangenkopf mit einer Stahlschale auf der Außenseite des Mittelteiles der gemeinsamen Pleuellagerschale ruht, die demnach außen und innen Gleitflächen aufweist.

. Wie aus dem Schnitte deutlich zu ersehen ist, spritzt die Bosch-Zapfendüse in eine Vorkammer, die den Vorteil bietet, daß auch bei Teillasten eine gute Durchwirbelung des Brennstoff-Luft-Gemisches ohne besondere Vorkehrungen gesichert ist. Bei kaltem Motor werden für das Anlassen die unterhalb der Einspritzdüsen ersichtlichen Glühkerzen verwendet, welche die Vorkammer so weit erwärmen, daß ein rasches Anspringen des Motors gewährleistet ist.

Zwischen den Zylinderblöcken liegen ein Luftpresser für die Bremsluft des Fahrzeuges, die zwei Boschpumpen mit je vier Kolben und der Fliehkraftregler, dessen Federspannung durch eine Nockenscheibe vom Führer aus verstellt wird. Der Antrieb dieser Teile erfolgt durch Zwischenräder von der unterhalb liegenden schon erwähnten Nockenwelle aus.

Für die Druckschmierung aller Schmierstellen dient eine dreiteilige Zahnradölpumpe, die in einer Vertiefung der Ölwanne liegt und von der Kurbelwelle aus angetrieben wird. Das Schmieröl geht durch einen Ölkühler und wird gefiltert. Für den Kühlwasserkreislauf ist eine Kühlwasserpumpe vorhanden, die das Kühlwasser den Kühlräumen unter Druck zuführt.

Derzeit befindet sich eine zwölfzylindrige Bauart mit der Benennung

R 12a auf dem Simmeringer Prüfstand, die mit BBC-Aufladegebläsen nach Büchi bei 1300 U/Min eine Leistung von 425 PS abgibt. Dieser aus der Reihe R 8 entwickelte stärkere Motor ist für 16 dieselhydraulische Triebwagen VT 44 der Österreichischen Bundesbahnen bestimmt.

c) Hinweis auf Veröffentlichungen.

Weitere Bauarten von Verbrennungsmotoren für Fahrzeuge sind dem zahlreichen, in den Fußnoten angeführten Schrifttum zu entnehmen.[1] Die bereits angezogene Veröffentlichung von Stroebe[2] bringt als Tafel II eine Liste der in Betrieb und Bau befindlichen Motoren europäischer Bauanstalten, aus der hervorgeht, daß die Entwicklung weiter in Richtung der Leistungssteigerung schreitet.

VI. Allgemeines über Kraftübertragungen.

A. Unmittelbarer Antrieb.

Es hat nicht an Versuchen gefehlt, die Triebachsen unmittelbar vom Motor aus anzutreiben, worauf in Abschnitt I schon hingewiesen wurde. Neben der Anpassung der Leistungskennlinien ist noch das Anfahrproblem vorhanden, da es unmöglich ist, mit einem Verbrennungsmotor unter Last anzufahren, weshalb eine besondere Anfahrvorrichtung vorhanden sein muß.[3] Meist wird dafür Druckluft vorgeschlagen, die, erwärmt in Zylinder, ähnlich jenen der Dampflokomotiven geführt wird, um das Anfahren der Lokomotive zu ermöglichen. Für die Verbesserung der Leistungsausnutzung kommt gegebenenfalls Aufladung in Betracht, um die Hauptmaschine nicht zu groß werden zu lassen. Es ist nicht ausgeschlossen, daß auf dieser Grundlage eine für gewisse Betriebsverhältnisse brauchbare Zugmaschine entstehen kann. Derzeit ist die Entwicklung des direkten Antriebes, dessen Kennlinien übrigens gleich jenen einer Stufe der mechanischen Kraftübertragung mit Berücksichtigung der Hilfsleistung der Anfahrvorrichtung sein werden, erst in den Anfängen, weshalb wir uns den Eigenschaften der derzeitigen Verbrennungsmotoren zuwenden, die mit den Anforderungen der Zugförderung nicht in Einklang stehen und zur Zwischenschaltung einer Kraftübertragung geführt haben.

B. Die Eigenschaften der Verbrennungsmotoren und die Forderungen der Zugförderung.

Wenn man sich die Schaubilder der Leistung von Verbrennungsmotoren über der Drehzahl (Abb. 12 und 13) und die Formeln für die

---

[1] S. auch: Railcar Oil Engines. D. R. T., H. vom 3. IX. 1937.

[2] S. Note 6 auf S. 13.

[3] Sanden und Wohlschläger: Eine neue Lösung der Diesellokomotive mit unverändertem Antrieb. Organ 1931, H. 7.

Abhängigkeit der Leistung von Mitteldruck und Drehzahl [(5/V) und (6/V)] vor Augen hält, ersieht man daraus zweierlei:

1. daß die Leistung, besonders mit offener Drossel oder voller Füllung, praktisch verhältnisgleich mit der Drehzahl ansteigt und

2. daß eine gewisse Mindestdrehzahl, meist unterste Leerlaufdrehzahl genannt, nicht unterschritten werden kann, da sonst einerseits Zündungsschwierigkeiten bei zu kalten Zylinderwänden auftreten und anderseits das aus Arbeits- und Hilfstakten zusammengesetzte Arbeitsspiel eine in Bewegung befindliche Schwungmasse benötigt, durch die erst eine annähernde Gleichförmigkeit des Laufes erzielt wird, wozu noch kommt,

3. daß ein Verbrennungsmotor, wie oben schon erwähnt, nicht unter Last anfahren kann, sondern vielmehr für das Anlassen selbst eine fremde Kraftquelle benötigt.

Wenn man damit die Aufgaben der Zugförderung im allgemeinen und jene der Eisenbahnzugförderung im besonderen vergleicht, die eine möglichst gleichmäßige Ausnutzung der eingebauten Leistung bei den verschiedenen Fahrgeschwindigkeiten und natürlich ein Anfahren unter Last fordern, ergibt sich klar und deutlich, daß die Verbrennungsmotoren in ihrer derzeitigen Durchbildung ein für die Zugförderung wenig geeignetes Verhalten aufweisen, das zur Zwischenschaltung einer Kraftübertragung hauptsächlich als Drehmomentwandlung zwingt. Die Übertragung muß sich den erwähnten Forderungen der Zugförderung, für welche manchmal der auch im Ausland verständliche Begriff „Traktion" verwendet wird, möglichst anpassen und gleichzeitig sowohl bei Voll- als auch bei Teillasten für eine gute Brennstoffwirtschaft sorgen, sie hat also eine Reihe von bedeutenden Aufgaben zu erfüllen, so daß es verständlich ist, daß um die verschiedenen Arten der Kraftübertragung ein Kampf entbrannte, bei dem der wichtigste Teil des Motorfahrzeuges, der Verbrennungsmotor, manchmal fast in den Hintergrund trat. Eine gewisse Berechtigung besteht vielleicht darin, daß eine ungeeignete Übertragung ebenso die Lebensdauer des Verbrennungsmotors verkürzen, wie eine zweckentsprechende für seine Schonung und dauernde Betriebssicherheit sorgen kann.

Eine sinnfällige Gegenüberstellung des Verhaltens eines Verbrennungsmotors bei direkter Verbindung der Kurbelwelle mit der Triebachse und der Forderung der Zugförderung nach weitester Leistungsausnutzung zeigt Abb. 32, nach welcher die volle Leistung des Motors ohne Kraftübertragung nur bei der Höchstgeschwindigkeit zur Verfügung steht, abgesehen davon, daß für das Anfahren eine besondere Vorsorge getroffen werden müßte, da die Abgabe eines Drehmomentes schon das Arbeiten des Motors voraussetzt.

Welche Eigenschaften muß nun eine Übertragung besitzen, um die schon erwähnten Forderungen der Zugförderung zu erfüllen?

Wenn man nicht den Motor und den Zug gemeinsam durch eine Hilfsmaschine in Bewegung setzen will, muß die Übertragung zuerst eine lösbare Verbindung hinter dem Motor enthalten, die sein Anwerfen in unbelastetem Zustand unabhängig von der Triebachse gestattet. Nach dem Anspringen des Motors muß es möglich sein, die noch stillstehende Triebachse mit der nunmehr laufenden Motorwelle stoßfrei zu kuppeln, z. B. durch eine Rutschkupplung, die einen plötzlichen Belastungsstoß vermeidet, der zu einem Abwürgen des Motors führen würde.

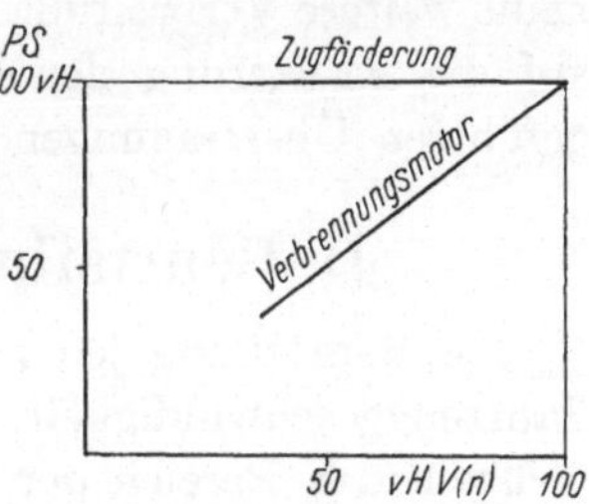

Abb. 32. Zusammenhang zwischen Zugförder- und Motorleistung bei unmittelbarem Antrieb.

Zweitens soll während der Fahrt die Leistungsausnutzung möglichst gleichmäßig bleiben, was genau nur bei einem hyperbelförmigen Verlauf der Zugkraft-Geschwindigkeitskurve erfüllbar ist, die mit der elektrischen Kraftübertragung erzielt werden kann. Verzichtet man auf die genaue Einhaltung dieser zweiten Forderung, so wird man trachten, die Anpassung an die Hyperbel durch Stufen so weit als möglich zu treiben, womit allerdings dem Führer die Verantwortung für die richtige Auswahl der Stufen überlassen wird, was bei Kraftwagen mit ihren kleinen Massen einfacher ist als bei Eisenbahnfahrzeugen, die ja häufig mit verschiedenen Anhängelasten fahren.

C. Seltene Kraftübertragungen.

Auf die drei hauptsächlichen Übertragungsarten, die mechanische mit Zahnradstufengetrieben und Kupplungen, die hydraulische mit Pumpen und Turbinen verschiedener Auslegung und die elektrische mit Stromerzeuger und Achsmotoren, wird in den folgenden Abschnitten ausführlich eingegangen, doch sind auch Versuche mit gas- und dampfförmigen Mitteln bekanntgeworden. So verwendete Zarlatti eine Mischung von Dampf und Luft und Christiani Dampf als Übertragung,[1] während der Engländer Kitson-Clark nach dem Still-Verfahren[2] Vorschläge gemacht hat, nach welchen die Kolben einer Verbrennungsmaschine auf der einen Seite als Dieselmotor und auf der anderen als Dampfmaschine arbeiten. Die Kitson-Still-Lokomotive besitzt dazu einen Lokomotivdampfkessel, wodurch das Anfahren mit Dampf möglich ist. Schließlich gehört hierher noch die reine Druckluftübertragung, die z. B. bei einer Versuchslokomotive der Deutschen Reichsbahngesell-

---

[1] Lipetz: Transmission of Power on Oil Engine Locomotives. Mechanical Engineering 1926, H. vom August u. September.

[2] Kitson-Clark: Internal Combustion Locomotives. The Engineer, H. vom 15. u. 22. IV. 1927,

schaft[1] Verwendung fand. Bei dieser Lokomotive wird Luft in einen vom Dieselmotor angetriebenen Luftpresser auf 7 atü verdichtet, diese in einem von den Auspuffgasen erwärmten Erhitzer auf höhere Temperatur gebracht, worauf sie sich arbeitsleistend in normalen Lokomotivzylindern ausdehnt. Obwohl die Versuche günstig ausgefallen sein sollen,[1] hat auch die Druckluftübertragung unter den gas- und dampfförmigen Mitteln keine weitere Verbreitung gefunden, weshalb es berechtigt ist, sich derzeit auf die Erörterung der Zugförderungseigenschaften der drei oben angeführten Übertragungen zu beschränken.

D. Beurteilung der Kraftübertragungen.

Die Beurteilung jeder Kraftübertragung erfolgt am besten über der Fahrzeuggeschwindigkeit, die dem Zugförderungstechniker am einfachsten den Bereich der Ausnutzbarkeit anzeigt.

Zuerst ist die Beziehung zu klären, die zwischen Motordrehzahl und Fahrzeuggeschwindigkeit besteht. Bei jeder direkten Kupplung ist die Geschwindigkeit der Motordrehzahl verhältnisgleich, bei anderen Übertragungsarten kann der Motor mit einer Drehzahl laufen, die in beliebige Geschwindigkeiten der Achse „transformiert" oder umgewandelt wird. Mit der jeweils vorhandenen Motordrehzahl hängt die zur Verfügung stehende Leistung zusammen, die man aus Schaubildern der verwendeten Motoren entnehmen und eintragen kann. Als erste Kennlinien tragen wir uns daher über der Geschwindigkeit die Motordrehzahlen und die für die Zugförderung verfügbaren Leistungen ein, von denen bereits die Leistungen der Hilfseinrichtungen, wie Kühlung, Beleuchtung und Bremsung, abgezogen sein sollen, da für uns nur die Zugförderleistungen von Bedeutung sind. Das Verhältnis der jeweils ausnutzbaren Leistung zur eingebauten Zugförderleistung bezeichnet man auch als **Ausnutzungsziffer**,[2] die bei Übertragungen mit annähernd unveränderter Drehzahl des Motors bei 1 liegt, während sie bei solchen mit direkter Verbindung zwischen Motorwelle und Triebachse annähernd dem Verhältnis $\dfrac{V}{V_{\max}}$, d. i. der augenblicklichen Geschwindigkeit zu der Höchstgeschwindigkeit der Stufe, gesetzt werden kann.

Wegen des in manchen Bereichen nicht ganz verhältnisgleichen Anstieges der Leistung mit der Drehzahl ist die Ausnutzungsziffer gegebenenfalls punktweise zu bestimmen, so daß gegenüber der vorgeschlagenen Art der sofortigen Ermittlung der jeweiligen Motorleistung aus den Motorkennlinien und den Drehzahlen kein Vorteil besteht.

---

[1] Geiger: Über Diesellokomotiven mit besonderer Berücksichtigung der Dieseldruckluftlokomotiven. Organ 1930, H. 17.

[2] Friedrich: Flüssigkeitsgetriebe für Triebwagen mit Verbrennungsmotoren. Z. V. D. I. 1935, H. 42.

Die zweite Beurteilung ergibt sich aus den **Wirkungsgraden,** die für alle Teile der Kraftübertragung zwischen Motorwelle und Triebachse festzustellen sind. Das Produkt der Einzelwirkungsgrade ergibt den Gesamtwirkungsgrad der Übertragung, der ebenfalls in seinem Verlauf über der Fahrgeschwindigkeit einzutragen ist.

Im Schrifttum[1] ist noch ein „Gewichtsfaktor zur Berücksichtigung des höheren Gewichtes der elektrischen Kraftübertragung im Vergleich zur mechanischen und hydraulischen" zu finden, der aber keine allgemeine Gültigkeit besitzt und für jeden Fall gesondert zu bestimmen ist, wenn nicht ein falsches Bild entstehen soll. Bei diesel-elektrischen Lokomotiven z. B., bei denen das erforderliche Reibungsgewicht fast immer durch Ballast erreicht wird, gibt es keinen „Gewichtsfaktor", auch bei Triebwagen schwankt das Gewicht der elektrischen Kraftübertragung je nach den gestellten Anforderungen in weiten Grenzen, so daß eine allgemeine Festlegung durch einen „Gewichtsfaktor" unmöglich ist, um so mehr, als der durch das Gewicht gegebene Anteil des Fahrwiderstandes bei hohen Geschwindigkeiten in der Ebene gegenüber dem Einfluß des Luftwiderstandes klein ist.[2]

Das Produkt aus der ausnutzbaren Motorleistung und dem Gesamtwirkungsgrad stellt **die am Radumfang verfügbare Leistung** dar, die für das Verhalten des Fahrzeuges maßgebend ist.

Aus der Leistung am Radumfang ergeben sich für die verschiedenen Geschwindigkeiten die Zugkräfte aus der Formel (2/IV), womit wir die Zugkraft-Geschwindigkeitskurve erhalten, die für uns die Grundlage zur Lösung aller zugförderungstechnischen Aufgaben bildet.

E. Allgemeingültige Beziehungen.

Am Schlusse dieses Abschnittes wollen wir noch jene Formeln zusammenstellen, die bei jeder Kraftübertragung benutzt werden, und zwar:

a) Zusammenhang zwischen Drehmoment eines Triebmotors und Zugkraft am Radumfang.

M = Drehmoment in kgm,
Z = Zugkraft am Radumfang in kg,
D = Raddurchmesser in m,

i = Kehrwert des Übersetzungsverhältnisses $1 : i$ zwischen Triebmotor und Triebachse, $i > 1$,
η = Wirkungsgrad der Übersetzung.

$$M = \frac{D}{2 \cdot i \cdot \eta} \cdot Z = c_1 \cdot Z, \qquad (1/\text{VI})$$

$$Z = \frac{2 \cdot i \cdot \eta}{D} \cdot M = \frac{1}{c_1} \cdot M = c_2 \cdot M. \qquad (2/\text{VI})$$

---

[1] S. Note 2 auf S. 76.
[2] S. Note 5 auf S. 13.

Es ist empfehlenswert, die sich für eine bestimmte Übersetzung ergebenden Festwerte c_1 oder c_2 zu ermitteln und mit diesen bei der Umwandlung von Drehmoment in Zugkraft oder umgekehrt zu rechnen.

b) Zusammenhang zwischen der Fahrgeschwindigkeit und der Drehzahl des Triebmotors.

V = Fahrgeschwindigkeit in km/h,

n = Umdrehungen je Minute (U/Min),

$$V = \frac{60 . \pi}{1000} . \frac{D}{i} . n,$$

$$V = 0{,}1885 . \frac{D}{i} . n = c_3 . n, \tag{3/VI}$$

$$n = 5{,}31 . \frac{i}{D} . V = \frac{V}{c_3} = c_4 . V. \tag{4/VI}$$

c) Zusammenhang zwischen Drehmoment und Zugkraft

nach 1, wenn ein bestimmtes Verhältnis zwischen der Triebmotordrehzahl und der Fahrgeschwindigkeit angenommen werden kann.

$$\text{Aus (3/VI)}\; i = 0{,}1885 . D \frac{n_{max}}{V_{max}}, \text{ aus (1/VI)}\; M = \frac{D}{2 . 0{,}1885 . \eta . D} . \frac{V_{max}}{n_{max}} . Z,$$

$$2{,}65 . \frac{V_{max}}{n_{max}} = c_5, \qquad M = \frac{2{,}65}{\eta} . \frac{V_{max}}{n_{max}} . Z = \frac{c_5}{\eta} . Z. \tag{5/VI}$$

Die Formel (5/VI) ist für die erste Ermittlung der notwendigen Drehmomente anzuwenden, wenn entweder

1. bei mechanischer Kraftübertragung bei gegebener Höchstgeschwindigkeit einer Stufe und der für Motoren der ungefähr in Betracht kommenden Leistung bekannten Höchstdrehzahl zu überprüfen ist, ob die aus den Fahrwiderständen errechneten Zugkräfte mit den Motordrehmomenten in Übereinstimmung zu bringen sind, oder

2. bei elektrischer Kraftübertragung bei Annahme eines Verhältniswertes der Höchstgeschwindigkeit des Fahrzeuges und der höchstzulässigen Drehzahl der Bahnmotore festzustellen ist, ob die Anfahr-, Stunden- oder Dauerzugkraft von den entsprechenden Momenten einer in Vorschlag gebrachten Motorbauart aufgebracht werden kann.

VII. Die mechanische Kraftübertragung mit Zahnradstufengetrieben.

A. Grundsätzlicher Aufbau.

Die einfachste und verständlichste Art der Kraftübertragung für Motorfahrzeuge besteht in der Zwischenschaltung einer lösbaren Kupplung, wie sie sich im vorhergehenden Abschnitt als notwendig herausgestellt hat, und von Zahnradpaaren, durch welche die Motordrehzahl in das gewünschte Verhältnis zur Umdrehungszahl der Triebachse gebracht wird. Die für Kraftwagen entwickelten Bauarten mit Schubgetrieben, bei denen das erforderliche Zahnradpaar jeweils in Eingriff gebracht wird, haben sich für Schienenfahrzeuge nicht bewährt, was wegen der unverhältnismäßig größeren zu beschleunigenden Massen leicht einzusehen ist.

Bei Aufrechterhaltung der grundsätzlichen Verwendung von Kupplungen und einschaltbaren Zahnradpaaren suchte man eisenbahnmäßige Lösungen, die alle darauf hinausgehen, daß sich die einzelnen Zahnradpaare in ständigem Eingriff befinden und fallweise an die Antriebs- und Abtriebswelle gekuppelt werden. Außerdem sind Sicherungen gegen Fehlschaltungen erwünscht, um Zerstörungen im Getriebe, die bei Einschalten eines falschen Ganges fast unvermeidlich sind, möglichst hintanzuhalten und damit den Führer zu entlasten.

Die Kupplung zwischen der Motorwelle und dem Stufengetriebe muß ein Gleiten gestatten, damit die stillstehenden Triebachsen möglichst sanft auf die der Motordrehzahl entsprechende Geschwindigkeit gebracht werden können. Da die Reibungswerte von Reibbelägen von dem Verlauf des Anpreßdruckes und der Umfangsgeschwindigkeit abhängen,[1] ist diese bei Kraftwagen allgemein verwendete Ausführung jetzt bei Schienenfahrzeugen selten geworden. Dafür werden z. B. ölgesteuerte Kupplungen der Lokomotivfabrik Winterthur mit konzentrischen Keilringen, die in entsprechende Ausnehmungen der Zahnradscheiben gepreßt werden[2, 3] und neben anderen ähnlichen Bauarten druckluftgesteuerte Stahllamellenkupplungen, wie die Sinuslamellenkupplungen der Firma Ortlinghaus, eingebaut, die bei geringster Abnutzung eine stoßfreie Einschaltung der Gänge gewährleisten. Für eine russische Großlokomotive sind elektromagnetische Kupplungen des Magnetwerkes Eisenach verwendet worden.[3, 4] Die neuzeitlichen Kupplungen sind auch in der Lage, die während des Durchrutschens auftretende Wärme ohne Schaden aufzunehmen, was besonders bei der Anfahrt auf der Steigung von Wichtigkeit ist. Die Arbeitsfähigkeit des Schwungrades kann dabei nur dann in Betracht gezogen werden, wenn die Motordrehzahl während des Einschaltens sinkt. Wird die Drehzahl jedoch, wie fast immer notwendig, bei der Anfahrt gegen die Leerlaufdrehzahl erhöht, so muß der Motor außer seinen umlaufenden Triebwerksmassen auch das Schwungrad beschleunigen, so daß ein zu schweres Schwungrad nachteilig ist.

---

[1] Plünzke: Die mechanische Kraftübertragung für Triebwagen mit Verbrennungsmotor. V. T. 1925, H. 26a.

[2] S. Note 1 auf S. 73.

[3] Süberkrüb: Fahrzeuggetriebe. Berlin 1929, S. 20.

[4] Lomonossoff: Das Lokomotivstufengetriebe. Organ 1928, H. 19.

B. Ausnutzungsziffer und Wahl der Stufen.

Wenn wir nun nach den von uns festgelegten Richtlinien zuerst an die allgemeine Beurteilung der mechanischen Kraftübertragung schreiten, so finden wir, daß bei eingeschalteter Kupplung eine feste Verbindung zwischen Motordrehzahl und Umdrehungszahl der Triebachse vorhanden ist. Es wird also nicht mit einer unveränderten Leistung, sondern nur mit der jeweils durch die Drehzahl des Motors gegebenen zu rechnen sein, die Ausnutzungsziffer ist ungefähr verhältnisgleich dem Drehzahlabfall.

Es ist ohne weiteres klar, daß der Drehzahl- und damit Leistungsverlust um so kleiner sein wird, je mehr Stufen eingebaut sind, doch führt eine große Stufenanzahl mit ihren Kupplungs- und Schalteinrichtungen zu vielfältigen, wenig übersichtlichen und dazu teuren Konstruktionen, durch welche die Vorteile des einfachen Stufengetriebes in das Gegenteil verkehrt würden. In der Praxis begnügt man sich mit vier bis fünf Stufen, was auch bei den weiter unten erläuterten Ausführungen der Stufengetriebe der Fall ist.

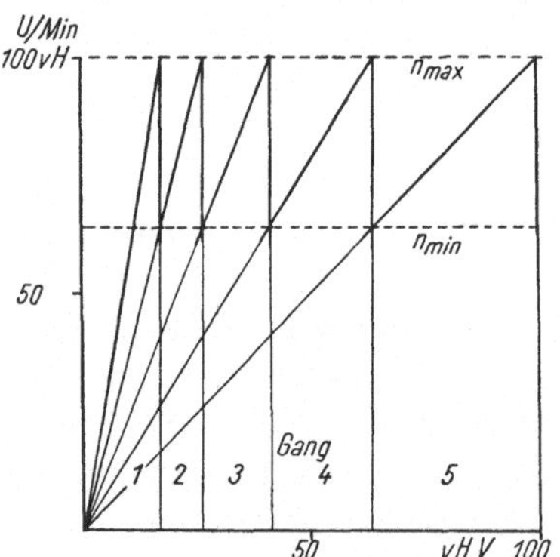

Abb. 33. Stufenwahl bei mechanischer Kraftübertragung.

Um den Verlauf der Leistung über der Fahrgeschwindigkeit feststellen zu können, ist bei der Auslegung eines Stufengetriebes die Wahl der einzelnen Geschwindigkeiten die erste Aufgabe, wenn die Höchstgeschwindigkeit, wie üblich, gegeben ist. Es wäre ausnahmsweise möglich, daß durch bestimmte Verhältnisse der Strecke auch die einzelnen Stufengeschwindigkeiten vorbestimmt sind, was aber nur dann einen Sinn hätte, wenn auf den betreffenden Streckenabschnitten immer mit gleichen Zugkräften, gegeben durch Zuggewicht und Steigungen, zu rechnen ist.

Im allgemeinen hat sich die Festlegung einer bestimmten Drehzahlschwankung bewährt, durch welche die Motordrehzahl für die oberste und unterste Grenze einer Stufe nach Fühlungnahme mit dem Erzeuger des Verbrennungsmotors gewählt wird, der deswegen seine Zustimmung zu geben hat, weil der Verbrennungsmotor in diesem Bereich mit vollem Drehmoment hinaufarbeiten muß. Auf Grund vorliegender Betriebserfahrungen machen die einzelnen Bauanstalten manchmal einschränkende Vorschriften für diesen zulässigen Arbeitsbereich.

Auf Abb. 33 ist der Vorgang der Stufenwahl für fünf Stufen eingetragen. Wenn wir die einzelnen Geschwindigkeiten mit V_1 bis V_5 und die jeweilige Umrechnungszahl, die nach Formel (3/VI) von Raddurchmesser und Übersetzungen abhängig ist, mit k_1 bis k_5, die Grenzen der Drehzahl mit n_{max} und n_{min} bezeichnen, so bestehen folgende Beziehungen:

$$V_5 = \qquad k_5 \cdot n_{max}, \qquad\qquad V_4 = k_5 \cdot n_{min} = k_4 \cdot n_{max},$$
$$V_3 = k_4 \cdot n_{min} = k_3 \cdot n_{max}, \qquad\qquad V_2 = k_3 \cdot n_{min} = k_2 \cdot n_{max},$$
$$V_1 = k_2 \cdot n_{min} = k_1 \cdot n_{max}.$$

Jede Stufengeschwindigkeit V_1 bis V_4 kann also einerseits mit der höchstzulässigen Motordrehzahl n_{max} entsprechend dem oberen Stufenendpunkt oder anderseits mit der noch als zulässig betrachteten niedersten Vollastdrehzahl n_{min} erreicht werden. Nun kann man für das Verhältnis $\dfrac{n_{min}}{n_{max}}$ einen Festwert K einführen und unter Beachtung des Zusammenhanges, daß $V_{n-1} = K \cdot V_n$ ist, folgende geometrische Reihe für die einzelnen Stufengeschwindigkeiten anschreiben:

$$\left.\begin{aligned} V_4 &= \frac{n_{min}}{n_{max}} \cdot V_5 = K \cdot V_5, & V_3 &= K \cdot V_4 = K^2 \cdot V_5, \\ V_2 &= \quad K \quad \cdot V_3 = K^3 \cdot V_5, & V_1 &= K \cdot V_2 = K^4 \cdot V_5. \end{aligned}\right\} \quad (1/\text{VII})$$

Für die gebräuchlichen Verhältnisse von n_{min} zu n_{max} gibt die folgende Tafel einen Überblick über die Abstufungen der Geschwindigkeiten, einerseits in Hundertteilen der Höchstgeschwindigkeit und anderseits als Übersetzung, wobei für V_5 als direkten Gang das Verhältnis $1:1$ eingesetzt ist.

Zahlentafel 5. Geschwindigkeitsabstufungen für verschiedene Werte von K.

$K=$	0,70	0,68	0,66	0,64	0,62	0,60	0,58
V_5	100%	100%	100%	100%	100%	100%	100%
	1:1	1:1	1:1	1:1	1:1	1:1	1:1
V_4	70%	68%	66%	64%	62%	60%	58%
	1:1,43	1:1,47	1:1,52	1:1,57	1:1,61	1:1,67	1:1,72
V_3	49%	46%	43,5%	41%	38%	36%	33,6%
	1:2,04	1:2,18	1:2,30	1:2,44	1:2,56	1:2,68	1:2,98
V_2	34,3%	31,4%	28,7%	26%	24%	21,6%	19,5%
	1:2,92	1:3,20	1:3,50	1:3,85	1:4,16	1:4,63	1:5,13
V_1	24%	21%	19%	16,8%	14,8%	13%	11,3%
	1:4,16	1:4,75	1:5,25	1:5,95	1:6,76	1:7,70	1:8,86

Falls nur vier Stufen vorhanden sind, tritt die Höchstgeschwindigkeit V_4 an Stelle von V_5, V_3 an Stelle von V_4, bis V_1 statt V_2, die Tafelwerte für V_1 kommen in Wegfall. Bei der praktischen Durchführung der Stufenwahl werden die Übersetzungen etwas ausgeglichen und der erste Gang meist etwas tiefer gelegt als sich nach der Reihenrechnung ergibt, der zeichnerisch die Auftragung nach Abb. 33 entspricht, um für die Anfahrt über eine größere Zugkraft zu verfügen, die besonders auf Steigungen erwünscht ist.

Die Formel (3/VI) wird bei Stufengetrieben manchmal in eine etwas andere Form gebracht, indem man den Begriff der Schnelläufigkeit S, d. i. die Anzahl der Motorumdrehungen für 100 m Weg, einführt,[1] also zu

$$S = \frac{100 \cdot i}{\pi \cdot D} \qquad\qquad (2/VII)$$

und damit zu
$$V = \frac{6}{S} \cdot n \qquad\qquad (3/VII)$$

kommt, wonach also der Faktor K entweder aus $0,1885 \cdot \dfrac{D}{i}$ oder aus $\dfrac{6}{S}$ berechnet werden kann. Die Formel (3/VII) werden wir später im Abschnitt XI für den Zusammenhang zwischen Motordrehzahl und Fahrgeschwindigkeit bei der Ermittlung des Brennstoffverbrauches von mechanischen Fahrzeugen verwenden.

C. Wirkungsgrad und Zugförderleistung.

Nach Bestimmung der Stufen ergibt sich die jeweils verfügbare Zugförderleistung aus den Motorkennlinien nach den dadurch gegebenen Drehzahlen, so daß nunmehr die Frage des Wirkungsgrades des mechanischen Getriebes zu klären ist, die von der Ausführung, der Schmierung und dem Erhaltungszustand der Zahnräder abhängt. Für neuzeitliche Eisenbahngetriebe sollen nur hochwertige Grundstoffe und geräuschlose Verzahnungen mit gehärteten und geschliffenen Zahnflanken verwendet werden, meist in öldichten Kasten laufende Räder aus Sonderstahl mit Schrägverzahnung, die eine lange Laufzeit mit geringster Abnutzung gewährleisten.

Der Wirkungsgrad eingelaufener, dem heutigen hohen Stand der Getriebetechnik entsprechender Stirnräder wurde in den Bauanstalten mit etwa 98 bis $99^0/_0$ bestimmt, der in den Getriebekästen mit Berücksichtigung der Lagerung, Ölförderung und etwaiger Ventilationsverluste absinkt, und zwar auf 97 bis $96,5^0/_0$, wenn man mit dauernd erreichbaren Werten rechnen will. So findet sich im Schrifttum[2] eine Angabe eines Erzeugers von Getrieben für zwei Zahnradpaare mit $93^0/_0$, was mit den vorerwähnten Zahlen übereinstimmt. Zu dem Wirkungsgrad des Schaltgetriebes kommt noch jener des Wendegetriebes, für das meist Kegelräder Verwendung finden, weiters eventueller Zwischengetriebe, wie sie durch den Antrieb zweier Achsen notwendig sein können, der Kardanwellen, Kreuzgelenke und Kupplungen. Für normale Ausführungen erscheint dafür ein Wert

---

[1] Eberan-Eberhorst: Wirtschaftlichkeit und Beschleunigungsfähigkeit eines Kraftfahrzeuges oder Triebwagens nach den Motorkennlinien. V. T. 1933, H. 12.

[2] Das Myliusgetriebe für Eisenbahntriebwagen. Der Motor, Juliheft 1934.

von etwa 90 bis 92% als angemessen, der auch für den direkten Gang gilt, wenn bei diesem ohne Zahnräder im Schaltgetriebe Antriebs- und Abtriebswelle direkt verbunden sind.

Für die übrigen Gänge, bei denen z. B. im Schaltgetriebe je zwei Zahnradpaare in Eingriff stehen, gilt dann als sicherer Wert das Produkt $0,93 . 0,90 = 0,837$ bis $0,94 . 0,92 = 0,874$ oder rund 0,84 bis 0,87 als Wirkungsgrad, der in den einzelnen Stufen unabhängig von der Fahrgeschwindigkeit angenommen werden kann, da die in Betracht kommenden Leistungsschwankungen diese Annahme gestatten.

Für die erste Bemessung von Zahnrädern kann man die bekannte Formel $P = p . b$ heranziehen, in der

P den Zahndruck in kg,
b die Zahnbreite in cm und
p einen von Werkstoff und Beanspruchung abhängenden Wert, und zwar:

$p. = 150 — 160$ kg/cm für Dauerleistung und
$300 — 350$ kg/cm für Anfahrdrehmoment,

bedeutet. Für genauere Ermittlung der Zahnformen, Abmessungen, Werkstoffe, Oberflächenbehandlung und Schmierung sei auf die Veröffentlichungen über Zahnräder und Getriebe verwiesen, da außer auf die Bruchsicherheit auch auf örtliche Beanspruchungen und auf die Lebensdauer Rücksicht genommen werden muß. Im allgemeinen wird man stets zur Ausführung eine der bewährten Getriebebaufirmen heranziehen, deren reiche Erfahrungen zur Auswirkung kommen sollen. Die Mitarbeit dieser Bauanstalten ergibt sich meist schon dadurch, daß nur sie über die kostspieligen Bearbeitungsmaschinen für die Zahnräder verfügen, ohne die zweckentsprechende Eisenbahngetriebe nicht hergestellt werden können.

D. Einfluß der Zugkraftunterbrechung.

Bei Schaltgetrieben für Fahrzeuge gebirgiger Länder ist es von Bedeutung, ob die Zugkraft beim Stufenwechsel unterbrochen wird. Bei Unterbrechung der Zugkraft steht das Fahrzeug nur unter Einfluß der im Wagen aufgespeicherten lebendigen Kraft, die um so rascher aufgezehrt wird, je größer der Fahrwiderstand während des Schaltvorganges ist.

Man kann den Geschwindigkeitsverlust während der Schaltzeit nicht zu schwierig aus der Grundgleichung der Bewegung mit quadratisch ansteigendem Widerstand ermitteln[1] und kommt nach Opatowski zu folgenden vereinfachten Formeln:

$$V_e = \frac{1000 Q . V_a — 35,316 (k' + s) . Q . t}{1000 Q + 35,316 . k'' . V_a . t} \text{ km/h,} \qquad (4/\text{VII})$$

$$l = \frac{1000 Q . V_a — 17,658 (k' + s) . Q . t}{1000 Q + 17,658 . k'' . V_a . t} . \frac{t}{3,6} \text{ m,} \qquad (5/\text{VII})$$

____

[1] Opatowski: La Perte de Vitesse des Automotrices à Transmission Mécanique au cours du Changement de Rapport de Transmission. Ch. Fer & T. H. vom August-September 1936.

dabei bedeuten

V_a = Fahrgeschwindigkeit in km/h am Beginn der Schaltung,

V_e = Fahrgeschwindigkeit in km/h am Ende der Schaltung,

t = Dauer der Schaltung, Schaltzeit in Sek,

l = während der Schaltzeit durchlaufender Weg,

Q = Gewicht des Fahrzeuges oder Zuges in Tonnen,

k', k'' Beiwerte des gesamten Fahrwiderstandes in der geraden Ebene aus der Form $W' = k' \cdot Q + k'' \cdot V^2$,

$k' = k_1$ der Formel für den spezifischen Fahrwiderstand,

$k'' = c_2 \cdot 0{,}5 \cdot F \cdot \dfrac{1}{100}$ der Reichsbahnformeln,

s = Steigung in $^0/_{00}$.

Wenn wir als Beispiel einen Triebwagenzug mit normal gekuppeltem Anhängewagen mit einem Zuggewicht von $Q = 80$ t annehmen, der in einer Steigung von $s = 25^0/_{00}$ angefahren ist und bei $V_a = 20$ km/h auf den nächsten Gang umgeschaltet wird, wobei für die Dauer der Schaltzeit von $t = 2$ Sekunden die Zugkraft unterbrochen ist, so ergeben sich bei Verwendung der Reichsbahnformel II mit $W' = 2 \cdot Q + 0{,}8 \cdot 0{,}5 \cdot \left(\dfrac{V}{10}\right)^2 \cdot 10$, also mit den Beiwerten $k' = 2$ und $k'' = 0{,}04$ die Endgeschwindigkeit und der während der Schaltzeit durchlaufene Weg mit

$$V_e = \frac{1000 \cdot 80 \cdot 20 - 35{,}316 \,(2 + 25) \cdot 80 \cdot 2}{1000 \cdot 80 + 35{,}316 \cdot 0{,}04 \cdot 20 \cdot 2} = 18 \text{ km/h}, \quad l = 11 \text{ m}.$$

Bei Regelverhältnissen wird die Zugkraftunterbrechung also noch keine Schwierigkeiten ergeben, was ja auch mit der Erfahrung übereinstimmt. Ist das Zuggewicht jedoch verhältnismäßig groß und der Widerstandsbeiwert k', in den ein etwaiger Krümmungswiderstand hineingenommen werden muß, und die Schaltzeit aus irgendwelchen Gründen höher, kann der Geschwindigkeitsverlust so groß werden, daß der Motor das Fahrzeug im nächsten Gang nicht mehr beschleunigen kann. Schon mit einem unveränderten Zuggewicht von 80 t ergibt sich mit einem $k' = 5$ kg/t und einer Schaltzeit $t = 6$ Sekunden

$$V_e = \frac{1000 \cdot 80 \cdot 20 - 35{,}316 \,(5 + 25) \cdot 80 \cdot 6}{1000 \cdot 80 + 35{,}316 \cdot 0{,}04 \cdot 20 \cdot 6} = 13{,}6 \text{ km/h},$$

womit die Beschleunigungsmöglichkeit im zweiten Gang in den meisten Fällen bereits begrenzt ist.

Aus diesem Beispiel ist zu sehen, daß eine Zugkraftunterbrechung jedenfalls auf ein kleines Maß gebracht oder überhaupt vermieden werden soll, was bei geschickter Durchbildung der Kupplungen und Getriebe möglich ist.

E. Ausführung von Stufengetrieben.

Vor der Errechnung der Kennlinien eines Fahrzeuges mit Stufengetriebe ist es zweckmäßig, sich auf Grund von Ausführungen ein Bild über die eisenbahnmäßigen Stufengetriebe zu machen. Neben anderen

Konstruktionen verschiedener Bauanstalten, wie von Maybach,[1] der T. A. G.,[2] der Lokomotivfabrik Winterthur,[3] von Ganz & Co.,[4] Cotal[5] u. a. haben jene der Deutschen Getriebe G. m. b. H. nach Mylius und der Ardelt-Werke G. m. b. H. in Eberswalde in letzter Zeit an Verbreitung gewonnen, so daß die Erläuterung der Einzelheiten von Stufengetrieben an Hand dieser Ausführungen vorgenommen wird.

a) Myliusgetriebe.[6,7]

Das Mylius-Stufengetriebe arbeitet nach einem besonderen Schaltverfahren mit zwangsläufig synchronisierten Klauenkupplungen und Vorwählung, das am besten an Hand der Abb. 34 zu verstehen ist. Die Schaltung erfolgt mechanisch oder durch Druckluft von den Führerständen aus, indem durch Verstellung des Ganghebels G zuerst die Schaltwelle M verdreht wird, wodurch ein an dieser Welle sitzender Hebel v, der in eine Schwinge u eingreift, den gewünschten Gang vorbereitet. Gleichzeitig wird durch die Schwinge u der eingeschaltete Gang auf Leerlauf gestellt und der neugewünschte Gang nach der Synchronisierung eingeschaltet, wenn der Kupplungshebel von „Kupplung aus" auf „Kupplung ein" gestellt wird.

Bei der Stellung auf „Kupplung aus" tritt nämlich Druckluft in den Schaltzylinder Z, der Kolben drückt den Hebel S zuerst um den auf der Schaltwelle M sitzenden Drehpunkt und bringt die links ersichtliche Hauptkupplung außer Eingriff. Nun dreht sich der Hebel S weiter um den unteren Drehpunkt, der sich gegen den festen Anschlag T abstützt. Die Schaltwelle M wird gegen die Kraft der Schaltfeder W durch die weitere Bewegung des Hebels S nach links gezogen, wodurch der bisher eingeschaltete erste Gang mittels des Hebels v und der Schwinge u ausgeschaltet wird. Jetzt erfaßt die Nase Q die Schaltstange 4 des vorgewählten vierten Ganges und drückt bei der äußersten Stellung des Hebels S die Konuskupplung des vierten Ganges an, wodurch die mit dem Kupplungsstück J vereinte Klauenkupplung des vierten Ganges synchronisiert wird. Inzwischen hat sich die Nase R der Trommel P durch

---

[1] M i a l l : Transmissions for Diesel Locomotives and Railcars, New Preselective Maybach Gearbox Giving Six, Seven or Eight Ratios. D. R. T., H. vom 2. X. 1936.

[2] A New Gearbox Development. D. R. T., H. vom 19. III. 1937.

[3] Mechanical Transmission for Railcars. D. R. T., H. vom 2. XI. 1934.

[4] M i a l l : Transmissions for Diesel Locomotives and Railcars. The Ganz constant-mesh gearbox. D. R. T., H. vom 10. VII. 1936.

[5] Mechanical Transmission with electric Control. D. R. T., H. vom 25. I. 1935.

[6] S. Note 2 auf S. 82.

[7] Introduction of Diesel Traction in the Near East. D. R. T., H. vom 25. I. 1935.

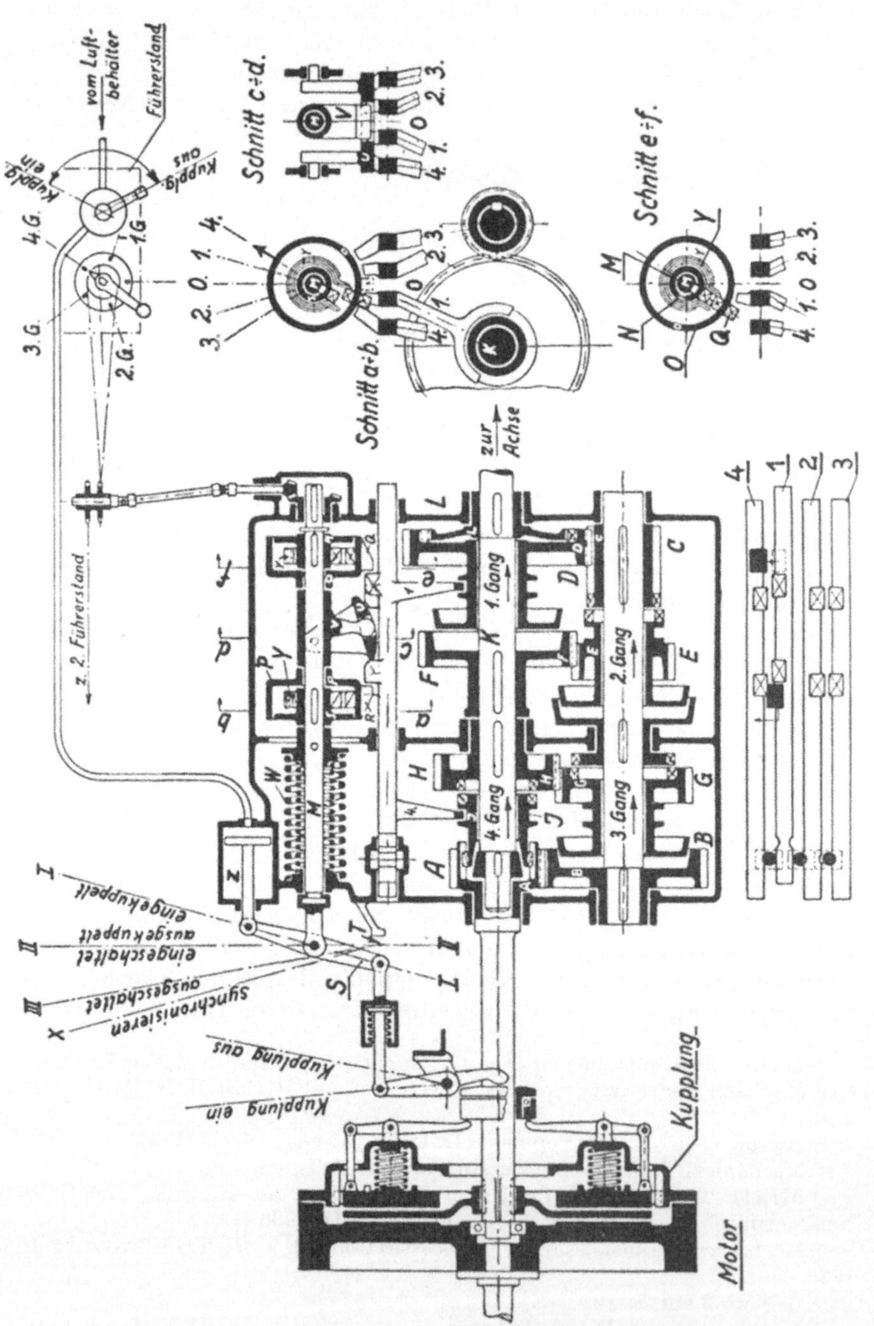

Abb. 34. Viergang-Mylius-Getriebe.

die in dieser Trommel eingebaute Feder *Y* gleichfalls auf die Schaltstange 4 eingestellt, so daß bei Auslassen der Luft aus dem Schaltzylinder *Z* nach Verstellung des Kupplungshebels auf „Kupplung ein" die Schaltfeder *W* die Schaltwelle *M* nach rechts zieht, die Konuskupplung des vierten Ganges außer Eingriff und die bereits synchronisierte Klauenkupplung in Eingriff bringt. Nach der Einschaltung des Ganges ziehen die Kupplungsfedern den Kolben des Schaltzylinders weiter zurück und rücken die Hauptkupplung am Motor wieder ein. Nach Angabe des Lieferwerkes ist es möglich, den Kolben durch Regelung des Luftdruckes zwischen den Stellungen II und I des Schalthebels *S* beliebig festzuhalten, so daß unter allen Umständen ein sanftes Einrücken der Kupplung gesichert ist. Voraussetzung dafür ist allerdings eine gewisse Geschicklichkeit des Führers, die aber auf Grund längerer Übung als gegeben zu betrachten sein wird.

Das Myliusgetriebe arbeitet selbstverständlich mit ständig in Ein-

Abb. 35. Geöffnetes Mylius-Getriebe mit 5 Gängen.

griff befindlichen Zahnradpaaren, wie aus der Abb. 35 mit einem geöffneten 300-PS-Fünfgang-Stufengetriebe zu ersehen ist, und synchronisiert die wenig Raum beanspruchenden Klauenkupplungen, die es ermöglichen, die Abmessungen und Gewichte der Getriebe verhältnismäßig klein zu halten. Während der Schaltung wird aber die Hauptkupplung ausgeschaltet und damit die Zugkraft unterbrochen.

Für die Fahrt nach beiden Richtungen ist der Achsantrieb mit einem Wendegetriebe verbunden, das aus zwei Tellerrädern besteht, die wahlweise durch eine Klauenkupplung mit der Achse verbunden werden können.

Die Normalausführung mit vier Gängen hat die Übersetzungen 1 : 1, 1 : 1,7, 1 : 2,8 und 1 : 5, es wird aber auch eine fünfstufige Ausführung mit den Übersetzungen 1 : 1, 1 : 1,4, 1 : 2,2, 1 : 3,2 und 1 : 5 gebaut.

Nach den Werbeblättern werden verschiedene Typen für Drehmomente von 24, 33, 63, 76, 95, 160 und 250 kgm erzeugt, und zwar entweder mit einfachem Abtrieb, wenn Motor, Getriebe und Triebachse hintereinanderliegen, oder mit zweifachem Abtrieb, wenn Motor und Getriebe zwischen zwei Triebachsen angeordnet sind, wobei Zwischenräder Verwendung finden.

b) Ardeltgetriebe.[1,2]

Das kennzeichnende Merkmal des Ardeltgetriebes ist die Verwendung der Ardelt-Überholungskupplung nach Abb. 36, bei welcher auf der vom Motor aus angetriebenen Welle a der Lamellenkörper b fest aufgekeilt ist, der die Innenlamellen e und die leicht verschiebbare Einrückscheibe c mit dem Einstellring trägt. Der Außenlamellenträger f, auch Kupplungsglocke genannt, trägt in seinen Führungsnuten die äußeren Lamellen g und ist in seiner Nabe als Mutter mit Steilgewinde ausgebildet. Das anzutreibende Zahnrad i sitzt lose auf der Triebwelle a und trägt den

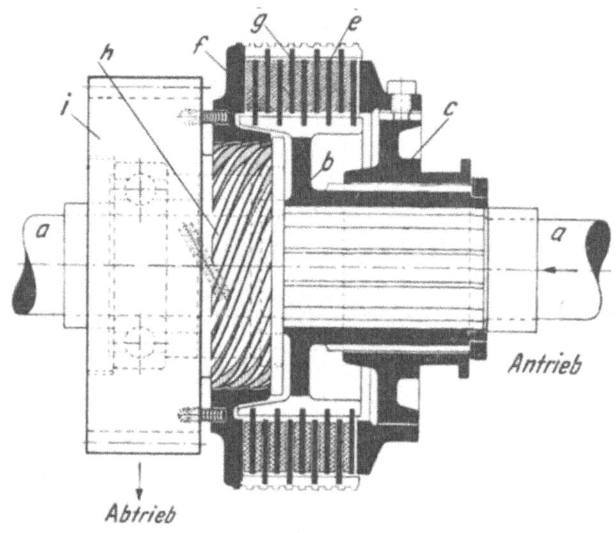

Abb. 36. Ardelt-Überholungskupplung.

Innengewindekörper h. Durch die Richtung des Drehmomentes wird der Außenlamellenträger f stets gegen die Lamellen angezogen, beim Voreilen des angetriebenen Teiles erfolgt jedoch ein Lösen der Lamellen voneinander.

Durch die in der Abb. 36 ersichtlichen kleinen Federn wird die Kupplungsglocke f leicht gegen die Innenlamellen e angedrückt, so daß ein rascher Reibungsschluß beim Einrücken der Kupplung gesichert ist. Für Fahrzeuge werden keine Reibbeläge, sondern gehärtete, polierte und in Ölschmierung laufende Stahllamellen aus Spezialstahl verwendet, die bis zu den normal nicht auftretenden Temperaturen von 300 bis 350° noch einwandfrei arbeiten. Durch die ballige Ausführung der Innenlamellen

---

[1] Miall: Transmissions for Diesel Locomotives and Railcars. The Ardelt gear transmission. D. R. T., H. vom 21. II. 1936.

[2] Kraetsch: Diesel-mechanischer Triebwagen der Niederbarnimer Eisenbahn. V. T. 1938, H. 5.

wird ein stoßfreies Einschalten, das für ein sanftes Anfahren wichtig ist, erreicht.

Bei dem Ardeltgetriebe besitzt jede aus einem in ständigem Eingriff befindlichen Zahnradpaar bestehende Stufe eine Überholungskupplung der geschilderten Ausführung, eine Hauptkupplung ist nicht mehr er-

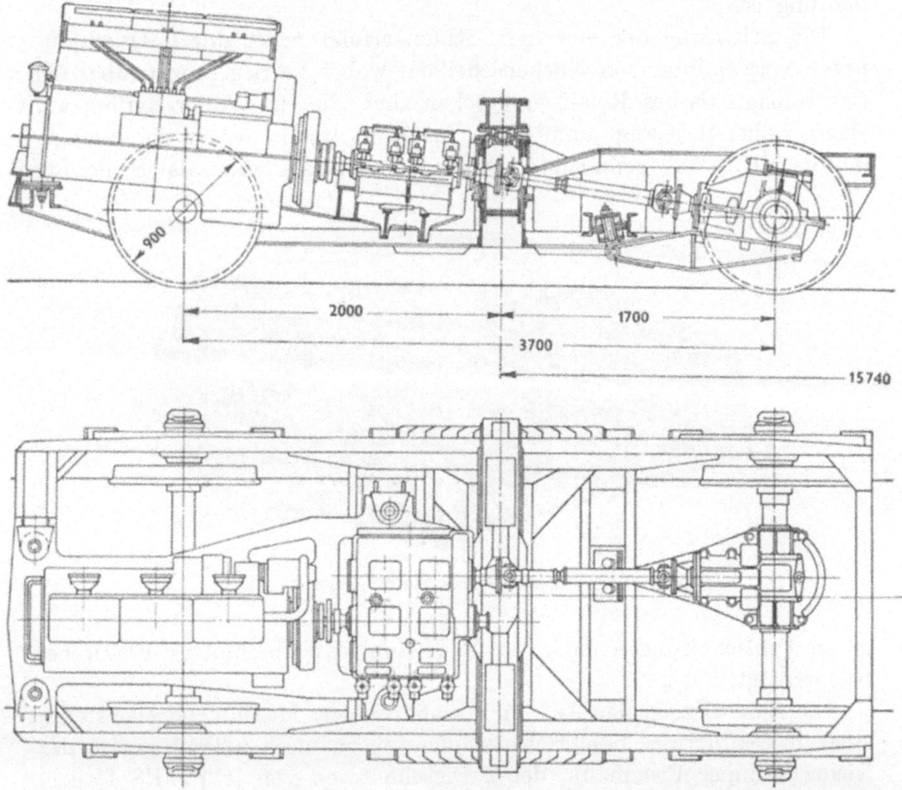

Abb. 37. Aufriß und Grundriß eines Maschinendrehgestelles eines diesel-mechanischen Triebwagens der Niederbarnimer Eisenbahn. 150 PS MAN-Dieselmotor, vierstufiges Ardelt-Getriebe.

forderlich. Durch die entsprechende Überholungskupplung verbindet die jeweils eingeschaltete Gangstufe kraftschlüssig Verbrennungsmotor und Triebachse.

Beim Aufschalten kann der höhere Gang ohne weiteres sofort eingeschaltet werden, es tritt auch keine Abbremsung durch den niederen Gang ein, da deren Kupplung durch die Überholungseinrichtung sogleich geöffnet wird. Die geringste Winkelgeschwindigkeit bei Beginn des Aufschaltens genügt schon, um die Überholungskupplung des niederen Ganges wegen des verwendeten Steilgewindes voll zu öffnen.

Beim Rückwärtsschalten auf einen niedrigeren Gang fällt dieser selbsttätig ein, wenn sich die Achsdrehzahl der Motordrehzahl im Verhältnis, das durch die Übersetzung des gewählten Ganges gegeben ist, angepaßt hat. Auch das Rückschalten erfolgt sanft und ohne Zugkraftunterbrechung, welche Eigenschaft durch die Überholungskupplung gegeben und für Anfahrten und Bergfahrten von großer Bedeutung ist.

Die Schaltung der einzelnen Stufen erfolgt meist durch. Druckluft, unter Verwendung von Nockenscheiben, wobei Verriegelungen über ein elektromagnetisches Relais vorgesehen sind, die ein Weiterschalten auf einen höheren Gang unmöglich machen, wenn der Verbrennungsmotor nicht die genügende Drehzahl aufweist, was als Sicherung

Abb. 38. Außenansicht eines 150 PS Ardelt-Getriebes.

gegen Fehlschaltungen nach der Einleitung des Abschnittes VI zu betrachten ist.

Die Abb. 37 zeigt den Auf- und Grundriß eines Maschinendrehgestelles eines im Schrifttum[1] beschriebenen diesel-mechanischen Triebwagens der Niederbarnimer Eisenbahn, der 2 Dieselmotoren von je 150 PS Dauerleistung mit je einem vierstufigen Ardeltgetriebe enthält. Motor und Getriebe liegen in einem gefederten Rahmen, das auf der Triebachse angeordnete Achswendegetriebe wird durch eine Gelenkwelle angetrieben. Dieses Ardeltgetriebe ist mit einer durch ein Kontakt-Tachometer gesteuerten selbsttätigen Schaltung ausgerüstet, mit der es möglich ist, den Fahrschalter unmittelbar nach der Anfahrt auf den 4. Gang zu stellen. Wenn der Wagen die einer Stufe entsprechende Grenzgeschwindigkeit erreicht hat, schaltet sich selbsttätig die nächste ein, was in der Beschreibung eingehend erläutert ist. Aus der Abb. 38 ist die äußere Form eines der verwendeten Getriebe zu entnehmen.

---

[1] S. Note 2 auf S. 88.

F. Ermittlung der Fahrzeugkennlinien eines diesel-mechanischen Triebwagens.

Wir schreiten nun zur Errechnung der Zugkraft-Geschwindigkeitskurve eines mechanischen Triebwagens und verwenden dafür einen Dieselmotor mit 425 PS Dauerleistung bei 1300 U/Min, dessen Leistungskennlinien auf Abb. 39 aufgetragen sind. Aus dem fast geradlinigen Anstieg der Kennlinie ersehen wir, daß es sich um einen Motor handelt, dessen Ausnutzung wegen der starken Dauerbeanspruchungen des Eisenbahndienstes herabgesetzt ist, die Rauchgrenze wird erst bei einer um etwa 20% größeren Füllung und Leistung als der angegebenen Dauerleistung erreicht. Da wir die Z-V-Kurven nicht nur für die Vollast, sondern auch für drei Teillaststufen bestimmen wollen, ist zuerst zu klären, auf welche Weise die Teillasten eingestellt werden sollen. Grundsätzlich bestehen hierfür nach Abschnitt V zwei Wege, und zwar entweder

a) Herabsetzung der Drehzahlen durch eine Veränderung der Federspannung, wobei die Füllung nicht begrenzt wird, also die Drehzahlregelung, oder

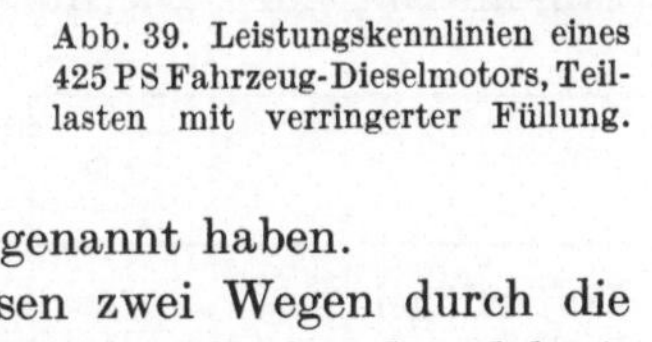

Abb. 39. Leistungskennlinien eines 425 PS Fahrzeug-Dieselmotors, Teillasten mit verringerter Füllung.

b) Verringerung der Füllung in den einzelnen Teillaststufen ohne Veränderung der Drehzahlregelung, was wir Füllungsregelung genannt haben.

Bei anderen Übertragungsarten sind diesen zwei Wegen durch die Aufnahmefähigkeit der Übertragungsteile, die sich z. B. bei der elektrischen in den äußeren Kennlinien des Stromerzeugers ausdrückt, gewisse Schranken gezogen, bei den Stufengetrieben sind wir aber diesbezüglich frei und können überlegen, welcher Weg für die mechanische Übertragung günstiger ist.

Da durch die Füllung das Drehmoment des Dieselmotors bestimmt ist, bedeutet der Weg a, daß auch für die Teillaststufen dieselben Zugkräfte wie bei der Vollast zur Verfügung stehen, jedoch bei erniedrigten Drehzahlen. Die Stufenlinie der Vollast ist parallel verschoben, die Zugkräfte sind bei den Teillaststufen unverändert. Die Höchstgeschwindigkeit kann jedoch nur mit der Vollaststufe ausgefahren werden, was den hauptsächlichsten Unterschied gegenüber dem Weg b darstellt, bei dem die höheren Geschwindigkeiten auch mit den Teillaststufen, wenn auch mit verringerten Zugkräften, erreicht werden können. Diese Eigenschaft ist aber für alle Fahrzeuge von großer Bedeutung, da die Leistung für die Erreichung der Höchstgeschwindigkeit mit einem entsprechenden Zuschlag zwecks genügender Endbeschleunigung ermittelt wird, so daß im Beharrungszustand für die Höchstgeschwindigkeit eine kleinere Leistung, also eine Teillaststufe ausreicht. Muß trotz geringeren Leistungsbedarfes mit der höchsten Motordrehzahl weitergefahren werden, so bedeutet dies nicht nur erhöhten Brennstoffverbrauch, sondern auch vermehrte Abnutzung und damit verringerte Lebensdauer.

Nach dieser Überlegung ist für die mechanische Kraftübertragung die Füllungsregelung mit Verringerung der Füllung bei den Teillaststufen der Drehzahlregelung vorzuziehen, was auch mit der Ausnutzung von Ottomotoren in Kraftwagen in Einklang steht, da durch die Drosselstellungen die Füllung geregelt wird.

In Abb. 39 sind daher die Leistungskennlinien für die Teillaststufen III bis I mit verringerter Füllung eingetragen, die wir den Z-V-Kurven dieser Stufen zugrunde legen werden. Nach den Darlegungen des Abschnittes IV müssen die Leistungen der Hilfseinrichtungen N_h von der Motorleistung in Abzug gebracht werden. Die Leistung N_h ist bei unmittelbarem Antrieb der Hilfseinrichtungen vom Motor aus von der Motordrehzahl abhängig, die Aufnahmen der Lüfterflügel im Verhältnis der dritten Potenz, die Luftpresser annähernd verhältnisgleich, nur die Lichtmaschinenleistung bleibt praktisch unverändert, da sie von einer meist in der Nähe der untersten Leerlaufdrehzahl des Motors liegenden Drehzahl an voll ladet. Die Aufstellung lautet daher:

	1300 U/Min	1200 U/Min	1000 U/Min	800 U/Min	600 U/Min
			PS		
Lüfterflügel	20,0	16,0	9,0	4,7	2,0
Luftpresser	5,0	4,7	4,0	3,3	2,3
Lichtmaschine	5,0	5,0	5,0	5,0	5,0
N_h	30,0	25,7	18,0	13,0	9,3

Diese Hilfsleistungen bringen wir von den Motorkennlinien in Abzug und erhalten so die in Abb. 39 stark ausgezogenen Kennlinien der Zugförderleistungen bei der Voll- und den Teillaststufen.

Die bei der Vollast eingezeichnete stark abfallende Gerade von 1300 auf 1370 U/Min weist auf die Drosselung der Leistung durch den Grenzregler nach Überschreiten der Höchstdrehzahl bei Belastung hin, wobei in Übereinstimmung mit zahlreichen Ausführungen ein Reglerspiel von etwa $5^0/_0$ angenommen wurde.

Für die Auswahl der Stufen wählen wir ein $K = 0,62$ und legen die Geschwindigkeiten mit 110 km/h, 68 km/h, 43 km/h und 22 km/h fest, wobei der erste und zweite Gang gegenüber dem Werte der Tafel IV etwas abgeändert sind. Mit diesen Geschwindigkeitsstufen ergibt sich das oberste Bild der Abb. 40, die den Verlauf der Motordrehzahlen über der Geschwindigkeit darstellt. Darunter zeichnen wir die den Geschwindig-keiten zugehörigen Zugför-derleistungen ein, aus deren Verlauf wir schon sehen, daß bei Stufengetrieben die Höchstleistung nur an den Endpunkten der Stufen aus-genutzt werden kann.

Für die Wirkungsgrade bleiben wir bei den von uns gemachten Festlegungen, und zwar bei $\eta = 0{,}91$ für den direkten und bei $\eta = 0{,}85$ bei den niederen Gängen, um dem Dauerzustand Rech-nung zu tragen. Im Schrift-tum zu findende, Versuchs-ergebnisse[1] bestätigen den Wert für den direkten Gang, weisen aber bei den niedri-geren Gängen dieselbe Größe auf, obwohl zwei Zahnrad-paare mehr in Eingriff ste-hen, was im allgemeinen nicht zutreffen wird. Außer-dem ist bei der Rückwärts-fahrt immer ein weiteres Zahnradpaar mehr in Ein-griff, was bei genauer Prü-fung auch bemerkbar gewe-sen sein müßte. Für den Betrieb darf man auch, wie schon gesagt, nicht die Ver-suchshöchstwerte einsetzen, weshalb die vorgenannten Wirkungsgrade als tatsäch-lich einhaltbare Werte in der Abb. 40 eingetragen sind.

Die Ermittlung der Zug-kraftgeschwindigkeitskurven

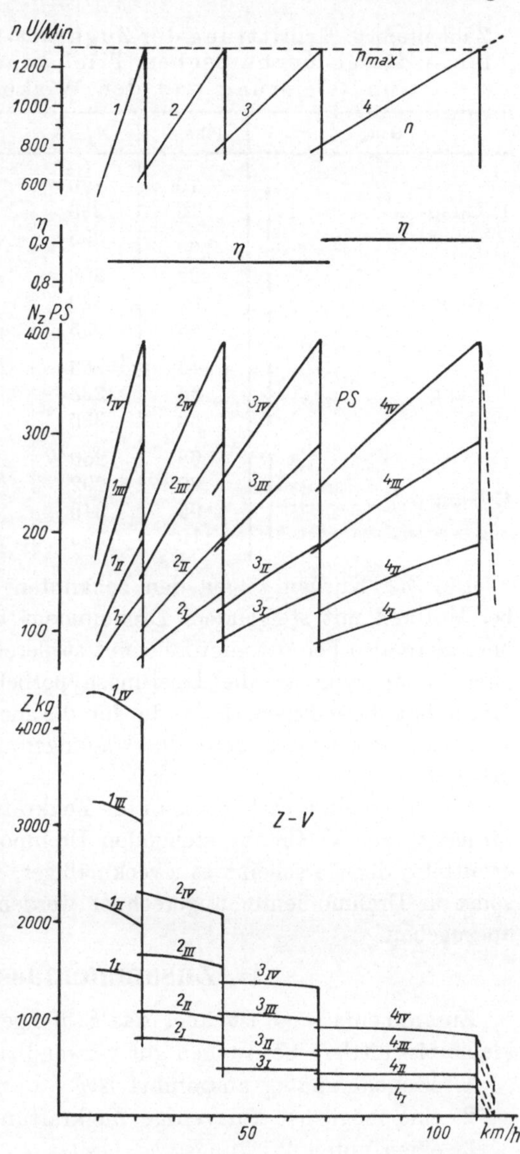

Abb. 40. Kennlinien eines 425 PS diesel-mechanischen Triebwagens.

ist nunmehr nach Gleichung (28/IV)

---

[1] L e h e l: Efficiency Tests of Mechanical Transmission. D. R. T., H. vom 12. VII. 1935.

rasch durchführbar, als Beispiel folgt eine Tafel für die Errechnung der Vollastkurve.

Zahlentafel 6. Ermittlung der Zugkraft-Geschwindigkeitskurve eines diesel-mechanischen Triebwagens aus der Zugförderleistung und den Wirkungsgraden.

Gang	V km/h	N_z PS	η	$N_z \cdot 270 \cdot \eta$	Z kg
1. Gang	10	190	0,85	43 600	4360
	16	298	0,85	68 450	4270
	22	395	0,85	90 600	4120
2. Gang	22	208	0,85	47 700	2295
	34	320	0,85	73 500	2160
	43	395	0,85	90 600	3110
3. Gang	43	256	0,85	58 800	1365
	55	328	0,85	75 400	1370
	68	395	0,85	90 600	1340
4. Gang	68	250	0,91	61 300	904
	80	292	0,91	71 550	894
	95	346	0,91	84 800	886
	110	395	0,91	90 600	825

Die Z-V-Kurven zeigen den bekannten stufenförmigen Verlauf, der bei Motoren mit steigendem Drehmoment bei sinkender Drehzahl, insbesondere also bei Ottomotoren, mit steileren Ästen aufscheint, wodurch eine Annäherung an die Leistungshyperbel erfolgt. Ein „elastischer" Motor hat diese Eigenschaft, die für die mechanische Kraftübertragung wichtiger ist als für andere Übertragungen, die als Drehmomentwandler arbeiten.

Selbstverständlich kann man die Zugkräfte auch aus den für die Zugförderung zur Verfügung stehenden Drehmomenten nach Formel (2/VI) ermitteln, doch erscheint es zweckmäßiger, wegen der Hilfsleistung, die sonst in Drehmomente umgerechnet werden müssen, von der Leistung auszugehen.

G. Zusammenfassung.

Zusammenfassend ist über das Stufengetriebe zu sagen, daß es für kleine bis mittlere Leistungen gut verwendbar ist, wenn es

1. eisenbahnmäßig ausgeführt ist,
2. eine möglichst kurzzeitige Zugkraftunterbrechung und
3. einen guten Wirkungsgrad besitzt,

da nur dann die immer vorhandenen Nachteile der Stufenübertragung[1] tragbar sind.

---

[1] Achilles: Über das Verhalten der Diesellokomotive mit Stufengetriebe gegenüber der Dampflokomotive und der Diesellokomotive mit stetig veränderlicher Übersetzung. V. T. 1927, H. 31.

Diese Nachteile wirken sich besonders bei stark wechselnden Zugkräften aus, sei es durch verschiedene Steigungen oder Anhängelasten, weshalb die Stufenübertragung auch für Fahrzeuge auf Hügel- und Gebirgsstrecken weniger verwendet wird. Unangenehm ist manchmal die notwendige unmittelbare Verbindung von Motorwelle und Triebachsen, wenn nämlich eine größere Anzahl von Achsen, die nicht in einem festen Rahmen liegen, angetrieben werden soll, vorteilhaft dagegen das verhältnismäßig geringe Gewicht.

VIII. Die hydraulische Kraftübertragung.

A. Allgemeines.

Die hydraulische Kraftübertragung, die in letzter Zeit erhöhte Bedeutung gewonnen hat, besteht bei den neueren Ausführungen grundsätzlich aus Pumpen und Turbinen und verwendet zur Übertragung der Leistung eine Flüssigkeit, meistens ein besonders ausgewähltes Getriebeöl. Der Gedanke der Verwendung einer Flüssigkeit als Kraftübertragungsmittel ist nicht neu, die ersten Patente Prof. Dr. Föttingers,[1] die dem später näher beschriebenen Voith-Turbogetriebe zugrunde liegen, gehen bis auf das erste Jahrzehnt des zwanzigsten Jahrhunderts zurück. Die Verwendung der Flüssigkeitsgetriebe für Schienenfahrzeuge unter Berücksichtigung der besonderen Antriebsverhältnisse ist dagegen neu und in voller Entwicklung, die noch nicht abgeschlossen ist.

Zuerst müssen wir die drei Arten von Flüssigkeitsgetrieben, den Wandler, den Marschwandler und die Kupplung, betrachten, deren Verhalten wesentlich voneinander verschieden ist. Sowohl für die Wandler als auch für die Kupplung gilt als Kreiselradmaschinen folgende Abhängigkeit zwischen Leistung N in PS, Antriebsdrehzahl n in U/Min und Schaufelraddurchmesser d, wobei k einen Beiwert, der von der Art der Beschaufelung abhängt, bedeutet:

$$N = k \cdot n^3 \cdot d^5. \tag{1/VIII}$$

Die hohe Potenz für den Schaufelraddurchmesser zeigt, daß auch hohe Leistungen mit geringen Abmessungen übertragen werden können, die dritte Potenz der Antriebsdrehzahl weist aber auf die Bedeutung möglichst hoher Drehzahlen hin, was meist zum Einbau einer Übersetzung ins Schnelle zwischen Verbrennungsmotor und Flüssigkeitsgetriebe führt. Je höher die Antriebsdrehzahl ist, desto wirtschaftlicher baut sich das Flüssigkeitsgetriebe, eine Eigenschaft, die in gewissem Grade der hydraulischen und elektrischen Kraftübertragung gemeinsam ist, bei welcher

---

[1] Spies: Neuere Flüssigkeitsgetriebe für Eisenbahnfahrzeuge mit Antrieb durch Verbrennungsmotor. Organ 1935, H. 4.

der stromerzeugende Generator bei gleicher Leistung ebenfalls mit steigender Antriebsdrehzahl kleiner wird, wenn auch nur direkt verhältnisgleich der Drehzahlsteigerung.

B. Die Kreisläufe und Zubehör.

a) Wandler und Marschwandler.

Wie sich schon aus dem Namen dieser Kreisläufe der Flüssigkeitsgetriebe ergibt, besteht ihre Aufgabe darin, das Motordrehmoment in einer für die Zugförderung zweckmäßigen Weise in Achsdrehmomente und damit Zugkräfte umzuwandeln. Wie aus Abschnitt VI erinnerlich ist, in dem die Forderungen der Zugförderung an die Kraftübertragungen allgemein dargelegt sind, soll die Zugkraft bei sinkender Fahrgeschwindigkeit unter bestmöglicher Ausnutzung der eingebauten Leistung steigen, was bei Verwendung eines Wandlers der Fall ist.

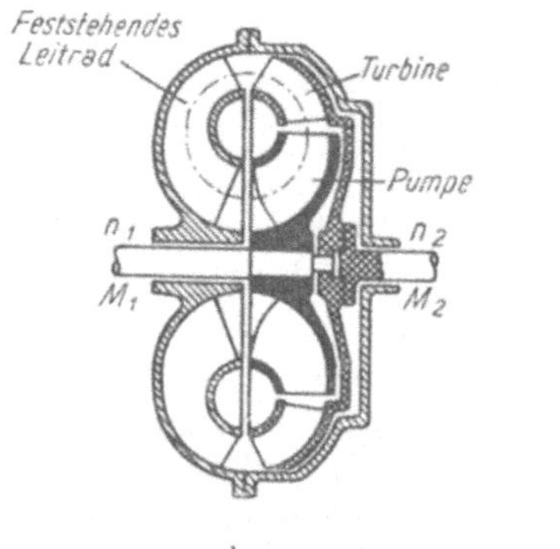

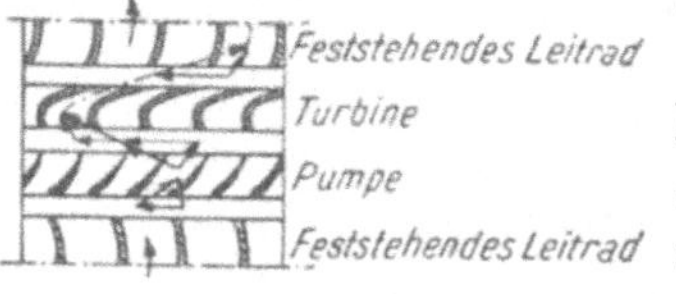

Abb. 41. Grundsätzlicher Aufbau eines Wandlers.

Nach Abb. 41 besitzt der Wandler zur Erfüllung dieser Aufgaben drei verschiedene Schaufelräder, das mit der Antriebswelle fest verbundene Pumpenrad, das schwarz ausgezogen ist, das auf der Abtriebswelle sitzende Turbinenrad und das im Gehäuse feststehende Leitrad. Die vom Verbrennungsmotor zugeführte Leistung wird im Pumpenrad in Form von Druck- und Geschwindigkeitsenergie auf die Flüssigkeit übertragen, die diese beim Durchströmen an das Turbinenrad abgibt. Das dem abgegebenen Drehmoment entsprechende Gegendrehmoment stützt sich auf das Leitrad ab, wodurch die Umwandlung des zugeführten Drehmomentes ermöglicht wird. In dem Leitrad wird die Flüssigkeit umgelenkt und dem Pumpenrad wieder strömungstechnisch günstig zugeführt.

Auf Abb. 42 sind die Kennlinien eines Wandlers aufgetragen. Über dem Verhältnis der Abtriebsdrehzahl zur Antriebsdrehzahl $\dfrac{n_2}{n_1}$ ist das für die konstante Antriebsdrehzahl konstante Antriebsdrehmoment M_1 und das umgewandelte Abtriebsdrehmoment M_2 aufgetragen, das hier bei der Anfahrt entsprechend $n_2 = 0$ den mehr als vierfachen Wert des Antriebsdrehmomentes erreicht und sogar auf das mehr als Fünffache gesteigert werden kann.

Die Wirkungsgradkurve des Wandlerkreislaufes η_k ist annähernd parabelförmig und erreicht bei der halben Höchstgeschwindigkeit ungefähr ihren höchsten Wert mit etwa 82 bis 83%.

Für den Wandler bestehen außer der schon besprochenen Formel (1/VIII) folgende Beziehungen:

$$M_1 = 716{,}2 \cdot k \cdot n_1{}^2 \cdot d^5, \qquad (2/\text{VIII})$$

$$\frac{M_2}{M_1} = \frac{\eta_k \cdot n_1}{n_2} \qquad (3/\text{VIII})$$

oder $\qquad \eta_k = \dfrac{M_2}{M_1} \cdot \dfrac{n_2}{n_1}. \qquad (4/\text{VIII})$

Wenn man den Verlauf des Drehmomentes eines Antriebsmotors, z. B. eines Dieselmotors, als Kurve e über der Antriebsdrehzahl n_1 aufträgt, so

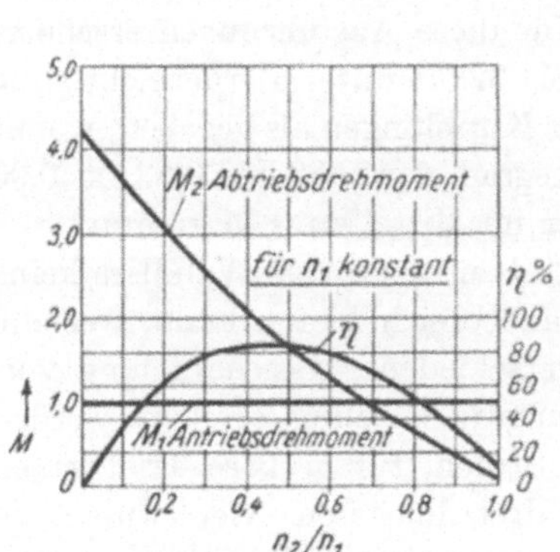

Abb. 42. Kennlinien eines hydraulischen Wandlers.

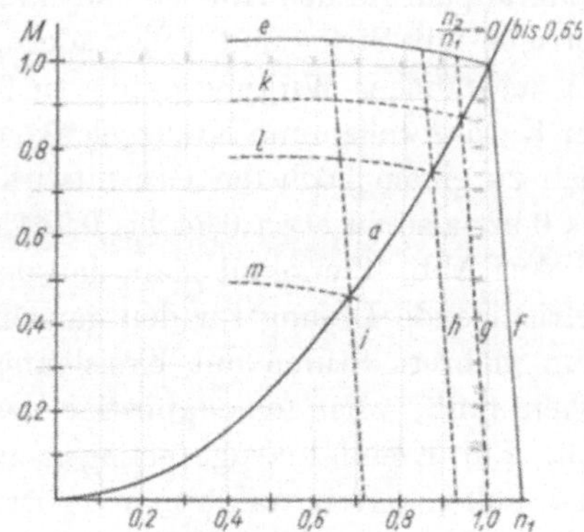

Abb. 43. Verlauf der Drehmomente bei einem Wandler.

kann man nach Abb. 43 noch den Verlauf des vom Wandler aufnehmbaren Drehmomentes einzeichnen, das für alle Verhältniszahlen $\dfrac{n_2}{n_1}$ durch eine einzige Parabel a erfaßt wird. Die eingetragenen Werte $\dfrac{n_2}{n_1} = 0$ bis $0{,}65$ entsprechen einerseits der Anfahrt, bei der $n_2 = 0$ ist, anderseits der Umschaltung auf einen zweiten Kreislauf, die etwa bei $n_2 = 0{,}50$ bis $0{,}65$ vorgenommen wird. Im Schnittpunkte beider Momentkurven besteht Gleichgewicht zwischen Motor- und Wandlerdrehmoment, er liegt über der Drehzahl $n_1 = 1$, die der Regeldrehzahl des betreffenden Motors entspricht. Darin liegt die Erklärung für die unveränderte Antriebsdrehzahl n_1 beim Durchlaufen des Geschwindigkeitsbereiches innerhalb $n_2 = 0$ bis $0{,}65$.

Bei Wandlern ist es gleichgültig, auf welche Weise die Teillastregelung erfolgt, da das verminderte Drehmoment des Motors, das durch eine Herabsetzung der Füllung oder der Drehzahl erzielt werden kann, immer nur einen Schnittpunkt mit der Wandlerparabel besitzt. Selbstverständlich ist dann bei dem Verhältnis $\frac{n_2}{n_1}$ jetzt n_1 nicht mehr 1,0, sondern nach Abb. 43 z. B. für die Teilmomentkurve l gleich 0,875, d. h. daß n_2 verhältnisgleich der herabgesetzten Drehzahl $0,875 \cdot n_1$ wird.

Bei dem Wandler ist die Leistungsausnutzung wegen der unveränderten Antriebsdrehzahl n_1, welcher die Regelleistung N_1 entspricht, durch das Produkt des Wirkungsgrades des Kreislaufes η_k und der Wirkungsgrade der erforderlichen Zwischenzahnräder und sonstiger Übertragungsmittel gegeben, wenn die kleinen Verluste durch den Widerstand der leerlaufenden Systeme und durch die Füllpumpenleistung bereits in η_k hineingenommen wurden. Die meisten Ausführungen besitzen ein Zahnradpaar für die Übertragung ins Schnelle zwecks Erhöhung der Antriebsdrehzahl, ein Zahnradpaar für den Abtrieb und ein als Achsantrieb ausgebildetes Wendegetriebe mit Stirn- und Tellerrädern. Für diese Ausführungen erscheint ein zusätzlicher Wirkungsgrad von 90 bis 92%[1] unter Berücksichtigung der Kardanwellen und Kreuzgelenke oder Kupplungen als gegeben, womit man zu einem höchsten Gesamtwirkungsgrad von 0,82 bis $0,83 \times 0,90$ bis 0,92, also zu etwa 0,74 bis 0,764 oder im Mittel zu 0,75 kommt.

Aus Abb. 42 erkennt man, daß der Einbau nur eines Wandlers keine befriedigende Lösung für den ganzen Fahrbereich bieten kann, weshalb man mehrere Stufen mit Kreisläufen verschiedener Beschaufelung vorsehen muß, wenn eine günstige Leistungsausnutzung erreicht werden soll. Für Kleinfahrzeuge genügen zwei Stufen, für größere Triebwagen und Lokomotiven wählt man meistens drei, höchstens vier Stufen, da eine größere Anzahl ebenso wie bei der mechanischen Kraftübertragung zu vielfältigen, teuren und raumbeanspruchenden Ausführungen führen würde, ohne noch wesentliche Verbesserungen zu ergeben.

Die Umwandlung des Antriebsdrehmomentes in ein wesentlich erhöhtes Abtriebsdrehmoment bei niedrigen Fahrgeschwindigkeiten machen den Wandler insbesondere für die Anfahrt und die Fahrt auf Bergstrecken geeignet. Für den höheren Geschwindigkeitsbereich hat in letzter Zeit eine Sonderbauart des Wandlers mit verkleinertem festem Leitrad, der Marschwandler, an Bedeutung gewonnen. Der bessere Wirkungsgrad der zuerst für diesen Bereich verwendeten Kupplung kann wegen der unmittelbaren Verbindung der Motorwelle mit der Triebachse nämlich nicht voll ausgenutzt werden, da ebenso wie bei den Stufengetrieben eine starke Drehzahldrückung und damit Leistungseinbuße gegeben ist. Wie schon bei der mechanischen Kraftübertragung erwähnt, gestatten manche Bauanstalten für Verbrennungsmotoren das Hinaufarbeiten des Motors mit vollem Drehmoment nur in gewissen Grenzen, weshalb eine Aus-

---

[1] Royer et Trollux: Application des Moteurs Thermiques a Injection Mécanique a la traction sur voies ferrées. La Technique Moderne 1935, Nr. 5.

führung, die wie der Marschwandler keine feste Verbindung zwischen Motordrehzahl und Fahrgeschwindigkeit herstellt, vorgezogen wird.

Wenn wir auf Abb. 44 den Verlauf der Drehmomente eines Marschwandlers wieder über der Motordrehzahl n_1 aufzeichnen, so ist hier zu sehen, daß für verschiedene Verhältniszahlen $\frac{n_2}{n_1}$ verschiedene Parabeln vorhanden sind, so daß die Antriebsdrehzahl innerhalb des durchfahrenen Geschwindigkeitsbereiches nicht mehr unverändert bleiben kann. Nach Abb. 44 entspricht dem Normaldrehmoment bei $n_1 = 1$ ein Punkt der Kurve a des Marschwandlermomentes für $\frac{n_2}{n_1} = 0{,}89$. Sinkt das Verhältnis von $\frac{n_2}{n_1}$ auf 0,7, so schneidet die Parabel b die Kurve des Motordrehmomentes e bereits bei $n_1 = 0{,}95$, steigt es dagegen auf $\frac{n_2}{n_1} = 0{,}95$, so schneidet die Kurve c nur mehr die steil abfallende Reglerkurve f bei $n_1 = 1{,}01$, was aus den Zusammenhängen

$$\text{Kurve } c \quad \frac{n_2}{n_1} = 0{,}95, \quad n_1 = 1{,}01, \quad n_2 = 1{,}01 \cdot 0{,}95 = 0{,}96,$$

$$\text{Kurve } a \quad \frac{n_2}{n_1} = 0{,}89, \quad n_1 = 1{,}00, \quad n_2 = 1{,}00 \cdot 0{,}89 = 0{,}89,$$

$$\text{Kurve } b \quad \frac{n_2}{n_1} = 0{,}70, \quad n_1 = 0{,}95, \quad n_2 = 0{,}95 \cdot 0{,}70 = 0{,}665$$

einen Fahrgeschwindigkeitsbereich von $0{,}96 : 0{,}89 : 0{,}665 = 107{,}9 : 100 : 74{,}6$ ergibt, in dem die Drehzahl des Antriebsmotors nach Erreichung des vollen Drehmomentes um $5^0/_0$ gedrückt wird. Wie man aus Abb. 44 ersieht, hängt die Drückung zwar von der Form der Drehmomentkurve des Verbrennungsmotors ab, doch ergeben sich nur geringe Unterschiede, da ein steilerer Anstieg, wie er gestrichelt eingezeichnet ist, den Schnittpunkt nur auf $n_1 = 0{,}96$ verschieben würde.

Bezüglich der Regelung der Teillasten muß hier näher auf die in den Abschnitten V und VII geschilderten Möglichkeiten eingegangen werden. In der Abb. 44 entsprechen die steil abfallenden Geraden f, g und h der Drehzahlregelung, während für die Füllungsregelung die Kurven der verminderten Drehmomente k, l und m gelten. Zum Unterschied von der mechanischen Kraftübertragung kann man für Marschwandler auch die Drehzahlregelung als geeignet bezeichnen, da sich bei ihr bei Fahrgeschwindigkeiten unter dem Verhältnis $\frac{n_2}{n_1} = 0{,}89$ ein höheres Drehmoment ergibt, als es mit der Füllungsregelung erreichbar wäre, was z. B. bei einem Vergleich der Schnittpunkte der Kurve b mit den Kurven h oder l deutlich wird. Für Geschwindigkeiten über dem genannten Verhältniswert liegen die Schnittpunkte allerdings umgekehrt, hier gibt die Füllungsregelung ein größeres Drehmoment als die Drehzahlregelung.

Im nächsten Abschnitt über die elektrische Kraftübertragung wird eine kombinierte Füllungs- und Drehzahlregelung als zweckmäßig hervorgehoben, weil sie eine vollkommene Klarstellung der Motorbeanspruchung bei Teillasten bedeutet. Diese kombinierte Regelung, bei welcher gleichzeitig mit der Drehzahl auch die Füllung herabgesetzt wird, kann auch für Marschwandler herangezogen werden, da auch hier eine Vorbestimmung der Teillasten durch die Erzeugerfirma des Verbrennungsmotors wünschenswert ist. Außerdem bietet diese Regelung die Möglichkeit, die Teillastkurven verhältnisgleich aus den Unterlagen für die Vollastkurve zu entwickeln, was auch bei dem am Schlusse dieses Abschnittes durchgerechneten Beispiel durchgeführt wurde.

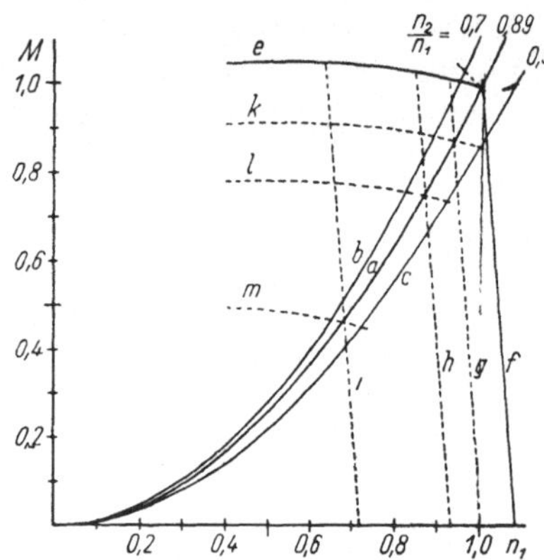

Abb. 44. Verlauf der Drehmomente bei einem Marschwandler.

Der Marschwandler hat den bedeutenden Vorteil, daß die Höchstgeschwindigkeit bei vermindertem Zugkraftsbedarf auch mit verringerter Antriebsdrehzahl, also mit einer niedrigeren Fahrstufe, gefahren werden kann was wegen der geringeren Abnutzung und des günstigeren Brennstoffverbrauches sehr erwünscht ist, worauf schon bei der Einstellung der Teillaststufen der Stufengetriebe hingewiesen wurde.

Die Leistungsausnutzung ergibt sich beim Marschwandler aus dem Produkt der Wirkungsgrade und der jeweils mit Rücksicht auf die wenn auch kleine Drehzahldrückung ausnutzbaren Leistung, also aus

$$\eta_k \cdot \eta_{\text{getr.}} \cdot \alpha,$$

wenn mit α die Ausnutzungsziffer als das Verhältnis der ausnutzbaren Leistung zur Regelleistung bezeichnet wird.

Der Wirkungsgrad des Marschwandlerkreisaufes η_k liegt höher als der des Wandlers und erreicht beim Nennpunkt $n_1 = 1$ etwa 0,90, so daß das Verhältnis der Zugförderleistung zur Leistung am Radumfang mit 0,91 für die Zahnradgetriebe usw. am günstigsten Punkte mit

$$\alpha = 1{,}00 \text{ etwa } 0{,}90 \cdot 0{,}91 \cdot 1{,}00 \doteq 0{,}82$$

und bei der größten Drückung mit

$$\alpha = 0{,}95 \text{ etwa } 0{,}845 \cdot 0{,}91 \cdot 0{,}95 \doteq 0{,}73$$

beträgt. Den Verlauf werden wir aus den Unterlagen für das später durchgerechnete Beispiel ersehen.

b) Flüssigkeitskupplung.

Der hauptsächlichste Unterschied einer Kupplung gegenüber einem Wandler besteht darin, daß die Kupplung nach Abb. 45 kein festes Leitrad besitzt und daher keine Umwandlung des Drehmomentes übernehmen kann. Das mit der Antriebswelle verbundene Pumpenrad, das in der Abb. 45 schwarz ausgezogen ist, erzeugt am äußeren Durchmesser einen Überdruck durch die Fliehkräfte in der Flüssigkeit, wodurch das Turbinenrad angetrieben wird. Das Abtriebsdrehmoment ist gleich dem Antriebsdrehmoment, was auch in Abb. 46 vermerkt ist, die ähnlich der Abb. 42 den Verlauf der Drehmomente und des Wirkungsgrades einer Kupplung über dem Verhältnis der Abtriebsdrehzahl n_2 zu der Antriebsdrehzahl n_1 darstellt. Der Wirkungsgrad ist direkt verhältnisgleich dem Werte $\dfrac{n_2}{n_1}$. Gefahren wird bei der Höchstgeschwin

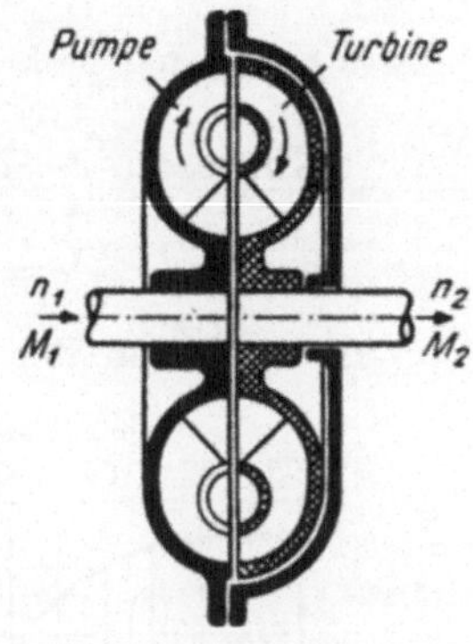

Abb. 45. Grundsätzlicher Aufbau einer Flüssigkeitskupplung.

digkeit auf dem durch einen kleinen Ring bezeichneten Punkt, wobei sich ein höchster Wirkungsgrad von etwa 0,975 bis 0,98 ergibt, da nur ein kleiner Schlupf zwischen Pumpen- und Turbinenrad vorhanden ist.

Für die Kupplung bestehen außer der allgemein gültigen Formel (1/VIII) folgende Beziehungen, wobei der Schlupf mit ε bezeichnet ist:

$$M_1 = M_2, \qquad\qquad (5/\text{VIII})$$

$$\varepsilon = \frac{n_1 - n_2}{n_1} = 1 - \frac{n_2}{n_1} = 1 - \eta_k, \qquad\qquad (6/\text{VIII})$$

$$M_1 = 716{,}2 \cdot k \cdot n_1^{\,2} \cdot d^5, \qquad\qquad (7/\text{VIII})$$

$$\eta_k = \frac{n_2}{n_1} = 1 - \varepsilon. \qquad\qquad (8/\text{VIII})$$

Die Kupplung ist nach den Kennlinien für kleine Drehmomente und damit Zugkräfte bei hohen Fahrgeschwindigkeiten geeignet und bietet unter diesen Verhältnissen einen hohen Wirkungsgrad, der allerdings, wie schon bei der Beschreibung des Wandlers erwähnt, nicht voll zur Auswirkung kommt, da am Beginn der Kupplungsstufe die der niedrigeren Fahrgeschwindigkeit entsprechende Motordrehzahl vorhanden ist, die wieder wie bei den Stufen der mechanischen Kraftübertragung einer verminderten Leistung entspricht.

Den Drehmomentverlauf bei einer Kupplung zeigt die Abb. 47, bei welcher der Verlauf der Parabeln für die verschiedenen Verhältniswerte $\dfrac{n_2}{n_1}$ insofern bemerkenswert ist, als sich diese trotz großer Verschiebung der Drehzahl n_1 nur wenig ändern. Wenn wir wieder die Schnittpunkte der

Kurven der vom Getriebe aufnehmbaren Momente a bis d mit der Momentenkurve e des Antriebsmotors betrachten, so ergibt sich folgendes Bild:

Kurve a $\quad \dfrac{n_2}{n_1} = 0{,}975,\ n_1 = 1{,}000,\ n_2 = 1{,}000 \cdot 0{,}975 = 0{,}975,$

Kurve b $\quad \dfrac{n_2}{n_1} = 0{,}965,\ n_1 = 0{,}840,\ n_2 = 0{,}840 \cdot 0{,}965 = 0{,}800,$

Kurve c $\quad \dfrac{n_2}{n_1} = 0{,}955,\ n_1 = 0{,}765,\ n_2 = 0{,}765 \cdot 0{,}955 = 0{,}730,$

Kurve d $\quad \dfrac{n_2}{n_1} = 0{,}945,\ n_1 = 0{,}692,\ n_2 = 0{,}692 \cdot 0{,}945 = 0{,}660.$

Dem Wesen der Kupplung entsprechend sinkt also die Sekundär-

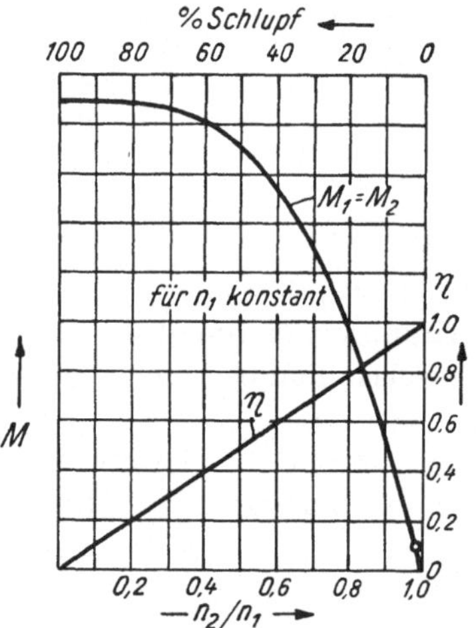

Abb. 46. Kennlinien einer Flüssigkeitskupplung.

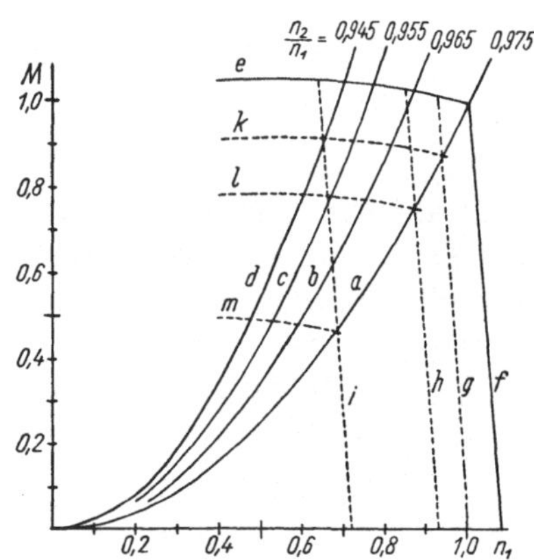

Abb. 47. Verlauf der Drehmomente bei einer Flüssigkeitskupplung.

drehzahl n_2 praktisch verhältnisgleich der Primärdrehzahl n_1 ab, da die Drehzahlen n_2 den Verhältniszahlen

$$1{,}00 : 0{,}82 : 0{,}749 : 0{,}676$$

entsprechen, also nur etwa um den kleinen Schlupf tiefer liegen als die Werte für n_1 der Kurven a bis d.

Für die Fahrt mit der Höchstgeschwindigkeit entsprechend $n_2 = 0{,}975$ muß die Motordrehzahl $n_1 = 1$ verwendet werden, gleichgültig, ob die volle Zugkraft notwendig ist oder nicht, da die Triebachse praktisch fest mit der Motorwelle verbunden ist.

Für die Teillastregelung der Kupplung ist die Füllungsregelung vorzuziehen, da für sie dieselben Feststellungen gelten, die schon bei der Teillastregelung der Stufengetriebe im Abschnitt VII dargelegt wurden. Die Füllungsregelung ermöglicht hier ebenso wie beim Stufengetriebe das Ausfahren höherer Geschwindigkeiten bei geringerem Zugkraftbedarf mit einer der Teillaststufen.

Bei kleinen Fahrzeugen mit geringen Geschwindigkeitsbereichen verwendet man außer dem für die Anfahrt unbedingt erforderlichen Wandler nur eine Kupplung, bei Triebwagen und Lokomotiven größerer Leistung dagegen wegen der Drehzahldrückung zwei Kupplungsstufen,[1] die den Bereich über etwa 50% der Höchstgeschwindigkeit unterteilen. Für Fahrt bis 50% wird der Wandler, von 50 bis etwa 70% die Kupplung I und von 70 bis 100% der Fahrgeschwindigkeit die Kupplung II verwendet.

Wie aus Abb. 46 zu ersehen, kommt eine Verwendung der Kupplung unter etwa 50 bis 60% der Höchstgeschwindigkeit nicht in Frage. Die Drehzahl und die Leistung des Verbrennungsmotors steigen verhältnisgleich mit der Fahrgeschwindigkeit an, der Gesamtwirkungsgrad liegt mit 0,91 für die Zahnradgetriebe zwischen $0,945 \cdot 0,91 = 0,86$ und $0,975 \cdot 0,91 = 0,887$, erreicht also beträchtlich höhere Werte als der Wandler. Bei zwei Kupplungen wird die Ausnutzung günstiger, weil die Drehzahldrückung kleiner wird.

c) Kühlung des Getriebes.

Bei allen Kreisläufen eines Flüssigkeitsgetriebes ist es notwendig, die Betriebsflüssigkeit, die durch die Leistungsverluste erwärmt wird, zu kühlen, wozu entweder ein eigener Ölkühler, der durch einen am Getriebe angebauten Windflügel belüftet werden kann, oder ein sogenannter „Wärmetauscher", der im Nebenschluß an die Kühlwasseranlage für den Verbrennungsmotor angeschaltet ist, benutzt werden kann. Die bei älteren Flüssigkeitsgetrieben aufgetretenen Schwierigkeiten, die durch Schäumen des Öles bei Erwärmung auftraten,[2] sind bei den neuzeitlichen Ausführungen durch richtige Auswahl des Getriebeöles und durch die Ölkühlung so gut wie behoben.

Die Ölkühlung gilt während der Fahrt als Zeitbegrenzung für Fahrbereiche mit größeren Verlustleistungen, also für den Anfahrbereich bis etwa 25% der Höchstgeschwindigkeit und manchmal auch für den Wechselbereich zwischen Wandler und Kupplung oder Wandler und Marschwandler. Die abzuführenden Wärmemengen ergeben sich aus

$$\text{Verlustwärme in } WE = N_z \cdot (1 - \eta_k) \cdot 632. \qquad (9/\text{VIII})$$

Für einen Triebwagen mit etwa 400 PS Zugförderleistung sind nach dieser Formel für die Ölkühlung etwa $400 \, (1 - 0,7) \cdot 632 \doteq 175\,000$ WE (kcal) zu rechnen, um noch mit etwa 25% der Höchstgeschwindigkeit und im Bereich zwischen Anfahr- und Marschwandler auch längere Zeit sicher fahren zu können.

---

[1] Fuchs und Graßl: 1400 PS-Diesellokomotive der Deutschen Reichsbahn mit Flüssigkeitsgetriebe. Z. V. D. I. 1935, H. 4.

[2] Lomonossoff: Die diesel-elektrische Lokomotive, S. 15.

Für die richtige Auslegung der Ölkühlung ist es also ebenso wie bei der elektrischen Kraftübertragung von Bedeutung, die Bedingungen des Betriebes möglichst genau zu kennen. Zu kleine Kühlanlagen schränken den Verwendungsbereich des Fahrzeuges ein, zu große wieder bedeuten eine überflüssige Belastung und einen zu hohen Leistungsverbrauch für den Lüfterantrieb.

d) Füllung und Entleerung der Kreisläufe.

Die Ein- und Ausschaltung des Flüssigkeitsgetriebes erfolgt durch Füllen und Entleeren der Kreisläufe, wofür entweder am Führerstand entsprechende Steuereinrichtungen oder selbsttätige, von der Fahrgeschwindigkeit abhängige Umschalteinrichtungen vorhanden sind. Jeder Kreislauf hat ein eigenes Füllungs- und Entleerungsventil, die Füllung erfolgt über Steuerkolben durch eine im tiefsten Punkt des Ölbehälters angeordnete Füllpumpe.

C. Beschreibung eines Voith-Maybach-Turbogetriebes mit Marschwandlern.

Zur Erläuterung der theoretischen Erklärungen wollen wir eine neuzeitliche Ausführung näher betrachten, und zwar ein Voith-Maybach-Turbogetriebe für den Antrieb zweier Achsen eines Triebdrehgestelles mit vier Turbokreisläufen, die aber nur drei Fahrbereichen entsprechen, wie aus der Beschreibung hervorgehen wird.

Über die Vorzüge der sogenannten Marschwandler, das sind Wandler für die höheren Geschwindigkeiten, wurde schon bei der allgemeinen Erörterung der Kreisläufe gesprochen. Die Vorzüge werden so hoch gewertet, daß auf die höheren Wirkungsgrade der Kupplung verzichtet wird, wie aus den neuesten Ausführungen der auf diesem Gebiete führenden Firma J. M. Voith in Heidenheim und St. Pölten hervorgeht.

Das Voith-Maybach-Flüssigkeitsgetriebe mit Marschwandlern ist auf Abb. 48 dargestellt. Bemerkenswert ist daran, daß für die Anfahrt und die niedrigen Geschwindigkeiten, etwa bis $55^0/_0$ der Höchstgeschwindigkeit, für jede Achse ein besonderer Anfahrwandler I a und I b vorhanden sind, während für die höheren Geschwindigkeiten die Marschwandler II und III, und zwar II für 55 bis $80^0/_0$ und III für 80 bis $100^0/_0$ der Höchstgeschwindigkeit arbeiten. Jeder Marschwandler arbeitet nur auf eine Triebachse, II über das Zahnradpaar *12* und *23* und den Kuppelflansch *24* auf die vordere und III über das symmetrische Zahnradpaar *22* und *33* mit einer kleineren Übersetzung und den Kuppelflansch *64* auf die rückwärtige Triebachse. Während also die Anfahrwandler nur die halbe Motorleistung zu übertragen haben, ist jeder Marschwandler für die Übernahme der ganzen Motorleistung bemessen. Da die Zugkräfte im Bereiche der hohen

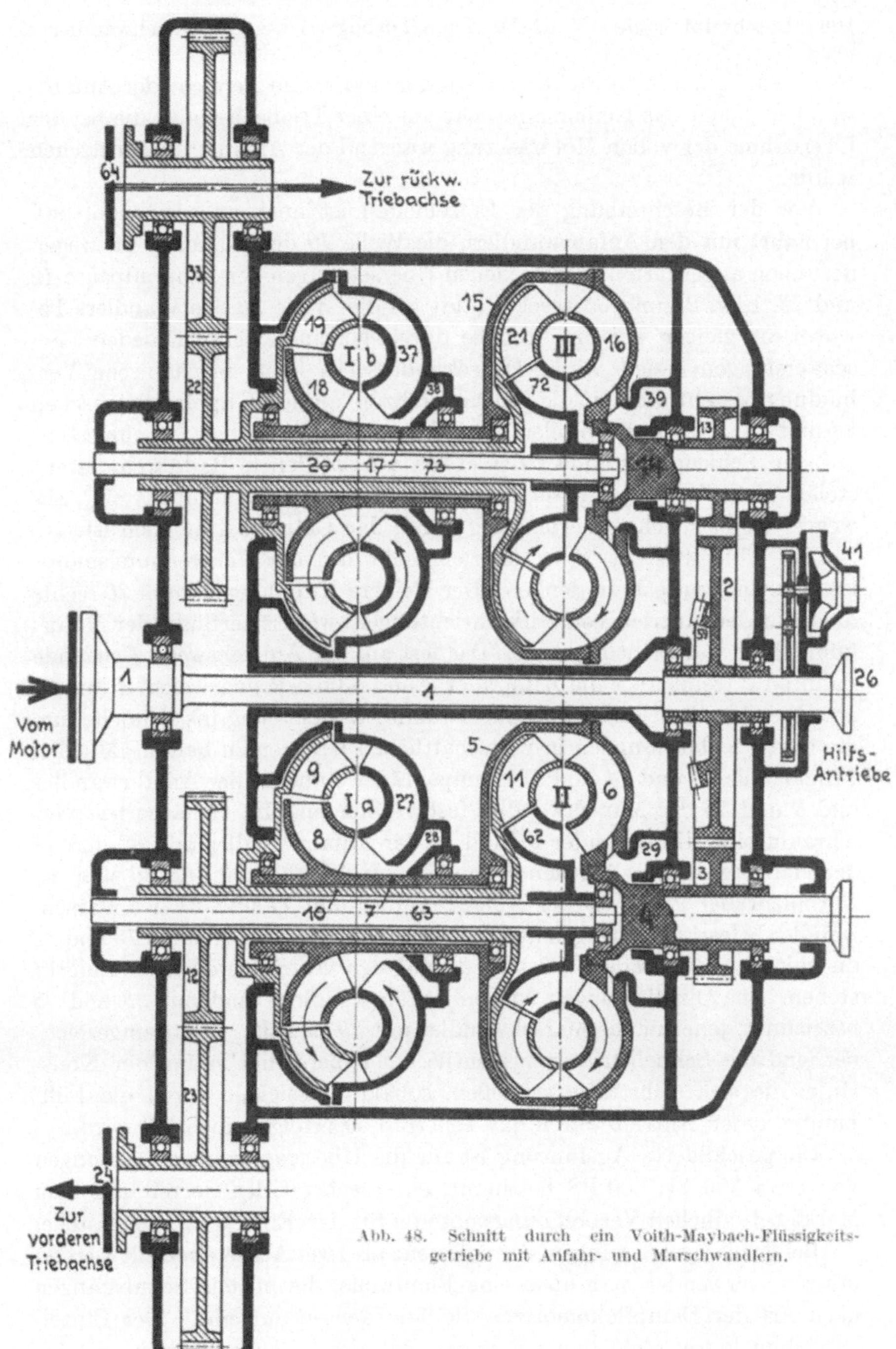

Abb. 48. Schnitt durch ein Voith-Maybach-Flüssigkeitsgetriebe mit Anfahr- und Marschwandlern.

Geschwindigkeiten beträchtlich niedriger sind als im Bereiche der Anfahrwandler, reicht das Reibungsgewicht nur einer Triebachse aus, die bei der Übernahme der vollen Motorleistung während der Anfahrt durchrutschen würde.

Vor der Beschreibung der Einzelheiten ist noch zu erwähnen, daß bei Fahrt mit den Anfahrwandlern die Welle *10* des Wandlers I a wegen der schon angeführten verschiedenen Übersetzungen der Zahnradpaare *12* und *23*, bzw. *22* und *33* rascher läuft als die Welle *20* des Wandlers I b, wobei die gleiche Leistungsabgabe durch voneinander verschiedene Beschaufelungen erzielt wird. Da sekundärseitig keine mechanische Verbindung besteht, kommt die gleiche Drehzahl an den Kupplungsflanschen *24* und *64* durch das Abrollen der Triebräder mit gleichen Durchmessern auf der Schiene zustande. Bei etwas verschiedenen Raddurchmessern stellen sich die Wandler auf das geänderte Drehzahlverhältnis ein, was wegen der elastischen Verbindung durch das Getriebeöl möglich ist.

Auf Abb. 48 stellt *1* die Antriebswelle dar, der Verbrennungsmotor ist links angekuppelt zu denken. Der kleinere Kupplungsflansch *26* rechts dient für den Antrieb von Hilfseinrichtungen, wie Lüfterflügel der Motorkühlanlage und Lichtmaschine. Das fest auf der Antriebswelle *1* sitzende Zahnrad *2* treibt über die Zahnräder *3* und *13* die Primärwellen *4* und *14* an. Dies ist die schon mehrmals erwähnte Übersetzung ins Schnelle, um die Getriebeabmessungen in wirtschaftlichen Grenzen zu halten. Mit den Primärwellen *4* und *14* sind die Pumpenräder *8* und *18* der Anfahrwandler und *6* und *16* der Marschwandler fest verbunden. Im Gehäuse fest verschraubt sind die Leiträder *27* und *37* der Anfahrwandler und *62* und *72* der Marschwandler. Auf den sekundären Hohlwellen *10* und *20* sind die Turbinenräder *9* und *19* der Anfahrwandler und *11* und *21* der Marschwandler befestigt, sie tragen auch die Zahnräder für den Abtrieb *12* und *22* die mit den Zahnrädern *23* und *33* auf den Abtriebswellen in Eingriff stehen. Die Ölzuführungen zu den Anfahrwandlern sind mit *28* und *38* bezeichnet, jene für die Marschwandler mit *29* und *39*. Nicht eingezeichnet sind die Schnellentleerungsventile am äußersten Umfang der Kreisläufe, die sich selbsttätig schließen, sobald Flüssigkeit durch die Füllpumpe, deren Antrieb durch das Tellerrad *59* erfolgt, eingefüllt wird.

Die geschilderte Ausführung ist für die Übertragung von Leistungen von etwa 300 bis 600 PS bestimmt, entsprechend den derzeit auf dem Markt befindlichen Verbrennungsmotoren für den Einbau in Drehgestelle.

Bei größeren Leistungen, die auf mehr als zwei Achsen verteilt werden müssen, verwendet man auch eine Blindwelle, die mittels Schubstangen nach Art der Dampflokomotiven die Triebachsen antreibt.[1] Der Einzelantrieb mehrerer nicht in einem festen Rahmen liegender Achsen, der bei der im nächsten Abschnitt erläuterten elektrischen Kraftübertragung die

---

[1] S. Note 1 auf S. 103.

Regel ist, ist in einfacher Weise mit Flüssigkeitsgetrieben ebensowenig wie mit mechanischen Getrieben auszuführen.

Das Flüssigkeitsgetriebe kann auch als Getriebebremse benutzt werden, wobei der Verbrennungsmotor bei eingeschaltetem Kreislauf auf eine entsprechend niedrige Drehzahl eingestellt werden muß. Das Turbinenrad läuft dann schneller als das Pumpenrad und wirkt selbst als Pumpe, verzehrt daher die durch das Gefälle bedingte Leistung, die in Wärme umgewandelt wird. Bei sinkender Fahrgeschwindigkeit verringert sich mit dem abnehmenden Unterschied der Drehzahlen der Kreislaufräder die Bremswirkung, so daß ein Feststellen der Triebräder hintangehalten wird. Die Getriebebremsung ist durch die Erwärmung des Getriebeöles begrenzt, hängt also hinsichtlich ihrer Benutzungsdauer wesentlich von der Größe und Ausführung der Ölkühlung ab, die noch wirtschaftlich bleiben soll. Wegen dieser Verhältnisse wird die Getriebebremsung derzeit wenig verwendet.

D. Ermittlung der Fahrzeugkennlinien eines diesel-hydraulischen Triebwagens.

Für die Durchrechnung eines Motorfahrzeuges mit Flüssigkeitsgetriebe und die Ermittlung der Zugkraft-Geschwindigkeitskurve nehmen wir denselben Dieselmotor mit 425 PS Dauerleistung bei 1300 U/Min an wie im VII. Abschnitt für das Stufengetriebe, können aber von der Abb. 39 nur die Vollastkennlinie der Zugförderung heranziehen, da für die Teillasten besondere Verhältnisse bestehen, wie schon bei den einzelnen Kreisläufen dargelegt wurde.

Nach der Formel (1/VIII) ist bei Flüssigkeitsgetrieben die von einem Kreislauf aufnehmbare Leistung bei bestimmtem k und d durch die dritte Potenz der Drehzahl festgelegt, so daß die Teillasten bei verminderten Drehzahlen durch die Leistungsaufnahme des Kreislaufes bestimmt sind. Wir verwenden für unser Beispiel eine kombinierte Füllungs- und Drehzahlregelung, bei welcher gleichzeitig mit der Herabsetzung der Drehzahl auch die Füllung vermindert wird, und zwar derart, daß die verminderten Drehmomente auf der Parabel a des Kreislaufes liegen, wobei wir für die Drehzahlen folgende Wahl treffen:

Zahlentafel 7. Bestimmung der Teillasten für ein Flüssigkeitsgetriebe bei gewählten Teillastdrehzahlen, bezogen auf Anfahrwandler.

	n_1 U/Min	$\left(\dfrac{n_1}{1000}\right)^3$	$N_1 = N_z$ Ps	N_m PS
Vollaststufe IV	1300	2,20	395	425
Teillaststufe III	1180	1,64	295	320
„ II	1000	1,00	180	196
„ I	760	0,44	80	92

Wie aus Zahlentafel 7 ersichtlich, errechnet man sich die Werte $\left(\dfrac{n_1}{1000}\right)^3$ und bestimmt die Leistung der Stufe III z. B. aus $\dfrac{395 \cdot 1{,}64}{2{,}20} = 295$ PS usf.

Zu diesen Zugförderleistungen schlagen wir nach dem in Abschnitt VII dargelegten Vorgang die bei den jeweiligen Drehzahlen vorhandenen Leistungen der Hilfseinrichtungen dazu und erhalten damit die Motorleistungen, die in Zahlentafel 7 ebenfalls eingetragen sind, da wir sie später für die Ermittlung des Brennstoffverbrauches benötigen werden.

Als Flüssigkeitsgetriebe verwenden wir das vorbeschriebene Voith-Maybach-Getriebe nach Abb. 48 mit einer Anfahr- und zwei Marschwandlerstufen, das im Zusammenhang mit den Motorkennlinien die in Abb. 49 aufgetragenen Kurven besitzt. Als Abszisse ist das Verhältnis der jeweiligen Fahrgeschwindigkeit V zu der Grenzgeschwindigkeit V_x des Marschwandlers II mit voller Leistungsaufnahme gewählt, das mit

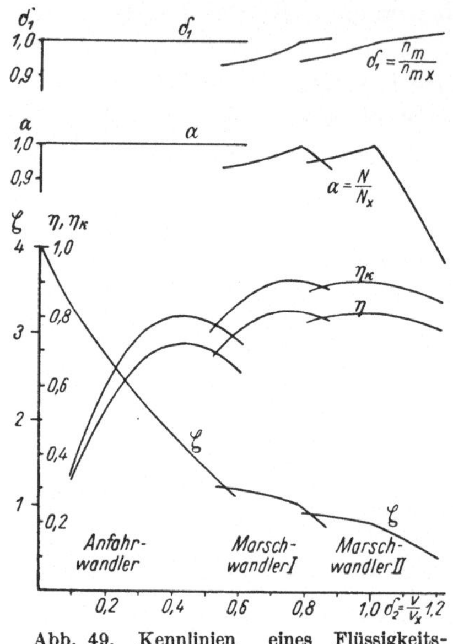

Abb. 49. Kennlinien eines Flüssigkeitsgetriebes mit Anfahr- und Marschwandlern.

δ_2 bezeichnet wird. Für δ_2 bestehen folgende Abhängigkeiten:

$$\delta_2 = \frac{V}{V_x} = \frac{n_2}{n_{2x}} = \frac{n_g}{n_m} \cdot \frac{i_2}{i_1} = \frac{n_r}{n_m} \cdot \frac{i_2 \cdot i_a}{i_1}. \qquad (10/\text{VIII})$$

Dabei bedeuten:

n_2 = jeweilige Sekundärdrehzahl des Kreislaufes,

n_{2x} = Sekundärdrehzahl bei V_x,

n_g = Drehzahl am Getriebeausgang (Gelenkwelle),

n_m = Motordrehzahl,

i_1 = Übersetzung zwischen Motorwelle und Primärteil, > 1,

i_2 = Übersetzung zwischen Sekundärteil und Getriebeausgang (Gelenkwelle), > 1,

n_r = Drehzahl des Triebrades,

i_a = Übersetzung zwischen Getriebeausgang und Triebachse im Achswendegetriebe, > 1.

Zuerst ist V_x zu wählen, womit für eine bestimmte Getriebebauart die Übersetzungen festgelegt sind. Meist geht man mit V_x um 5 bis 10% unter die Höchstgeschwindigkeit, da die Leistungsausnutzung auch bei $\delta_2 = 1{,}10$ noch gut ist und damit höhere Anfahrzugkräfte erzielt werden. Der Wert $\delta_2 = 1{,}10$ entspricht einem $n_2 = 0{,}98$ und bei $n_1 = 1{,}02$ einem Verhältnis von $\dfrac{n_2}{n_1} = 0{,}96$, dessen Momentkurve daher noch etwas tiefer als die Kurve c der Abb. 44 liegt. Wir nehmen V_x gleich 100 km/h für die Vollaststufe an, womit $\delta_2 = 1$ gleich 100 und $\delta_2 = 1{,}10$ gleich 110 km/h wird.

In Abb. 49 sind über δ_2 folgende Abhängigkeiten eingezeichnet:

a) Wirkungsgradkurven für die Kreisläufe η_k.

b) Gesamtwirkungsgrad der Übertragung η, wobei $\eta = \eta_k \cdot 0{,}90$ angenommen ist.

c) Werte δ_1 für das Verhältnis der jeweiligen Motordrehzahl n_m zu der Regeldrehzahl n_{mx}, die daher ein Maß für die Drückung darstellen.

d) Werte α für das Verhältnis der ausnutzbaren Leistung zur Regelleistung $N_1 = N_{zx}$, gegeben durch das jeweilige Gleichgewicht zwischen Motordrehmoment und Momentaufnahme des Flüssigkeitsgetriebes. Die Werte α hängen über die Leistungskennlinie des Motors mit den Drehzahlverhältnissen δ_1 zusammen.

e) Werte ζ für das Verhältnis der jeweiligen Zugkraft zu einer ideellen Z_i, die aus $\dfrac{N_{zx} \cdot 270}{V_x}$ errechnet wird. Es besteht daher die Gleichung

$$Z = \zeta \cdot \frac{N_{zx} \cdot 270}{V_x}, \qquad (11/\text{VIII})$$

die für die Ermittlung der Anfahrzugkraft herangezogen werden muß, da für $V = O$ der sonst übliche Weg über Ausnutzungsziffer und Wirkungsgrade nicht gangbar ist.

An Hand des Schaublattes Abb. 49 schreiten wir an die Ermittlung der Z-V-Kurve für Vollast und bleiben bei dem für das Stufengetriebe in Zahlentafel 6 gewählten Vorgang, um die Einflüsse klar aufzuzeigen und Vergleiche zu ermöglichen.

Zahlentafel 8. Ermittlung der Zugkraftgeschwindigkeitskurve eines diesel-hydraulischen Triebwagens aus der Zugförderleistung und den Wirkungsgraden für die Vollaststufe.

Anfahrwandler 0 bis 60 km/h, Marschwandler I 55 bis 84 km/h, Marschwandler II 80 bis 110 km/h.

δ_2	V km/h	δ_1	n_m U/Min	α	N_z PS	η	$N_z \cdot 270 \cdot \eta$	Z kg
0,1	10	1,00	1300	1,00	395	0,325	34600	3460
0,2	20	1,00	1300	1,00	395	0,54	57500	2875
0,3	30	1,00	1300	1,00	395	0,675	72000	2400
0,4	40	1,00	1300	1,00	395	0,72	76600	1915
0,5	50	1,00	1300	1,00	395	0,71	75600	1512
0,6	60	1,00	1300	1,00	395	0,65	69300	1155
0,55	55	0,93	1210	0,94	371	0,72	72050	1310
0,6	60	0,94	1220	0,947	375	0,765	77150	1285
0,7	70	0,97	1260	0,97	383	0,81	83900	1195
0,78	78	1,00	1300	1,00	395	0,815	86900	1115
0,84	84	1,01	1310	0,90	355	0,808	77400	920
0,8	80	0,94	1220	0,95	375	0,783	79200	990
0,9	90	0,97	1260	0,97	383	0,81	83600	930
1,0	100	1,00	1300	1,00	395	0,81	86300	863
1,1	110	1,01	1310	0,86	340	0,80	73500	668

Für die Anfahrzugkraft verwenden wir die Beziehung (11/VIII) und berechnen die ideelle Zugkraft Z_i aus $\dfrac{395 \cdot 270}{100}$ mit 1065 kg, woraus sich die Anfahrzugkraft $Z_a = \zeta \cdot Z_i \doteq 4 \cdot 1065 = 4270$ kg ergibt.

Für die Teillasten haben wir die übertragbaren Zugförderleistungen für die Nennpunkte schon in Zahlentafel 7 ermittelt, wir benötigen noch die einzelnen Werte V_x für $\delta_2 = 1$, die den Nenndrehzahlen der Teillaststufen verhältnisgleich sind.

Zahlentafel 9. Ermittlung der Werte V_x für die Teillaststufen.

	n_{mx} U/Min	V_x km/h	für $\delta_2 =$
Vollaststufe IV	1300	100	1
Teillaststufe III	1180	91	1
„ II	1000	77	1
„ I	760	58,5	1

Der Verlauf der Wirkungsgrad- und Ausnutzungskurven bleibt bei der zugrunde gelegten kombinierten Drehzahl- und Füllungsregelung für die Teillasten über δ_2 praktisch unverändert, über der Fahrgeschwindigkeit schieben sie sich in Abhängigkeit von den einzelnen V_x gegen den Nullpunkt herein. Um diese Verhältnisse möglichst deutlich zu machen, rechnen wir noch die Zugkraft-Geschwindigkeitskurve für die Teillaststufe III aus, für die wir der Zahlentafel 7 die Zugförderleistung mit 295 PS und der Zahlentafel 9 die Geschwindigkeit V_x mit 91 km/h entnehmen. Der Vorgang stimmt für die angenommene Regelung mit jenem für die Vollaststufe überein, weshalb wir uns wieder eine Zahlentafel anlegen, und zwar:

Zahlentafel 10. Ermittlung der Zugkraft-Geschwindigkeitskurve eines diesel-hydraulischen Triebwagens aus der Zugförderleistung und den Wirkungsgraden für die Teillaststufe III.

Anfahrwandler 0 bis 54,6 km/h, Marschwandler I 50 bis 76,5 km/h, Marschwandler II 72,8 bis 109,2 km/h.

δ_2	V km/h	δ_1	n_m U/Min	α	N_z PS	η	$N_z \cdot 270 \cdot \eta$	Z kg
0,1	9,1	1,00	1180	1,00	295	0,325	25 900	2850
0,2	18,2	1,00	1180	1,00	295	0,54	43 000	2360
0,3	29,3	1,00	1180	1,00	295	0,675	53 800	1835
0,4	36,4	1,00	1180	1,00	295	0,72	57 400	1575
0,5	45,6	1,00	1180	1,00	295	0,71	56 550	1240
0,6	54,6	1,00	1180	1,00	295	0,65	51 800	950
0,55	50,0	0,93	1100	0,94	277	0,72	53 700	1075
0,6	54,6	0,94	1110	0,947	279	0,765	57 600	1055
0,7	63,7	0,97	1145	0,97	286	0,81	62 500	970
0,78	71,0	1,00	1180	1,00	295	0,815	64 950	915
0,84	76,5	1,01	1192	0,9	265	0,808	57 700	765
0,80	72,8	0,94	1110	0,95	280	0,783	59 200	815
0,90	81,9	0,97	1145	0,97	286	0,81	62 550	765
1,00	91,0	1,00	1180	1,00	295	0,81	64 500	708
1,1	100,1	1,01	1192	0,86	254	0,80	54 800	547
1,2	109,2	1,03	1215	0,687	203	0,77	42 100	385

Für die Anfahrzugkraft errechnen wir $Z_i = \dfrac{295 \cdot 270}{91} = 875$ kg und damit Z_a der Teillaststufe III gleich $4 \cdot .875 = 3500$ kg. Für die Teillaststufen II und I sinken die Werte N_{zx} auf 180, bzw. 80 PS und V_x auf 77, bzw. 58,5 km/h, die Anfahrzugkräfte auf $4 \cdot \dfrac{180 \cdot 270}{77} = 2520$ kg, bzw. $4 \cdot \dfrac{80 \cdot 270}{58,5} = 1480$ kg. Man setzt, wie wir gesehen haben, jeweils $\delta_2 = 1$ für 77, bzw. 58,5 km/h, rechnet sonst genau nach dem Muster der Zahlentafeln 8 und 10.

In der Abb. 50 sind über der Fahrgeschwindigkeit die Z-V-Kurven für die Vollaststufe IV und die Teillaststufen III bis I eingezeichnet, wobei der Anfahrwandler als *1*, der erste Marschwandler als *2* und der zweite Marschwandler als *3* bezeichnet ist und die römischen Zahlen als Indices für die Teillasten verwendet werden. Darüber sieht man für alle Stufen die Zugförderleistungen, die als praktisch konstant zu bezeichnen sind, und schließlich die Wirkungsgradkurven für die Stufen IV und I, jene für III und

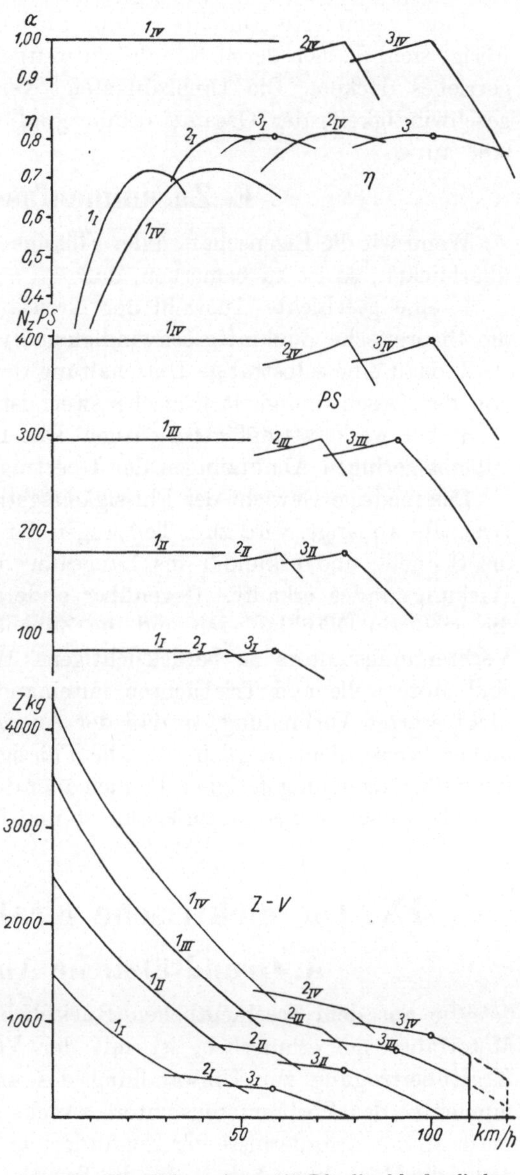

Abb. 50. Kennlinien eines 425 PS diesel-hydraulischen Triebwagens.

II liegen dazwischen, sie wurden weggelassen, um das Bild nicht zu verwirren.

Man erkennt aus der Abb. 50 den Vorteil der Marschwandler, höhere Geschwindigkeiten auch mit den Teillaststufen fahren zu können.

Eine gesonderte Durchrechnung für eine Flüssigkeitskupplung erübrigt sich, da sich deren Kennlinien weitgehend mit jenen eines Stufengetriebes decken. Die Drehzahl steigt verhältnisgleich mit der Fahrgeschwindigkeit, der Gesamtwirkungsgrad von etwa 0,85 auf maximal 0,88 an.

E. Zusammenfassung.

Wenn wir die Eigenschaften der Flüssigkeitsgetriebe zusammenfassend überblicken, so ist zu bemerken, daß

1. eine geschickte Auswahl der Kreisläufe eine gute Anpassung an die theoretische Zugkraftgeschwindigkeitshyperbeln ermöglicht,

2. dazu eine selbsttätige Umschaltung der Kreisläufe in Abhängigkeit von der Geschwindigkeit wünschenswert ist,

3. bei werkstattmäßiger richtiger Durchbildung der Kreisläufe mit äußerst geringen Abnutzungen der Übertragungteile zu rechnen ist.

Das niedrige Gewicht der Flüssigkeitsgetriebe, das wesentlich von der Drehzahl abhängt, wird zum Teil wegen der notwendigen Übersetzungen ins Schnelle und sekundär ins Langsame durch eine Verringerung des Wirkungsgrades erkauft. Gegenüber anderen Kraftübertragungen sind die größeren Ölkühlanlagen und die Zubehörteile für das Anlassen des Verbrennungsmotors zu berücksichtigen. Wie bei den Stufengetrieben sind Motorwelle und Triebachsen miteinander in ständiger, wenn auch nicht starrer Verbindung, so daß der Antrieb beliebiger Achsen in einfacher Weise nicht möglich ist. Die Flüssigkeitsgetriebe sind besonders für Reihenerzeugung geeignet, können aber durch Änderung der Zwischengetriebe verschiedenen Motorleistungen und Drehzahlen angepaßt werden.

IX. Die elektrische Kraftübertragung.

A. Grundsätzliche Anordnung.

Wie aus dem geschichtlichen Rückblick über die Entwicklung der Motorfahrzeuge erinnerlich, ist mit der Verwendung der elektrischen Kraftübertragung zur Umwandlung des annähernd konstanten Drehmomentes des Verbrennungsmotors zwecks Anpassung seiner Charakteristik an die Erfordernisse der Zugförderung frühzeitig begonnen worden, da sie die Möglichkeit bot, die für die Traktion mit Oberleitungsfahrzeugen entwickelten elektrischen Antriebsmotoren heranzuziehen, die durch die steigende Verwendung auf Stadt- und Hauptbahnen ausgezeichnet durchgebildet waren, und Gleichstromgeneratoren zu verwenden, für deren Bau die zunehmende Verbreitung elektrischer Kraftquellen ausgedehnte Erfahrungen bot.

Die elektrische Kraftübertragung besteht grundsätzlich aus einem *mit dem Verbrennungsmotor gekuppelten Stromerzeuger* oder Generator und einem oder mehreren *Elektromotoren* — meist Trieb-, Fahr- oder Bahnmotoren genannt —, die in geeigneter Weise die Achsen antreiben. Das Motorfahrzeug wird damit ein elektrisches Triebfahrzeug, das den Strom statt von einem Kraftwerk über eine Fahrleitung von einem im Fahrzeug eingebauten Maschinensatz bezieht. Während aber bei Oberleitungsfahrzeugen die verschiedensten Stromarten Verwendung finden, hat sich für Motorfahrzeuge wegen der bequemen Regelung so gut wie ausschließlich Gleichstrom durchgesetzt, so daß wir uns nur mit Gleichstrommaschinen zu befassen brauchen.

Durch die elektrische Kraftübertragung kann das Motorfahrzeug alle **Vorteile des elektrischen Radantriebes** ausnutzen, wie Anfahren mit höchstem Drehmoment vom Stand aus, stufenlose Leistungsausnutzung, unveränderte Zugkraft auch bei einer Minderleistung des Verbrennungsmotors, dessen Schonung durch den Entfall der bei Stufengetrieben manchmal auftretenden Stöße beim Kuppeln und Schalten und schließlich größere Freizügigkeit im Aufbau des Fahrzeuges, da die Stromzuführung vom Maschinensatz zum Achsantrieb durch bewegliche Kabel erfolgt, was für Sonderfälle bis zum Antrieb der Achsen von Anhängewagen, zum sogenannten Vielachsenantrieb, ausgenutzt werden kann.

Trotz der zweimaligen Energieumwandlung — einmal im Stromerzeuger in elektrische und dann im Bahnmotor zurück in mechanische — haben die erwähnten Vorzüge zu einer ausgedehnten Verwendung der elektrischen Kraftübertragung, besonders für größere Leistungen, geführt, worüber schon in Abschnitt III, dem Bericht über den Stand der Motorisierung in verschiedenen Ländern, gesprochen wurde. Als Nachteil der elektrischen Kraftübertragung muß das höhere Gewicht der Ausrüstung in Kauf genommen werden, das aber durch neuzeitliche Bahnmotoren mit erhöhten Drehzahlen und einfache Schaltungen auf eine gegenüber mechanischen und hydraulischen Übertragungen im Verhältnis zum Gesamtgewicht des Fahrzeuges tragbare Größe gebracht werden kann. In den Preisen besteht nach den Ergebnissen öffentlicher Ausschreibungen von Bahnverwaltungen auf Triebwagen und Lokomotiven schon bei mittleren Leistungen um etwa 300 PS kein wesentlicher Unterschied, weshalb die manchmal im Schrifttum zu findende Behauptung, die elektrische Kraftübertragung sei nicht nur schwerer, sondern auch teurer als andere Übertragungen, nicht stichhaltig ist.

Bevor wir uns mit den einzelnen Teilen der elektrischen Kraftübertragung befassen, müssen einige allgemeine Eigenschaften der Gleichstrommaschinen besprochen werden, soweit sie für das Verständnis der bestehenden Zusammenhänge wichtig sind, ohne natürlich dabei dieses auch bei größter Beschränkung noch umfangreiche Gebiet der Elektrotechnik ausschöpfen zu können.

B. Allgemeines über Gleichstrommaschinen und deren Zubehör.

a) Aufbau, Grundformeln. Schaltungen.

Wenn ein in Bewegung befindlicher Leiter Induktionslinien schneidet, entsteht bekanntlich eine elektromotorische Kraft EMK von ganz bestimmter Größe und Richtung, während sich umgekehrt ein stromführender Leiter unter Abgabe eines bestimmten Drehmomentes in einem magnetischen Feld in Bewegung setzt. Für die Gleichstrommaschinen ist — abgesehen von den wenig verwendeten Unipolarmaschinen — der Kollektor oder Stromwender kennzeichnend, der bei der ständig wechselnden Stromrichtung, gegeben durch die Bewegung des Leiters durch das magnetische Feld bei der allein in Betracht kommenden Drehbewegung, erst die Abnahme oder Zuführung von Gleichstrom durch Bürsten ermöglicht.

Die isolierten Leiter sind in dem rotierenden Anker in genuteten Blechpaketen verlegt, dem sogenannten Ankerkern, der den Induktionsfluß führt. Der Ankerkern ist auf der Welle aufgekeilt oder bei kleinen Maschinen auch aufgeschweißt. Die durch Bandagen und Keile gegen das Herausschleudern aus den Nuten geschützten Ankerleiter sind direkt oder meist mittels als Fahnen bezeichneten Zwischenstücken an den einzelnen keilförmigen Lamellen des Stromwenders aus gezogenem Hartkupfer befestigt. Das magnetische Feld wird in den Hauptpolen durch die Magnet- oder Feldwicklung erzeugt. Zur Verbesserung der Stromwendung sind zwischen den Hauptpolen die Wendepole angeordnet, deren magnetisches Feld, das Wendefeld, durch die Wendepolwicklungen erzeugt wird. Haupt- und Wendepole sind mittels Schrauben an dem feststehenden Joch befestigt, das für den magnetischen Kreis ausreichend bemessen wird und zugleich das Gehäuse bildet. Zur Verringerung der Wirbelstrombildung sind die Pole aus dünnen Blechen zusammengesetzt, als Gehäuse kommt entweder Stahlguß oder in neuerer Zeit geschweißte Schmiedestahlkörper in Frage. Für die Stromabnahme oder -zuführung sind vorzugsweise Kohlebürsten in Verwendung, die in Bürstenhaltern auf Bürstenträgern sitzen und durch Federn an die Lamellen des Stromwenders angepreßt werden. Die gleichpoligen Bürsten sind miteinander verbunden, die beiden Ankerpole ebenso wie die Hauptpolwicklungen meist zu einem an der Maschine angebrachten Klemmbrett oder Klemmkasten geführt.

Für die *elektromotorische Kraft E* und den *Ankerstrom I* einer Gleichstrommaschine bestehen folgende Beziehungen:

$$E = \frac{p}{a} \cdot \frac{\Phi \cdot n \cdot Z}{60} \cdot 10^{-8} = k \cdot \Phi \cdot n \text{ Volt,} \qquad (1/\text{IX})$$

$$I = \frac{2\,a \cdot D \cdot \pi}{Z} \cdot B \text{ Ampère,} \qquad (2/\text{IX})$$

wobei nach dem Schrifttum[1] die Buchstaben folgende Bedeutung haben:

p = halbe Polzahl,

a = halbe Zahl der parallelen Ankerstromleiter,

$$\Phi = \frac{\alpha \cdot D \cdot \pi}{2\,p} \cdot \mathfrak{B} \cdot l \quad \text{Induktionsfluß}$$

je Pol in Maxwell,

n = Drehzahl in Umdrehungen je Minute (U/Min),

Z = gesamte Leiterzahl des Ankers,

D = Ankerdurchmesser in cm,

l = Ankerpaketbreite in cm,

B = Strombelag = Durchflutung je cm Umfang,

$\mathfrak{B}$ = magnetische Induktion in Gauß,

α = Polbedeckung = Verhältnis des Polbogens zur Polteilung.

Die innere Leistung N in Watt ist gleich dem Produkt $E \cdot I$ und daher

$$N = \frac{\alpha\,\pi^2}{60} \cdot \mathfrak{B} \cdot B \cdot D^2 \cdot l \cdot n \cdot 10^{-8} \; \text{Watt und mit}$$

$$C = \frac{\alpha\,\pi^2}{60} \cdot \mathfrak{B} \cdot B \cdot 10^{-5},$$

$$N = C \cdot D^2 \cdot l \cdot n \cdot 10^{-6} \; \text{kW.} \tag{3/IX}$$

Der Wert C erfaßt alle mit der Maschinenbeanspruchung zusammenhängenden Größen. Beim Entwurf liegen für ihn vom gewählten Ankerdurchmesser abhängige Richtwerte vor, nur zur allgemeinen Unterrichtung über die Größenordnung diene, daß C für Fahrzeugausrüstungen von 200 bis 600 PS ungefähr zwischen 2 und 3 liegt.

Nach der Formel (3/IX) ist die innere Leistung einer Gleichstrommaschine dem Ankervolumen und der Drehzahl verhältnisgleich, welcher Zusammenhang für die rasche Überprüfung verwendet werden kann, ob eine vorhandene Bauart den gegebenen Forderungen anzupassen ist.

Leistet nämlich ein bestimmter Stromerzeuger etwa bei 1000 U/Min 100 kW, so kann er bei 1350 U/Min mit derselben Wicklung entsprechend der erhöhten Spannung ca. 135 kW abgeben, wenn die Spannung zwischen den einzelnen Stromwenderlamellen, die Lamellenspannung, noch unter der zulässigen Höchstgrenze bleibt. Würde diese durch Erhöhung der Drehzahl und damit der Spannung überschritten, so kann die vergrößerte Leistung nur mit einer abgeänderten Wicklung erreicht werden. Mit Berücksichtigung dieser Wicklungsgrenzen hinsichtlich der Lamellenspannung läßt sich jedenfalls rasch feststellen, ob eine bestimmte Bauart eines Stromerzeugers für den gegenständlichen Bedarf verwendet werden kann oder nicht. Sind bei der vorerwähnten Type z. B. bei 1350 U/Min nur 115 kW erforderlich, so wird man den Ankerdurchmesser wegen des Nutenschnittes der Ankerbleche und des teueren Polschnittes unverändert lassen, die Ankerlänge hingegen im Verhältnis von 135 : 115 verringern, also den Anker verschmälern. Sind dagegen bei 1350 U/Min 150 kW verlangt, so ist die Ankerlänge im Verhältnis 135 : 150 zu vergrößern oder der Anker zu verbreitern.

---

[1] Hütte, 26. Auflage, Bd. 2, S. 994.

Nach diesem Überblick über Grundlagen der Leistung von Gleichstrommaschinen ist über deren Schaltung zu sprechen, für welche mehrere Möglichkeiten bestehen, die auch bei den Maschinen der verschiedenen Systeme der elektrischen Kraftübertragung zur Anwendung kommen.

Bei der Nebenschlußmaschine nach Abb. 51 liegt die Feldwicklung für die Erregung des Magnetsystems im Nebenschluß zum äußeren Stromkreis, der Ankerstrom I_a teilt sich in den Belastungsstrom I und den Erregerstrom I_e, also $I_a = I + I_e$. Nach dem Ohmschen Gesetz ergibt sich bei einer Klemmenspannung

$$U = E - I_a R_a - E_b \text{ Volt,} \qquad (4/\text{IX})$$

also elektromotorischer Kraft weniger dem Spannungsverlust im Anker weniger dem Spannungsverlust durch den Bürstenübergangswiderstand

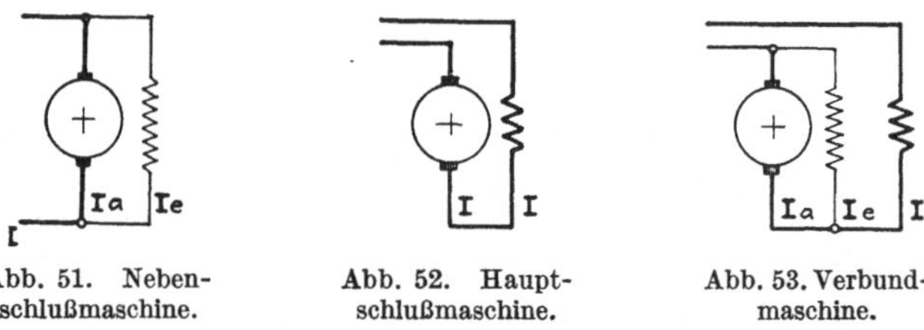

Abb. 51. Nebenschlußmaschine.   Abb. 52. Hauptschlußmaschine.   Abb. 53. Verbundmaschine.

(E_b = etwa 2 bis 2,5 Volt), und dem Widerstand im Erregerstromkreis R_e die Erregerstromstärke I_e mit

$$I_e = \frac{U}{R_e}. \qquad (5/\text{IX})$$

Sie ist als Stromverlust anzusehen und liegt zwischen 2 und 5% des Ankerstromes. Bei der Nebenschlußmaschine ist R_e groß, die Magnetwicklungen bestehen aus zahlreichen Windungen dünnen Drahtes, dadurch wird I_e relativ klein und in den vorstehenden Grenzen des Verhältnisses zum Ankerstrom gehalten.

Bei der Hauptschluß- oder Hauptstrommaschine nach Abb. 52 fließt der ganze Ankerstrom I durch die Feldwicklung, der Belastungsstrom I ist daher gleich dem Ankerstrom I_a gleich dem Erregerstrom I_e. Für die Erregung genügen hier wenige Windungen mit großem Querschnitt, die aufzuwendende Leistung für die Erregung erreicht ungefähr dieselben Werte wie bei der Nebenschlußmaschine.

Bei der Doppelschlußmaschine nach Abb. 53 sind beide Schaltungen vereinigt, ein Teil der Felderregung wird durch die Nebenschlußwicklung, die fein eingetragen ist, und ein Teil durch die kräftig ausgezogene Hauptschlußwicklung erzeugt. Wenn ein Hauptschlußfeld mit einer die Erregung vermindernden Wicklung vorhanden ist, so spricht man von einer Gegenverbundwicklung.

Für Gleichstromgeneratoren hat sich eine weitere Unterscheidung herausgebildet,[1] bei welcher die Art der Erregung nochmals getrennt wird, und zwar je nachdem, ob es sich um eine reine Nebenschlußmaschine handelt, die nach Abb. 54 als selbsterregt bezeichnet wird, oder nach Abb. 55 um eine Maschine mit vom Maschinensatz angetriebener Erregermaschine, einer eigenerregten Maschine, oder um eine fremderregte

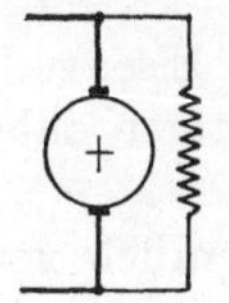 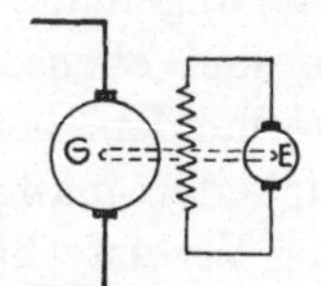 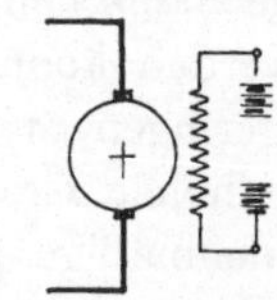

Abb. 54. Selbsterregter   Abb. 55. Eigenerregter   Abb. 56. Fremderregter
Stromerzeuger.   Stromerzeuger.   Stromerzeuger.

Maschine nach Abb. 56, bei welcher die Erregung einer fremden Stromquelle, z. B. einem Stromspeicher, entnommen wird und der Erregerstromkreis vollkommen unabhängig vom Ankerstromkreis ist.

b) Wirkungsgrade und Verluste.

Im allgemeinen Teil ist noch über die Wirkungsgrade, die üblicherweise ähnlich Formel (2/V) aus der zugeführten Leistung N und der Verlustleistung N_v mit

$$\eta = \frac{N - N_v}{N} = 1 - \frac{N_v}{N} \qquad (6/\text{IX})$$

errechnet wird, und über die Erwärmung der elektrischen Maschinen zu sprechen.

Die Verlustleistung N_v der Gleichstrommaschinen setzt sich zusammen aus:

1. *Eisenverlusten*, die durch die Hysterese und Wirbelströme im Anker und in den Polschuhen entstehen, und den zusätzlichen Wirbelströmen in den massiven Ankerleitern. Diese letzteren werden zu den Eisenverlusten gezählt, da sie wie diese auch schon im Leerlauf und bei geringen Belastungen auftreten und zu einer scheinbaren Erhöhung der wirklichen Eisenverluste führen,[2] sie werden meist mit einem Zuschlag von 20 bis $30^0/_0$ zu den berechenbaren Eisenverlusten eingesetzt und erfassen dann auch die in den massiven Ankerteilen auftretenden Verluste.

2. *Kupferverlusten*, die sich aus den Ohmschen Verlusten $I^2 R$ und den Übergangsverlusten am Kollektor $2 . I . U_b$ ($U_b \sim 1$ Volt) zusammensetzen. Wie ersichtlich, steigen die Kupferverluste quadratisch mit der Strombelastung und sind für die Erwärmung ausschlaggebend, sie begrenzen daher auch die Dauer der zulässigen Belastungen durch be-

---

[1] Hütte, 26. Auflage, Bd. 2, S. 990.
[2] Sallinger: Die Gleichstrommaschine. I. Teil, Sammlung Göschen.

stimmte Ströme, weshalb man von Dauer- und Stundenströmen sprechen kann.

3. *Mechanischen Verlusten*, die durch die Lager und Bürstenreibung und die Luftreibung verursacht werden. Bei eingebauten Lüfterflügeln ist deren Leistung der dritten Potenz der Drehzahl verhältnisgleich, so daß die mechanischen Verluste angenähert gleich $c_1 . n + c_2 . n^3$ angenommen werden können. Sie sind ebenso wie die Eisenverluste auch schon bei geringen Strömen vorhanden, bei Fahrmotoren daher für den Bereich der hohen Geschwindigkeiten maßgebend.

Die zahlenmäßige Höhe der Verluste hängt wesentlich von der Maschinengröße ab, sie kann aber auch durch überlegte Auswahl der verschiedenen Beanspruchungen günstig beeinflußt werden.

Einen allgemeinen Überblick geben die nachfolgenden Zahlen der üblichen Wirkungsgrade von Generatoren und Bahnmotoren in Abhängigkeit von der Leistung bei 1000 U/Min, während über den Verlauf der Wirkungsgradkurven über dem Strom bei den Maschinen selbst näher gesprochen wird.

Mittlere Wirkungsgrade von Gleichstrommaschinen[1], bezogen auf die Leistung bei 1000 U/Min:

	5	15	30	60	120	240	500 kW
ca.	0,83	0,87	0,885	0,90	0,91	0,915	0,92

c) Erwärmung und Temperaturbestimmung.

Der in einer elektrischen Maschine auftretende Verlust wird in Wärme umgesetzt. Durch die Erwärmung ergibt sich eine Erhöhung der Temperatur über jene der umgebenden Luft, welche Erhöhung mit Rücksicht auf die eingebauten Isolierstoffe ein gewisses, in Verbandsregeln festgesetztes Maß nicht überschreiten darf.

Die erzeugte Wärme wird zum Teil durch die mittels Lüfterflügel durchgedrückte oder durchgesaugte Luft, zum Teil durch Strahlung und Leitung abgeführt. Je schärfer die Luftführung ist, desto besser ist auch die Abkühlung, doch steigt damit auch der Leistungsbedarf des Flügels, so daß gewisse Grenzen mit Rücksicht auf den Wirkungsgrad nicht überschritten werden können. Für die Abkühlung eines Körpers ist eine Exponentialfunktion maßgebend, deren Erläuterung hier zu weit führen würde. Wir gehen davon aus, daß die Bauanstalt der elektrischen Maschinen den Dauer-, Stunden- und den kurzzeitig abgebbaren Anfahrstrom bekanntgegeben hat. Wenn wir über dem Stundenstrom in einem beliebigen Maßstab den Wert 60 Minuten auftragen und nun eine Kurve vom Anfahrstrom gleich Null über obigen Wert 60 Minuten und asymptotisch an eine über dem Dauerstrom errichtete Senkrechte ziehen, so

---

[1] S. auch Fischer-Hinnen: Lehrbuch für Elektrotechnik.

haben wir ein Bild über den Verlauf der zulässigen Dauer der verschiedenen Stromstärken.

Bei selbstlüftenden Fahrmotoren der Regelbauart kann man aus der Stundenzugkraft, die immer in der Nähe der niedrigsten betriebsmäßigen Geschwindigkeit liegen soll, auch auf die übrigen Zugkraftwerte nach folgenden Verhältniszahlen schließen:

Dauerzugkraft .... $0{,}60$ bis $0{,}65 . Z_{\text{einst.}}$
Einstundenzugkraft........................... $1 . Z_{\text{einst.}}$
Durch etwa 10 bis 15′ zulässige Zugkraft .... $1{,}6 . Z_{\text{einst.}}$
Anfahrzugkraft .... $2{,}0$ bis $2{,}3 . Z_{\text{einst.}}$

Wenn z. B. die Einstundenzugkraft mit 2000 kg bekannt ist, so liegt die Dauerzugkraft zwischen 1200 bis 1300 kg, die für kurze Rampen noch zulässige Höchstzugkraft bei 3200 kg und die Anfahrzugkraft zwischen 4000 und 4600 kg.

Bei der Erwärmung muß immer berücksichtigt werden, daß die Werksangaben für kalte Maschinen gelten, weshalb bei Untersuchung von Streckenteilen die Vorerwärmung auf der vorhergehenden Fahrt zu beachten ist. Für genaue Überprüfungen sind die Quadrate der auftretenden Stromstärken über der Fahrzeit aufzutragen und der Mittelwert zu suchen. Für die aus der Wurzel des Mittelwertes von I^2 errechneten Stromstärken ist dann zu prüfen, ob sie in der durch die Fahrzeiten gegebenen Dauer noch zulässig sind, wozu wir die vorstehend angegebene Zeitkurve für die Ströme heranziehen können.

Für die *Temperaturmessung* von elektrischen Maschinen wird die Tatsache verwendet, daß die Widerstandänderung eines Kupferleiters seiner Temperaturänderung verhältnisgleich ist, und zwar nimmt der Widerstand je 1^0 C um 0,004 Ohm zu. Man geht dabei üblicherweise von einer Anfangstemperatur von 15^0 aus und kommt zu folgender Gleichung, wenn die gesuchte Temperatur mit t_1, deren Widerstand mit R_1 und der Widerstand bei 15^0 mit R bezeichnet wird;

$$R_1 = R\,[1 + 0{,}004\,(t_1 - 15)] \text{ Ohm.}$$

Mit einigen einfachen Umwandlungen ergibt sich die Beziehung

$$250 . \frac{R_1}{R} = t_1 + 235 \qquad\qquad (7/\text{IX})$$

und für eine zweite Temperatur t_2 mit dem Widerstand R_2

$$250 . \frac{R_2}{R} = t_2 + 235$$

und daraus aus der bei Beginn der Prüfung ermittelten Temperatur t_1 und den zwei gemessenen Widerstandswerten R_1 und R_2 die Temperatur t_2 aus

$$t_2 + 235 = \frac{R_2}{R_1}\,(t_1 + 235). \qquad\qquad (8/\text{IX})$$

d) Zubehörteile.

1. Fahrtrichtungsschalter.

Es sei noch auf einige Zubehörteile der elektrischen Kraftübertragung hingewiesen, die bei dem Studium von Schaltplänen wichtig sind. Für die Änderung der Fahrtrichtung ist ein Fahrtrichtungsschalter vorgesehen, der die Stromrichtung im Anker oder in den Feldwicklungen des Bahnmotors umkehrt. Durch diese rein elektrische Fahrtwendung sind nach beiden Fahrtrichtungen gleiche Fahreigenschaften gesichert, was bei älteren Wendegetrieben der mechanischen Kraftübertragung, die nach einer Seite zusätzliche Zahnradpaare eingeschaltet hatten, nicht gewährleistet war. Für kleinere Fahrzeuge kommen gewöhnliche Walzenschalter zur Verwendung, für größere jedoch Nockenfahrtwender, bei denen das Schalten der Kontakte durch Nocken erfolgt.

2. Anlaßwicklung.

Für das Anlassen wird sehr häufig eine Serienwicklung im Generator verwendet, die über ein Anlaßschütz von der Batterie aus gespeist wird. Bei Betätigung des Startdruckknopfes oder des Startschalters zieht der Hilfsstrom den Magnet des Startschützen an, der den Startstromkreis schließt, so daß der Generator als Serien- oder Hauptstrommotor mit großem Drehmoment anläuft und den Dieselmotor auf Zünddrehzahl bringt. Über die ungefähre Größe der erforderlichen Drehmomente wurde im Abschnitt „Verbrennungsmotoren" gesprochen. Durch die Bedingungen für die Zünddrehzahl ist meist die Spannung der Startbatterie bestimmt, die bei Dieselmotoren etwa ein Fünftel bis ein Sechstel der Normalspannung des Generators betragen muß, um sicheres Anlassen zu gewährleisten. Für die häufig verwendeten Normalspannungen elektrischer Kraftübertragungen zwischen 250 und 300 Volt ergibt sich dadurch die Startspannung mit 48 Volt, bei einer Bleibatterie also eine Anzahl von 24 Zellen, für 500 bis 600 Volt Normalspannung dagegen 96 bis 110 Volt und damit etwa die doppelte Zellenzahl.

3. Hilfseinrichtungen.

Die elektrische Kraftübertragung gestattet auch den Antrieb von Hilfseinrichtungen, wie *Lüftermotoren*, *Luftpressern* oder *Saugpumpen*, in einfacher Weise mittels Elektromotoren, wenn die räumliche Anordnung einen direkten Antrieb nicht gestattet.

4. Vielfachsteuerung.

Die Vielfachsteuerung, d. i. die Steuerung mehrerer Triebfahrzeuge von einem Führerstand aus, wurde auch zuerst für Motorfahrzeuge mit elektrischer Kraftübertragung entwickelt, sie besteht aus Steuereinrichtungen

in den Führerständen und an den Reglern der Dieselmotoren, entweder
kleine Verstellmotoren oder Magneteinrichtungen, pneumatische oder
hydraulische Geräte, deren Stellungen vom Führerstand aus geregelt
werden. Für die Verbindung der Fahrzeuge sind Vielfachkabel mit
Steckern und Steckdosen, die getrennt werden können, vorhanden.

5. Sicherheitsfahrschaltwerk.

Für einmännig betriebene Fahrzeuge sind häufig Sicherheitsfahrschalt-
werke, auch „Totmannvorrichtungen" genannt, vorgeschrieben, die meist
in Abhängigkeit vom durchlaufenen Weg ansprechen, den Motor auf
Leerlauf oder abstellen und die Bremse einfallen lassen, wenn der Führer
wegen eines Unwohlseins die Totmanntaste ausläßt.

C. Die Hauptstromfahrmotoren.

a) Grundformeln.

Wir gehen nunmehr auf die kennzeichnenden Merkmale der Bahnmotoren ein, für die bei Motorfahrzeugen mit elektrischer Kraftübertragung Hauptstrommotoren verwendet werden, da sich deren Kennlinien
der gewünschten Hyperbel für konstante Leistung schon weitgehend
nähern.

Wird der Anker eines Gleichstrommotors an eine Spannung gelegt, so
entsteht aus der Wirkung zwischen dem Kraftfluß Φ und dem Strom I
das Drehmoment

$$M = c \cdot \Phi \cdot I. \tag{9/IX}$$

Das Drehmoment M beschleunigt den Anker so lange, bis die gegen-
elektromotorische Kraft $E_g = k \cdot \Phi \cdot n$ gleich der angelegten Spannung
weniger dem Ohmschen Spannungsabfall im Anker ist, also

$$E_g = U - I \cdot R_a. \tag{10/IX}$$

Für den Stromerzeuger verhalten sich die Fahrmotoren so wie ein
äußerer Widerstand. Im Stillstand beim Anfahren ist der Ersatzwiderstand
gleich dem Ohmschen Widerstand, während des Laufes erscheint er um
den jeweiligen Betrag der gegenelektromotorischen Kraft ($R = E_g : I$)
vergrößert.

Aus Gleichung (1/IX), $E = k \cdot \Phi \cdot n$, können wir für eine konstante
Spannung die Drehzahl $n = k_1 : \Phi$ und weil Φ, solange die Sättigung des
Magnetsystems nicht erreicht ist, nahezu verhältnisgleich I_e und beim
Hauptstrommotor damit I bleibt,

$$n \sim \frac{K}{I} \tag{11/IX}$$

annehmen, das heißt, daß die Kennlinie der Drehzahl über dem Strom
für eine konstante Spannung außerhalb des Sättigungsbereiches an-

nähernd einer gleichseitigen Hyperbel entspricht. Je kleiner der Strom, desto größer ist die Drehzahl eines Hauptstromfahrmotors, ein Verhalten, das ihn für die Zugförderung besonders geeignet macht, bei der die Fahrgeschwindigkeit bei geringen Widerständen des Zuges so weit steigen soll, daß das Produkt aus Zugkraft und Geschwindigkeit praktisch konstant bleibt. Durch geeignete Auslegung der Bahnmotoren, wobei außer geringerer Sättigung ein vergrößerter Luftspalt dienlich ist,[1] kann dieses Verhalten noch verbessert werden, was für Motorfahrzeuge entweder den Bereich der konstanten Leistung zu vergrößern gestattet oder bei gegebenem und mit normalen Kennlinien einzuhaltendem Bereich eine Verminderung der erforderlichen Höchstspannung des Stromerzeugers und damit eine Verkleinerung desselben mit sich bringt.

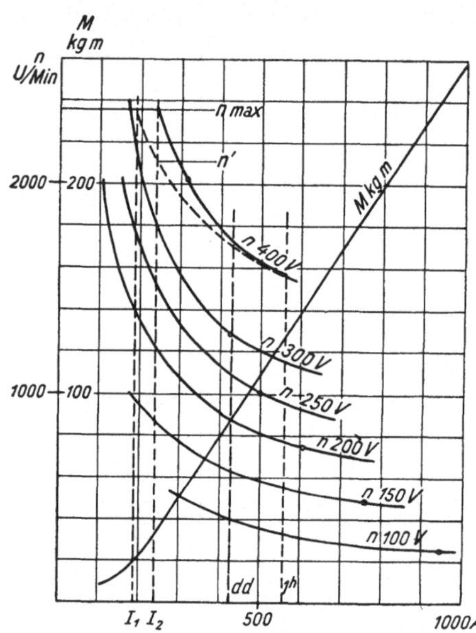

Abb. 57. Kennlinien eines Gleichstrom-Hauptstromfahrmotors über dem Strom.

b) Kennlinien.

Auf Abb. 57 sind die Kennlinien eines Hauptstrombahnmotors mit vergrößertem Luftspalt über dem Strom für das Drehmoment und für die Drehzahlen mit verschiedenen Spannungen aufgetragen, zum Vergleich strichliert die Drehzahlkurve für die Spannung von 400 Volt für denselben Motor mit einem kleineren Luftspalt, wie er früher die Regel war. Da die Drehzahl nach Gleichung (4/VI) bei gegebenem Raddurchmesser und Übersetzung verhältnisgleich der Fahrgeschwindigkeit ist, sehen wir, daß die Drehzahl n_{max} mit dem kleineren Luftspalt erst bei einer Stromstärke I_1 erreicht wird, die natürlich kleiner ist als die Stromstärke I_2 beim Bahnmotor mit vergrößertem Luftspalt.

Die Beziehung zwischen Drehmoment und Leistung nach (4/V) können wir unter Verwendung von

$$1\ \text{PS} = 736\ \text{Watt} = 0{,}736\ \text{kW} \qquad (12/\text{IX})$$

für elektrische Meßgrößen als

$$M = \frac{716{,}2}{0{,}736} \cdot \frac{N^{\text{kW}}}{n} = 973\,\frac{U \cdot I}{n} \qquad (13/\text{IX})$$

---

[1] Stix: Elektrische Kraftübertragung bei Triebfahrzeugen mit Antrieb durch Verbrennungskraftmaschinen. E. B., Septemberheft 1933.

erhalten. Bei gleicher Spannung z. B. $U = 400$ Volt und gleicher Drehzahl $n = n_{\text{max}}$ ist daher beim Motor mit vergrößertem Luftspalt wegen des größeren Stromes I_2 bei der Höchstgeschwindigkeit ein größeres Drehmoment und damit eine erhöhte Zugkraft vorhanden, was für die Zugförderung erwünscht ist.

Soll aber beim Motor mit kleinerem Luftspalt die Höchstgeschwindigkeit ebenfalls schon bei I_2 erreicht werden, so ist eine höhere Spannung als 400 Volt erforderlich, und zwar nach dem Verhältnis $\dfrac{n_{\text{max}}}{n'}$ etwa 450 Volt. Diese Spannungserhöhung um etwa $12^0/_0$ ist mit einer Volumsvergrößerung des Stromerzeugers in gleichem Hundertsatz verbunden, woraus sich die Wirtschaftlichkeit der Auslegung von Bahnmotoren mit vergrößertem Luftspalt ergibt.

Für ein Motorfahrzeug ist es oft zweckmäßig, die Kurven statt für konstante Spannungen für praktisch konstante Leistung des eingebauten Maschinensatzes aufzutragen, was auf Abb. 58 für Vollast durchgeführt

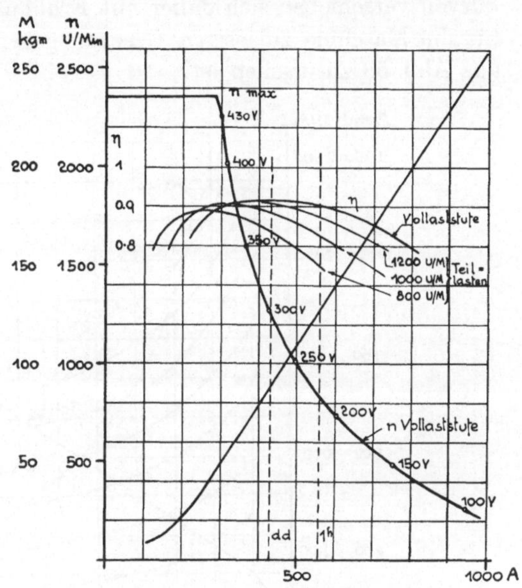

Abb. 58. Kennlinien eines Hauptstromfahrmotors für konstante Leistung.

wurde. Deren Drehzahlkurve entsteht durch Verbindung der in Abb. 57 mit Ringen bezeichneten Punkte der Drehzahlkurven für verschiedene Spannungen, die nach den Generatorkennlinien bei der jeweiligen Stromstärke zu erreichen sind. Die genaue Bestimmung der Drehzahlkurve für annähernd konstante Leistung ist nur an Hand der an den Generatorklemmen verfügbaren Leistung möglich, da sich diese mit den Wirkungsgraden und der Ausnutzung des Generators ändert. Darüber wird noch bei den Fahrzeugkennlinien von Motorfahrzeugen mit elektrischer Kraftübertragung gesprochen.

In der Abb. 58 sind auch die Wirkungsgradkurven für verschiedene konstante Leistungen, also für die Vollast und Teillasten eingetragen. Der Höchstwert von etwa $91^0/_0$ bei mittleren Leistungen um 300 PS liegt in der Nähe des Dauerstromes (mit dd bezeichnet), bei niedrigen Strömen, die aber schon unter der zur Höchstgeschwindigkeit gehörigen Stromstärke liegen, sinken die Wirkungsgradkurven wegen der erhöhten

Eisen- und mechanischen Verluste rasch ab, während sie im eigentlichen Fahrbereich nur wenig fallen und erst in der Nähe des Anfahrstromes wegen der größeren Kupferverluste etwas steiler gegen Null laufen. Der weit außerhalb des Bereiches liegende Nullpunkt entspricht der Stromstärke im Kurzschluß I_k, die sich nach der Gleichung $I_k{}^2 \cdot R = N$ für verschiedene Leistungen N mit $I_k = \sqrt{\dfrac{N}{R}}$ errechnet. Die Wirkungsgradkurven verschieben sich daher mit Erhöhung der Leistung innerhalb der für die Maschine zulässigen Grenzen gegen den Höchststrom, wie auch aus Abb. 58 zu ersehen ist.

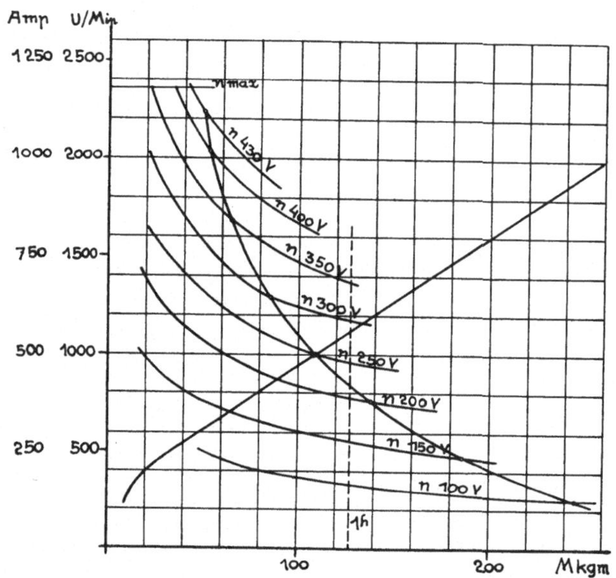

Abb. 59. Kennlinien eines Hauptstromfahrmotors über dem Drehmoment.

Manchmal ist es auch üblich, die Kennlinien des Stromes und der Drehzahlen für verschiedene Spannungen über den Drehmoment aufzutragen, wie dies auf Abb. 59 durchgeführt wurde. Da das Drehmoment nach Gleichung (1/VI) der Zugkraft und die Drehzahl nach Gleichung (4/VI) der Fahrgeschwindigkeit verhältnisgleich ist, gibt die Darstellung nach Abb. 59 schon ein Bild der Zugkraft-Geschwindigkeitskurve, wenn wir die ebenfalls eingetragene Drehzahlkurve für praktisch konstante Leistung zugrunde legen.

c) Achsantriebe.

Noch einige Worte über die Arten des Achsantriebes,[1] d. i. die Verbindung der treibenden Welle des Fahrmotors mit der Triebachse. Bis zu

---

[1] S ü b e r k r ü b: Fahrzeuggetriebe. Berlin 1929, S. 41 ff.

den größten Leistungen herrscht der Einzelachsantrieb vor, für den der für Gleichstrombahnen hoch entwickelte Tatzenlagermotor viel verwendet wird, der mit „Tatzenlagern" auf der Triebachse ruht und auf der Gegenseite federnd im Rahmen aufgehängt ist. Der Antrieb erfolgt durch in geschlossenen Ölkasten laufende Stirnräder, deren Wirkungsgrad bei neuzeitlicher Ausführung mindestens 0,97 bis 0,975 beträgt. Für Schmalspurfahrzeuge sind längsstehende Motoren mit Schneckengetrieben[1, 2] verwendet worden, deren Wirkungsgrad bei ausgezeichneter Durchbildung etwa 0,95 erreicht, bei knappem Raum auch Doppelvorgelegemotoren[2] mit zwei Stirnrad- oder einem Stirnrad- und einem Kegelradpaar. Zwecks Verringerung der ungefederten Massen kommen Kardanübertragungen verschiedenster Anordnungen zur Verwendung. Über die Sonderantriebe für elektrische Großlokomotiven geben die Bücher von Seefehlner, „Elektrische Zugförderung", und von Sachs, „Elektrische Vollbahnlokomotiven" Auskunft.

d) Zahl der Fahrmotoren.

Die Zahl der einzubauenden Fahrmotoren ist fast immer durch die Reibungsverhältnisse bestimmt, so wird man bei einem vierachsigen Triebwagen in der Regel zwei Achsen antreiben, wodurch bei Einzelachsantrieb zwei Fahrmotoren gegeben sind. Wenn die Aufteilung der Gesamtleistung jedoch nicht von vornherein feststeht, sind Untersuchungen über die Auswirkung der Gewichte und Preise zweckmäßig, worüber im Schrifttum[3] nähere Angaben zu finden sind. Bei den für Motorfahrzeuge in der Regel in Betracht kommenden Leistungen wird durch eine Unterteilung der Leistung eher an Gewicht gespart, doch erhöhen sich gleichzeitig die Anschaffungskosten, so daß die Unterteilung nicht zu weit getrieben werden soll.

e) Reihenschaltung und Feldschwächung.

Bei einer geraden Anzahl von Bahnmotoren kam früher häufig für die Anfahrt eine Schaltung zweier Motoren oder Motorgruppen in Reihe zur Anwendung, um den Anfahrstrom des Stromerzeugers zu vermindern, da bei der Reihenschaltung von z. B. zwei Fahrmotoren der Generator nur den Anfahrstrom in der Höhe eines Motors abgeben muß, wobei jeder die halbe Generatorspannung erhält. Nach der Anfahrt wurden die Motoren nebeneinandergeschaltet, sie teilten dann die Stromstärke des Generators und arbeiteten mit voller Spannung. Für hohe Geschwindigkeiten benutzte man schließlich noch eine Feldschwächung, um in diesem

---

[1] S. Note 13 auf S. 15.

[2] S. Note 15 auf S. 15.

[3] Gerstmann: Technisch-wirtschaftliche Fragen bei Bahnmotoren. E. u. M. 1936, H. 25.

Bereiche eine Drehzahlkurve ähnlich jener mit vergrößertem Luftspalt zu erhalten. Bis auf Sonderfälle ist diese zusätzliche Schalteinrichtungen erfordernde Anordnung jetzt verlassen, da deren Vorteile mit neuzeitlichen Bahnmotoren und richtig ausgelegten Generatoren einfacher erreicht werden können.

D. Die Fahrzeuggeneratoren.

a) Grundformeln und Kennlinien.

Wenn wir von der Forderung ausgehen, daß die im Verbrennungsmotor zur Verfügung stehende Leistung über den größten Teil des Fahrbereiches so gut als nur möglich ausgenutzt werden soll, so bedeutet dies ein praktisch konstantes Produkt von Strom und Spannung nach der Gleichung $N \doteq U \cdot I$ und damit für eine bestimmte Leistung einen hyperbelähnlichen Verlauf der Spannung über den Strom, der sogenannten äußeren Kennlinie des Generators oder Stromerzeugers.

Bevor wir auf diese äußeren Kennlinien näher eingehen, wollen wir uns kurz mit deren Entstehung befassen. Bei der Berechnung eines Stromerzeugers wird zuerst die magnetische Charakteristik ermittelt. Als Beispiel zeigt Abb. 60 den Verlauf des Induktionsflusses Φ eines selbsterregten Generators über den Amperewindungen $AW =$ doppelte Windungszahl je Pol $\times I_e$. Da die indizierte elektromotorische Kraft E nach Gleichung (1/IX) bei konstanter Drehzahl dem Kraftfluß Φ und die Amperewindungen nach ihrer Definition dem Erregerstrom verhältnisgleich sind, so gilt dieselbe Kurve der Abb. 60 mit anderen Maßstäben bei einer bestimmten Drehzahl auch als Leerlaufcharakteristik E über dem Erregerstrom I_e und wird damit direkt meßbar und überprüfbar.

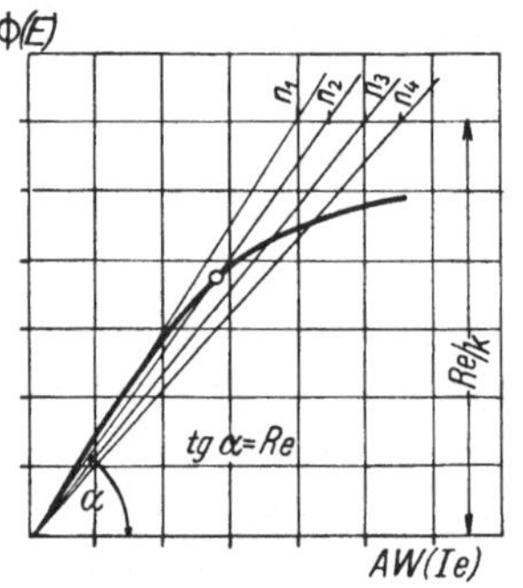

Abb. 60. Magnetische und Leerlaufcharakteristik eines Gleichstromgenerators.

Beide Charakteristiken steigen zuerst fast geradlinig an, bilden dann das sogenannte „Knie", um im Bereich der Sättigung sich einer Waagerechten zu nähern. In diesem Bereiche steigt die EMK nur unwesentlich, auch wenn wir die Erregung weitersteigern, die magnetische Sättigung der Eisenquerschnitte ist erreicht.

Aus der Leerlaufcharakteristik für eine bestimmte Drehzahl läßt sich die Erregungskurve bei Leerlauf über den Drehzahlen ermitteln. Man geht davon aus, daß nach dem Ohmschen Gesetz

$$I_e = \frac{E}{R_e}$$

und nach Formel (1/IX)

$$E = k \cdot \Phi \cdot n \text{ ist, daher}$$

$$I_e = \frac{k \cdot \Phi \cdot n}{R_e} \quad \text{und} \qquad (14/\text{IX})$$

$$\frac{I_e}{\Phi} = \frac{k}{R_e} \cdot n = \operatorname{ctg} \alpha \quad \text{ist.} \qquad (15/\text{IX})$$

Zieht man also unter verschiedenen Winkeln α vom Ursprung aus Gerade, so schneiden diese auf einer im Abstand $\frac{R_e}{k}$ gezogenen Waagerechten eine der Drehzahl verhältnisgleiche Strecke ab, so daß auf dieser Waagerechten ein Maßstab für die Drehzahlen aufgetragen werden kann. Die einzelnen Drehzahlstrahlen liefern mit der Magnetisierungslinie Schnittpunkte, welche dem zugehörigen Kraftfluß entsprechen. Das Produkt Kraftfluß $\times$ Drehzahl n ist dann der auftretenden Spannung verhältnisgleich. Die Abb. 61 zeigt die Erregungskurve bei Leerlauf für denselben Stromerzeuger, die zuerst nur unter Einfluß der Remanenz langsam, dann in der Nähe der Drehzahl n_1 sehr steil ansteigt, um sich dann bei höheren Drehzahlen etwa von n_4 an dem Verlauf der Kurve einer gesättigten Maschine zu nähern. Wenn die unterste Leerlaufdrehzahl des Verbrennungsmotors unter der Drehzahl n_1 liegt, brauchen die Bahnmotoren im Stillstand des Fahrzeuges nicht vom Generator angeschaltet werden, da er bei dieser Drehzahl praktisch stromlos ist. Bei Ottomotoren

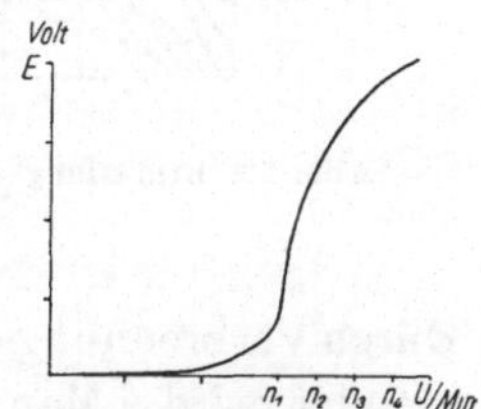

Abb. 61.
Leerlauferregungskurve
eines selbsterregten
Stromerzeugers.

ist dieses Verhältnis der Drehzahl leicht zu erreichen, bei Dieselmotoren aber, die zur Sicherung eines gleichmäßigen Laufes höhere Leerlaufdrehzahlen benötigen, tritt manchmal die Notwendigkeit auf, in der Leerlaufstellung des Fahrschalters entweder die Erregung abzuschalten oder durch eine Feldumkehr zu unterdrücken.[1]

Bei Belastung des Stromerzeugers werden die Charakteristiken durch die Ankerrückwirkung nach rechts verschoben, für dieselbe EMK ist nunmehr ein größerer Erregerstrom I_e erforderlich. Teilweise wird die Ankerrückwirkung bei den meisten Stromerzeugern durch eine Verbundwirkung, die entweder durch eine schwache Verbundwicklung oder auch durch entsprechende Ausbildung der Wendepole und eine Bürstenverschiebung erzielt wird, ausgeglichen. Die Abb. 62 zeigt links den Verlauf der Leerlaufcharakteristik und der Belastungscharakteristiken für Ströme von $I/2$ bis $2\,I$ eines selbsterregten Stromerzeugers, in der auch die Widerstandsgerade g, die durch $\operatorname{tg} \alpha = R_e$ bestimmt ist, eingetragen ist. Der Schnitt der Belastungscharakteristiken mit der Widerstandsgeraden gibt unter Berücksichtigung der mit steigendem Strom ansteigenden Verbundwirkung, die jeweils durch $\leftrightarrow$ bezeichnet ist, die äußere Kennlinie des Stromerzeugers für eine konstante Drehzahl. Der für die Widerstands-

---

[1] S. Note 15 auf S. 15.

gerade maßgebende Widerstand des Erregerkreises setzt sich aus dem Widerstand des Feldes und dem Vorschalt- oder Justierwiderstand zusammen, der meist zwecks einfacher Anpassung der Kennlinien an die

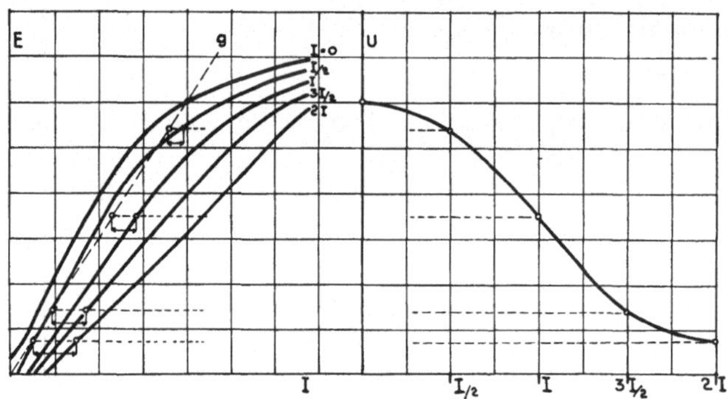

Abb. 62. Ermittlung der äußeren Kennlinie eines selbsterregten Stromerzeugers aus den Belastungscharakteristiken.

durch Verbrennungsmotor und Zugförderung geforderten Verhältnisse verwendet wird. Man sieht, daß eine Vergrößerung von R_e eine kleinere EMK_{max} und umgekehrt eine Verkleinerung eine höhere Spannung ergibt, solange die Sättigung nicht erreicht ist.

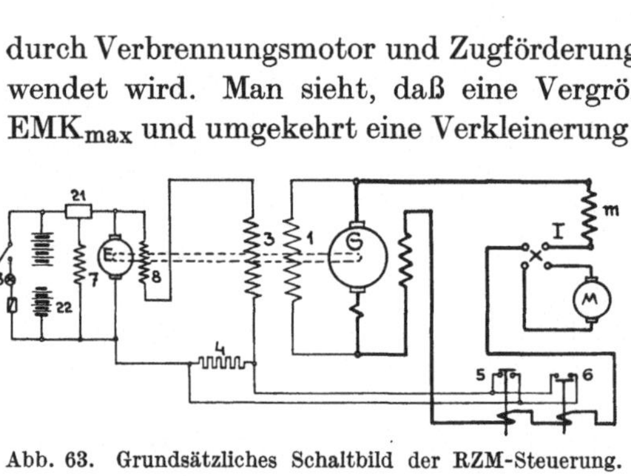

Die auf Abb. 62 rechts ersichtliche Kennlinie eines selbsterregten Stromerzeugers, mit dem das Gebusverfahren arbeitet, stimmt mit der Kennlinie eines Lempgenerators oder eines für die RZM-Steuerung ausgelegten Stromerzeugers praktisch überein. Mit einer kleinen Drehzahlabsenkung

Abb. 63. Grundsätzliches Schaltbild der RZM-Steuerung.

G Hauptgenerator, *1* Nebenschlußwicklung, *2* Gegenverbundwicklung, *3* Fremderregungswicklung, *4* Abschaltbarer Vorwiderstand, *5, 6* Stromwächter, *E* Erregermaschine, *7* Nebenschlußwicklung, *8* Hauptschlußwicklung, *21* Laderelais, *22* Batterie, *23* Beleuchtungskreis, *I* Fahrtwender, *M, m* Fahrmotor.

lassen sich solche Kennlinien in einen hyperbelförmigen Verlauf der Spannung über dem Strom umwandeln, wie noch näher erläutert wird.

b) Schaltungen für Motorfahrzeuge.

Bei der von der Deutschen Reichsbahn als Einheitsbauart für eine größere Anzahl von diesel-elektrischen Fahrzeugen entwickelten *RZM-Steuerung*, deren grundsätzliche Schaltung auf Abb. 63 aufgetragen ist, besitzt der Hauptgenerator drei Wicklungen, eine für Selbsterregung, eine für Fremderregung und eine Gegenverbundwicklung, direkt angebaut ist eine Erregermaschine mit Selbsterregung durch ein Nebenschluß- und ein Hauptschlußfeld.[1]

Die äußeren Kennlinien eines RZM-Generators zeigen den auf der Abb. 62 rechts ersichtlichen Verlauf. Das Verhalten wird durch Verwendung einer magnetisch ungesättigten Erregermaschine noch verbessert.[1] Zur Verkleinerung des Drehzahlabfalles sind zwei Stromwächter 5 und 6 eingebaut, die den Bereich der praktisch konstanten Leistungsausnutzung in drei Teile teilen und im oberen und unteren Geschwindigkeitsbereich den Widerstand des Erregerkreises vermindern und damit die äußere Kennlinie für die Vollastdrehzahl heben. Dadurch ist in jedem Teilbereich nur mit ungefähr dem halben Drehzahlabfall zu rechnen, der sonst ohne Umschaltung des Erregerkreiswiderstandes auftreten würde. Die Stromwächter arbeiten selbsttätig, und zwar in der Weise, daß beim Anfahren mit dem Höchststrom beide Stromwächter anziehen, wobei 6 den Vorschaltwiderstand überbrückt. Mit ansteigender Fahrgeschwindigkeit sinkt die Stromstärke ab und bringt zuerst den mit Arbeitskontakten versehenen Stromwächter 6 zum Abfallen, wodurch der Vorschaltwiderstand eingeschaltet wird. Bei weiterem Absinken des Stromes überbrückt der mit Ruhestromkontakten ausgerüstete Stromwächter 5 in der Nähe

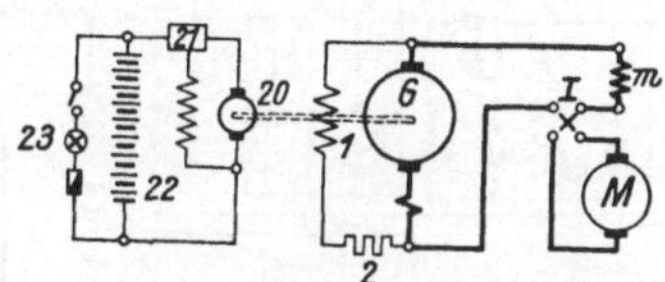

Abb. 64. Grundsätzliches Schaltbild der Gebussteuerung.

G Hauptgenerator, 1 Selbsterregung, 2 Vorschaltwiderstand, 20 Lichtmaschine, 21 Laderelais, 22 Batterie, 23 Beleuchtungskreis, I Fahrtwendeschalter, M, m Fahrmotor.

der Höchstgeschwindigkeit den Vorschaltwiderstand, womit für die höchsten Fahrgeschwindigkeiten wieder ein stärker erregter Generator mit höheren Spannungen zur Verfügung steht. Weitere Einzelheiten dieser Steuerung sind der angezogenen Veröffentlichung[1] zu entnehmen, die auch ein Bild und einen Schnitt eines bahnmäßig ausgeführten Stromerzeugers enthält.

Die grundsätzliche Schaltung des *Gebusverfahrens* ist auf Abb. 64 aufgetragen.[2, 3] Der Gebusgenerator ist ein selbsterregter Nebenschlußgenerator mit geringer magnetischer Sättigung, der betriebsmäßig nur bis zum „Knie" der magnetischen Charakteristik verwendet wird, wodurch mit einfachsten Mitteln große Spannungsänderungen bei geringen Drehzahlschwankungen erreicht werden. Die geringere magnetische Sättigung

---

[1] Mitteilungen der Reichsbahn-Zentralämter in Berlin: Die elektrische Kraftübertragung für die neuen diesel-elektrischen Triebwagen der Deutschen Reichsbahn. E. B., Novemberheft 1934.

[2] Heinze: Gebus Automatic Control System. D. R. T., H. vom 21. IV. 1936.

[3] Judtmann: Der diesel-elektrische Antrieb für Schienenfahrzeuge. Sparw. 1936, H. 2.

braucht keinen größeren Durchmesser als bei einem gesättigten Generator zu ergeben, da für die Erzeugung des Kraftflusses in einem ungesättigten Magnetsystem weniger Amperewindungen und damit kürzere Magnetschenkel und kleinere Feldspulen erforderlich sind,[1] so daß das Gesamtvolumen gleich und das vielleicht etwas höhere Gewicht durch den Entfall der bei anderen Systemen notwendigen zusätzlichen Regeleinrichtungen ausgeglichen wird. Unter Berücksichtigung der Erregungsverhältnisse lassen sich ähnliche äußere Kennlinien wie für die Vollastdrehzahl auch für Teildrehzahlen ermitteln, die für die Ausnutzung der Teillasten maßgebend sind. Unterschiede ergeben sich aber durch die

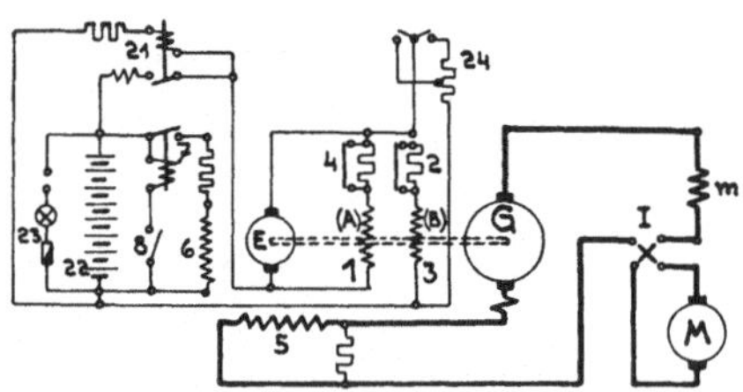

Abb. 65. Grundsätzliches Schaltbild der AEG-Lemp-Steuerung.

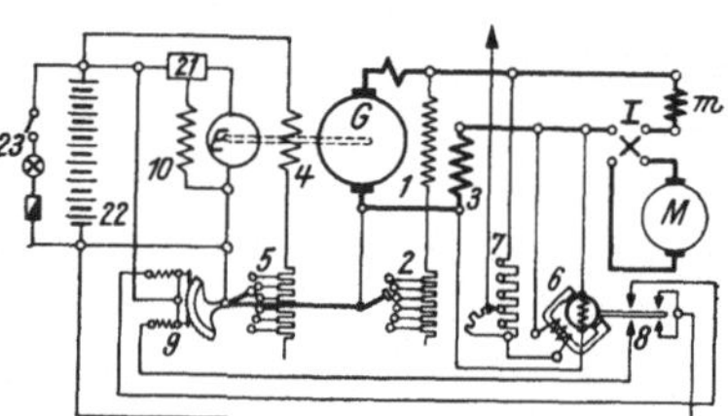

Abb. 66. Grundsätzliches Schaltbild der BBC-Leistungswächtersteuerung.

G Hauptgenerator, *1* Fremderregungswicklung (*A*-Feld), *2* Abschaltbarer Widerstand zu *3*, *3* Fremderregungswicklung (*B*-Feld), *4* Abschaltbarer Widerstand zu *1*, *5* Gegenverbundwicklung, E Erregermaschine, *6* Batterie-Erregungswicklung, *7* Relais für *6*, *8* Kontakt am Fahrthebel für *7*, *21* Laderelais, *22* Batterie. *23* Beleuchtungskreis, *24* Zusätzlicher Schalter für Batterieladung, I Fahrtwendeschalter, M, m Fahrmotor.

G Hauptgenerator, *1* Nebenschlußwicklung, *2* Regelwiderstand für *1*, *3* Gegenverbundwicklung, *4* Fremderregungswicklung, *5* Regelwiderstand für *4*, *6* Leistungswächter, *7* Regelwiderstand zu *6* mit Verbindung zu Fahrthebel, *8* Steuerkontakte, *9* Schaltvorrichtung für Einstellung der Erregung, E Erregermaschine, *10* Feldwicklung, *21* Laderelais, *22* Batterie, *23* Beleuchtungskreis, I Fahrtwendeschalter, M, m Bahnmotor.

Regelart des Dieselmotors, und zwar je nachdem, ob für Teillasten nur die Drehzahl durch Änderung der Federspannung des Fliehkraftreglers herabgesetzt oder ob gleichzeitig auch die Füllung der Brennstoffpumpe und damit die Menge des je Hub eingespritzten Brennstoffes vermindert wird, wie schon bei den Verbrennungsmotoren und den anderen Kraftübertragungen ausgeführt wurde. Im ersten Falle entspricht die Teillastkurve der äußeren Kennlinie für die betreffende Drehzahl, bei Füllungsbegrenzung auf geringere Füllungswerte kann sich jedoch bei entsprechender Einstellung des Generators eine hyperbelähnliche Kurve wie bei Vollast ergeben.

Mit ganz ähnlichen Kurven wie die RZM-Steuerung und der Gebusgenerator arbeitet das *Lempsystem der General Electric Co. und der A.E.G.*,[2] bei dem gemischte Selbst-, Eigen- und Fremderregung verwendet wird. Die Pole des Hauptgenerators besitzen nach dem Schaltbild Abb. 65 zwei

---

[1] S. Noten 1 bis 3 auf S. 129.

[2] Wünsche: Kraftübertragung bei benzin- und diesel-elektrischen Triebwagen. AEG-Mitteilungen, Aprilheft 1932.

Feldwicklungen, die Pole der vom Hauptgenerator direkt angetriebenen Erregermaschine Fremderregung von der Batterie aus und eine Gegenverbundwicklung.

Wir wollen noch einige andere Möglichkeiten der Anpassung der Generatorkennlinien an den Fahrzeugbetrieb betrachten und zuerst noch die älteste Regelung mit einem fremderregten Stromerzeuger nach Ward Leonard kennenlernen, die in abgeänderter Form mit selbsttätiger Widerstandsumschaltung auch bei neuzeitlichen Motorfahrzeugen als *Leistungswächtersteuerung von BBC*[1,2] Verwendung fand, deren Schaltbild auf Abb. 66 zu sehen ist.

Das *Ward-Leonard-Verfahren* arbeitet mit konstanter Drehzahl des Verbrennungsmotors, so daß für den Stromerzeuger Leistungen nach den in Abb. 67 eingetragenen Kurven *a* für die EMK und *b* für die Klemmenspannung U, die bekanntlich um den Ohmschen Spannungsabfall $I_a \cdot R_a$ niedriger ist, zur Verfügung stehen. Der fremderregte Stromerzeuger hat fast waagerecht verlaufende äußere Kennlinien *1* bis *5* für verschiedene Spannungen, die durch Veränderung des Vorschaltwiderstandes im Erregerstromkreis eingestellt werden. Wenn bei der

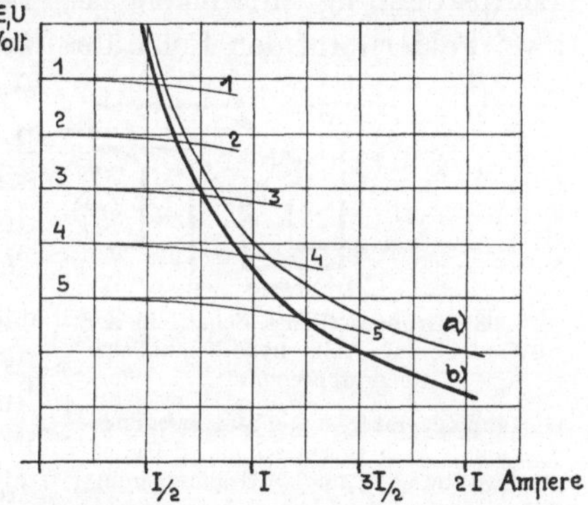

Abb. 67. Kennlinien eines fremderregten Stromerzeugers für Ward-Leonard-Schaltung.

a) EMK für konstante zugeführte Leistung, *b)* Klemmenspannung $U = E - I_a \cdot R_a$, *1* bis *5* äußere Kennlinien eines fremderregten Generators.

Fahrt auf einer Spannungsstufe die Kurve *b* überschritten wird, muß auf die nächstniedrige zurückgeschaltet werden, weshalb der Führer ein Kilowattmeßgerät beobachten muß, um eine Überlastung des Verbrennungsmotors hintanzuhalten. Der Leistungswächter von BBC besorgt diese Umschaltung selbsttätig.

Ein anderes von *Westinghouse* ausgearbeitetes System sucht durch eine Kombination von verschiedenen Wicklungen[3] eine weitgehende Anpassung der äußeren Kennlinie des Generators an die Leistungshyperbel zu erzielen, einen ähnlichen Vorschlag machen die *Siemens-Schuckert-Werke*,[4]

---

[1] BBC-Nachrichten, H. 2 von 1933.

[2] A. E. Müller: Betrachtungen über den diesel-elektrischen Bahnbetrieb. E. B., Novemberheft 1934. (Das in der Abhandlung enthaltene Bild 15b der Gebussteuerung ist nach Mitteilung Müllers verzerrt, tatsächlich tritt derselbe Kurvenverlauf auf wie bei Bild 16b der Lempsteuerung.)

[3] Freemann: Control Systems for Oil and Gasoline Electric Locomotives and Cars. AJEE-Journal 1930, S. 983.

[4] Max: Regelverfahren diesel-elektrischer Fahrzeuge. Siemens-Zeitschr., Maiheft 1934.

nach welchem das Generatorfeld durch eine veränderliche Spannung erregt wird, die sich aus einer konstanten von einem Speicher gelieferten Spannung und einer dieser entgegengerichteten, vom Generatorstrom abhängigen veränderlichen Spannung zusammensetzt. Bei geringem Strom ist hauptsächlich die von der konstanten Spannungsquelle herrührende Erregung wirksam, bei höherem Strom wird die Gegenverbundwicklung wirksam, das Ergebnis ist eine hyperbelähnliche äußere Kennlinie. Ein Schaltbild dieses SSW-Vorschlages zeigt Abb. 68. Zu diesen Steuerungen gehört auch die „*Vollastschaltung*" der *A. E. G.*,[1] die aus der Lempsteuerung entwickelt ist. Die AEG-Vollastschaltung arbeitet mit zwei Feldern auf den Polen des Hauptgenerators, von denen eines an der Batterie liegt, und besitzt eine Spaltpol-Erregermaschine mit einem Nebenschlußfeld und einer vom Hauptstrom durchflossenen Gegenverbundwicklung. Durch das Zusammenpassen der verschiedenen Erregungen, mit ihren feldverstärkenden und schwächenden Wirkungen ist die gewünschte hyperbelähnliche Form der Stromspannungskurve zu erreichen.

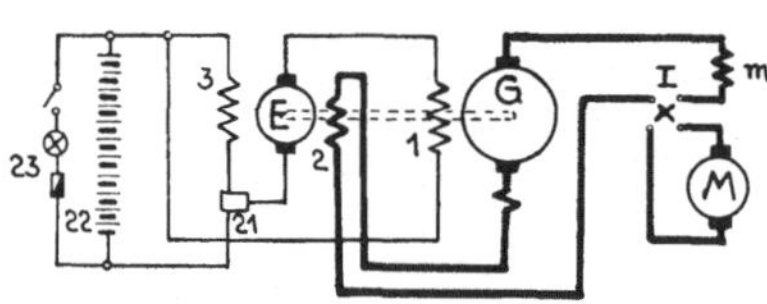

Abb. 68. Grundsätzliches Schaltbild der SSW-Steuerung mit hyperbelähnlicher Generatorkennlinie.

G Hauptgenerator, *1* Fremderregungswicklung, *E* Erregermaschine, *2* Hauptstromwicklung mit Gegenerregung, *3* Fremderregungswicklung mit konstanter Spannung, *21* Laderelais, *22* Batterie, *23* Beleuchtungskreis, *I* Fahrtwendeschalter, *M, m* Fahrmotor.

Allen Schaltungen dieser Gruppe ist aber gemeinsam, daß sich wohl eine bestimmte *hyperbelähnliche äußere Kennlinie* des Generators bei einer bestimmten Drehzahl einstellen läßt, die aber eine unveränderliche Leistung des Verbrennungsmotors bei der gewählten Drehzahl zur Voraussetzung hat. Nun ist aber diese Leistung keine unveränderliche Größe, sie schwankt nicht unwesentlich und hängt sowohl vom Zustand der Brennstoffzufuhrorgane, wie Pumpe und Düse, als auch der Ventile und Kolbenringe, des Brennstoffilters und schließlich vom Luftgewicht ab, das durch die Seehöhe und die Erwärmung beeinflußt wird. Wenn man bei diesen Steuerungen eine Überlastung des Verbrennungsmotors vermeiden will, ist es für den praktischen Betrieb wohl notwendig, die hyperbelähnliche Kennlinie um einige Hundertteile unter die Normalleistung zu legen, um den unvermeidlichen Leistungsschwankungen Rechnung zu tragen. Dadurch vermindern sich die Vorteile dieser Steuerungen gegenüber den mit kleinen Drehzahlschwankungen arbeitenden Stromerzeugern oder vom Dieselmotorregler abgeleiteten Systemen wesentlich, sie haben auch bisher noch keine große Verbreitung finden können.

---

[1] **Hasse**: Die diesel-elektrischen Schnelltriebwagen der Deutschen Reichsbahn und ihre Steuerungen. E. T. Z. 1935, H. 50.

Einen anderen Weg haben *Westinghouse* mit dem „*Torque-System*" und *BBC* mit der *Öldruckfeldreglersteuerung*[1] beschritten, die beide eine Feldregelung benutzen, die vom Dieselmotorregler aus gesteuert wird. Die vom Regler, einem unter veränderlicher Federspannung arbeitenden Fliehkraftregler, gehaltene Drehzahl sinkt ab, wenn sich das durch den Generator aufgedrückte Drehmoment erhöht, und steigt umgekehrt, wenn der Verbrennungsmotor entlastet wird. Man braucht nur dafür zu sorgen, daß die Erregung des Stromerzeugers bei jeder Abweichung des auf die Brennstoffpumpe wirkenden Brennstoffregelgestänges vermindert oder vergrößert wird, bis das vom Verbrennungsmotor abgebbare Dreh-

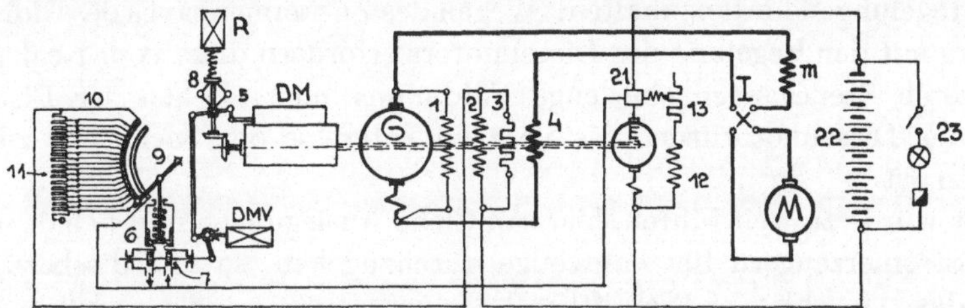

Abb. 69. Grundsätzliches Schaltbild der Öldruckfeldreglersteuerung von BBC.

DM Dieselmotor, *R* Drehzahlverstelleinrichtung, *DMV* Drehmomentverstelleinrichtung, *G* Generator, *1* Nebenschlußwicklung, *2* Fremderregungswicklung, *3* Justierwiderstand zu *2*, *4* Gegenverbund und Startwicklung, *5* Brennstoffregelgestänge, *6* Ölsteuerkolben, *7* Steuerschieber, *8* Fliehkraftregler des Motors, *9* Bürstenarm, *10* Feldregler für Fremderregungswicklung *2*, *11* Regelwiderstände zu *10*, *E* Erregermaschine, *12* Nebenschlußwicklung, *13* Justierwiderstand zu *12*, *21* Laderelais, *22* Batterie, *23* Beleuchtungskreis, *I* Fahrtwendeschalter, *M, m* Bahnmotor.

moment mit dem verringerten oder erhöhten Bedarf des Generators übereinstimmt, und das Gleichgewicht zwischen beiden Maschinen ist wieder hergestellt.

Bei der Öldruckfeldregelsteuerung von BBC, die ebenso wie das Westinghouse „Torque-System" auf gelegentliche Leistungsschwankungen des Dieselmotors Rücksicht nimmt, wird nach dem Schaltbild Abb. 69 vom Brennstoffregelgestänge aus ein Ölsteuerkolben *6* betätigt, der durch einen Schieber *7* gesteuert wird, der in der Abschlußstellung sowohl Öleintritt als auch Ölaustritt verhindert. Der Ölsteuerkolben dreht bei seiner Bewegung über eine steilgängige Schraube den Bürstenarm *9* des Feldreglers *10*, der die Kontakte des Regelwiderstandes *11* der Fremderregung bestreicht. Kurzgefaßt ist nun der Vorgang der, daß bei jeder Lageveränderung des Brennstoffregelgestänges aus der Normalstellung, sei es durch Entlastung oder zu große Belastung des Dieselmotors, über den Ölsteuerkolben so lange die Widerstände nachgeschaltet werden, bis, wie schon oben erläutert, Dieselmotor und Generator wieder im Gleichgewicht sind. Die Steuerung ist für Teildrehmomente in gleicher Weise

---

[1] Konrad: Der Öldruckfeldregler, ein neues Steuergerät für dieselelektrische Fahrzeuge. BBC-Nachrichten, H. April/Juni 1936.

verwendbar, wenn man dazu die Abschlußstellung des Steuerschiebers jeweils der veränderten Stellung des Brennstoffregelgestänges zuordnet, wobei auch gleichzeitige Drehzahländerungen berücksichtigt werden können. Wichtig ist die richtige Wahl der Widerstandsabstufung und der Schaltgeschwindigkeit des Bürstenarmes, um ein Pendeln des Öldruckfeldreglers zu vermeiden, außerdem noch eine ausgezeichnete konstruktive und werkstattechnische Durchbildung des Gerätes, da die sehr kleinen Bewegungen des Brennstoffregelgestänges für die gesamte Leistungsregelung ausschlaggebend sind. Die Anpassung der Widerstände muß schon bei Beginn jeder Abweichung des Gestänges einsetzen, um zu grobe Nachregelungen hintanzuhalten. Wegen des Zusammenbaues des Öldruckreglers mit der Regelung des Dieselmotors erfordern diese vom Regler abgeleiteten Steuerungen eine enge Fühlungnahme zwischen der Elektro- und der Dieselmotorfirma, die aber im Interesse der Sache nur zu begrüßen ist.

Es würde zu weit führen, hier sämtliche Auslegungen und Schaltungen von Stromerzeugern für Fahrzeuge durchzugehen, so daß diesbezüglich auf das einschlägige Schrifttum[1-12] verwiesen werden muß. Allen Vorschlägen und Ausführungen ist die Anpassung der äußeren Kennlinien

---

[1] Süberkrüb: Die Steuerung diesel-elektrischer Lokomotiven. Z. V. D. I., H. vòm 28. IV. 1928.

[2] Glauser: Die diesel-elektrischen Triebwagen der Appenzellerbahn. Bulletin Oerlikon 1929, H. 99.

[3] Gelber: Evolution et Dévelopment de la Traction Thermoélectrique en Europe. Congrès International d'Electricite, 5e Section, Rapport N⁰ 14, Paris 1932.

[4] Norden: Elektrische Energieübertragung für Triebwagen mit Verbrennungsmotoren. E. B., Novemberheft 1932.

[5] Gelber: Elektrische Kraftübertragung für Verbrennungsmotorfahrzeuge. E. B., Märzheft 1933.

[6] Samuel: Les principaux Systèmes des Controle des Locomotives Pétroléo-électriques. Bulletin de la Societé Française des Electriciens, H. vom 31. VII. 1933.

[7] Wallner: Die elektrische Einrichtung der neueren diesel-elektrischen Triebwagen der Österreichischen Bundesbahnen. E. u. M. 1935, H. 1 u. 2.

[8] Strubel: Diesel-elektrische Kleinlokomotiven für den Verschiebedienst auf Unterwegsbahnhöfen der Deutschen Reichsbahn-Gesellschaft. AEG-Mitteilungen 1935, H. 4.

[9] Keuleyan: Vehicules à Transmission Electrique. Ch. Fer & T., Märzheft 1936.

[10] La Transmission Electrique Alsthom de l'Automotrice Berliet. Traction Nouvelle 1936, H. 2.

[11] Parodi: Reflexions sur les Transmission Electriques. Traction Nouvelle 1936, H. 3.

[12] Müller: Gleichstromgeneratoren für diesel-elektrische Fahrzeuge. BBC-Mitteilungen 1936, H. 11.

des Generators an die vom Dieselmotor zur Verfügung gestellte hyperbelähnliche Leistungskurve gemeinsam, weshalb die bisherigen Erörterungen
für die Beurteilung der Eigenschaften und für die Arbeit mit den verschiedenen Kurvenscharen ausreichen.

Zusammenfassend ist zu sagen, daß die verschiedenen Systeme im
praktischen Betrieb bei gleicher Auslegung bezüglich Höchstgeschwindigkeit und Anfahrzugkraft nur wenig voneinander abweichen, so daß die
große Zahl der Steuerungen mehr auf eine Art Monroe-Doktrin der
Elektrofirmen — „Jedem Werk seine eigene Steuerung" — zurückzu-
führen ist als auf ein wirkliches Bedürfnis, was aus Gründen der Werbung
zu verstehen ist.

Für den Eisenbahnbetrieb ist die Einfachheit und Übersicht-
lichkeit der wichtigste Grundsatz, weshalb dagegen theoretische Er-
wägungen über die scheinbar beste Ausnutzung der vorhandenen, ohnedies nicht eindeutig feststehenden Leistung des Verbrennungsmotors
zurücktreten sollten. Ein Motorfahrzeug ist dann für den Betrieb wertvoll,
wenn es innerhalb der Frist zwischen den vorgesehenen Ausbesserungen
ohne Störung in Dienst steht. Die Störungsfreiheit ist um so leichter zu
erreichen, je einfacher die Ausrüstung und die Anordnung ist. Wenn eine
auf dem Papier noch so vorzügliche Konstruktion wegen der vielfältigen
Einrichtungen im Betrieb zu unvorhergesehenen Stillständen oder zu
Untauglichkeitsfällen auf der Strecke führt, so ist sie selbstverständlich
weniger wertvoll als eine betriebsichere einfache Ausrüstung, auch wenn
diese vielleicht theoretisch in einem Teilbereich eine etwas niedrigere Ausnutzung bietet. Diese Auffassung des Betriebes ist für die Planung
und den Bau von Motorfahrzeugen ganz allgemein gültig, möge sie
immer beachtet werden.

E. Das Zusammenarbeiten von Generator und Fahrmotoren.

Nachdem wir die kennzeichnenden Eigenschaften der Fahrmotoren
und Fahrzeuggeneratoren kennengelernt haben, können wir uns mit dem
Zusammenarbeiten beider elektrischen Maschinen befassen. Als Beispiel
wird eine Fahrzeugsteuerung mit einer kleinen Drehzahlsenkung herangezogen. Diese Steuerung hat einerseits in verschiedenen Ausführungs-
arten die größte Verbreitung gefunden, anderseits bietet ihre Behandlung
auch die beste Möglichkeit, die Zusammenhänge klarzustellen, die auch
für alle anderen Regelverfahren maßgebend sind.

Das Ziel der Bearbeitung der Kennlinien von Bahnmotor und Generator ist die Zugkraft-Geschwindigkeitskurve, die wir auch bei den
Stufen- und Flüssigkeitsgetrieben als Grundlage für die Zugförderungsaufgaben errechneten.

a) Kennlinien eines Generators unter Berücksichtigung der Antriebleistung eines Verbrennungsmotors.

Zuerst wollen wir feststellen, welche Spannungsstromkurven für Voll- und Teillasten bei einem Generator mit einer kleinen Drehzahlsenkung wie bei der RZM-, Gebus- oder Lempsteuerung zur Verfügung stehen.

1. Vollastkennlinien.

Die Abb. 70 zeigt die äußeren Kennlinien eines für eine solche Steuerung ausgelegten Generators für Drehzahlen von 1350, 1310 und 1270 U/Min

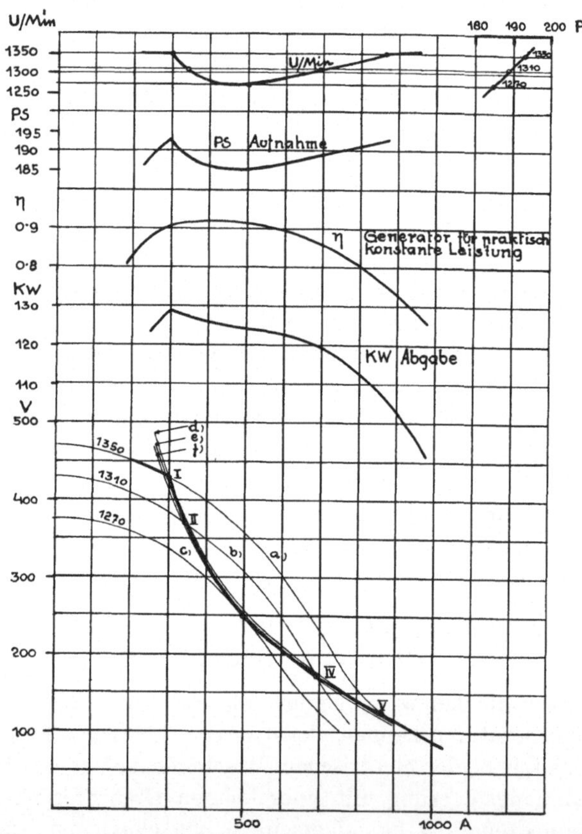

Abb. 70. Kennlinien eines mit Drehzahlsenkung arbeitenden Generators.

(Kurven a bis c), die bei den geringen Drehzahlunterschieden schon ziemlich weit auseinanderliegen.[1] Nach der Hilfstafel rechts oben entspricht jede dieser Drehzahlen einer bestimmten Leistung des Dieselmotors,

---

[1] Stix: Die elektrische Kraftübertragung bei den neueren diesel-elektrischen Triebfahrzeugen der Österreichischen Bundesbahnen. E. u. M. 1937, H. 44.

die im Hauptbild unter Berücksichtigung der eingetragenen Wirkungsgradkurve η bei verschiedenen Stromstärken als hyperbelähnliche Kurven
d bis f eingezeichnet sind. Wenn man die äußere Kennlinie für 1350 U/Min
von links verfolgt, so kommt man zum Schnittpunkt I mit der Leistungshyperbel für 1350 U/Min, welcher Punkt meist in der Nähe der höchsten
Betriebsgeschwindigkeit liegt. Für 1310 U/Min ergibt sich der Schnittpunkt II und für 1270 U/Min der Berührungspunkt III. In den Drehzahlen
wieder aufwärtsgehend, kommen
wir zu den Schnittpunkten IV
und V und damit wieder zur
äußeren Kennlinie für 1350 U/Min,
die in diesem Bereich für die Anfahrt maßgebend ist. Alle diese
Schnittpunkte bedeuten ein Gleichgewicht zwischen der Leistung
des Dieselmotors und des Generators und ergeben mit der stark
ausgezogenen Verbindung die sich
selbsttätig einstellende Spannungsstromkurve des Generators. Zu
dieser Spannungskurve gehört die
oberhalb eingezeichnete Drehzahlkurve U/Min, welche die Drehzahlsenkung oder den Arbeitsbereich
darstellt, darunter liegt die Kurve
der für die Zugförderung zur Verfügung stehenden PS aus der

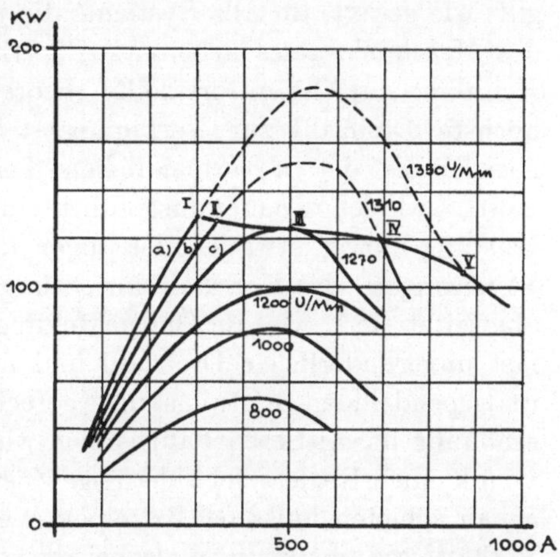

Abb. 71. Leistungskurven eines Stromerzeugers
für verschiedene Drehzahlen über dem Strom.

Für 1270 bis 1350 U/Min .... Re = 100%
„ 1200 U/Min .... Re = 95%
„ 1000 U/Min .... Re = 80%
„ 800 U/Min .... Re = 70%

Hilfstafel rechts oben. Die Umrechnung dieser PS mit den Wirkungsgraden η gibt die Kurve der vom Generator abgegebenen kW, die ebenfalls in Abb. 70 eingetragen ist. Zwischen den Punkten I und V wird
die Leistung des Dieselmotors ohne zusätzliche Regelung praktisch konstant ausgenutzt, für welchen Bereich bei elektrischen Kraftübertragungen
ganz allgemein gilt, daß dieser Bereich für die Generatorgröße von ausschlaggebender Bedeutung ist. Der Generator muß um so größer werden,
je höher die Maximalgeschwindigkeit liegt und je größer die verlangte
Anfahrzugkraft ist. Durch Fahrmotoren mit steiler Drehzahlkennlinie
wird eine Vergrößerung dieses Bereiches erleichtert, worauf schon hingewiesen wurde.

Um das Wesen eines Generators, der mit einem kleinen Drehzahlabfall
arbeitet, vollkommen klar zu machen, wird noch die Abb. 71 gebracht,
welche die Leistungen in kW über den Stromstärken für verschiedene
Drehzahlen zeigt. Die Produkte von Strom und Spannung der Abb. 70
ergeben die Kurven a bis c der Abb. 71. Die annähernd waagerechte, bei

steigenden Strömen leicht absinkende Kurve zeigt den Verlauf der mit Rücksicht auf den Dieselmotor abgebbaren Leistung. Die Punkte I bis V entsprechen den ebenso bezeichneten Punkten der Abb. 70. Die kW-Kurve des Generators für 1350 und 1310 U/Min überschreiten die Motorleistung, bei 1270 U/Min ergibt sich im Berührungspunkt III ein Gleichgewicht, womit die Grenze der Drehzahlsenkung oder Drückung bestimmt ist.

Die aus Abb. 70 ersichtliche Ermittlung der Spannungsstromkurve gilt, wie gesagt, für alle Systeme, die mit einem gewissen Drehzahlabfall des Maschinensatzes arbeiten. Für Steuerungen mit hyperbelähnlicher Kennlinie des Generators sollte theoretisch die Leistungskurve d für die höchste Drehzahl zur Verfügung stehen, praktisch wird aber zwecks Ausgleiches der unvermeidlichen Leistungsschwankungen des Dieselmotors, wie schon näher ausgeführt, eine um einige Hundertteile niedrigere Leistungskurve, etwa e oder sogar f, eingestellt werden müssen. Für Steuerungen, deren Schalteinrichtungen vom Regler des Dieselmotors abgeleitet sind, wie die Öldruckfeldreglersteuerung von BBC, kann mit fast unveränderlicher Drehzahl und mit einer zackenförmig zwischen d und e pendelnden Leistungskurve gerechnet werden. Die geringe Leistungserhöhung im mittleren Fahrbereich wird aber durch recht vielfältige und vom kleinen Reglerspiel abhängige Zusatzapparate gewonnen, die peinlich genau arbeiten müssen. Bei einem Versagen dieser Regelungen sind die Verhältnisse ungünstiger als bei den anderen Steuerungen.

2. Teillastkennlinien.

Solange nur Fahrzeuge geringer Leistung gebaut wurden, war es ausreichend, sich nur mit den Kennlinien für die Vollast zu befassen, da die Wagen in der Ebene und auf Steigungen ohnedies fast immer mit Vollleistung fahren mußten. Die neuzeitlichen Fahrzeuge mit hohen Motorleistungen sind dagegen häufig so ausgelegt, daß für den Regelbetrieb nicht die ganze eingebaute Leistung benötigt wird, wodurch neben einer gewissen Reserve auch günstige Verhältnisse für die Erhaltung und Wartung des Verbrennungsmotors gesichert sind. Damit erhält aber die Frage der Teilbelastungen eine Bedeutung, auf die wir auch schon bei den anderen Übertragungen hinwiesen.

Diese Verhältnisse sind am besten auf einem Schaubild nach Abb. 72 zu überblicken, auf dem die Leistungen in kW über den Drehzahlen aufgetragen sind. Die schräge Gerade a gibt die bei 100% Füllung zur Verfügung stehende Leistung des Dieselmotors an, die Kurve b die Leistung des Generators bei unveränderter Größe des Vorschaltwiderstandes $R_e = 100\%$. Wie aus den Generatorkennlinien erklärlich, sinkt die Kurve b mit abnehmender Drehzahl rasch ab. Bei Vollast arbeitet der Generator auf dem stark ausgezogenen Haken, der Eckpunkt entspricht dabei den Grenzen der praktisch konstanten Leistung in der Nähe der

Höchstgeschwindigkeit und im Anfahrbereich, die steil abfallende Gerade von 1350 bis etwa 1420 U/Min dem Fahren mit nicht voller Leistungsausnutzung, der Dieselmotorregler spricht an und begrenzt die höchste Leerlaufdrehzahl. Durch Verkleinerung des Vorschaltwiderstandes wird die Leistungsaufnahme des Generators vergrößert, daher gilt für $R_e = 95\%$ die Kurve c, für $R_e = 80\%$ und für $R_e = 70\%$ die Kurven d und e. Die Vorteile der Änderung des Vorschaltwiderstandes sind aus Abb. 72 deutlich zu erkennen. Um z. B. die Leistung von 55 kW ausnutzen zu können, müßte bei $R_e = 100\%$ mit etwa 1170 U/Min gefahren werden, mit $R_e = 70\%$ genügen aber etwa 800 U/Min. In Abb. 71 sind

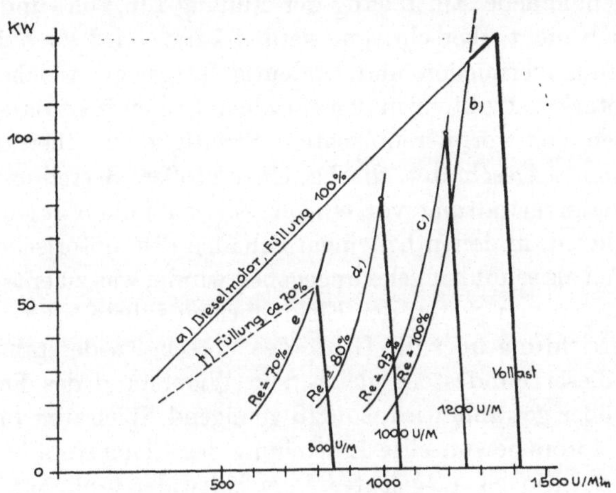

Abb. 72. Leistungen von Dieselmotor und Stromerzeuger über der Drehzahl.

ebenfalls die kW-Kurven für Teillasten mit verkleinertem Regelwiderstand eingetragen, aus denen sich ebenfalls deutlich die Hebung der Leistung ergibt. Die Kurve für 1200 U/Min würde bei einem Widerstand von $R_e = 100\%$ entsprechend dem Widerstand der Vollaststufe noch etwas unter der eingezeichneten Kurve für 1000 U/Min liegen, d. h. daß man bei der Widerstandsnachstellung für Teillasten auf jenen Strecken mit etwa 1000 U/Min fahren kann, auf welchen man bei unverändertem Erregerkreiswiderstand die Stufe 1200 U/Min heranziehen müßte.

Die Erklärung für dieses Verhalten gibt die Abb. 62, nach welcher die äußere Kennlinie durch die Widerstandsgerade g bestimmt ist. Bei Änderung des Gesamtwiderstandes durch Umschaltung des Vorschaltwiderstandes ergibt sich eine neue Lage der Widerstandsgeraden und damit eine veränderte äußere Kennlinie.

Besitzt der Dieselmotor für Teillasten keine Begrenzung der Füllung auf kleinere Werte, so läuft er nach der Erläuterung der Drehzahlregelung auf den wieder stark ausgezogenen Geraden der Abb. 72 entsprechend der

Charakteristik des Fliehkraftreglers. Wenn aber mit der Drehzahl auch die Füllung vermindert, also mit einer kombinierten Drehzahl- und Füllungsregelung gefahren wird, ergeben sich auch für die Teillasten ähnliche Haken wie für die Vollast, wie dies für die Stufe 800 U/Min mit der Geraden f für ca. 70 % Füllung angedeutet ist.

Die gleichzeitige Verstellung von Füllung und Generatorwiderstand zusammen mit der Drehzahleinstellung[1,2] gibt eine sehr wirtschaftliche Regelung für Teillasten, da diese bei richtiger Auslegung das Arbeiten auf der Einhüllenden der spezifischen Brennstoffverbrauchskurven für die verschiedenen Drehzahlen ermöglicht. Durch die vom Lieferer des Dieselmotors vorgenommene Einstellung der Füllung für Voll- und Teillasten, die im Betrieb nicht überschritten werden kann, wird auch jede Gefahr der Überlastung vermieden und eindeutig festgelegt, welche Belastung der Dieselmotorkonstrukteur in den einzelnen Stufen für zulässig erachtet. Damit werden von vornherein spätere Streitigkeiten über die Ursache von Störungen ausgeschaltet, die bei einer großen Bestellung einer ausländischen Bahnverwaltung vor einiger Zeit zu unliebsamen Veröffentlichungen führten, in denen bei einem Schaden des motorischen Teils der elektrische Teil als schuldtragend angegeben wurde, was zu entsprechenden Richtigstellungen von Seiten der Elektrofirmen führte.

Zur Unterrichtung über die Größe des Vorschaltwiderstandes sei mitgeteilt, daß dieser mindestens gleich dem Widerstand des Feldes, meist aber noch größer gewählt wird, so daß genügend Spielraum für eine vom Lieferer des Motors gewünschte Einstellung des Generators bei Teillasten vorhanden ist. Ein so ausgelegter Vorschaltwiderstand hat auch noch den Vorteil, daß er die Abhängigkeit der äußeren Kennlinien von der Erwärmung der Maschine auf ein geringfügiges Maß zurückführt, weil sich die Erwärmung nur auf die Hälfte oder ein Drittel des Gesamtwiderstandes des Erregerkreises auswirkt. Der restliche Einfluß der Erwärmung, die nach dem Schlußabsatz des allgemeinen Teils über elektrische Maschinen eine Widerstandserhöhung und damit eine Tieferlegung der äußeren Kennlinien des Generators, also eine Entlastung des Dieselmotors, verursachen kann, ist auch bei selbsterregten Stromerzeugern nur mehr wenig fühlbar, er kann übrigens noch durch einen Eisenwiderstand weitgehend ausgeglichen werden.[3]

b) Zusammenhang von Generator- und Fahrmotorkennlinien.

Wir kommen auf die Aufgabe zurück, das Zusammenarbeiten von Generatoren und Bahnmotoren zu untersuchen. Dafür wollen wir der

---

[1] S. auch Österreichisches Patent Nr. 134096 und Schweizerisches Patent Nr. 171216.

[2] E. Meyer: Automatische Leistungssteuerungen für diesel-elektrische Fahrzeuge. Schweiz. Bztg., H. vom 21. IX. 1935.

[3] S. Note 15 auf S. 15.

Einfachheit halber annehmen, daß an den Generator nur ein Bahnmotor angeschaltet ist, daß also die vom Generator an den Klemmen abgegebene Stromstärke gleich der vom Bahnmotor aufgenommenen ist. Bei zwei oder mehreren Bahnmotoren entspricht der Generatorstrom bei Nebeneinander- oder Parallelschaltung dem zwei- oder mehrfachen Strom eines Bahnmotors.

Außer den Kennlinien des Bahnmotors nach Abb. 57 liegen uns Angaben über den Raddurchmesser und die Zahnradübersetzung zwischen Motoranker und Triebachse vor. Hinsichtlich des Raddurchmessers ist zuerst zu entscheiden, ob er mit neuen, halb oder ganz abgenützten Radreifen eingesetzt werden soll. Da die zulässige Abnützung eines Radreifens auch bei Motorfahrzeugen bis 30 mm im Halbmesser beträgt, ändert sich der Durchmesser bei den Regelwerten der Radreifen von 870 bis 1000 mm zwischen neuem und ganz abgenütztem Zustand um 7 bis 6%, also um einen nicht unerheblichen Anteil. Bei knapp ausgelegten Fahrmotoren empfiehlt es sich daher, für die Überprüfung der Anfahrzugkraft neue Radreifen, für die Höchstgeschwindigkeit dagegen ganz abgenützte Radreifen einzusetzen, da die Zugkraft bei gleichem Drehmoment nach Formel (2/VI) mit steigendem Raddurchmesser sinkt, während die Drehzahl bei gleicher Höchstgeschwindigkeit um so größer sein muß, je kleiner der Raddurchmesser ist. Der zweite Zusammenhang ist wegen der sogenannten Schleuderdrehzahl wichtig, das ist jene Drehzahl, mit welcher der Fahrmotoranker auf dem Prüfstand geschleudert werden muß, um für den Betrieb volle Sicherheit zu gewähren. Die Schleuderdrehzahl liegt nach den meisten Vorschriften um 25% über der höchsten Betriebsdrehzahl, die richtigerweise aus ganz abgenutzten Radreifen ermittelt wird.

Die Zugkraft-Geschwindigkeitskurven werden häufig für halb abgenützte Radreifen aufgestellt, sie tragen damit mittleren Verhältnissen Rechnung. Da aber die Kurven meist bei Probe- und Übergabsfahrten nachzuweisen sind, bei denen mit neuen Radreifen gefahren wird, neigt man jetzt mehr dazu, sie für neue Radreifen abzugeben, da ja eine Umrechnung auf andere Durchmesser keine Schwierigkeiten bietet, bei den Übergabsfahrten aber gerne erspart wird. Wir wollen daher in der Folge mit neuen Radreifen rechnen, uns aber der vorstehend angegebenen Zusammenhänge bewußt bleiben.

Für die Eintragung von Geschwindigkeitskurven in das Spannungs-Stromschaublatt zeichnen wir uns ausgehend von der Abb. 57 ein neues Kurvenblatt für den Bahnmotor, das nach Abb. 73 die Fahrgeschwindigkeiten über dem Strom für verschiedene Spannungen enthält. Wir verwenden die Gleichung (3/VI) und setzen den Raddurchmesser mit neuen Radreifen gleich 0,870 m und die Übersetzung i mit 3,53 ein. Die Geschwindigkeit V in km/h ist damit $0,1885 \cdot \dfrac{0,87}{3,53} \cdot n = 46,4$ km/h für 1000

Ankerumdrehungen je Minute. Es sind dieselben Drehzahlkurven wie auf Abb. 57, jedoch für einen anderen Ordinatenmaßstab.

Unter diesen Motorkennlinien zeichnen wir uns noch Abb. 74 mit dem gleichen Maßstab für die Stromstärken — bei mehreren Bahnmotoren je Generator müssen die Maßstäbe den Verhältnissen angepaßt werden —, die äußeren Kennlinien des Generators für Voll- und Teillasten auf, letztere z. B. für eine reine Drehzahlregelung. Nachdem wir im Schaublatt des Bahnmotors Abb. 73 die Schnittpunkte der V-Kurven mit einer Waagerechten, z. B. mit jener für 40 km/h festgestellt haben, loten wir sie auf die Waagerechten des Generatordiagramms, und zwar immer auf die zur betreffenden Drehzahlkurve gehörigen Spannungswaagerechten hinab und erhalten so für 40 km/h zwei Punkte, deren Verbindung alle jene Spannungsstrompaare enthält, mit denen die Geschwindigkeit von 40 km/h eingehalten werden kann. Der Schnittpunkt dieser Kurve mit der äußeren Kennlinie für die Vollast zeigt jene höchste Stromstärke an, die umgerechnet über das Drehmoment des Bahnmotors für die Zugkraft bei 40 km/h und Vollast maßgebend ist. Wenn wir den geschilderten Vorgang für alle Geschwindigkeiten durchführen, ergeben sich im Generatorschaublatt eine Reihe von gegen die Nähe des Nullpunktes zusammenlaufenden Kurven, für die die Bezeichnung „Federbusch" nicht übel paßt, die sich im engen Kreis als Abkürzung für die richtige, aber langatmige Benennung „Spannungskurven für verschiedene Geschwindigkeiten über dem Generatorstrom" eingebürgert hat.

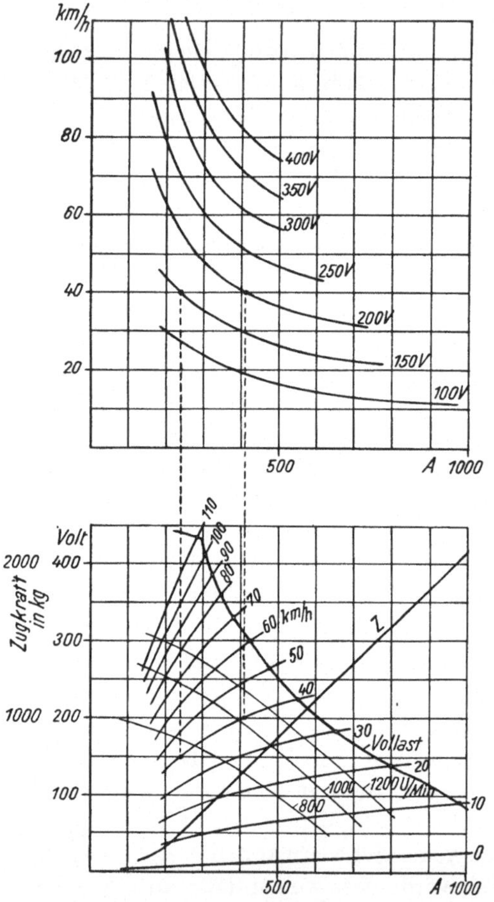

Abb. 73 und 74. Zusammenhang zwischen Fahrmotor- und Generatorkennlinien.

Die Ermittlung eines „Federbusches" wird dadurch erleichtert, daß die senkrechten Abstände der Geschwindigkeitskurven über einer bestimmten Stromstärke einander gleich sind und aus den Grundformeln der Gleichstrommaschinen errechnet werden können. Sind z. B. die einzelnen Größen der Formel (1/IX) bekannt, so sind mit (1/IX) und (14/IX) die Zusammenhänge zwischen E, Φ, I, R und n gegeben. Unter Heranziehung der Formeln (4/IX) und (3/VI) kann man auch den Spannungsunterschied für 10 km/h ohne Berechnung von Φ aus

$$E_{10} = k \cdot \Phi \cdot n_{10} = \frac{E}{n} \cdot n_{10} = \frac{U + I \cdot R + 2{,}5}{n} \cdot \frac{10 \cdot i}{D \cdot 0{,}1885} \text{ Volt} \quad (16/\text{IX})$$

ermitteln. Für unser Beispiel entnehmen wir aus Abb. 57 für $I = 500$ A und $U = 400$ V die Drehzahl $n = 1615$ U/Min und errechnen mit $R = 0{,}025$ Ohm

$$\text{für 500 A} \quad E_{10} = \frac{400 + 500 \cdot 0{,}025 + 2{,}5}{1615} \cdot \frac{10 \cdot 3.53}{0{,}87 \cdot 0{,}1884} \doteq 56 \text{ Volt.}$$

Wir benötigen noch die Gerade für 0 km/h, die dem Ohmschen Widerstand des Fahrmotors entspricht und durch die Verbindung eines entsprechend dem Bürstenspannungsabfall von etwa 2,5 Volt über Null liegenden Punktes und z. B. mit 20 Volt = 800 . 0,025 auf der Senkrechten für 800 A erhalten wird. Über dieser Widerstandsgeraden tragen wir den Wert für E_{10} auf der Senkrechten für 500 A wiederholt auf und erhalten so Punkte der Geschwindigkeitskurven für 10, 20, 30 usf. km/h.

Der „Federbusch" gibt ein gutes Bild über die Zusammenhänge zwischen den Fahrmotorkennlinien und den Generatorkurven. Der Kurvenverlauf zeigt, daß für die Einhaltung einer bestimmten Geschwindigkeit um so kleinere Spannungen erforderlich sind, je kleiner die Fahrwiderstände und damit die Stromstärken sind. Die kleineren Spannungen können aber schon mit niedrigeren Generatordrehzahlen erreicht werden, wodurch die schon erwähnte Bedeutung der Auslegung der Teillasten bestätigt wird.

Man erkennt daraus auch die Ursache für das Aufgeben der alten Ward-Leonard-Steuerung, sobald regelfähige Dieselmotoren zur Verfügung standen, da bei diesem System auch bei Unterbelastung die Drehzahl des Maschinensatzes unverändert blieb und die Spannungsregelung nur durch Widerstandsschaltungen erfolgte. Abgesehen von dem größeren Brennstoffverbrauch, der nach dem Verlauf der spezifischen Brennstoffverbrauchskurven wegen der Unterbelastungen selbstverständlich ist, sind die Abnützungen und damit die Wartungs- und Instandhaltungskosten für einen Dieselmotor, der ständig mit seiner höchsten Drehzahl laufen muß, größer als für einen Motor, dessen Leistungsausnutzung mit dem Leistungsbedarf des Fahrzeuges in Einklang steht.

Eine wirtschaftliche elektrische Kraftübertragung erfüllt daher die im

Schrifttum[1] zu findenden Forderungen an ein „vollkommenes" Getriebe recht gut, weshalb die ausgedehnte Verwendung dieser Übertragungsart trotz der größeren Gewichte verständlich ist.

c) Ermittlung der Zugkraft-Geschwindigkeitskurve aus den Schaublättern.

Wenn wir in das Schaubild der Abb. 74 über den Stromstärken noch die Zugkraft eintragen wollen, so nehmen wir aus den Bahnmotorkennlinien der Abb. 57 die Drehmomente und rechnen uns daraus nach Formel (2/VI) für den Raddurchmesser 0,870 m, die Übersetzung $1 : i = 1 : 3,53$ und mit einem Zahnradwirkungsgrad von 0,97 die Zugkräfte, und zwar

$$Z = \frac{2 \cdot 3,53 \cdot 0,97}{0,87} \cdot M = 7,87 \cdot M \text{ kg,}$$

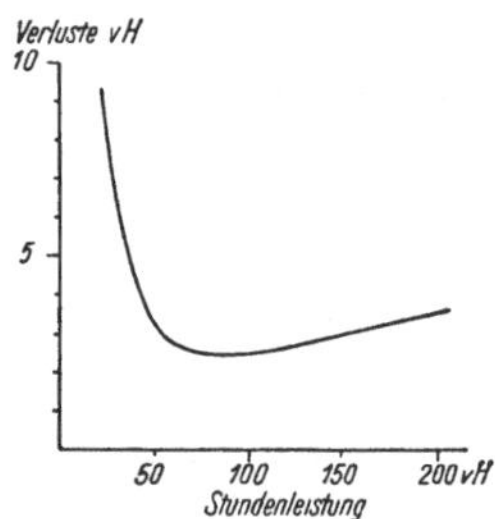

Abb. 75. Verluste eines älteren einfachen Zahnradvorgeleges und der Tatzengleitlager eines Fahrmotors (nach Zeulmann).

die wir über denselben Stromstärken, für die wir die Drehmomente bestimmt haben, im Generatorschaubild eintragen und erhalten so die Zugkraftkurve Z der Abb. 74. Der Wirkungsgrad des Zahnradvorgeleges wird vereinfacht unverändert mit 0,97 eingesetzt, obwohl er in Abhängigkeit von den zu übertragenden Leistungen kleinen Abänderungen unterworfen ist. Die Abb. 75 zeigt nach Zeulmann[2] die Verluste eines einfachen Vorgeleges und der Tatzengleitlager eines Regelfahrmotors, sie liegen in einem Großteil des Bereiches unter 3%, so daß die Annahme von $\eta_{\text{Getr.}} = {} = 0,97$ eher ungünstig ist. Die Geschwindigkeiten und Zugkräfte der Abb. 74 über einer Stromstärke gehören zusammen und ergeben die Möglichkeit, die Zugkraft-Geschwindigkeitskurven der Abb. 76 aufzutragen, wobei die aus dem „Federbusch" ermittelten Vollastpunkte mit schiefen Kreuzen bezeichnet sind. Wir können noch die von der Erwärmung der Maschinen abhängigen Begrenzungen für Stunden-, Dauer- und 15-Minuten-Zugkraft eintragen und strichlieren die Kurve über der letztgenannten Höchstzugkraft für den Betrieb, um sofort darauf aufmerksam zu machen, daß der Bereich bis zur Anfahrzugkraft nur kurzzeitig in Anspruch genommen werden darf.

Das gezeigte bildliche Verfahren gibt einen ausgezeichneten Überblick über die gegenseitigen Abhängigkeiten zwischen den Kennlinien des

---

[1] Kamm und Berndorfer: Geschwindigkeit und Brennstoffverbrauch der Personenkraftwagen. Heutiger Stand und Entwicklungsmöglichkeiten. Z. V. D. I. 1936, H. 28.

[2] Zeulmann: Regeln für die Bewertung und Prüfung von elektrischen Bahnmotoren. S. 296.

Stromerzeugers und der Fahrmotoren, es ist für die Überwachung von
Prüffahrten zweckmäßig, besonders wenn eine größere Anzahl gleicher
Triebfahrzeuge in Dienst gestellt werden soll.

Wenn jedoch die Z-V-Kurve möglichst genau ermittelt werden soll,
so ist der nachfolgend geschilderte rechnerische Weg zu empfehlen, da die

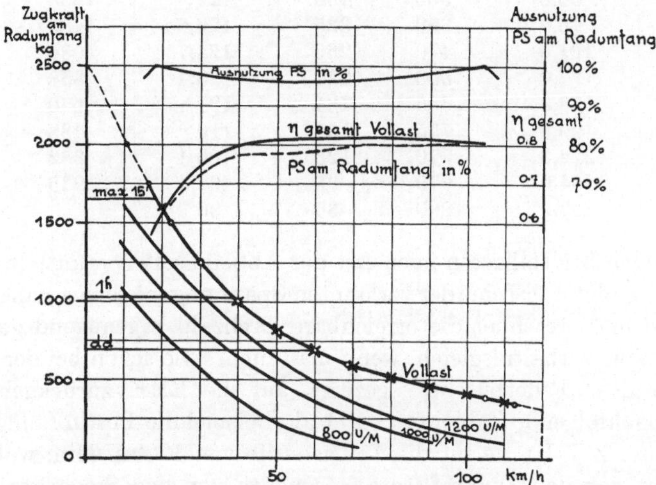

Abb. 76. Fahrzeugkennlinien eines 193/210 PS diesel-elektrischen Triebwagens.

Schnittpunkte des „Federbusches“ bei den niedrigen Geschwindigkeiten
nicht zuverlässig genug sind.

F. Rechnerische Ermittlung der Zugkraft-
Geschwindigkeitskurven.

Bei dem rechnerischen Verfahren, das auch für Projekte verwendet
wird, nimmt man aus den Fahrmotorkennlinien die Zusammenhänge
zwischen Strom, Drehmoment und Drehzahl und aus den Generatorkennlinien die zum jeweiligen Strom gehörige Spannung. Für die folgende
Zahlentafel der Vollaststufe wurde für den Bahnmotor die bereits auf
praktisch konstante Leistung abgestimmten Drehzahlkurve der Abb. 58
und für den Generator die Abb. 70 verwendet.

Die in Zahlentafel 11 ermittelten Werte für die Zugkräfte und Geschwindigkeiten sind in der Abb. 76 als Ringe eingetragen, sie liegen auf
der auf zeichnerischem Wege über den „Federbusch“ ermittelten Kurve,
die auf diese Weise überprüft wurde.

Die Z-V-Kurven für die Teillasten lassen sich auf gleiche Art bestimmen, doch gehen wir diesmal als allgemeineren Weg, der auch für
rasche Projektsbearbeitungen benutzt wird, von den Kennlinien für
bestimmte Spannungen der Abb. 57 aus, da Kurven für die veränderlichen

Zahlentafel 11. Berechnung der Z-V-Kurve eines diesel-elektrischen Triebwagens von 193/210 PS für Vollast.

Z kg	M kgm	Amp.	Volt	kW	n U/Min	V km/h
350	44,4	280	435	122	2420	112,5
400	50,8	300	430	129	2255	105
600	76,2	390	325	126,8	1480	68,8
800	101,6	470	266	124,7	1084	50,4
1000	127,0	550	224	123,4	858	39,9
1250	158,8	655	184	121	650	30,2
1500	190,5	755	154	116	488	22,7
1750	222,3	870	123	106,4	352	16,3
2000	254,0	970	95	92,4	235	10,9
2500	317,0	1200	30	36		0

Spannungen bei Teillasten nach Art der Abb. 58 selten ermittelt werden. Man verwendet dabei eine der verlangten Spannung möglichst naheliegende Drehzahl und errechnet die erreichbare Drehzahl n genügend genau aus n_1 bei x Volt verhältnisgleich, wenn man nicht, wie schon bei der Ermittmittlung des „Federbusches" gezeigt, auf die EMK zurückgehen will.

Die nachfolgende Zahlentafel gibt als Beispiel die Bestimmung einiger Punkte der Z-V-Kurve für die Teillaststufe von 1200 U/Min, wobei diesmal nicht von den Zugkraftwerten, sondern von den Stromstärken ausgegangen wird, was wegen der leichteren Ablesbarkeit empfohlen werden kann.

Zahlentafel 12. Berechnung einiger Z-V-Werte eines diesel-elektrischen Triebwagens für die Teillaststufe 1200 U/Min.

Amp.	Volt	kW	n_1 U/Min	bei x Volt	n U/Min	V km/h	M kgm	Z kg
200	300	60	2100	300	2100	97,5	21	166
300	275	82,5	1560	300	1430	66,5	49,6	392
400	240	96	1135	250	1090	50,5	79,5	628
500	200	100	800	200	800	37,2	109	860
600	160	96	520	150	555	25,8	139	1000

Während die Vollaststufe von 300 Ampere an bis in die Nähe des Anfahrbereiches die volle Leistung des Dieselmotors übernimmt, wird bei den Teillasten gemäß der Annahme einer Drehzahlregelung auf den äußeren Kennlinien des Generators gearbeitet.

G. Ermittlung der Fahrzeugkennlinien eines diesel-elektrischen Triebwagens.

Als Vergleich mit den Beispielen der Stufen- und hydraulischen Übertragung wollen wir die Z-V-Kurven eines diesel-elektrischen Triebwagens mit dem 425 PS-Dieselmotor nach Abb. 39 ermitteln und dabei von der Ausnutzung und den einzelnen Wirkungsgraden ausgehen, die aus den Schaublättern der Kennlinien der elektrischen Maschinen entnommen werden. Dieser Rechnungsart muß die Ermittlung der Spannungsstromkurven des Generators und der Drehzahlkurven vorausgehen, über die wir schon eingehend gesprochen haben. Wir legen die RZM-Steuerung zugrunde, bei der sich als mittlerer Arbeitsbereich mit normaler Erregung die Geschwindigkeit von 30 bis 90 km/h mit einer Drehzahlsenkung von etwa 4% ergeben hat, während durch die Stromwächter mit verstärkter Erregung die praktisch konstante Leistung auf 20 bis 105 km/h erstreckt wird. Bei den Teillasten, für die jetzt eine Herabsetzung und Begrenzung der Füllung, also eine kombinierte Drehzahl und Füllungsregelung angenommen ist, kann das Einspringen der Stromwächter vernachlässigt werden, da es nicht schlagartig erfolgt und als Auswirkung auf die Zugkräfte bei den geringen Leistungen kaum mehr wahrnehmbar ist.

Auf Abb. 77 ist zuerst die Drehzahlkurve n_m und die damit zusammenhängende Leistungskurve N_z für die Vollaststufe IV einzutragen, der Verlauf des Gesamtwirkungsgrades ergibt sich aus nachfolgender Zahlentafel, die selbstverständlich mit dem Rechenschieber erstellt wird, da eine

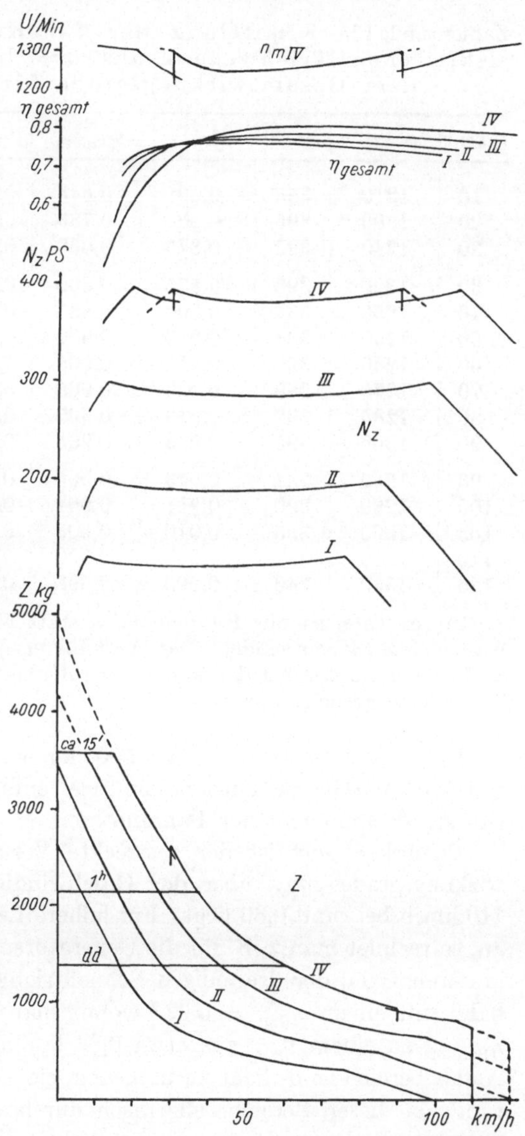

Abb. 77. Kennlinien eines 425 PS diesel-elektrischen Triebwagens mit RZM-Steuerung.

Ausrechnung bis auf einzelne Kilogramm keine praktische Bedeutung hätte.

Zahlentafel 13. Ermittlung der Z-V-Kurve eines 425 PS diesel-elektrischen Triebwagens aus der Leistungsausnutzung und dem Gesamtwirkungsgrade für die Vollaststufe.

V km/h	n_m U/Min	N_z PS	$\eta_{Gen.}$	$\eta_{Bahnm.}$	$\eta_{Getr.}$	$\eta_{ges.}$	$Z \cdot V$	Z kg
10	1310	355	0,66	0,645	0,97	0,410	40000	4000
20	1300	395	0,80	0,785	0,97	0,609	65000	3250
30	1240	382	0,875	0,860	0,97	0,730	75200	2505
30	1300	395	0,875	0,860	0,97	0,730	77800	2590
40	1250	384	0,900	0,885	0,97	0,773	80100	2000
50	1250	384	0,910	0,900	0,97	0,794	82400	1650
60	1260	386	0,915	0,905	0,97	0,801	83500	1390
70	1270	388	0,920	0,908	0,97	0,810	84800	1210
80	1285	392	0,916	0,907	0,97	0,805	85200	1065
90	1300	395	0,913	0,905	0,97	0,800	85400	950
90	1250	384	0,913	0,905	0,97	0,800	83000	925
100	1280	390	0,911	0,904	0,97	0,799	84100	840
105	1300	395	0,910	0,903	0,97	0,798	85000	810
110	1310	381	0,908	0,900	0,97	0,792	81500	740
120	1330	340	0,900	0,893	0,97	0,785	72000	600

In der Tafel ist aus Raumgründen statt $N_z \cdot 270 \cdot \eta_{ges.}$ der gleichwertige Ausdruck $Z \cdot V$ verwendet. Der Wert für $\eta_{Getr.}$ ist mit 0,97 sicher gewählt, da hier ebenso wie bei den anderen Kraftübertragungen dauernd erreichbare Z-V-Werte gesucht werden.

Die Anfahrzugkraft gleich 5000 kg wird den Kennlinien der elektrischen Maschinen entnommen, sie entspricht dem etwa 2,2fachen Stundendrehmoment der Bahnmotoren.

Bemerkenswert ist der gestreckte Verlauf der Kurve des Gesamtwirkungsgrades $\eta_{ges.}$ über der Geschwindigkeit, der zwischen 45 und 110 km/h bei rund 0,80 liegt. Für höhere Leistungen steigt er noch etwas an, so rechnet man z. B. für die Generatoren der 600-PS-Maybach-Dieselmotoren GO 6 der dreiteiligen Schnelltriebwagen der Deutschen Reichsbahn mit einem $\eta_{Gen.} = 0,93$,[1] womit man mit einem ebenfalls höheren $\eta_{Bahnm.}$ zu einem $\eta_{ges.}$ von etwa 0,82 kommt. Die niedrigeren Werte im Anfahrbereich sind nicht zu umgehen, sie sind auch von geringer Bedeutung, da dieser Bereich sehr rasch durchfahren wird. Der Verlauf der Gesamtwirkungsgradkurve ist bei richtig ausgelegten und ausgeführten Maschinen unter Beachtung der von der Maschinengröße und Belastung abhängigen absoluten Höhe nur wenig schwankend, so daß diese Kurve

---

[1] Koch: Versuchsmäßige Durchprüfung des dreiteiligen diesel-elektrischen Schnelltriebwagens der Deutschen Reichsbahn. G. A., H. vom 1. XII. 1936.

zusammen mit der durch die Drehzahl gegebenen Leistungskurve N_z für Projektierungen gut verwendbar ist. Die Berechnung der Z-V-Kurve für die Teillastkurve III soll dafür als Anhalt dienen.

Zahlentafel 14. Ermittlung der Z-V-Kurve eines 425 PS diesel-elektrischen Triebwagens aus Zugförderleistung und Gesamtwirkungsgrad für Teillaststufe III. $N_z \sim 300$ PS, $n_m \sim 1200$ U/Min.

V km/h	N_z PS	$\eta_{ges.}$	$N_z \cdot 270 \cdot \eta_{ges.}$	Z kg
13	300	0,52	42300	3250
20	296	0,68	54500	2725
30	292	0,76	59800	1990
40	290	0,768	60200	1500
60	288	0,785	61000	1020
80	290	0,785	61200	765
97	300	0,78	63000	650
110	250	0,77	52100	475
120	210	0,76	43100	300

Auf dieselbe Weise werden auch die Z-V-Kurven für die Teillaststufen II und I ermittelt, deren Zugförderleistungen bei 1000 und 800 U/Min und ihre Gesamtwirkungsgrade in der Abb. 77 eingetragen sind. Je geringer die Leistung, desto niedriger ist auch im Regelbereich der Wirkungsgrad, da die Verluste annähernd unverändert bleiben und damit, auf die jeweilige Leistung gerechnet, einen immer größeren Anteil bedeuten.

Hierher gehört auch die Tatsache, daß die elektrische Kraftübertragung durch eine Verringerung der Leistung nicht nur nicht geschont, sondern sogar höher beansprucht wird, da die Erwärmung nur von der Stromstärke abhängt, die der Zugkraft annähernd verhältnisgleich gesetzt werden kann. Befindet sich ein Motorfahrzeug daher auf einer Steigung, so ist die Stromstärke bei nicht zu großen Geschwindigkeitsunterschieden praktisch gleich, ob mit Vollast oder mit einer Teillaststufe gefahren wird. Die Dauer der hohen Stromstärken wird aber um so größer, je geringer die aufgedrückte Leistung ist, da der verringerten Fahrgeschwindigkeit eine verlängerte Fahrzeit entspricht.[1] Innerhalb der Grenzen, die durch die Auslegung der Maschinen gegeben sind, ist es daher richtig, im Bereiche der höheren Stromstärken die höchste verfügbare Leistung auszunutzen, um die Dauer der Erwärmung so weit als möglich zu verringern.

H. Elektromechanische Kraftübertragungen.

a) Vorläufer wie Entz, Porsche u. a.

Vor Abschluß dieses Abschnittes soll noch eine elektromechanische Kraftübertragung beschrieben werden, die in jüngster Zeit in der Tschechoslowakei zur Verwendung kam, wobei gleichzeitig die Aufgabe der geteilten

---

[1] S. Note 1 auf S. 148.

Übertragungen erörtert werden können, die nach Abschnitt II, 5. Einteilung nach der Kraftübertragung, Punkt e, darin bestehen, daß für die Anfahrt ein Drehmomentwandler, der aus einem Flüssigkeitsgetriebe[1] oder einer elektrischen Übertragung bestehen kann, und für den oberen Geschwindigkeitsbereich eine direkte Kupplung verwendet wird. Schon um 1905 führte Entz eine solche zusammengesetzte Übertragung für Kraftwagen[1] aus, bei der das Feldsystem eines Stromerzeugers mit der Verbrennungsmotorwelle umläuft, während der Generatoranker ebenso wie der Anker des angebauten Elektromotors auf der zur Triebachse gehenden Abtriebswelle aufgekeilt ist. Das Feldsystem des Elektromotors ist ruhend. Beim Anfahren steht die Abtriebswelle still, zwischen dem umlaufenden Feldsystem und dem Anker des Generators besteht daher der volle Drehzahlunterschied. Der im Generator erzeugte Strom wird dem Elektromotor zugeführt, der das Fahrzeug in Bewegung setzt. Mit steigender Fahrzeuggeschwindigkeit wird der Drehzahlunterschied kleiner, ebenso die davon abhängige elektrische Leistung im Generator, dafür tritt eine Drehmomentübertragung durch die magnetische Wirkung der umlaufenden Teile ein, die schließlich bei annähernd angeglichenen Drehzahlen allein wirksam wird. Selbstverständlich muß die Auslegung des Generators der Antriebsart angepaßt sein, wozu auch eine Regelung der Felderregung unumgänglich ist.

Eine Verbesserung der Entz-Übertragung bedeutete eine Anordnung von Porsche und Zadnik,[2] bei der die Änderung der Felderregung durch eine selbsttätige Verschiebung der kegelförmigen Anker in dem ebenso ausgeführten Feldsystem vorgenommen wird, womit sich eine Änderung des Luftspaltes und damit der Feldstärke ergibt.

Für die unmittelbare Teilübertragung können wir die Formel (8/VIII) heranziehen, nach welcher die Abtriebsleistung gleich der Antriebsleistung mal dem Drehzahlverhältnis ist. Läuft die Abtriebswelle daher mit einer Drehzahl n_2 entsprechend 25% der Antriebsdrehzahl n_1, so werden 25% der Antriebsleistung unmittelbar übertragen.

Da die elektrische Kupplung im oberen Geschwindigkeitsbereich einen größeren Schlupf aufweist, wurde eine einschaltbare Kupplung zwischen der Antriebswelle des Verbrennungsmotors und der Abtriebswelle vorgeschlagen,[3] durch welche von einer wählbaren Geschwindigkeit an der unmittelbare Antrieb der Triebachse — ein direkter Gang — gegeben ist, eine Anordnung, die auch schon um 1910 von Thomas für Kraftwagen verwendet wurde. Allen diesen Ausführungen ist ebenso wie dem nachfolgend beschriebenen Sousedik-System der Gedanke gemeinsam, für die Anfahrt die Vorzüge eines Drehmomentwandlers und für die höheren

---

[1] S. Note 1 auf S. 75.
[2] Süberkrüb: Fahrzeuggetriebe, S. 150.
[3] Bussien: Automobiltechnisches Handbuch. 13. Auflage, S. 1302ff.

Geschwindigkeiten den hohen Wirkungsgrad der unmittelbaren Übertragung auszunützen, wozu bei einer elektrischen Drehmomentwandlung noch der Vorteil kommt, daß die elektrischen Übertragungsteile knapp bemessen werden können, da sie nur vorübergehend zu arbeiten haben.

Die angeführten Vorschläge sind ebensowenig wie die gemischthydraulischen Übertragungen von Rayburn, Thomas und Schneider[1] durchgedrungen, da sich für die leichten Kraftwagen das Stufenschaltgetriebe als ausreichend erwies. Für Motorfahrzeuge mit ihren größeren Massen und ihren niedrigeren Leistungsziffern PS/t hat eine geteilte Leistungsübertragung, die der inzwischen eingetretenen Entwicklung der Technik Rechnung trägt, gewisse Aussichten, weshalb wir die Einzelheiten einer solchen Übertragungsart an dem Sousedik-System kennenlernen wollen.

b) Das System Sousedik.[1-3]

1. Grundsätzlicher Aufbau.

Der grundsätzliche Aufbau der Sousedik-Übertragung, der auf Abb. 78 zu sehen ist, besteht wie beim Vorschlage von Entz aus einem Generator mit einem umlaufenden Feldsystem A, dessen Anker über ein Wendegetriebe unmittelbar auf die Triebachse wirkt, und einem Elektromotor, dessen Anker C mittels der Zahnräder D, E, F ebenfalls auf die Abtriebswelle G arbeitet. Das Zahnrad F ist mit einem Freilauf versehen, so daß der Bahnmotor im stromlosen Zustand in Ruhe bleibt. Zwischen dem Anker A und dem mit der Motorwelle gekuppelten Feldsystem B ist noch eine elektromagnetische Lamellenkupplung H vorhanden, durch welche beide Teile miteinander kraftschlüssig verbunden werden können. Die Stromzuführungen erfolgen durch Schleifbürsten.

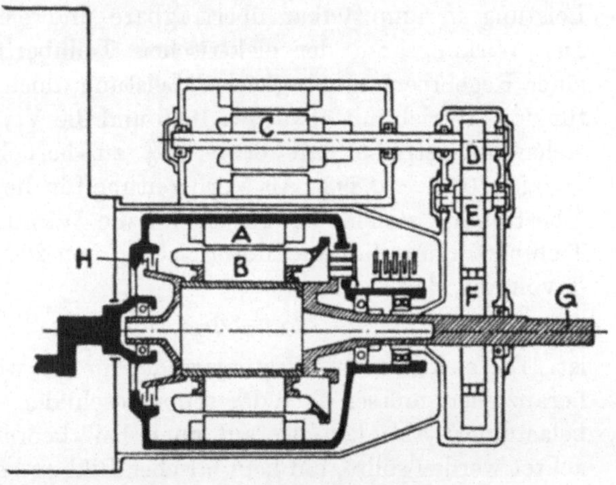

Abb. 78. Sousedik-Übertragung.

A Generatorfeld, B Generatoranker, C Motoranker, D bis F Zahnräder, G Abtriebswelle, H Lamellenkupplung.

[1] S. Note 1 auf S. 75.

[2] Sousedik: Elektromechanische Übersetzung der Schnellzugsmotorwagen „Slovenska strela". Der Monat 1937, H. 7/8.

[3] Bilek: Die elektromechanische Arbeitsübertragung Sousedik für Fahrzeuge mit Verbrennungsmotoren. Elektrotechnický Obzor 1937, Brezen 5.

Im Anfahrbereich besteht, wie schon erläutert, zwischen dem Anker und dem Feldsystem ein großer Drehzahlunterschied, so daß dem zugeschalteten Bahnmotor elektrische Leistung zugeführt wird, während gleichzeitig ein Teil des Antriebsdrehmomentes unmittelbar in die Abtriebwelle übergeht. Bei etwa 85% der Höchstgeschwindigkeit haben sich die Drehzahlen von Anker und Feldsystem so weit genähert, daß die teilweise elektrische Leistungsübertragung durch Einschaltung der elektromagnetischen Kupplung in eine unmittelbare Übertragung umgewandelt wird, bei welcher der Elektromotor durch den Freilauf abgeschaltet ist. Die Steuerung der elektrischen Maschinen und der Kupplung erfolgt durch ein besonderes Steuergerät, das entweder von Hand aus bedient wird, oder, wenn es selbsttätig arbeiten soll, in Verbindung mit dem Gashebel und dem Fliehkraftregler des Verbrennungsmotors steht und die elektrische Teilübertragung wieder einschaltet, wenn das Drehmoment für den unmittelbaren Antrieb nicht mehr ausreicht.

2. Leistungsaufteilung, Wirkungsgrade und Kennlinien.

Bei der Aufstellung der Kennlinien muß man die Aufteilung der Leistung in unmittelbar übertragbare und elektrische berücksichtigen. Der Wirkungsgrad der elektrischen Teilübertragung entspricht jenem einer Regelübertragung gleicher Leistung, doch sind zwei Zahnradpaare für den Abtrieb mit etwa $\eta = 0,95$ und die Verluste in Kardanwelle und Achswendegetriebe mit etwa 6% zu berücksichtigen, also $\eta_{\text{Getr.}} = 0,95 \cdot 0,94 = 0,893$. Als Vorbereitung für die Kennlinien der Sousedik-Übertragung stellen wir uns zuerst die Wirkungsgrade der elektrischen Teilübertragung für eine Motorleistung von 200 PS zusammen und gehen davon aus, daß

$$\eta_{\text{el.}} = \eta_{\text{Gen.}} \cdot \eta_{\text{Bahnm.}} \cdot 0,893$$

ist. Die elektrischen Wirkungsgrade, für die wir die Abb. 58, 70 und 76 heranziehen, müssen nach den schon geschilderten Einflüssen bei den Teilbelastungen absinken, worauf auch bei theoretischen Erörterungen geachtet werden sollte, um kein falsches Bild zu bekommen. Dabei ist noch nicht berücksichtigt, daß die elektrischen Maschinen hier möglichst knapp ausgelegt werden, was noch niedrigere Wirkungsgrade ergeben kann.

Zahlentafel 15. Bestimmung der Wirkungsgrade der elektrischen Teilübertragung nach Sousedik für eine Motorleistung von etwa 200 PS.

V %	Elektr. Teilleistung PS	$\eta_{\text{Gen.}}$	$\eta_{\text{Fahrm.}}$	$\eta_{\text{elektr.}}$
10	~ 180	0,67	0,63	0,38
25	~ 150	0,86	0,85	0,655
50	~ 100	0,895	0,89	0,711
85	~ 30	0,84	0,81	0,61

Für die unmittelbare Leistungsübertragung rechnen wir nur mit den Verlusten von 6% in Kardanwelle und Achswendegetriebe, also mit einem $\eta = 0{,}94$, und ermitteln die Übertragungsziffer aus Produkt des Drehzahlverhältnisses mit dem Wirkungsgrad. Für den Bereich der geteilten Übertragung entspricht die Übertragungsziffer dem Gesamtwirkungsgrad, da der Motor mit voller Drehzahl läuft.

Nun gehen wir an die Ermittlung der Kennlinien der Sousedik-Übertragung und stellen die Verluste der elektrischen und unmittelbaren Übertragung bei den verschiedenen Geschwindigkeitswerten zusammen.

Zahlentafel 16. Ermittlung der Gesamtwirkungsgrade und Übertragungsziffer der Sousedik-Übertragung für eine Motorleistung von etwa 200 PS.

a) Gemischte Übertragung.

V %	n_m %	Leistung		Verluste %		η Gesamt
		elektr.	unm.	elektrisch	unmittelbar	
10	100	0,90	0,10	62,0 . 0,90 = 55,8	6 . 0,10 = 0,6	0,436
25	100	0,75	0,25	34,5 . 0,75 = 25,9	6 . 0,25 = 1,5	0,726
50	100	0,50	0,50	28,9 . 0,50 = 14,4	6 . 0,50 = 3,0	0,826
85	100	0,15	0,85	39,0 . 0,15 = 5,9	6 . 0,85 = 5,1	0,89

b) Unmittelbare Übertragung.

V %	n_m %	Leistung %	η	PS am Radumfang (Übertragungsziffer)
85	85	85	0,94	0,799
100	100	100	0,94	0,94

Auf Abb. 79 sind die Ergebnisse der Rechnung aufgetragen, sie zeigen eine beachtenswerte Höhe der Übertragungsziffer, der gemittelte Wert liegt für den Bereich von 25 bis 100% der Geschwindigkeit bei 0,84, also um einige Prozent höher als bei der hydraulischen und rein elektrischen Übertragung. Diese etwas höhere Ausnutzung ist allerdings durch zusätzliche Einrichtungen erkauft, deren Bewährung im allgemeinen Streckendienst, nicht nur im Schnellverkehr mit seltenen Anfahrten, abgewartet werden muß.

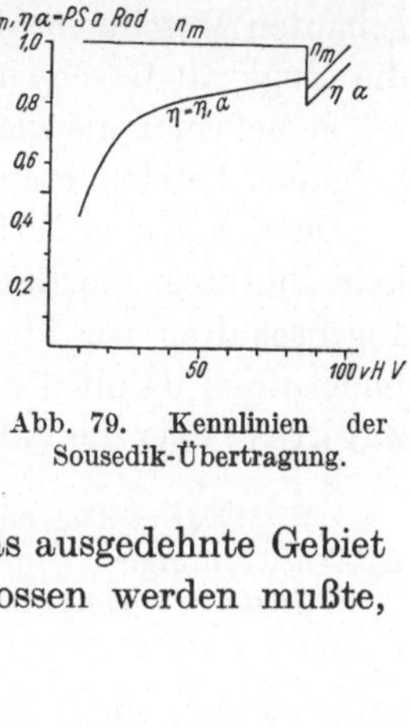

Abb. 79. Kennlinien der Sousedik-Übertragung.

J. Zusammenfassung.

Der Abschnitt über die elektrische Kraftübertragung ist recht umfangreich geworden, da hier das ausgedehnte Gebiet der Elektrotechnik wenigstens so weit aufgeschlossen werden mußte, daß aus den von den Elektrogesellschaften erhältlichen Schaublättern mit den Kennlinien von Generatoren und Bahnmotoren die Fahrzeugkennlinien ermittelt werden können.

Wenn wir zum Schlusse noch die Erläuterungen zusammenfassen so, sehen wir, daß eine elektrische Kraftübertragung die

1. möglichst einfach und betriebssicher ist,

2. durch Verwendung neuzeitlicher Bauweisen unnötige Gewichte vermeidet,

3. eine wirtschaftliche Teillastregelung gestattet, mit allen anderen Übertragungen in einen aussichtsreichen Wettbewerb treten kann, da die unbestrittenen Vorteile der ständigen stufenlosen Leistungsausnutzung, der Schonung des Verbrennungsmotors, der Freizügigkeit im Aufbau des Fahrzeuges und andere[1,2] den Nachteil des etwas größeren Gewichtes der Übertragung aufwiegen. Bei Gewichtsvergleichen ist darauf zu achten, daß die Einrichtungen für das Anlassen des Verbrennungsmotors und für die Beleuchtung zusätzliche Gewichte bedeuten, die auch bei anderen Übertragungen hinzugefügt werden müssen. Die manchmal störend aufgetretene Abhängigkeit der zulässigen Dauer der Zugkräfte von der Erwärmung der elektrischen Maschinen kann durch die Festlegung der Verwendung des Fahrzeuges bei Bestellung volle Berücksichtigung finden, diese Abhängigkeit besteht übrigens auch in gewissem Maße bei den Flüssigkeitsgetrieben und schließlich auch bei den Stufengetrieben, bei denen ein längeres Fahren mit den niedrigen Gängen Schwierigkeiten ergeben kann.

X. Anfahrt, Streckenfahrt, Bremsung.

A. Überschußzugkraft.

Wir haben in den vorhergehenden Abschnitten für die verschiedenen derzeit verwendeten Kraftübertragungen aus den Kennlinien der eingebauten Maschinen, deren Wirkungsgraden und den Ausnutzungsziffern die Zugkraft-Geschwindigkeitskurve der Fahrzeuge ermittelt, die wir schon mehrmals als wichtige Grundlagen für die Lösung der Zugförderungsaufgaben bezeichneten.

Die Z-V-Kurve ist für das Fahrzeug kennzeichnend, gibt uns aber noch kein Bild über die Beschleunigungs- und Steigfähigkeit desselben, welche Eigenschaften wir für die Ermittlung von Anfahr- und Streckenschaubildern und damit der Fahrzeiten benötigen. Dafür ist die Überschußzugkraft über die Fahrwiderstände maßgebend, für die Beschleunigungs-

---

[1] E. Meyer: Die elektrische Leistungsübertragung bei Dieseltriebwagen. BBC-Mitteilungen, Juniheft 1935.

[2] Candee: Why Electrical Transmission? R. A., H. vom 24. VIII. 1935.

möglichkeiten die Überschußzugkraft über den gesamten durch die Strecke gegebenen Widerstand, der bei einer Anfahrt in der Steigung und Krümmung natürlich auch den Steigungs- und Krümmungswiderstand enthalten muß, für die Steigfähigkeit der Unterschied zwischen der vorhandenen Zugkraft des Fahrzeuges und dem Fahrwiderstand in der geraden Ebene, da die Steigfähigkeit immer für den Beharrungszustand und gerade Steigungen angegeben wird. Hier sei eingefügt, daß bei den früheren Arten der Fahrzeitermittlung auf die Beschleunigungen und Verzögerungen während der Streckenfahrt keine Rücksicht genommen wurde, man rechnete also vereinfacht mit sprunghaften Geschwindigkeitsänderungen an den Neigungswechseln und nahm in den einzelnen Abschnitten die Zugkraft der Lokomotive im Beharrungszustand gleich dem jeweiligen Fahrwiderstand an.[1]

B. Steigfähigkeit.

a) Erläuterung und Formeln.

Wir gehen der einfacheren Zusammenhänge wegen zuerst auf die *Steigfähigkeit* ein. Die Überschußzugkraft ist

$$\varDelta Z = Z - W'$$

und die jeweils befahrbare Steigung s in $^0/_{00}$ gleich dem Quotienten $\varDelta Z$ in kg durch das Gewicht in t, also

$$s = \frac{\varDelta Z}{G}\ ^0/_{00}. \qquad (1/\text{X})$$

Die aus (1/X) errechneten Steigungen s entsprechen den Schnittpunkten zwischen der $Z\text{-}V$-Kurve und den Fahrwiderstandskurven für die verschiedenen Steigungen, sie können daher praktisch erst nach sehr langer Zeit erreicht werden, theoretisch überhaupt nur asymptotisch, da die Überschußzugkraft schließlich Null wird. Es ist daher, wie schon bei der Bestimmung des Fahrwiderstandes nach den Reichsbahnformeln und des Gesamtfahrwiderstandes erwähnt, üblich, bei der Berechnung des Fahrwiderstandes einen Zuschlag von 3 kg/t zu machen, was eine Steigung s_1 ergibt, die schon auf mittleren Längen der Steigungsstrecken erreichbar ist. Für die Berechnung bedeutet dies einen Abzug von $3^0/_{00}$ von den Steigungen s, also

$$s_1 = s - 3^0/_{00}. \qquad (2/\text{X})$$

b) Steigfähigkeit eines 425 PS diesel-hydraulischen Triebwagens.

Als Beispiel bestimmen wir die Steigfähigkeit für den 425 PS diesel-hydraulischen Triebwagen, dessen $Z\text{-}V$-Kurve auf Abb. 50 eingetragen

---

[1] Nordmann: Die Leistungstheorie der Lokomotive in ihrer Entwicklung. Z. V. D. I., H. vom 5. X. 1929.

ist, und wählen als Widerstandsformel die Reichsbahnformel I (Formel
11/IV) bei einem Gewichte von 53 t in besetztem Zustande. Die Ermittlung der befahrbaren Steigungen erfolgt am einfachsten in einer
Zahlentafel, wobei wegen der leichteren Ablesbarkeit von den Zehnerwerten der Geschwindigkeit ausgegangen wird, dazu kommen noch jene
Geschwindigkeiten, bei denen wegen der Kennlinien der Kreisläufe Bruchpunkte in der Z-V-Kurve auftreten.

**Zahlentafel 17. Ermittlung der befahrbaren Steigungen für einen
425 PS diesel-hydraulischen Triebwagen.**

Gewicht 53 t, Fahrwiderstand nach Reichsbahnformel I:

$$W' = 2{,}5 \cdot 53 + 0{,}5 \cdot 0{,}5 \left(\frac{V}{10}\right)^2 \cdot 10 = 132{,}5 + 2{,}5 \left(\frac{V}{10}\right)^2 \text{ kg.}$$

V km/h	Z kg	$\left(\dfrac{V}{10}\right)^2$	W' kg	$\varDelta Z$ kg	s $^0/_{00}$	$s_1 = s - 3\,^0/_{00}$
			Anfahrwandler.			
20	2875	4	142	2733	51,5	48,5
30	2400	9	155	2245	42,4	39,4
40	1915	16	172	1743	33,7	30,7
50	1512	25	194	1318	25	22
60	1155	36	212	943	17,8	14,8
			Marschwandler I.			
55	1310	30,3	208	1102	20,8	17,8
60	1285	36	212	1073	20,2	17,2
70	1195	49	245	950	17,9	14,9
78	1115	60,8	283	832	15,7	12,7
84	920	70,6	308	612	11,6	8,6
			Marschwandler II.			
80	990	64	292	698	13,1	10,1
90	930	81	337	593	11,1	8,1
100	863	100	382	481	9,1	6,1
110	668	121	435	233	4,4	1,4

Wie aus Zahlentafel 17 ersichtlich, kann der Triebwagen die Höchstgeschwindigkeit von 110 km/h nach Abzug von $3\,^0/_{00}$ noch auf $+1{,}4\,^0/_{00}$
ausfahren. Die Steigfähigkeit bei niedrigeren Geschwindigkeiten weist
darauf hin, daß die Beförderung von Anhängelasten vorgesehen ist, weshalb wir uns die befahrbaren Steigungen für einen Triebwagenzug mit
einem Anhängewagen von 45 t ausrechnen.

**Zahlentafel 18. Ermittlung der befahrbaren Steigungen für einen
425 PS diesel-hydraulischen Triebwagenzug.**

Gewicht $53 + 45 = 98$ t, Fahrwiderstand nach Reichsbahnformel I:

$$W' = 2{,}5 \cdot 53 + 0{,}5 \cdot 0{,}5 \left(\frac{V}{10}\right)^2 \cdot 10 + 1{,}5 \cdot 45 + 0{,}25 \cdot 0{,}5 \left(\frac{V}{10}\right)^2 10 =$$
$$= 200 + 3{,}75 \left(\frac{V}{10}\right)^2 \text{ kg.}$$

V km/h	Z kg	$\left(\dfrac{V}{10}\right)^2$	W' kg	ΔZ kg	s $^0/_{00}$	s_1 $^0/_{00}$
			Anfahrwandler.			
20	2875	4	215	2660	27,1	24,1
30	2400	9	234	2266	23,1	20,1
40	1915	16	260	1655	16,9	13,9
50	1512	25	294	1218	12,2	9,2
60	1155	36	335	820	8,3	5,3
			Marschwandler I.			
55	1310	30,3	314	996	10,2	7,2
60	1285	36	335	950	9,7	6,7
70	1195	49	384	811	8,3	5,3
78	1115	60,8	430	685	7	4
84	920	70,6	465	455	4,6	1,6
			Marschwandler II.			
80	990	64	440	550	5,6	2,6
90	930	81	501	429	4,4	1,4
100	863	100	575	288	2,9	— 0,1
110	668	121	654	14	0,14	— 2,86

Nach Zahlentafel 18 können mit 45 t Anhängelast noch Steigungen um $20^0/_{00}$ befahren werden, die Geschwindigkeit von 100 km/h bildet aber die Grenze für Regelverhältnisse.

Bei Stufengetrieben müssen die Stufeneckpunkte der Z-V-Kurve berücksichtigt werden, bei elektrischer Kraftübertragung ebenfalls die Bruchpunkte der Z-V-Kurve, so die Grenzen der praktisch konstanten Leistung und etwa vorhandene Schaltstufen, wie sie z. B. bei der RZM-Steuerung durch die Stromwächter gegeben sind.

c) s-V-Kurven.

Wenn wir die errechneten Steigungswerte s in ein Schaublatt über der Geschwindigkeit V in km/h auftragen, erhalten wir die

$$s\text{-}V\text{-}Kurve,$$

die nicht nur für die Beurteilung der Steigfähigkeit, sondern auch für die meisten zeichnerischen Verfahren zur Ermittlung von Streckenschaubildern verwendbar ist. Wenn mehrere s-V-Kurven für verschiedene Zuggewichte eingetragen sind, hat man einen Überblick über den Einfluß der Anhängelasten auf die Steigfähigkeit, die meist für den Einsatz des Fahrzeuges ausschlaggebend ist.

Bei der Steigfähigkeit wirkt sich das Gewicht des Triebfahrzeuges oder Zuges aus, so z. B. auch das Mehrgewicht einer elektrischen Übertragung, wodurch die bei gleichen Geschwindigkeiten meist etwas höheren Zugkräfte gegenüber hydraulischen Wagen teilweise ausgeglichen wird.

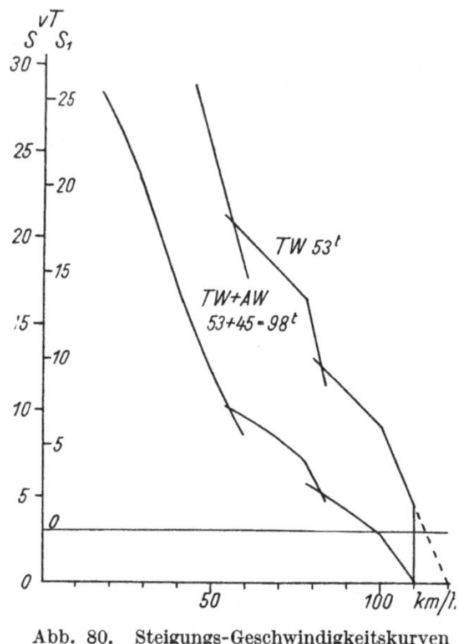

Abb. 80. Steigungs-Geschwindigkeitskurven eines 425 PS diesel-hydraulischen Triebwagens.

Für den Einsatz des Fahrzeuges ist die s-V-Kurve entscheidend, in der auch der Einfluß des Fahrzeuggewichtes berücksichtigt ist.

Auf Abb. 80 sind die errechneten s-V-Kurven für den alleinfahrenden Triebwagen und für den Triebwagenzug mit 98 t aufgetragen, als Ordinate außen die Steigung s und innen die um $3^0/_{00}$ kleineren Werte von $s_1 = s - 3$. Die Werte s gelten für den Beharrungszustand, während s_1 für jene Strecken heranzuziehen ist, auf denen das Fahrzeug beschleunigt werden muß.

d) Steigung-Geschwindigkeitstafeln.

Manchmal verwendet man für Angebote und Schlußbriefe Tafeln, aus denen man die erreichbaren Geschwindigkeiten auf verschiedenen Steigungen entnehmen kann. Eine solche Zahlentafel können wir uns aus der Abb. 80 zusammenstellen, wobei wir für diesen Zweck die Werte s_1 verwenden, um über einen noch ausreichenden Zugkraftüberschuß zu verfügen.

Zahlentafel 19. Geschwindigkeiten für verschiedene Steigungen s_1.

Zug	0	5	10	15	20	25	s_1 $^0/_{00}$
TW allein 53 t............	113	102	82	70	53	46	km/h
$TW + AW$ 53 + 45 = 98 t	99	72	48	38	30	—	„

Wenn nichts Besonderes vermerkt ist, darf diese Zahlentafel nur bis zu den Geschwindigkeiten innerhalb des Betriebsbereiches ausgefüllt werden, der bei der hydraulischen und elektrischen Kraftübertragung durch die Temperatur des Übertragungsmittels, Getriebeöl oder elektrische Maschinen, begrenzt ist. Bei elektrischer Kraftübertragung sind in der Zahlentafel jedenfalls die der Dauer- und Stundenzugkraft entsprechenden Geschwindigkeiten anzuzeichnen. Bei mechanischen Getrieben ist ein längeres Fahren mit niedrigen Gängen nur dann zulässig, wenn die Kühlung auch bei geringen Fahrgeschwindigkeiten im notwendigen Ausmaße vorhanden ist.

C. Beschleunigung.

Wenn wir uns nun der Ermittlung der Beschleunigung zuwenden, so können wir uns der bereits abgeleiteten Formeln (21/IV) und (22/IV) bedienen, die uns zeigen, daß die Beschleunigung a gleich ist dem Quotienten Überschußzugkraft $\varDelta Z$ durch Ersatzmasse und der spezifische Beschleunigungswiderstand gleich 105- bis 110mal der Beschleunigung in m/Sek². Wir wiederholen die Formel (22/IV) mit dem Mittelwert 107 als

$$\frac{\varDelta Z}{G} = 107 \cdot a \ \text{kg/t}.$$

Für eine Geschwindigkeitsänderung in der Ebene tritt derselbe Zugkraftüberschuß auf, den wir bei der Ermittlung der Steigfähigkeit errechneten, er ist jedoch nicht durch das Gewicht G, sondern wegen des Massenzuschlages durch 105 bis 110 . G, im Mittel 107 . G zu dividieren. Wir könnten daher für Anfahrten in der geraden Waagerechten in Abb. 80 auch die Beschleunigung a als Ordinate auftragen und hätten für die Beschleunigungskurven denselben Verlauf wie für die s-V-Kurven, allerdings mit anderen Zahlen, z. B. statt $s = 23^0/_{00}$ eine Beschleunigung von 0,215 m/Sek² und statt $5,8^0/_{00}$ 0,054 m/Sek².

D. Anfahrschaulinien.

a) Anfahrzeit und Anfahrweg.

Für die Anfahrt brauchen wir aber die Beschleunigungen im Anfahrbereich, welchen wir bei der Ermittlung der Steigfähigkeit wegen der Erwärmungsgrenzen außer acht ließen. Die Beschleunigung ist für uns jedoch meist nur ein Wert der Zwischenrechnung, wir wollen die Anfahrzeit und den Anfahrweg im Zusammenhang mit der Geschwindigkeit wissen und gehen davon aus, daß $a = \dfrac{dv}{dt}$, daher für eine konstante Beschleunigung

$$\text{die Anfahrzeit } t = \frac{1}{a_m} \int_{v_1}^{v_2} dv \qquad (3/\text{X})$$

$$\text{und der Anfahrweg } l = \frac{1}{a_m} \int_{v_1}^{v_2} v \cdot dv \qquad (4/\text{X})$$

ist.

b) Abschnittweise Berechnung.

1. Erläuterung des Verfahrens.

Wenn wir zuerst auf die abschnittweise Berechnung der Anfahrwerte eingehen, so geschieht dies deshalb, weil dieser Vorgang mit geringstem Arbeitsaufwand Ergebnisse liefert, die bezüglich ihrer Genauigkeit fast immer den Anforderungen der Praxis entsprechen.

Wir zerlegen uns den Fahrbereich in einzelne Geschwindigkeitsabschnitte, für die wir die Beschleunigungskurve durch gerade Teilstücke ersetzen und nehmen für unsere Berechnung die dem Mittelwert des Abschnittes entsprechende Beschleunigung a_m als für den Abschnitt unveränderlich an. Durch die Wahl der Abschnittgröße kann die Genauigkeit in bestimmten Bereichen erhöht werden, doch haben sich Abschnitte von 10 km/h als ausreichend erwiesen, die zweckmäßigerweise so gelegt werden, daß der Mittelwert einem ganzen Zehnerwert entspricht, womit eine gemeinsame Berechnung mit der Steigfähigkeit erleichtert ist.

An Stelle des Differentialquotienten $\dfrac{dv}{dt}$ tritt der Differenzenquotient $\dfrac{\varDelta v}{\varDelta t}$ oder

$$\varDelta t = \frac{\varDelta v}{a_m} = \frac{\varDelta V}{3{,}6 \cdot a_m} \ \text{Sek} \qquad (5/\text{X})$$

und für $\varDelta V = 10$ km/h

$$\varDelta t = \frac{2{,}78}{a_m} \ \text{Sek},$$

für den im Abschnitt zurückgelegten Weg $\varDelta l$ ergibt sich

$$\varDelta l = \frac{1}{a_m} \int_{v_1}^{v_2} v \cdot dv = \frac{v_2{}^2 - v_1{}^2}{2 \cdot a_m} = \varDelta t \cdot \frac{v_2 + v_1}{2} = \varDelta t \cdot v_m = \varDelta t \cdot \frac{V_m}{3{,}6} \cdot (6/\text{X})$$

2. Anfahrt eines 425 PS diesel-elektrischen Triebwagens.

Als Beispiel rechnen wir die Anfahrt eines diesel-elektrischen Triebwagens mit 425 PS Leistung und 57 t Gewicht im besetzten Zustand, dessen Z-V-Kurve in Abb. 77 eingetragen ist. Dieser Triebwagen hat nach einer Vergleichsausführung also ein Mehrgewicht von 4 t gegenüber dem gleichstarken hydraulischen Wagen, das aber zum Teil in reichlich ausgelegten Bahnmotoren und Generatoren begründet ist, die eine Anfahrzugkraft von 5000 kg, also um etwa 20% mehr als der hydraulische Wagen, abgeben können. Diese hohe Anfahrzugkraft ist für die Steigungsfahrt mit Anhängelasten erwünscht, bedeutet aber natürlich eine Gewichtserhöhung.

Wir rechnen auch noch die Anfahrt desselben Triebwagens mit 57 t Gewicht aus einer Steigung von $15^0/_{00}$ aus, um über den Vorgang volle Klarheit zu schaffen.

Es ist festzuhalten, daß die ermittelten Anfahrzeiten und Anfahrwege das Höchste darstellen, was aus dem Fahrzeug herauszuholen ist, es ist also keine Zeit für das Auflaufen des Dieselmotors eingerechnet, wenn er durch eine verzögert wirkende Verstellvorrichtung, z. B. bei Vielfachsteuerung durch einen Verstellmotor erst innerhalb einer gewissen Zeitspanne auf die Höchstdrehzahl und damit auf die Vollaststufe gebracht wird, die den Anfahrschaulinien zugrunde liegt. Um diesen Einflüssen Rechnung zu tragen, empfiehlt es sich, zu den Werten der ersten Ab

Zahlentafel 20. Ermittlung der Anfahrzeiten und Anfahrwege eines 425 PS diesel-elektrischen Triebwagens auf waagerechter Strecke.

Gewicht 57 t.

Fahrwiderstand $W' = 2,5 \cdot 57 + 0,5 \cdot 0,5 \left(\dfrac{V}{10}\right)^2 \cdot 10 = 142,5 + 2,5 \left(\dfrac{V}{10}\right)^2$ kg.

$$a_m = \frac{\Delta Z_m}{107 \cdot G} = \frac{\Delta Z_m}{6100}.$$

Abschnitt	V_m km/h	v_m m/Sek	Z_m kg	W' kg	ΔZ_m kg	a_m m/Sek²	Δt Sek	t Sek	Δl m	l m
0— 15	7,5	2,08	4240	148	4092	0,63	6,6	6,6	14	14
15— 25	20	5,56	3250	152	3098	0,50	5,6	12,2	32	46
25— 35	30	8,33	2550	165	2385	0,39	7,1	19,3	66	112
35— 45	40	11,10	2000	182	1818	0,297	9,4	28,7	104	216
45— 55	50	13,90	1650	204	1446	0,237	11,3	40,0	158	374
55— 65	60	16,61	1390	222	1168	0,192	14,2	54,2	236	610
65— 75	70	19,44	1210	255	955	0,155	17,9	72,1	359	969
75— 85	80	22,23	1065	302	763	0,125	22,2	94,3	492	1461
85— 95	90	25,00	940	337	603	0,099	28,1	122,4	701	2162
95—105	100	27,80	840	392	458	0,075	37,0	159,4	1030	3192

Zahlentafel 21. Ermittlung der Anfahrzeiten und Anfahrwege eines 425 PS diesel-elektrischen Triebwagens auf einer Steigung von 15⁰/₀₀.

Gewicht 57 t.

Fahrwiderstand $W = 2,5 \cdot 57 + 0,5 \cdot 0,5 \left(\dfrac{V}{10}\right)^2 \cdot 10 + 15 \cdot 57 =$

$$= 997,5 + 2,5 \left(\frac{V}{10}\right)^2 \text{ kg.}$$

$$a_m = \frac{\Delta Z_m}{107 \cdot G} = \frac{\Delta Z_m}{6100}.$$

Abschnitt	V_m km/h	v_m m/Sek	ΔZ_m kg	a_m m/Sek²	Δt Sek	t Sek	Δl m	l m
0—15	7,5	2,08	3240	0,53	8,6	8,6	18	18
15—25	20	5,56	2143	0,35	8,0	16,6	45	63
25—35	30	8,33	1530	0,25	11,1	27,7	92	155
35—45	40	11,10	963	0,158	17,6	45,3	195	350
45—55	50	13,90	590	0,097	28,7	74,0	399	749
55—65	60	16,66	313	0,051	54,5	128,5	906	1655
65—75	70	19,44	90	0,015	185,0	313,5	3600	5255

schnitte einen Zuschlag von mindestens 3, besser von 5 Sekunden zu machen. Bei Gewährleistungen ist ein gewisses Spiel freizuhalten, um nicht wegen einiger Sekunden Schwierigkeiten bei der Abnahme des Fahrzeuges zu haben.

Die Werte der Zahlentafeln 20 und 21 sind in Abb. 81 eingetragen, deren Kurven den kennzeichnenden Verlauf der Geschwindigkeit und des Weges über der Zeit während der Anfahrt zeigen. Zum Vergleich sind noch gestrichelt die Anfahrkurven eines 425 PS diesel-hydraulischen Triebwagens mit 53 t nach Abb. 50, für den wir die Steigungsgeschwindigkeitskurven ermittelten, und strichpunktiert jene eines 425 PS diesel-mechanischen Wagens mit 52,5 t Gewicht eingetragen, bei dem keine Zugkraftunterbrechung vorausgesetzt wurde. Trotz der verschiedenen Gewichte sind die Anfahrkurven praktisch gleich, was deshalb bemerkenswert ist, weil wir später Überschlagformeln für die Ermittlung der Anfahrbeschleunigung ableiten werden, die eigentlich nur für einen stufenlosen Zugkraft-

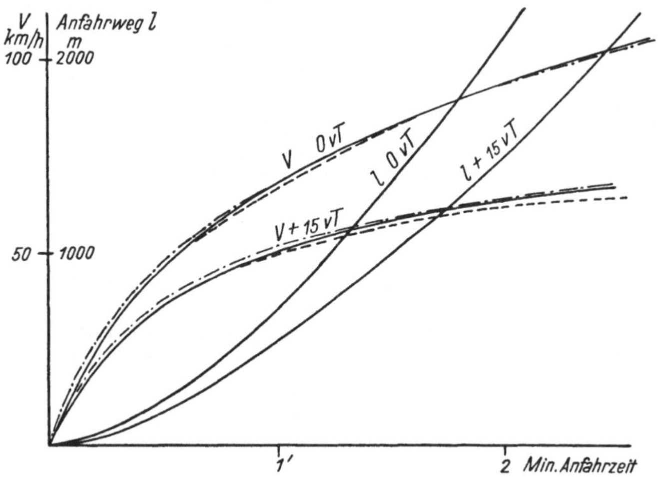

Abb. 81. Anfahrschaulinien von 395/425 PS Triebwagen.

verlauf gelten, wegen des fast gleichen Verlaufes der Kurven für die verschiedenen Kraftübertragungen aber allgemein verwendbar sind.

Die Schaulinien für die Anfahrt auf der Steigung von $15^0/_{00}$ beweisen auch deutlich die Notwendigkeit des Abzuges von $3^0/_{00}$ bei der Angabe der Steigfähigkeit. Der Triebwagen braucht schon für die in der Zahlentafel 19 angegebene Geschwindigkeit von 70 km/h eine Anfahrzeit von etwa drei Minuten und einen Anfahrweg von etwa 2600 m, er kann daher diese erst auf einer längeren Steigung als 2,6 km tatsächlich fahren, wenn er auf der Steigung anfahren muß. Hätten wir statt s_1 die Steigung s für die Zahlentafel 19 verwendet, so wäre nach Abb. 80 für $s = 15^0/_{00}$ etwa 80 km/h einzusetzen gewesen, die bei einer Anfahrt erst nach einer sehr langen Zeit zu erreichen wären.

3. Verzögerung bei der Einfahrt in eine Steigung.

Es könnte nun die Frage aufgeworfen werden, ob der Triebwagen auf $+15^0/_{00}$ überhaupt mit der Geschwindigkeit von 80 km/h verwendet werden kann. Die Einschränkung für die Anfahrt haben wir kennengelernt, wir fragen uns jetzt, was bei einer Einfahrt in die Steigung mit einer höheren Geschwindigkeit als 80 km/h, z. B. mit 90 km/h, geschieht. Wenn wir uns die Widerstandskurve des Triebwagens von $15^0/_{00}$ in das Z-V-Schaubild eingetragen denken, so besteht rechts vom Schnittpunkt bei 80 km/h kein Zugkraftüberschuß, sondern ein Widerstandsüberschuß, der verzögernd wirken wird. Wir können auch sagen, der Zugkraftüberschuß ist negativ geworden, und daraus die Verzögerung $- a$ in m/Sek^2 nach Formel (22/IV) mit

$$- a = - \frac{\varDelta Z}{107 \cdot G}$$

errechnen. Für unser Beispiel, den 425 PS diesel-elektrischen Triebwagen, der in eine Steigung von $15^0/_{00}$ mit 90 km/h einfährt, berechnen wir die Zeit und den Weg der Verzögerung in der Zahlentafel 22.

Zahlentafel 22. Ermittlung der Verzögerung eines mit 90-km/h-Geschwindigkeit in die Steigung von $15^0/_{00}$ einfahrenden Triebwagens, sonst wie Zahlentafel 20.

Abschnitt	V_m km/h	v_m m/Sek	Z kg	W kg	$-\varDelta Z$ kg	$\dfrac{-a_m}{m/Sek^2}$	t Sek	l m
90—85	87,5	24,3	965	1069	— 104	0,0168	83	2000
85—80	82,5	22,9	1025	1048	— 23	0,0038	376	8600

Die errechnete Verzögerungszeit und der während dieser Zeit durchlaufene Weg muß richtig aufgefaßt werden, der Verlauf ist gegenüber den Anfahrschaulinien umgekehrt, d. h. daß die Geschwindigkeit bis etwa 85 km/h rascher, dann aber langsamer absinken wird, wenn die Widerstände und Zugkräfte tatsächlich unverändert bleiben. Der geringe rechnerische Zugkraftunterschied von etwa 20 kg wird aber praktisch rasch verschwinden, da im Betrieb weder eine vollkommene Gleichmäßigkeit der Steigung noch ein vollkommen gesetzmäßiger Fahrwiderstand vorhanden ist. Wenn z. B. nur ein kurzes Stück mit $18^0/_{00}$ oder eine im Verhältnis zum Krümmungswiderstand des Fahrzeuges nicht ganz ausgeglichene Krümmung auftritt, wird die Geschwindigkeit rasch auf die höchsterreichbare für $15^0/_{00}$ herabgedrückt. Das Beispiel sollte nur zeigen, daß der für die Anfahrt erklärte Weg für eine Verzögerung umkehrbar ist, wenn auch die Ergebnisse mit Vorsicht verwendet werden müssen. Ein ähnliches, auf abschnittweise Berechnung aufgebautes Verfahren, bei dem die Beschleunigung dem s-V-Diagramm entnommen wird, hat Koref[1] veröffentlicht.

4. Verwendung von Fluchtlinientafeln.

Für die Ermittlung der Anfahrzeitkurve wollen wir noch eine bildliche Darstellung des Vorganges erläutern, die als Muster für Fluchtlinien-

---

[1] Koref: Bestimmung der Fahrzeiten mittels Rechenschieber. Organ 1929, H. 2.

tafeln zur Lösung ähnlicher Aufgaben dienen kann. Die Anfertigung einer solchen Tafel lohnt nur dann die aufzuwendende Mühe, wenn für ein bestimmtes Fahrzeug mit unverändertem Gewicht mehrmals Anfahrzeiten auf verschiedenen Steigungen zu ermitteln sind.

Wie auf Abb. 82 zu ersehen, tragen wir uns im rechten oberen Viertel gestrichelt die Z-V-Kurve und die Fahrwiderstandskurve für die Fahrt

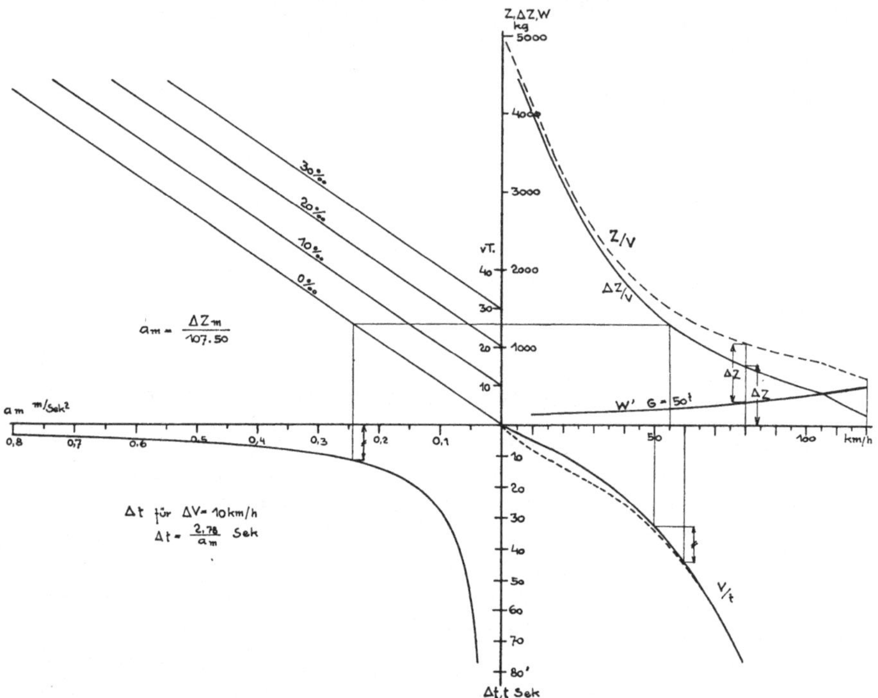

Abb. 82. Zeichnerisches Verfahren für die abschnittsweise Ermittlung von Anfahrschaulinien.

in der Waagerechten eines 425 PS diesel-elektrischen Triebwagens mit 50 t Gewicht auf, die Differenz zwischen beiden Kurven gibt die Überschußzugkraft, die wir voll ausziehen, da sie allein für den weiteren Gang maßgebend ist. Im linken oberen Viertel zeichnen wir uns Hilfslinien für die Ermittlung der Anfahrbeschleunigung a für verschiedene Steigungen ein, und zwar als Gerade, da zwischen der Beschleunigung und der Überschußzugkraft ein lineares Verhältnis besteht.

Die Gerade für die Ebene beginnt in Null, ein zweiter Punkt ergibt sich aus der Gleichung $a = \dfrac{\varDelta Z}{107 \cdot G}$, z. B. a mit 0,748 m/Sek² für $\varDelta Z = 4000$ kg aus $\dfrac{4000}{107 \cdot 50}$. Die Geraden für andere Steigungen oder Gefälle laufen parallel zur Geraden für die Ebene, sie beginnen auf der Ordinate bei jener Überschußzugkraft, die dem Produkt aus Fahrzeuggewicht und spezifischem Steigungswiderstand entspricht, also für $10^0/_{00}$ bei $\Delta Z =$ $= 50 \cdot 10 = 500$ kg usw. Wir können uns daher auf der Ordinate auch einen Maßstab für die Steigungen auftragen, der den Beginn der schrägen Geraden für die verschiedenen Steigungen anzeigt.

Im linken unteren Viertel der Abb. 82 wird die für einen Abschnitt von 10 km/h $= 2,78$ m/Sek benötigte Zeit bestimmt, wozu eine gleichseitige Hyperbel[1] verwendet werden kann, da $\Delta t \cdot a_m = 2,78 =$ const. angenommen ist. Wenn wir für das rechte untere Viertel den Zeitmaßstab als Summenzeit verwenden, so können wir dort immer am Ende des jeweiligen Geschwindigkeitsabschnittes die Abschnittszeit Δt aus dem linken unteren Viertel übertragen und erhalten so die Anfahrzeitkurve über der Geschwindigkeit oder die Geschwindigkeitskurve über der Zeit. Die Abschnittszeiten Δt sind wegen der mit den Zehnerwerten der Geschwindigkeit endenden Abschnitte an einem Fünferwert der Geschwindigkeit als dem Mittelwert des Abschnittes aufzutragen. Die in der Abb. 82 ermittelte Kurve liegt wegen des geringeren Gewichtes etwas höher als jene der Abb. 81, gestrichelt ist die aufgenommene Anfahrkurve eines Triebwagens VT 42 mit 425 PS Motorleistung und 50 t Gewicht eingetragen, die ab 60 km/h mit der errechneten zusammenfällt.

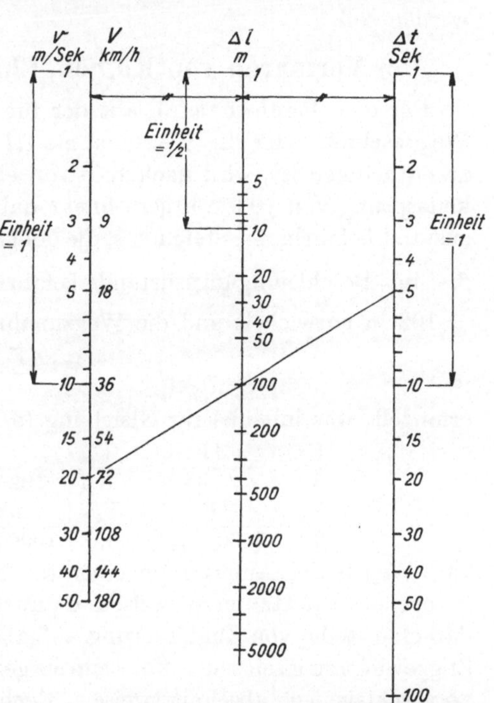

Abb. 83. Fluchtlinientafel für Geschwindigkeit, Zeit und Weg.

Da das linke untere Viertel der Abb. 82 mit dem Zusammenhang zwischen Δt und a allgemein gültig ist, könnte es auch gesondert in großem Maßstab aufgezeichnet werden, was jedenfalls für die zeichnerische Ermittlung des jeweiligen Anfahrwegabschnittes zweckmäßig ist, der aus $\Delta l = \Delta t \cdot v_m$ errechnet wurde. Für ein solches Nomogramm ist die logarithmische Form $\log (\Delta l) = \log (\Delta t) + \log v_m$ zu empfehlen, da sich diese durch eine Fluchtlinientafel mit drei parallelen Leitern darstellen läßt. Man braucht nur die im Handel befindlichen logarithmischen Maß-

[1] Luckey: Einführung in die Nomographie. Zweiter Teil: Die Zeichnung als Rechenmaschine. Mathematisch-physikalische Bibliothek, Bd. 37, S. 7.

stäbe, und zwar für mittlere Leiter Δl etwa 125 mm als Einheit und für die in gleichem Abstand außen liegenden Leiter für Δt und v_m, die auch für V_m in km/h beziffert wird, dann 250 mm als Einheit nach dem Muster der Abb. 83 aufzutragen und kann durch sogenannte Zapfenlinien oder Weiserfaden den Wegabschnitt Δl aus den gegebenen Δt und v_m oder V_m erhalten, wie dies für $\Delta t = 5$ Sek und $v_m = 20$ m/Sek eingetragen ist. Die Ablesbarkeit für große Wegabschnitte ist nicht am besten, was aber nicht zu vermeiden ist, wenn die Fluchtlinientafel nicht zu umfangreich werden soll.

c) Verfahren von Kothen, Ehrensberger und Klein.

Für eine Rechentafel, aus der für ein bestimmtes Zuggewicht der Wegabschnitt oder die Wegzunahme Δl und die Zeitzunahme Δt direkt zu entnehmen ist, wird nach Kothen ebenfalls mit einem Geschwindigkeitssprung von 10 km/h gerechnet,[1] dabei wird aus der im Beharrungszustand befahrbaren Steigung s, die dem s-V-Diagramm entnommen wird, die im Beschleunigungszustand befahrbare Steigung $s' = \dfrac{1}{1+\gamma} \cdot s = 102 \cdot a$ entwickelt und die Wegzunahme Δl aus der Gleichung

$$\Delta l = \frac{V_m \cdot \Delta V}{s_m{'}} \cdot \frac{1}{127}$$

ermittelt, was mit unserer Gleichung (6/X) übereinstimmt, weil

$$\Delta l = \frac{V_m}{3,6} \cdot \frac{\Delta V}{s_m{'} \cdot 35,7} = \frac{V_m}{3.6} \cdot \frac{\Delta V}{102 \cdot 35,7 \cdot a_m} =$$

$$= \frac{V_m}{3,6} \cdot \frac{\Delta V}{3600 \cdot a_m} = \frac{V_m}{3,6} \cdot \frac{\Delta v}{1000 \cdot a_m} \text{ in km oder } \frac{V_m}{3,6} \cdot \Delta t \text{ in m}$$

ist. Wegen der Anfertigung einer solcher Rechentafel ist auf den angezogenen Aufsatz[1] zu verweisen, da auch für sie das schon Gesagte gilt, daß eine Reihe von Zugförderungsaufgaben mit demselben Fahrzeug und Zuggewicht zu lösen sein muß, wenn sie gegenüber dem für Projektierungen vorgeschlagenen abschnittsweisen Rechnungsvorgang in Zahlentafeln Vorteile bieten soll.

Es sind auch Verfahren bekannt, die statt des abschnittsweise mit gleichförmiger Beschleunigung arbeitenden Vorganges die tatsächlich vorhandene ungleichmäßig beschleunigte Bewegung der Ermittlung der Anfahrzeit und des Anfahrweges zugrunde legen. So kann die Beschleunigungskurve, die sich wie erinnerlich nur durch den Ordinatenmaßstab von der s-V-Kurve unterscheidet, nach Ehrensberger in einzelne gerade Linienstücke zerlegt[2] und für jedes die analytische Gleichung

---

[1] Kothen: Rechentafel zur Fahrzeitermittlung, Aufzeichnung von zeitabhängigen Verbrauchsgrößen über dem Weg. Organ, H. vom 1. III. 1937.

[2] Ehrensberger: Die Kosten einer Zugfahrt in Abhängigkeit von der Fahrweise. Organ, H. vom 1. u. 15. XI. 1931.

$$a = n - m \cdot v$$

aufgestellt werden, wobei

$$n = \frac{a_2 \cdot v_1 - a_1 \cdot v_2}{v_1 - v_2} \quad \text{und} \quad m = \frac{a_2 - a_1}{v_1 - v_2}$$

ist, was den Ordinatenabschnitten und Tangenten der Ersatzgeraden entspricht. Für die ungleichmäßig beschleunigte Bewegung ist

$$\varDelta t = \int_{v_1}^{v_2} \frac{dv}{a} \quad \text{und mit Einsetzung der Ersatzgeraden}$$

$$\varDelta t = \int_{v_1}^{v_2} \frac{dv}{n - m \cdot v}, \quad \text{wofür die Lösung}$$

$$\varDelta t = \frac{1}{m} \left[\ln (n - m \cdot v_1) - \ln (n - m \cdot v_2) \right] \quad \text{und}$$

mit Rückgang auf die Beschleunigungswerte

$$\varDelta t = \frac{v_2 - v_1}{a_1 - a_2} \cdot \ln \frac{a_1}{a_2} \quad \text{lautet.} \tag{7/X}$$

Für den Weg besteht die Beziehung

$$\varDelta l = \int_{v_1}^{v_2} \frac{v \cdot dv}{a} = \int_{v_1}^{v_2} \frac{v \cdot dv}{n - m \cdot v} =$$

$$= \left[\frac{n}{m^2} \cdot \left(\ln \frac{n - m \cdot v_1}{n - m \cdot v_2} \right) \right] - \frac{v_2 - v_1}{m} =$$

$$= \left[\frac{(v_2 - v_1)(a_1 \cdot v_2 - a_2 \cdot v_1)}{(a_1 - a_2)^2} \cdot \ln \frac{a_1}{a_2} \right] - \frac{(v_2 - v_1)^2}{a_1 - a_2},$$

$$\varDelta l = \varDelta t \cdot \left[\frac{a_1 \cdot v_2 - a_2 \cdot v_1}{a_1 - a_2} - \frac{v_2 - v_1}{\ln a_1 - \ln a_2} \right]. \tag{8/X}$$

Es ist augenfällig, daß eine Berechnung der Anfahrschaulinien nach den Formeln (7/X) und (8/X) sehr mühsam ist, weshalb Ehrensberger in seinem Aufsatz untersucht, inwiefern die auf dem üblichen Wege mit abschnittsweise angenommener gleichförmig beschleunigter Bewegung ermittelten Werte mit den Ergebnissen der Rechnung nach den Formeln (7/X) und (8/X) übereinstimmen, und nachweist, daß die Fehler in der Zeitberechnung nur von dem Verhältnis der Grenzbeschleunigungen $\frac{a_1}{a_2}$ des Abschnittes abhängen, während bei der Wegberechnung noch die mittlere Abschnittsgeschwindigkeit V_m und der Geschwindigkeitssprung $\varDelta V$ von Einfluß ist. Es werden Richtlinien für die Einschränkung der Fehler auf etwa 2% angegeben, nach denen für die Zeitberechnung $\frac{a_1}{a_2}$ nicht viel größer als 1,6 sein soll, für die Wegberechnung ergeben sich mit Berücksichtigung der angegebenen Abhängigkeiten ähnliche Werte. Diese Vorschrift bedeutet für die niedrigen Geschwindigkeiten kleinere Abschnitte, wovon wir aber bei unseren Zahlentafeln abgesehen haben, weil diesem Bereich immer eine gewisse Unsicherheit anhaftet, der durch einen Zeitzuschlag in einfacherer Weise annähernd Rechnung getragen werden kann.

Der nach dem Aufsatz von Ehrensberger beschriebene Weg arbeitet zwar mit ungleichmäßig beschleunigter Bewegung, die aber durch Ersatzgerade der analytischen Behandlung zugänglich gemacht wird. Im Schrifttum[1] ist auch ein Vorschlag von Klein zu finden, nach welchen die Z-V-Kurve durch eine **analytische Kurve** der Form

$$Z = A \cdot V^{\alpha} + B \cdot V^{\beta} + C$$

ersetzt wird, wobei α meist negativ ist und β mit 2 gewählt wird. Es werden vier Punkte der Z-V-Kurve zur Bestimmung der Konstanten und der Potenz α herangezogen und schließlich eine nomographischeNetztafel entwickelt, deren Herstellung aber einen großen Arbeitsaufwand erfordern dürfte. Der Unterschied dieser genauen Verfahren gegenüber der einfachen abschnittsweisen Berechnung wird sich in der Praxis nicht auswirken, da, wie immer wieder betont werden muß, sowohl die Z-V-Kurve als auch die Widerstände nicht absolut festliegen.

d) Vereinfachtes analytisches Verfahren von Kinkeldei.

Ein vereinfachtes analytisches Verfahren für Fahrzeuge mit elektrischer Kraftübertragung hat Kinkeldei[2] angegeben, in dem er die Z-V-Kurve an der Reibungsgrenze durch eine Gerade und im Fahrbereich durch eine Hyperbel ersetzt. Nun werden für drei Fälle — Fahrwiderstand $W = O$, Fahrwiderstand $=$ konst. $= W_{\text{mittel}}$ und Fahrwiderstand $= f(V)$ — die Verhältnisse untersucht. Den ersten Fall können wir als sehr selten vorkommend (Anfahren auf schwachem Gefälle) ausscheiden, für den zweiten Fall mit einem mittleren Fahrwiderstand wird angegeben

$$a_m = \frac{270 \cdot N}{V_{\max} \cdot M'} \left(1 + \ln \frac{V_{\max}}{V_{\text{ut}}}\right) - \frac{W_m}{M'} \tag{9/X}$$

und für den dritten Fall mit einem parabelförmig ansteigenden Fahrwiderstand

$$a_m = \frac{270 \cdot N}{V_{\max} \cdot M'} \left(1 + \ln \frac{V_{\max}}{V_{\text{ut}}}\right) - \frac{G}{M'} \left(k_1 + \frac{k_2 \cdot V^2_{\max}}{3}\right) \mp \frac{G+s}{M'}, \tag{10/X}$$

wobei k_1 und k_2 die Beiwerte des spezifischen Fahrwiderstandes in der geraden Ebene $w = k_1 + k_2 \cdot V^2$, M' die Ersatzmasse, V_{ut} die am Ende des Abschnittes IV besprochene theoretische untere Geschwindigkeit, gegeben durch die Reibungsgrenze, und s die Steigung in $^0/_{00}$ bedeuten.

---

[1] Klein: Die Ermittlung der kürzesten Fahrzeit auf mechanisch-dynamischer Grundlage. Organ, H. vom 1. III. 1937.

[2] Kinkeldei: Berechnung der Anfahrbeschleunigung und der Anfahrleistung von Dieseltriebwagen. G. A., H. vom 15. VIII. 1934.

Für alle Übertragungen, bei denen die Z-V-Kurve in gewissen Bereichen annähernd waagerecht verläuft, z. B. wie bei den Stufengetrieben oder den Kupplungen der Flüssigkeitsgetriebe, verläuft auch das s-V-Schaubild annähernd waagerecht, wenn man für den Bereich einen mittleren Fahrwiderstand als konstant annimmt, die parabelförmige Fahrwiderstandskurve also durch eine Treppenlinie ersetzt.

Die mittlere Beschleunigung ist dann in diesen Bereichen auch annähernd konstant, und zwar nach Formel (22/IV)

$$a_m = \frac{\Delta Z}{107 \cdot G} = \frac{Z_1 - W_{1m}}{107 \cdot G},$$

wenn man die annähernd konstante Zugkraft der ersten Stufe mit Z_1 und den mittleren Fahrwiderstand dabei mit W_{1m} bezeichnet. Dasselbe gilt auch für andere Stufen, so daß eine überschlägige abschnittsweise Berechnung einfach durchgeführt werden kann. Kinkeldei gibt in seinem schon mehrmals angezogenen Aufsatz[1] auch eine Näherungsformel für die Ermittlung einer mittleren Anfahrbeschleunigung bei Stufengetrieben an, die auf einer ähnlichen Überlegung gegründet ist.

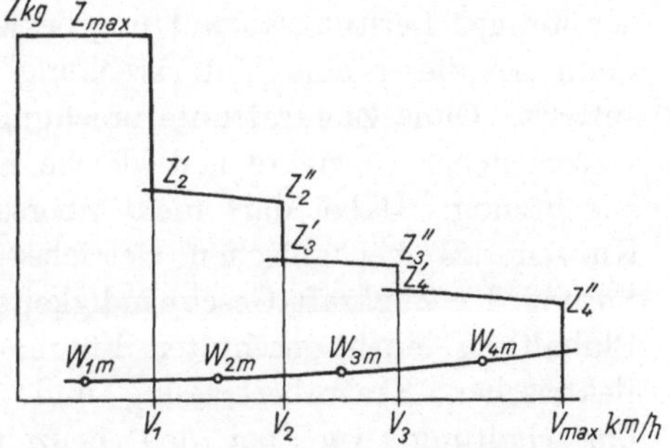

Abb. 84.   Zugkraft-Geschwindigkeitskurve eines Fahrzeuges mit Stufengetriebe.

Nach Abb. 84 werden die einzelnen Endwerte der Zugkraftstufen mit

$$Z_{max}, Z_2' \text{ und } Z_2'', Z_3' \text{ und } Z_3'', Z_4' \text{ und } Z_4''$$

bezeichnet, die dazugehörigen Geschwindigkeiten mit V_1 bis V_{max}. Kinkeldei bildet nun die einzelnen trapezförmigen Flächen, von denen der mittlere Widerstand W_{1m} usf. abgezogen wird, erhält durch Addition der Flächen und Division durch V_{max} den gesamten Zugkraftüberschuß, der durch die Ersatzmasse, die nach unserer Annahme gleich $107 \cdot G$ ist, dividiert, die mittlere Beschleunigung ergibt.

Kinkeldeis Formel für treppenförmige Z-V-Diagramme lautet daher:

$$a_m = \frac{1}{V_{max} \cdot 107 \cdot G}\left[(Z_{max} - W_{1m}) \cdot V_1 + \left(\frac{Z_2' + Z_2''}{2} - W_{2m}\right)(V_2 - V_1) + \right.$$

$$\left. + \left(\frac{Z_3' + Z_3''}{2} - W_{3m}\right)(V_3 - V_2) + \left(\frac{Z_4' + Z_4''}{2} - W_{4m}\right)(V_{max} - V_3)\right]. \tag{11/X}$$

Bei der Ermittlung der Anfahrkurven von Fahrzeugen mit Stufengetrieben ist noch zu beachten, ob es sich um eine Ausführung mit Unter-

---

[1] S. Note 1 auf S. 168.

brechung der Zugkraft, wie dies bisher meist der Fall war, oder um eine solche mit sofortigem Einsatz der erhöhten Zugkraft der nächsten Stufe handelt. Für den zweiten Fall ergibt die abschnittsweise Berechnung, bei der das Ende eines Abschnittes mit einem Stufenendpunkt übereinstimmen muß, oder die Näherungsformel (11/X) von Kinkeldei die höchsterreichbaren Werte, für den Fall der Zugkraftunterbrechung ist jedoch die Dauer der Umschaltung zu berücksichtigen, während welcher Zeit die Geschwindigkeit sogar wieder etwas abnimmt,[1] welche Geschwindigkeitsabnahme sowie der dabei durchlaufene Weg aus den Formeln (4/VII) und (5/VII) errechnet werden kann. Im Schrifttum sind auch wiederholt Anfahrschaulinien von Motorfahrzeugen mit mechanischer und elektrischer Kraftübertragung verglichen worden,[2] wobei die elektrische Übertragung wegen der stetigen Leistungsausnutzung besser als die mechanische abschneidet, wenn bei dieser eine Unterbrechung der Zugkraft beim Stufenwechsel auftritt. Ohne Zugkraftunterbrechung ergeben sich nach Abb. 81 trotz verschiedener Gewichte fast gleiche Kurven wie bei stetiger Leistungsausnutzung. Dabei darf nicht übersehen werden, daß die errechneten Kurven des mechanischen Getriebes diesen Stufenwechsel genau im Sprung der Zugkraft-Geschwindigkeitskurve voraussetzen, also für ihre Einhaltung einen geschulten Führer erfordern, während sich bei der elektrischen Kraftübertragung und allen Systemen mit selbsttätiger Fortschaltung, wie bei den neuzeitlichen Flüssigkeitsgetrieben die höchsterreichbaren Anfahrwerte vollkommen selbsttätig, unabhängig von der Geschicklichkeit des Führers ergeben, wenn der Fahrthebel auf Vollast gestellt wird.

e) Näherungsformel des Verfassers für. mittlere Beschleunigung.

Formeln für a_m, wie die von Kinkeldei, sind deswegen von Bedeutung, weil es oft genügt, über einen ungefähren Wert der gesamten Anfahrzeit bis zur Erreichung von V_{max} zu verfügen, ohne den Verlauf der Anfahrt selbst zu kennen. Aus der mittleren Beschleunigung a_m ergibt sich nämlich die Anfahrzeit in bekannter Weise sehr einfach mit

$$t = \frac{V_{max}}{a_m \cdot 3{,}6} \tag{12/X}$$

und der Anfahrweg

$$l = \frac{V_{max}}{2 \cdot 3{,}6} \cdot t = \frac{V^2_{max}}{25{,}9 \cdot a_m}. \tag{13/X}$$

Die Formeln (9/X) bis (10/X) sind aber wegen der vereinfachten An-

---

[1] Dumas und Levy: Die Triebwagen hinsichtlich ihrer Konstruktion. I. E. K. V. 1934, Oktoberheft.
[2] S. Note 4 auf S. 134.

nahmen über die Form der Z-V-Kurve, die bezüglich V_{ut} und der Hyperbelform nie zutreffen, für eine genaue Rechnung zu unsicher und für eine Übersicht dagegen zu wenig einfach.

1. Ableitung.

Wir suchen daher eine andere Lösung, bei der wir davon ausgehen, daß die Anfahrlinien, wie z. B. auf den Abb. 81 und 82, annähernd parabelförmig verlaufen. Der Mittelwert einer Funktion ist allgemein

$$\frac{\int_0^x f(x) \cdot dx}{x}$$

und für eine Parabel $y^2 = 2p \cdot x$ mit einer Fläche $\dfrac{2\,x\,y}{3}$ daher, wenn wir gleich $x = t$ und $y = V$ setzen,

$$\frac{2 \cdot t \cdot V}{3 \cdot t} = \frac{2}{3} \cdot V,$$

d. h. daß bei einer Parabel der Wert von $\dfrac{2}{3} \cdot V$ als Mittelwert für den Abschnitt von Null bis $V = V_{\max}$ verwendet werden kann.

Wir gehen auf die Formel (23/IV) zurück, setzen $W = Z$ und errechnen aus derselben die Beschleunigung a, wobei wir einen eventuell vorhandenen spezifischen Krümmungswiderstand in den Fahrwiderstand w hineinnehmen. Es ergibt sich

$$a = \frac{Z}{107 \cdot G} - \frac{w \pm s}{107} \ \text{m/Sek}^2, \tag{14/X}$$

woraus wir unter Heranziehung der Leistungsziffer LZ in PS am Radumfang je t und der Grundformel der Zugförderung $N = \dfrac{Z \cdot V}{270}$

$$a \doteq \frac{2{,}5 \cdot LZ}{V} - \frac{w \pm s}{107} \ \text{m/Sek}^2 \tag{15/X}$$

erhalten, welche Formel aber nur die Beschleunigung für die jeweilige Geschwindigkeit gibt, weshalb sie in dieser Form nur für abschnittsweise Ermittlungen verwendet werden darf, was bei genauer Rechnung schon wegen des sich mit der Geschwindigkeit ändernden Widerstandes w notwendig ist. Wir suchen aber jetzt als ungefähren Durchschnittswert einen Mittelwert a_m für den Anfahrbereich und erhalten diesen wegen des parabelähnlichen Verlaufes mit Heranziehung von etwa $\dfrac{2}{3} \cdot V_{\max}$ statt V und einem mittleren spezifischen Widerstand w_m statt w mit

$$a_m \doteq \frac{2{,}5 \cdot LZ}{\sim \dfrac{2}{3} \cdot V_{\max}} - \frac{w_m \pm s}{107} \ \text{m/Sek}^2. \tag{16/X}$$

Die *Näherungsformel* (16/X) liefert manchmal erst für Geschwindigkeiten über 30 bis 40% der Höchstgeschwindigkeit brauchbare Werte, darunter sind die Verhältnisse wegen der verschiedenen Wirkungsgrade und Ausnutzungsziffern im Anfahrbereich zu nicht einheitlich.

2. Beispiel.

Als Beispiel sei der diesel-elektrische Triebwagen mit einer mittleren Zugförderleistung von 390 PS und 57 t Gewicht herangezogen, dessen Leistungsziffer LZ bei einem Gesamtwirkungsgrad von $\eta = 0{,}80$ gleich $\dfrac{390 \cdot 0{,}80}{57} \doteq 5{,}5$ PS am Radumfang je t ist. Für die mittlere Beschleunigung a_m bis 60 km/h in der Ebene ergibt sich nach der Formel (16/X) mit $w_m = 3{,}3$ kg/t, $s = 0$ und $\sim \dfrac{2}{3} V_{\max} = 38$ km/h

$$a_m \doteq \frac{2{,}5 \cdot 5{,}5}{38} - \frac{3{,}3}{107} \doteq 0{,}33 \, \text{m/Sek}^2$$

und damit die Anfahrzeit gleich

$$t \doteq \frac{60}{3{,}6 \cdot 0{,}33} = 50 \, \text{Sek,}$$

während der höchsterreichbare Wert nach Abb. 81 46 — 49 Sek beträgt. Für 90 km/h, $\sim \dfrac{2}{3} V_{\max} = 55$ km/h und $w_m \doteq 4{,}2$ kg/t erhalten wir

$$a_m \doteq \frac{2{,}5 \cdot 5{,}5}{55} - \frac{4{,}2}{107} \doteq 0{,}21 \, \text{m/Sek}^2,$$

also eine Anfahrzeit von $t \doteq 119$ Sek gegenüber etwa 110 Sek der Abb. 81. Für den hohen Geschwindigkeitsbereich gibt ein Faktor von $0{,}62 - 0{,}60$ für $\sim \dfrac{2}{3} V_{\max}$ im allgemeinen gut mit der höchsterreichbaren Anfahrkurve übereinstimmende Werte.

Es ist dabei für den ersten Überblick nur günstig, daß sich mit der Formel (16/X) etwas größere Anfahrzeiten als die günstigst erreichbaren ergeben, worin auch der Unterschied gegenüber den Formeln von Kinkeldei besteht. Der ähnliche Aufbau von (9/X) und (16/X) ermöglicht einen Vergleich der Beiwerte, da $\left(1 + \ln \dfrac{V_{\max}}{V_{ut}}\right)$ dem Wert $\sim \dfrac{3}{2}$ gegenübergestellt werden kann. Für $\sim \dfrac{3}{2} = 1{,}66 - 1{,}50$ ergibt sich bei der Gleichsetzung $\ln \dfrac{V_{\max}}{V_{ut}} = 0{,}66 - 0{,}5$ und damit $\dfrac{V_{\max}}{V_{ut}} = 1{,}65 - 1{,}93$, also kleiner als tatsächlich vorhandene Verhältnisse der Grenzgeschwindigkeiten, so daß sich mit dem wirklichen Größenwert von 3 bis 5 zu große Anfahrbeschleunigungen ergeben, was auch wegen der größeren der Ermittlung von a_m zugrunde gelegten Fläche $Z \cdot V$ zu erwarten war.

3. Schaublätter.

Es ist auch möglich, sich für häufig vorkommende Steigungen eigene Schaublätter über die Abhängigkeit der jeweiligen Beschleunigung von der Leistungsziffer und der Fahrgeschwindigkeit anzufertigen. Dafür wird die Formel (15/X) verwendet, in der der spezifische Widerstand w durch den Ausdruck $k_1 + k_2 . V^2$ ersetzt wird, wodurch man zur Beziehung

$$a = \frac{2{,}5 . LZ}{V} - \frac{k_1 + k_2 . V^2 \pm s}{107} \qquad (17/\mathrm{X})$$

kommt, in der für eine bestimmte Steigung s die drei Veränderlichen a, LZ und V vorhanden sind. Die Werte k_1 und k_2 sind einer Formel für den spezifischen Fahrwiderstand zu entnehmen. Die Abb. 85 zeigt ein solches Schaublatt für die Anfahrt in der Ebene, auf dem über der Fahrgeschwindigkeit Kurven für verschiedene Beschleunigungen von $a =$ $= 0{,}80$ bis $0{,}00$ m/Sek^2 in Abhängigkeit von der als Ordinate verwendeten Leistungsziffer LZ in PS am Radumfang aufgetragen sind. Dieses Schaublatt ist für Projektierungen bewußt unter Verwendung der aus Auslaufversuchen der Reihe VT 42 gewonnenen Formel

$(10/\mathrm{IV})\ w = 4 + 0{,}04\left(\dfrac{V}{10}\right)^2,$

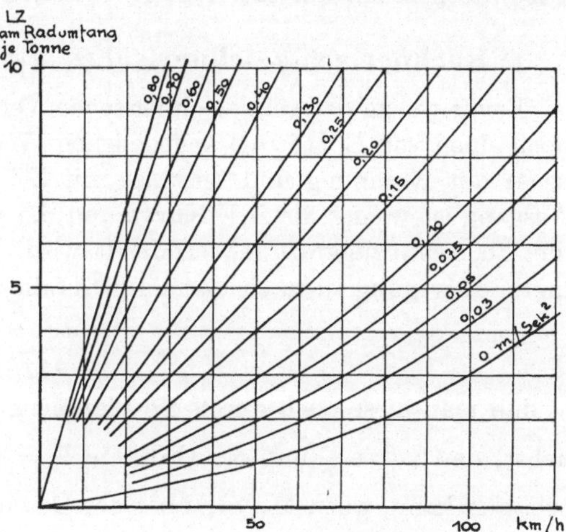

Abb. 85. Zusammenhang zwischen Leistungsziffer, Beschleunigung und Geschwindigkeit

$$a = \frac{2{,}5 . LZ}{V} - \frac{4 + 0{,}0004 . V^2}{107}.$$

also mit einem höheren spezifischen Widerstand als jenem der Reichsbahnformeln gezeichnet, damit es sicher einhaltbare Anfahrbeschleunigungen angibt. Die Kurve für $a = 0$ zeigt die Grenzgeschwindigkeiten an, die mit einer bestimmten Leistungsziffer in der Ebene noch erreicht werden können, sie entspricht den Schnittpunkten der Fahrwiderstandskurve mit der Z-V-Kurve, bei denen der Zugkraftüberschuß gleich Null ist, weshalb diese Geschwindigkeiten, wie schon mehrmals erwähnt, praktisch erst nach sehr langem Weg erreicht werden können. Die Kurve für $a = 0{,}03$ m/Sek^2 dagegen bedeutet, daß noch eine solche Überschußzugkraft vorhanden ist, die eine Beschleunigung von $0{,}03$ m/Sek^2 ermöglicht, ihre Werte stehen also in Zusammenhang mit der Angabe, die Fahrwiderstände mit einem Zuschlag von $3^0/_{00}$ zu errechnen. Für 100 km/h brauchen wir nach Abb. 85 daher eine Leistungsziffer von 4,2 PS/t, obwohl diese Geschwindigkeit schon mit 3 PS/t ohne Zugkraftüberschuß erzielbar ist.

Aus diesem Schaublatt kann man den Wert a_m für die Anfahrt in der

geraden Ebene bei ungefähr zwei Drittel der Höchstgeschwindigkeit
direkt entnehmen. Wegen der Entnahme von Zwischenwerten ist das
Schaublatt gelegentlich weniger genau, doch kann es für den ersten Überblick recht gute Dienste leisten. Die vereinfachenden Annahmen von
etwa zwei Drittel der Höchstgeschwindigkeit und der unveränderten
Leistungsziffer am Radumfang, denen natürlich Fehler anhaften, sind
dabei nicht störend, da sie zwar etwas ungünstigere Anfahrwerte ergeben,
dabei doch schon auf die richtige Größenordnung hinweisen.

f) Rechnerisch-zeichnerisches Verfahren von E. Meyer.

Bevor wir zu den rein zeichnerischen Verfahren übergehen, wollen wir
noch einen von E. Meyer[1] angegebenen Weg kennenlernen, bei dem teilweise mit Rechnung und teilweise mit Zeichnung gearbeitet wird. Der
Ausgang ist wieder die Z-V-Kurve und die Widerstandskurve, aus denen
die Überschußzugkraft $\varDelta Z$ ermittelt wird. Bei ungleichmäßig beschleunigter Bewegung ist nach Formel (3/X) die Anfahrzeit

$$t = \int_0^v \frac{dv}{a},$$

so daß man diese auch durch die Planimetrierung der von der Abszissenachse, der Kurve $\dfrac{1}{a}$ und der Ordinate $V = 3{,}6 \cdot v$ eingeschlossenen Fläche
erhalten kann, wozu Meyer über der Geschwindigkeit die Kurve $\dfrac{1}{a}$ aufträgt. Statt der Planimetrierung kann man auch eine im Schrifttum[2] angegebene Näherungsmethode heranziehen.

Da der zurückgelegte Weg l

$$l = \int_0^t v \cdot dt$$

ist, wird der Anfahrweg wieder durch die Planimetrierung, und zwar diesmal der Geschwindigkeitskurve über der Zeit ermittelt. Es wird empfohlen,
die beiden Anfahrkurven — Geschwindigkeit und Weg — über der Anfahrzeit für die in Betracht kommenden Steigungen aufzutragen und diese
Kurvenschar noch durch „Verzögerungskurven" zu ergänzen, die für jene
Strecken gelten, auf denen mit höherer Geschwindigkeit eingefahren wird
als der Beharrungsgeschwindigkeit dieser Strecken entspricht. Die Verzögerung wird, wie schon angegeben, wieder aus der Differenz von Zugkraft und Fahrwiderstand berechnet, womit sie als negative Beschleunigung aufgefaßt wird. Auch diese Verzögerungszeiten und -wege werden
von der Höchstgeschwindigkeit ausgehend für die verschiedenen Stei-
gungen aus $-\displaystyle\int \frac{1}{a} \cdot dv$ und $\displaystyle\int v \cdot dt$ ermittelt und in das Schaublatt mit den

---

[1] E. Meyer: Die Ermittlung der Anfahrkurven und Fahrdiagramme bei
diesel-elektrischer Zugförderung. Schweiz. Bztg., H. vom 28. IV. 1934.

[2] Sachs: Elektrische Vollbahnlokomotiven. S. 26.

Anfahrkurven eingetragen. Nach diesem Verfahren wird bei einem Neigungswechsel jeweils jene Anfahr- oder Verzögerungskurve in das Streckendiagramm eingetragen, die der zu befahrenden Neigung entspricht. Wenn z. B. aus der Ebene in eine Steigung von $20^0/_{00}$ eingefahren wird, zieht man für das Diagramm, das V und l über der Fahrzeit angibt, die Verzögerungskurve für $20^0/_{00}$ und bei anschließender Steigung von $13^0/_{00}$ die Anfahrkurve für $13^0/_{00}$ heran.

Beim Verfahren von Meyer kann die Auftragung der Kurven $\dfrac{1}{a}$ und $-\dfrac{1}{a}$ erspart werden, wenn man für die Planimetrierung ein Kehrwertplanimeter oder Kehrwertintegrimeter von A. Ott, Kempten im Allgäu, verwendet, worüber im Schrifttum[1] nähere Auskünfte zu finden sind. Man kann direkt aus der Überschußzugkraft $\varDelta Z$, die ja der Beschleunigung verhältnisgleich ist, die Anfahrzeitkurven ermitteln und dann weiter wie oben angegeben vorgehen.

Wenn wir damit alle nicht rein zeichnerischen Verfahren abschließen, so ist zusammenfassend zu sagen, daß sich für den ersten Überblick die Formeln (15/X) und (16/X) eignen, für Projektierungen die abschnittsweisen Berechnungen mit dem Rechenschieber und schließlich für ausgedehnte Fahrplanermittlungen mit demselben Fahrzeug und Zuggewicht das Verfahren von Meyer, besser aber die nachfolgend erwähnten zeichnerischen Verfahren.

g) Zeichnerische Verfahren.

1. Allgemeines.

Zeichnerische Verfahren sind im Schrifttum[2, 3] ausführlich dargelegt, sie gehen alle von dem s-V-Diagramm aus. Die zeichnerischen Verfahren sind meist einfach und anschaulich und können auch von Hilfskräften durchgeführt werden, da die Ermittlungen streng nach einem Schema erfolgen, das leicht zu erlernen ist.

Die für die Fahrzeitermittlung bei der Deutschen Reichsbahn freigegebenen Verfahren sind von Strahl, Unrein, Müller, Veltle und Caesar, über die auch eine vergleichende Gegenüberstellung[4] mit ausführlicher Zusammenstellung des Schrifttums erschienen ist, in der die

---

[1] Ott: Neue Planimeter und Integrimeter. Die Meßtechnik 1936, H. 3.

[2] Dittmann: Anweisungen für die Ermittlungen der Züge nach den zeichnerischen Verfahren. Organ, H. vom 15. VI. 1924. (Auch als Sonderdruck erhältlich.)

[3] Nordmann: Lokomotivbelastung und Fahrplanbildung. G. A., H. vom 1. XII. 1927.

[4] Lubimoff: Über rechnerische und zeichnerische Ermittlungen der Fahrzeiten von Eisenbahnzügen. Dissertation Berlin 1931. (Auch als Buch bei Bark & Schröter, Berlin SW 61, erschienen.)

Zuverlässigkeit und Genauigkeit dieser Verfahren untersucht wird. Bei denselben Voraussetzungen geben alle erwähnten zeichnerischen Verfahren nach dieser Veröffentlichung fast die gleichen Ergebnisse. In Übereinstimmung mit den Erfahrungen des Verfassers wird das Verfahren von Strahl, das auch von Lipetz, dem bekannten jetzt in Amerika lebenden russischen Lokomotivfachmann, angegeben wurde, und daher von Lubimoff als Lipetz-Strahl-Verfahren bezeichnet wird, als das anschaulichste und jenes von Unrein als das am schnellsten durchführbare bezeichnet.

2. Verfahren von Lipetz-Strahl mit Beispiel.

Wir gehen daher nachstehend auf das Verfahren von Lipetz-Strahl ein, da dieses nur mit Parallelverschiebungen arbeitet, daher auf dem Reißbrett keine besonderen Hilfsmittel benötigt. Die Ermittlung erfolgt abschnittsweise, das s-V-Schaubild wird wie bei den hervorgehobenen rechnerischen Verfahren in eine Treppenlinie verwandelt und die mittlere Beschleunigung eines Abschnittes in diesem als konstant angenommen. Zur Durchführung dieses Verfahrens müssen für die vorkommenden Größen bestimmte Zusammenhänge zwischen den Maßstäben bestehen, die wir zuerst ableiten wollen.

Im s-V-Schaubild wird das Maß für die Steigung s in $^0/_{00}$, also $[s]$ mit γ und für die Geschwindigkeit V, $[V]$ mit α bezeichnet, für das über dem Weg aufgetragene Streckenschaubild das Maß für den Weg l in km, also $[l]$ mit β, für die Geschwindigkeit V mit ε, auf die wegen der Verschiedenheit des Maßstabes gegenüber dem s-V-Schaubild zu achten ist, schließlich für die Zeit in Minuten $[t] = \mu$ und für deren Bestimmung im s-V-Schaubild noch ein Pol mit dem Polabstand $\overline{OP}$.

Der Weg l in km ist gleich dem Produkt aus mittlerer Abschnittsgeschwindigkeit in km/h und der Fahrzeit in Stunden. Wir schreiben daher

$$l = V_m \cdot \frac{t}{3600} = V_m \cdot \frac{1}{3600} \cdot \frac{V}{3,6 \cdot a_m}$$

und mit $a_m = \dfrac{w_a}{108}$, wobei w_a gleich der Steigung s des s-V-Schaubildes gesetzt werden kann,

$$\Delta l = V_m \cdot \frac{108}{3600 \cdot 3,6} \cdot \frac{\Delta V}{w_a} = V_m \cdot \frac{1}{120} \cdot \frac{\Delta V}{w_a}. \tag{18/X}$$

Die Neigung der Geraden $V : l$ im Streckenschaubild ist daher

$$\frac{\Delta V}{\Delta l} = \frac{w_a}{V_m} \cdot 120,$$

das heißt, daß man die Neigung der Geschwindigkeitslinie im Streckenschaubild direkt aus dem s-V-Schaubild entnehmen kann, wenn die Maßstäbe das Produkt 120 ergeben. Die Bedingung lautet daher $\dfrac{\gamma \cdot \beta}{\alpha \cdot \varepsilon} = 120$, wobei Strahl folgende Werte in Vorschlag bringt:

Steigung in $^0/_{00}$ s .... $[s] = \gamma = 12$ mm
Geschwindigkeit V in s-V-Schaubild ....$[V_1] = \alpha = 2$ „
Weg in km .... $[l] = \beta = 20$ „
Geschwindigkeit V im Streckenschaubild ....$[V_2] = \varepsilon = 1$ „

womit die Bedingung $\dfrac{\gamma \cdot \beta}{\alpha \cdot \varepsilon} = \dfrac{12 \cdot 20}{2 \cdot 1} = 120$ erfüllt ist.

Für die Zeit T in Minuten besteht die Beziehung

$$T = \frac{\Delta v}{60 \cdot a} = \frac{108 \cdot \Delta V}{60 \cdot 3{,}6 \cdot w_a} = \frac{\Delta V}{2 \cdot w_a} \qquad (19/\mathrm{X})$$

oder die Neigung der Geraden für die Zeitbestimmung ist nach den Gleichungen (18/X) und (19/X)

$$\frac{\Delta l}{\Delta T} = \frac{V_m \cdot \Delta V \cdot 2\, w_a}{120 \cdot \Delta V \cdot w_a} = \frac{V_m}{60},$$

so daß wir die Zeiten des Streckenschaubildes erhalten, wenn wir von einem im bestimmten Abstand unterhalb des s-V-Schaubildes liegenden Pol Strahlen zu den mittleren Abschnittsgeschwindigkeiten führen, deren Parallele im Streckenschaubild die Zeiten angeben. Dabei müssen die Maßstäbe wieder ein bestimmtes Verhältnis einhalten, und zwar $\dfrac{\alpha \cdot \mu}{\beta \cdot \overline{OP}} = \dfrac{1}{60}$, was mit den oben angegebenen Werten und einem Maßstab für die Zeit in Minuten $[t] = \mu = 10$ mm und einem $\overline{OP} = 60$ mm den richtigen Wert

$$\frac{\alpha \cdot \mu}{\beta \cdot \overline{OP}} = \frac{2 \cdot 10}{20 \cdot 60} = \frac{1}{60}$$

ergibt.

Wir haben nun die Grundlagen des Verfahrens kennengelernt und schon gesehen, daß es sich, wie bereits eingangs dieser Beschreibung erwähnt, nur darum handelt, Parallele zu Strahlen im s-V-Diagramm in das Streckenschaubild zu übertragen, das uns über dem Weg die erreichbaren Geschwindigkeiten und die Fahrzeiten anzeigt.

Für das nachfolgende Beispiel nehmen wir als Strecke die schon klassische Linie der Veröffentlichung von Dittmann[1], die auf der Abb. 86 unterhalb des Streckenschaubildes b eingezeichnet ist, lassen jedoch die Beschränkung der Höchstgeschwindigkeit mit 75 km/h fallen. Für das s-V-Schaubild nehmen wir einen 425-PS-Triebwagenzug mit 395 PS Zugförderleistung und 100 t Gewicht an.

Der Vorgang ist nun folgender: Vom Nullpunkt des s-V-Diagramms wird ein Strahl nach dem Schnittpunkt der Senkrechten über der Mittelgeschwindigkeit $V_m = 5$ km/h des ersten Abschnittes 0 bis 10 km/h mit der s-V-Kurve gezogen, der mit B_1 bezeichnet ist. Die Parallele zu diesem

---

[1] S. Note 2 auf S. 175.

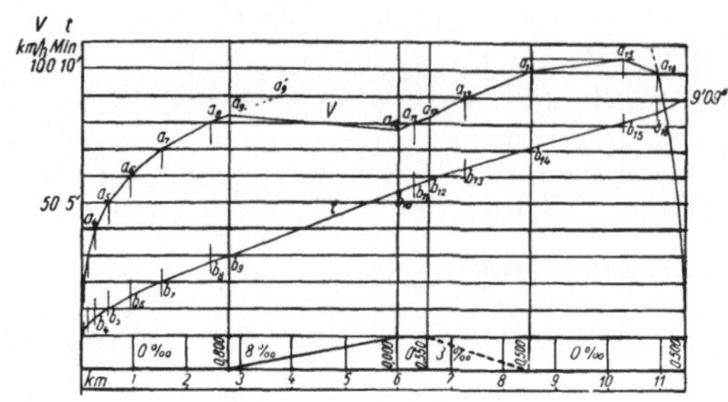

b) Streckenschaubild.

Weg l .... $1\,\mathrm{km} = 20\,\mathrm{mm} = \beta$

Geschwindigkeit V. $1\,\mathrm{km/h} = 1\,\mathrm{mm} = \varepsilon$

Zeit t .... $1\,\mathrm{Min} = 10\,\mathrm{mm} = \mu$

$$\frac{\alpha \cdot \mu}{\beta \cdot \overline{OP}} = \frac{2 \cdot 10}{20 \cdot 60} = \frac{1}{60}$$

$$\frac{\gamma \cdot \beta}{\alpha \cdot \varepsilon} = \frac{12 \cdot 20}{2 \cdot 1} = 120$$

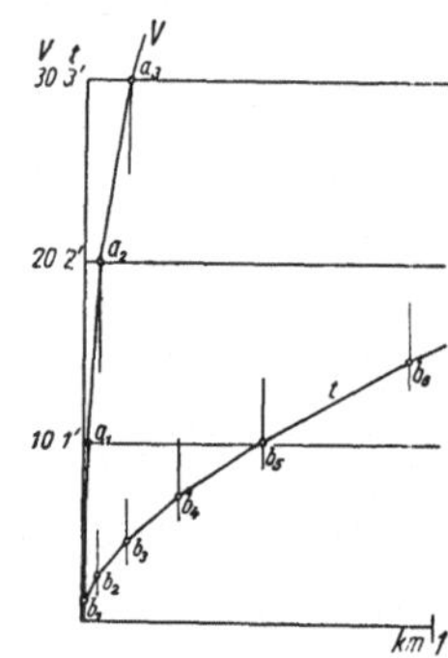

c) Vergrößertes Streckenschaubild für den ersten Anfahrbereich.

$$\beta' = 100\,\mathrm{mm} \qquad \varepsilon' = 5\,\mathrm{mm} \qquad \mu' = 50\,\mathrm{mm}$$

$$\frac{\gamma \cdot \beta'}{\alpha \cdot \varepsilon'} = \frac{12 \cdot 100}{2 \cdot 5} = 120$$

$$\frac{\alpha \cdot \mu'}{\beta' \cdot \overline{OP}} = \frac{2 \cdot 50}{100 \cdot 60} = \frac{1}{60}$$

d) Bremsung.

V	l
km/h	m
110	670
100	552
90	450
80	355
70	272
60	200
50	139
40	89
30	50
20	22

Parabelförmige Bremsschablone

$$\text{Bremsweg } l = \frac{V^2}{25{,}9\,(-a_m)}$$

z. B. $-a_m = 0{,}7\ \mathrm{m/Sek^2}$

Bremszeit t

$$t = \frac{V}{3{,}6\,(-a_m)}$$

z. B. $t = \dfrac{100}{3{,}6 \cdot 0{,}7} \doteq 40\ \mathrm{Sek}$

a) $s\text{-}V\text{-Schaubild.}$

Geschwindigkeit V .... $1\,\mathrm{km/h} = 2\,\mathrm{mm} = \alpha$

Steigung S .... $1^0/_{00} = 12\,\mathrm{mm} = \gamma$

Abb. 86. Ermittlung eines Streckenschaubildes nach dem Strahlverfahren. Triebwagen, abgerundete Kopfform 50 t. Anhängewagen, abgerundete Kopfform 50 t, Zuggewicht 100 t.

$$W = 2{,}5 \cdot 50 + 0{,}5 \cdot 0{,}5 \left(\frac{V}{10}\right)^2 \cdot 10 + 1{,}5 \cdot 50 + 0{,}25 \cdot 0{,}50 \left(\frac{V}{10}\right)^2 \cdot 10,$$

$$w = \frac{W}{50 + 50}\ \mathrm{kg/t}, \qquad s = \frac{Z - W}{50 + 50} = \frac{\Delta Z}{100}.$$

Strahl in Streckenschaubild schneidet die Waagerechte entsprechend 10 km/h im Punkt a_1 und zeigt damit den durchschnittlichen Verlauf der Geschwindigkeit über dem Weg im ersten Abschnitt an. Eine im Punkt a_1 errichtete Senkrechte wird mit der Parallelen zum Strahl von unterhalb der Abszissenachse des s-V-Diagramms liegenden Pole zur mittleren Geschwindigkeit von 5 km/h auf der Abszissenachse zum Schnitt gebracht, der Punkt b_1 gibt die Zeit an, die für das Durchfahren des ersten Abschnittes verbraucht wurde. Da dieser Vorgang im Hauptdiagramm zu undeutlich ist, wurde der erste Anfahrbereich als Bild c fünffach vergrößert herausgezeichnet, was für ähnliche Fälle zu empfehlen ist, wenn man die ersten Punkte nicht rechnerisch ermitteln will.

Auf dieselbe Weise kommt man über B_2 und a_2 zu b_2 bis a_8 und b_8 über B_8, immer zuerst die Parallele zum Strahl O-B und hierauf Schnitt der Senkrechten durch a mit dem Polstrahl P-V_m. Die Parallele zu O-B_9 gibt mit der Waagerechten 90 km/h im Streckenschaubild den Schnittpunkt $a_9{}'$, der aber bereits über dem Neigungsbruch bei km 2,800 liegt. Die Parallele ist daher nur bis km 2,800 gültig, bei dem mit dem Punkt a_9 eine Geschwindigkeit von 82,5 km/h erreicht ist, wie wir aus dem Streckenschaubild abmessen. Da wir uns nun auf einer Steigerung von $8^0/_{00}$ befinden, ist als Beginn des Strahles im s-V-Schaubild nicht mehr der Nullpunkt, sondern die Ordinate für $8^0/_{00}$ maßgebend. Wir wählen den nächsten Abschnitt mit 12,5 km/h von 82,5 bis 70 km/h und ermitteln den Punkt B_{10} für diesen Abschnitt senkrecht über $V_m = 76{,}25$ km/h. Die Parallele zum Strahl 8-B_{10} können wir aber nicht bis 70 km/h verwenden, da sie nach dem Streckenschaubild bereits bei 77 km/h den nächsten Neigungsbruch bei km 6,000 erreicht. Der Zug fährt wieder in der Ebene, wir wählen den Abschnitt von 77 bis 80 km/h und ziehen im s-V-Schaubild einen Strahl vom Nullpunkt nach dem der mittleren Geschwindigkeit des Abschnittes 78,5 km/h entsprechenden Punkt B_{11} und erhalten im Streckenschaubild a_{11} und b_{11}. Für den nächsten Abschnitt von 80 bis 90 km/h können wir den bereits vorhandenen Strahl 0-B_9 verwenden, der Deutlichkeit halber erhält der Punkt B_9 die zweite Bezeichnung B_{12}. Bei km 6,550 ergibt sich jedoch für 82,5 km/h schon der Schnittpunkt a_{12}, zu dem auf der Zeitlinie der Punkt b_{12} gehört. Für die anschließende Strecke mit $3^0/_{00}$ Gefälle muß nun sinngemäß als Nullpunkt der Ordinatenwert $-3^0/_{00}$ herangezogen werden, von dem der Strahl zum Punkt B_{13} gezogen wird, welcher der Mittelgeschwindigkeit von 82,5 und 90 km/h gleich 86,25 km/h entspricht. Ebenso gewinnen wir über B_{14} die Punkte a_{14} und b_{14}, die zufällig gerade auf dem Neigungsbruchpunkt bei km 8,500 liegen.

Weil wir uns inzwischen schon auf 3 km dem Haltepunkt genähert haben, wählen wir den nächsten Abschnitt nur mit 5 km/h von 100 auf 105 km/h, auch schon deswegen, weil das s-V-Schaubild bei 105 km/h einen durch die Grenze der konstanten Leistung bedingten Bruchpunkt aufweist, und ziehen den Strahl wieder vom Nullpunkt entsprechend der Ebene nach B_{12} und erhalten im Streckenschaubild die Punkte a_{15} und b_{15} schon etwas nach km 10,000. Der Führer stellt nun die Leistung ab, der Wagen läuft aus. Für die Ermittlung der Auslaufgeschwindigkeiten und -zeiten haben wir uns im $s\text{-}V$-Schaubild negativ, weil die Fahrt hemmend, die Kurve für den spezifischen Fahrwiderstand des Zuges aufgetragen, die hier aus $\dfrac{W}{G} = w$ kg/t errechnet wurde, wobei für W ebenso wie für die $s\text{-}V$-Kurve die Reichsbahnformel I Verwendung fand.

Wenn wir die Auslaufverhältnisse für den Abschnitt 105 bis 100 km/h haben wollen, ziehen wir für die Ebene vom Nullpunkt einen Strahl nach dem Punkt B_{16} auf der Kurve des spezifischen Widerstandes für 102,5 km/h, die Parallele gibt im Streckenschaubild mit der Waagerechten für 100 km/h den Schnittpunkt a_{16} und die Senkrechte durch a_{16} mit dem Polstrahl P nach 102,5 km/h den Schnittpunkt b_{16} für die Zeit. Könnte der Auslauf weiter fortgesetzt werden, so wäre für den Abschnitt von 100 bis 90 km/h ein Strahl von 0 nach dem Punkte der spezifischen Widerstandskurve zu ziehen, der 95 km/h entspricht usw.

Für unser Beispiel hat aber jetzt die Bremsung einzusetzen. Es wird fast immer mit einer durchschnittlichen konstanten Bremsverzögerung gerechnet, weshalb man sich den Verlauf der Geschwindigkeit während der Bremsung als Bremsschablone auf durchsichtiges Papier aufzeichnen und für den Zusammenhang die Formel (13/X) heranziehen kann, wie dies auf Abb. 86 rechts unten durchgeführt wurde. Die Bremszeit ist nach Formel (13/X) wie für die Anfahrzeit zu bestimmen, für das Beispiel ergibt sich mit einer mittleren Bremsverzögerung von $-0,70$ m/Sek^2 eine Bremszeit von $\dfrac{100}{3,6 \cdot 0,7} \doteq 40$ Sek, die zur Zeit des Punktes b_{16} hinzugezählt wird, womit die gesamte Fahrzeit für die gezeichnete Strecke von 11,5 km Länge mit 9 Minuten und 10 Sekunden erhalten wird.

Wenn man eine längere Strecke mit zahlreichen Anfahrten durchzurechnen hat, kann man sich für die Anfahrt ebenso wie für die Bremsung eine Schablone herauszeichnen, natürlich für jede Steigung eine andere, doch kommt man meist mit wenigen Anfahrkurven aus, da sich die Haltepunkte fast immer in der Ebene oder in geringen Neigungen befinden.

Wenn das $s\text{-}V$-Schaubild aus der höchstmöglichen Leistung bestimmt wurde, ist die errechnete oder besser durch Zeichnung gewonnene Fahrzeit die sogenannte kürzeste Fahrzeit, zu der noch Zuschläge gemacht werden, um die betriebsmäßige Fahrzeit zu erhalten. Diese Zuschläge liegen zwischen 10 und 15$^0/_0$ und sind bei den verschiedenen Bahnverwaltungen nicht immer einheitlich festgelegt. Bei der Deutschen Reichsbahn wird die planmäßige Fahrzeit aus einem $s\text{-}V$-Schaubild ermittelt, für dessen Errechnung die Nennleistung des Motorfahrzeuges um 15$^0/_0$

vermindert wird,[1] so daß weitere Zuschläge zu der auf diese Weise gewonnenen Fahrzeit entfallen.

3. Verfahren von Nußbaum.

Das bei den Österreichischen Bundesbahnen verwendete Verfahren von Nußbaum arbeitet mit den Geschwindigkeitshöhen des Zuges h_v in Meter, wobei nach der ausführlichen Beschreibung,[2] auf die wegen der Einzelheiten verwiesen werden muß, die Geschwindigkeitshöhe für Dampfzüge mit einem Massenzuschlag $\gamma = 0,06$ aus

$$h_v = \frac{\left(\dfrac{V}{3,6}\right)^2}{2 \cdot 9,81} \cdot 1,06 = \frac{V^2}{238} \text{ Meter}$$

ermittelt wird. Über dem Längenprofil, das die Linie der wirklichen Steigungen einschließlich der Krümmungswiderstände aufweist, werden zuerst für Geschwindigkeiten von 5, 15, 25 ... km/h die Geschwindigkeitshöhen als Parallele aufgetragen, die mit den Parallelen zu den in einer Hilfstafel ermittelten Strahlen zur jeweils erreichbaren Steigung zum Schnitt gebracht werden und damit den Geschwindigkeitsverlauf über dem Längenprofil ergeben. Die Fahrzeit wird durch Herabloten der Bruchpunkte auf eine Waagerechte, auf der die Streckenkilometer aufgetragen sind, und Parallele zu Strahlen vom zweiten Pol der Hilfstafel für die Zeit erhalten. Selbstverständlich sind ebenso wie beim Verfahren von Strahl die verschiedenen Maßstäbe voneinander in Abhängigkeit. Durch Verbrauchskurven können noch die Verbrauchswerte und schließlich durch Temperaturkurven die Erwärmung von Elektromaschinen erhalten werden. Dieses Verfahren ist besonders für Untersuchungen einer bestimmten Strecke, deren Längenprofil und Geschwindigkeitshöhen einmal ermittelt wurden, geeignet, wenn gefunden werden soll, welche Belastung und Fahrzeit die geringsten Brennstoffkosten verursachen.

E. Einfluß der Zuglänge.

Bei Motorzügen tritt wegen der meist nur kurzen Züge der Einfluß der Zuglänge zurück, die bei langen Güterzügen eine Rolle spielen kann.[3] Dann ist der bis jetzt geübte Rechnungsvorgang, der die Masse des Zuges in einem Punkt vereinigt annimmt, für die Neigungsbrüche zu verbessern, bei denen sich die Zugsteile auf verschiedenen Neigungen befinden. Koref

---

[1] Stroebe: Entwicklung des Triebwagens vom Standpunkt der baulichen Durchbildung und besondere Untersuchungen über die Übertragungsarten und die Bremsung. I. E. K. V. 1937, Aprilheft, S. 80.

[2] Nußbaum: Zeichnerische Ermittlung des Fahrtverlaufes, der Fahrzeit, der Erwärmung und des Verbrauches für Dampf- und Elektrolokomotiven. Organ 1925, H. 1.

[3] S. Note 4 auf S. 175.

hat dafür ein Verfahren angegeben[1] und nachgewiesen, daß die Ausnutzung des Anlaufes bei langen Güterzügen wegen der endlichen Zuglänge auf einer Rampe wesentliche Unterschiede gegenüber der Rechnung mit einem Massenpunkt ergibt. Für unser Sondergebiet kommen vorläufig solche Verhältnisse nicht in Betracht.

F. Bremsung.

a) Verzögerung.

Bei dem Beispiel für die zeichnerische Ermittlung der Fahrzeiten nach dem Verfahren von Strahl haben wir für die Bremsung eine mittlere Verzögerung eingesetzt, über deren Grundlagen wir jetzt sprechen müssen.

Für die Verzögerung — a gilt, wie schon gesagt, ganz allgemein entsprechend der Beschleunigung

$$-a = \frac{B}{M'} = \frac{B}{107 \cdot G} \; \text{m/Sek}^2, \qquad (20/\text{X})$$

wenn die gesamte Bremskraft des Zuges B in kg und das Zuggewicht G in t eingesetzt wird. Außer der Bremskraft wäre eigentlich noch der Fahrwiderstand zu berücksichtigen, der mit $\frac{G \cdot s}{107 \cdot G} = \frac{s}{107}$ die Verzögerung beeinflußt. Auf ebenen und steigenden Strecken wird dieser Einfluß vernachlässigt, was einen Sicherheitszuschlag bedeutet, auf Gefällen muß er aber gegebenenfalls berücksichtigt werden, da er z. B. bei $-25^0/_{00}$ schon eine Verringerung der aus der Bremskraft ermittelten Verzögerung um etwa 0,24 m/Sek^2 bedeutet.

b) Reibung zwischen Rad und Bremsklotz.

1. Allgemeine Erläuterung.

Die höchstmögliche Bremskraft ist von der Reibung zwischen Rad und Bremsklotz abhängig, die im Gegensatz zu den neuesten Versuchen über die annähernd unveränderte Reibung zwischen Rad und Schiene[2] wesentlich mit der Erhöhung der Geschwindigkeit abnimmt, wobei noch die spezifische Flächenbelastung der Bremsklötze und deren Erwärmung von Einfluß ist. Die Zusammenhänge sind leider sehr schwer zu erfassen, wozu noch unklare Darstellungen kommen, so daß sich nicht nur der Lernende, sondern auch der Fachmann schwer zurechtfinden kann. Treffend hat Lüdde in einer Veröffentlichung[3] die herrschenden Verhältnisse geschildert und darauf hingewiesen, daß in den Handbüchern außer sprachlichen Unrichtigkeiten noch immer 60 bis 80 Jahre alte Ver-

---

[1] Koref: Der Einfluß der Zuglänge auf die Fahrzeit bei Neigungswechseln. Organ 1930, H. 13.

[2] S. Note 2 auf S. 43.

[3] Lüdde: Bremsen. V. T., H. vom 5. III. 1936.

suchsergebnisse zu finden sind, muß aber dann zugeben, daß die Aufstellung von zuverlässigen Werten wegen der nicht erfaßbaren veränderlichen Einflüsse kaum möglich ist.

Lüdde schlägt vor, den Haftreibungs- und Gleitreibungswiderstand in Zukunft als „Gleitwiderstandszahlen" oder abgekürzt als „Gleitzahlen" zu bezeichnen und folgender Art zu unterteilen:

μ_v = größter erreichbarer Wert der Gleitzahl, solange das Rad ohne Schlupf auf der Schiene abrollt, bei einer Fahrgeschwindigkeit V.

μ_g = Gleitzahl bei reiner Gleitbewegung ohne Rollvorgang, z. B. bei Gleiten des Bremsklotzes auf dem Radreifen.

μ_{vg} = Gleitzahl, wenn bei rollenden Rädern gleichzeitig Schlupf auftritt, d. h. wenn die Oberfläche des Rades und der Schiene gleichzeitig aufeinander abrollen und gleiten, hiebei soll v wieder die Fahrgeschwindigkeit und g die Relativgeschwindigkeit der Berührungspunkte des Rades und der Schiene bedeuten, also die Schlupfgeschwindigkeit.

Es müßte möglich sein, die Werte μ durch eine Fläche darzustellen, wobei der größte Wert für $v = 0$ und $g = 0$ anzunehmen wäre. Im Interesse der Anschaulichkeit wäre es zu empfehlen, eine solche Reibungsfläche, die ungefähr die Form der Abb. 87 haben müßte, wenigstens für einen Sonderfall zu bestimmen. Aus einer solchen Fläche könnte man für jeden auftretenden Fall die erforderlichen Werte entnehmen. Wegen der Unmöglichkeit, den Zustand der Oberflächen von Rad und Schiene während der Versuche so gleichmäßig zu halten, daß zu starke Streuungen der Ergebnisse vermieden werden, konnten bisher aber noch keine befriedigenden Ergebnisse erzielt werden. Bei den Bremsberechnungen ist daher ein entsprechender Sicherheitszuschlag notwendig, man muß sich außerdem bewußt bleiben, daß die Unterlagen eine gewisse Unsicherheit beinhalten, weshalb die Ergebnisse mit Vorsicht zu verwenden sind.

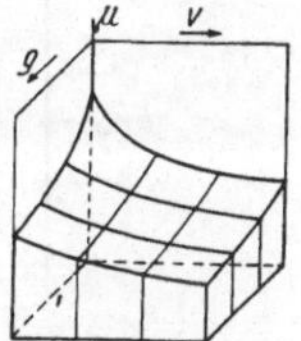

Abb. 87.
Bildliche Darstellung der Gleitzahlen in einer Fläche (nach Lüdde).

2. Zahlenwerte.

Um einen Überblick über die Größenwerte „Gleitzahl" μ_g bei dem reinen Gleiten des Bremsklotzes auf dem Radreifen zu erhalten, sind auf der Abb. 88 verschiedene Kurven aufgetragen, und zwar

a Formel von Wichert[1] für trockene Schienen und die jeweilige Geschwindigkeit:

$$\mu_g = 0{,}45 \frac{1 + 0{,}0112 \cdot V}{1 + 0{,}06 \cdot V}. \tag{21/X}$$

b Formel von Wichert[1] für nasse Schienen und die jeweilige Geschwindigkeit:

$$\mu_g = 0{,}25 \frac{1 + 0{,}0112 \cdot V}{1 + 0{,}06 \cdot V}. \tag{22/X}$$

---

[1] Hütte, 26. Auflage, Bd. I, S. 302.

c Nach Wichert[1] für nasse Schienen und als Mittelwert für den ganzen Bremsbereich von der Bremsgeschwindigkeit V an, ein rein rechnerischer Wert, der aber für die Bremsberechnungen, die nur selten abschnittsweise durchgeführt werden, sehr erwünscht ist.

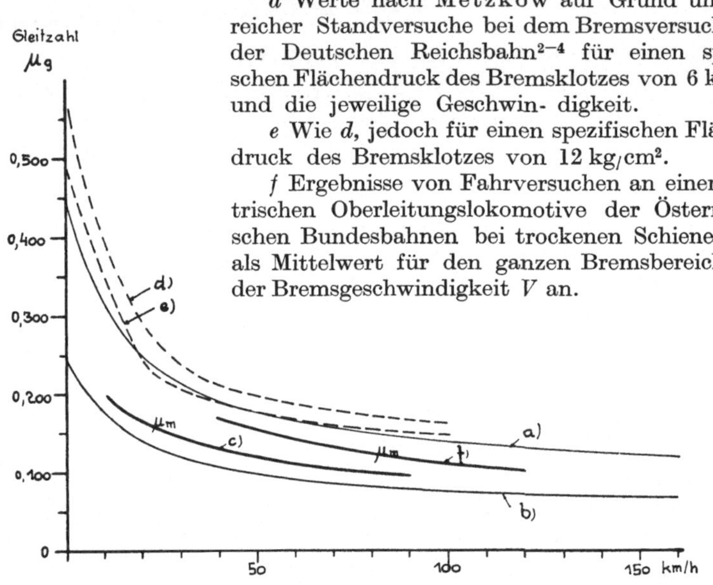

d Werte nach Metzkow auf Grund umfangreicher Standversuche bei dem Bremsversuchsamt der Deutschen Reichsbahn[2-4] für einen spezifischen Flächendruck des Bremsklotzes von 6 kg/cm² und die jeweilige Geschwin- digkeit.

e Wie *d*, jedoch für einen spezifischen Flächendruck des Bremsklotzes von 12 kg/cm².

f Ergebnisse von Fahrversuchen an einer elektrischen Oberleitungslokomotive der Österreichischen Bundesbahnen bei trockenen Schienen und als Mittelwert für den ganzen Bremsbereich von der Bremsgeschwindigkeit V an.

Abb. 88. Gleitzahlen zwischen Rad und Bremsklotz.

3. Bestimmung mittlerer Gleitzahlen aus Bremsversuchen.

Da über die Versuche, die zu den Kurven *a* bis *e* führten, im angeführten Schrifttum Angaben zu finden sind,[1-5] wollen wir nur kurz auf die im November 1936 unter Leitung von Drechsler, Pflanz und Leuchter gemeinsam mit der Gebrüder Hardy A. G. vorgenommenen Versuche der Österreichischen Bundesbahnen eingehen, deren Ergebnis an anderem Orte veröffentlicht wird. Die Gleitzahl μ_g für die jeweilige Geschwindigkeit wurde mit der Bezeichnung P für den Klotzdruck aus der Beziehung

$$P \cdot \mu_g + W = M' \cdot (- a) \qquad\qquad (23/\text{X})$$

ermittelt, was der dynamischen Grundgleichung entspricht, da links die

<hr>

[1] S. Note 1 auf S. 183.

[2] Metzkow: Meßeinrichtungen für Bremsversuche. G. A., H. vom 1. IV. 1925.

[3] Metzkow: Ergebnisse der Versuche für die Ermittlung des Reibungswertes zwischen Rad und Bremsklotz. G. A., H. vom 1. XII. 1926.

[4] Metzkow: Weitere Ergebnisse der Versuche für die Ermittlung des Reibungswertes zwischen Rad und Bremsklotz. G. A., Sonderheft vom 1. VII. 1927.

[5] S. Note 4 auf S. 175.

verzögernden Kräfte, der Bremsdruck und der Fahrwiderstand, und rechts das Produkt aus Ersatzmasse und Verzögerung stehen. Daraus ergibt sich μ_g für die jeweilige Geschwindigkeit, also der momentane Wert

$$\mu_g = \frac{M' \cdot (-a)}{P} + \frac{W}{P}, \tag{24/X}$$

wofür der Massenzuschlag γ und der Fahrwiderstand durch Auslaufversuche, der Klotzdruck der Ruhe in der Werkstätte durch eine Kugeldruckprobe, der für die Fahrt mit dem 1,25fachen Wert zur Berücksichtigung der Erschütterungen eingesetzt wurde, und schließlich während der Bremsung die Verzögerung ermittelt wurde.

Den Mittelwert der Gleitzahl μ_g für den ganzen Bremsbereich ermittelte man nach dem Wuchtsatz

$$\int_{l_0}^{l} B \cdot dl = \int_{l_0}^{l} (P \cdot \mu_g + W)\, dl = \frac{M'}{2}(v^2 - v_0{}^2) \tag{25/X}$$

aus den Bremswegen, den als konstant angenommenen Klotzdrücken P, dem Fahrwiderstand, der Ersatzmasse und der Geschwindigkeit.

Umgekehrt kann man bei bekannter oder angenommener mittlerer Gleitzahl $\mu_{g\,m}$ daraus eine Formel für den Bremsweg l ermitteln, und zwar

$$l = \frac{M'}{2 \cdot P \cdot \mu_{g\,m}}(v^2 - v_0{}^2) - \frac{1}{P \cdot \mu_{g\,m}}\int_{l_0}^{l} W \cdot dl \tag{26/X}$$

und daraus eine Näherungsformel unter Vernachlässigung des Fahrwiderstandes, wofür die Bemerkung zur Formel (20/X) zu beachten ist,

$$l \doteq \frac{M' \cdot v^2}{2 \cdot P \cdot \mu_{g\,m}}, \tag{27/X}$$

woraus man noch das Gewicht der Lokomotive, bzw. des Zuges herausbringen kann, wenn man den Klotzdruck, wie später noch angegeben wird, als Hundertsatz y vom Gewicht einsetzt, doch muß dann der Gestängewirkungsgrad η' berücksichtigt werden, so daß P gleich $y \cdot \eta' \cdot G$ wird.

c) Zusammenhang zwischen Raddruck, Bremskraft und den Gleitzahlen.

Wir haben uns bis jetzt nur mit der Gleitzahl zwischen Bremsklotz und Rad beschäftigt, müssen uns aber klar darüber sein, daß der Bremsklotzdruck nicht beliebig gesteigert werden kann, weil nach Abb. 89 auf das Rad außer dem Bremsklotzdruck P in der Berührung mit der Schiene das Gewicht mit der Haftreibung oder der Gleitzahl μ_{vg} wirkt, wie sie Lüdde wegen des bei den rollenden Rädern auftretenden, wenn auch sehr kleinen Schlupfes bezeichnet hat.

Aus der Abb. 89 ersieht man, daß

$$G \cdot \mu_{vg} > P \cdot \mu_g \tag{28/X}$$

sein muß, wenn das Rad noch rollen soll. Tritt durch einen zu hohen Bremsdruck ein Festbremsen des Rades ein, so stellt sich an der Berührung zwischen Rad und Schiene statt des für $g \doteq 0$ verhältnismäßig

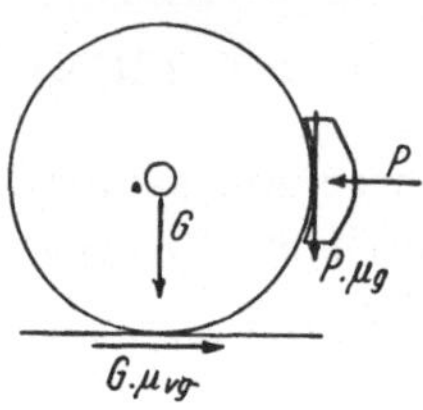

Abb. 89. Kräfte am gebremsten Rad.

hohen Wertes μ_{vg} nach Abb. 87 der niedrigste Wert für $g = v$ ein, die Bremswirkung hört fast auf, das Fahrzeug gleitet auf den Schienen dahin und gefährdet wegen seines beträchtlich längeren Bremsweges die Insassen und auf der Fahrbahn befindliche Personen oder Wagen, abgesehen davon, daß die Räder Flachstellen bekommen, die ein Abdrehen der Radreifen erforderlich machen.

Es müssen daher Vorsorgen getroffen werden, um ein Festbremsen der Räder möglichst hintanzuhalten, wozu uns die sich aus der Formel (28/X) ergebende Beziehung

$$\frac{\mu_{vg}}{\mu_g} \geqq \frac{P}{G} \tag{29/X}$$

dient, die uns zeigt, daß das Verhältnis von Bremsklotzdruck zum Gewicht kleiner sein muß als jenes der beiden Gleitzahlen.

Für μ_{vg} ziehen wir die Haftreibungswerte von Metzkow des Abschnittes IV heran und wählen als Wert 150 kg/t entsprechend der Empfehlung von Metzkow,[1] weil dieser bis auf Ausnahmsfälle bei schlüpfrigen Schienen, bei denen auf alle Fälle vorsichtiger gebremst oder gesandet werden muß, genügend Sicherheit gegenüber den tatsächlich vorhandenen Werten bietet.

Für μ_g nehmen wir als Grenzwert für den unteren Geschwindigkeitsbereich 0,190 oder 190 kg/t und für sehr hohe Geschwindigkeiten um 150 km/h 0,065 oder 65 kg/t und erhalten damit als Grenzwerte für das Verhältnis Bremsklotzdruck zum Gewicht

$$\frac{150}{190} \doteq 80\,\%, \text{ bzw. } \frac{150}{65} \doteq 230\,\%.$$

Die erste Zahl entspricht den bisherigen Bremsausführungen, die bis zu Geschwindigkeiten von etwa 100 km/h ausreichend sind, um einen Zug innerhalb des Abstandes des Vorsignals vom Hauptsignal, der im allgemeinen mit 700 m bemessen war, stillzusetzen.

d) Veränderung der Bremskraft in Abhängigkeit von der Geschwindigkeit.

Als man vor einigen Jahren zuerst bei einigen Schnellfahrzeugen, dann aber auch allgemein für Schnellzüge zu Geschwindigkeitserhöhungen über diese Grenze schritt, kam man mit der einfachen Bremse mit unveränderlichem Druck nicht mehr aus; entsprechend den Zusammenhängen nach

---

[1] S. Note 2 auf S. 43.

Formel (29/X) erhöhte man den Bremsklotzdruck für hohe Geschwindigkeiten und ermäßigte ihn auf den Regelwert von 75 bis 80% bei Unterschreitung einer Geschwindigkeit von etwa 50 km/h durch eine selbsttätige Einrichtung.[1-3]

Im europäischen Schrifttum finden sich Erhöhungen des Bremsdruckes bis auf 200%, *in Nordamerika* hat man mit dem Schnelltriebwagenzug „Zephyr"[4] ausgedehnte *Bremsversuche* durchgeführt und die Ergebnisse mit einer Zusammenfassung veröffentlicht,[5,6] die wegen ihrer weitergehenden Schlüsse nachstehend auszugsweise gebracht wird:

1. Die Reibung der Bremsklötze wird im Bereiche von 80 bis 100 m. p. h. (130 bis 160 km/h) durch dieselben Einflüsse bestimmt wie im Bereich von 60 bis 80 m. p. h. (95 bis 130 km/h). (Das bedeutet, daß die Gleitzahl für sehr hohe Geschwindigkeiten von jener im niedrigeren Bereiche nicht wesentlich abweicht, was nach dem Verlauf der Kurven der Abb. 88 zu erwarten war.)

2. Die Haftreibung zwischen Rad und Schiene ist praktisch von der Geschwindigkeit unabhängig. (Bestätigung der Ergebnisse von Metzkow.)

3. Bei einer Geschwindigkeit von 160 km/h ist ein Bremsdruck von 300% (!) möglich.

4. Neuzeitliche Bremsklötze sind bei höheren Geschwindigkeiten nicht gebrochen.

5. Der gegenwärtige Grenzwert der Bremsklotzlast von 18000 lb (8100 kg) ist möglicherweise zu niedrig. Bei den Versuchen wurde für Bremsung aus Geschwindigkeiten von 103 m. p. h. (166 km/h) eine Bremsklotzbelastung von 26000 lb (11700 kg) verwendet.

6. Die Abnutzung der Bremsklötze stieg für Bremsungen aus 160 km/h nicht abnormal an.

7. Die Räder zeigten bei einer Bremsung aus 166 km/h mit einer Bremsklotzlast von 11700 kg keine Beschädigung.

9. Die Gleitzahl zwischen Rad und Bremsklotz verringert sich mit steigendem Klotzdruck; eine Bremsübersetzung von 127% bei 2140 kg Klotzdruck war ebenso wirksam wie eine solche von 152% bei 8500 kg.

10. Die selbsttätige Veränderung des Bremsklotzdruckes erfolgte durch ein Verzögerungsgerät. (Die Einrichtung[7] arbeitet mit der Trägheit einer schweren Masse und betätigt auf luftdruckelektrischem Wege die Steuerventile der Bremse.)

12. Es wurden keine grundsätzlichen physikalischen Grenzen gefunden, die es bei weiterer Entwicklung der Bremsung ausschließen würden, Züge nach Art des „Zephyr" aus 130 bis 160 km/h auf ungefähr demselben Brems-

---

[1] **Reckel**: Verbesserungen an der Klotzbremse für schnellfahrende Eisenbahnfahrzeuge. Z. V. D. I. 1935, H. 41.

[2] **Rihosek**: Die Dampflokomotive und der Schnellverkehr. Z. Ö. I. A. V. 1936, H. 19/20.

[3] **Schager**: Vom Schnellverkehr auf Schiene und Autobahn und seinen Problemen. Z. Ö. I. A. V. 1937, H. 5/6.

[4] S. Note 4 auf S. 21.

[5] **McCune**: Zephyr High Speed Brake Tests. R. A., H. vom 23. III. 1935.

[6] **McCune**: The Braking of High-Speed Diesel Trains. D. R. T., H. vom 20. III. 1936.

[7] A Retardation Controller for High Speed Braking. D. R. T., H. vom 15. V. 1936.

wege zum Stillstand zu bringen, wie die heute üblichen Züge aus 95 bis 110 km/h.

In dem Bericht[1] ist noch erwähnt, daß es durch die Regelung des Bremsklotzdruckes, der bei den ersten Versuchen aus 160 km/h viermal, und zwar im Verhältnis von 175, 135, 123 und 97% abgestuft war und dann aber bis auf 265% und mehr für die erste Stufe erhöht wurde, dieselben Bremswege erzielt werden können wie bei den Lokomotivzügen aus 110 km/h. Als besonders wichtig wird noch die Feststellung erachtet, daß die Haftreibung zwischen Rad und Schiene auch bei den höchsten Geschwindigkeiten nicht wesentlich abnahm, was nach den Versuchen von Metzkow bereits klargestellt erscheint.

e) Mittlere Bremsverzögerung, Vorbereitungszeit, Bremsweg.

Mit einer neuzeitlichen abgestuften Bremse kann daher für die ganze Bremsung mit einer Gleitzahl $\mu_{vg} = 0{,}150$ oder einem Haftreibungswert von 150 kg/t gerechnet werden, wodurch sich bei Bremsung aller Achsen für die Bremskraft der Wert

$$B = 150 \cdot G^t$$

ergibt. Mit der Bezeichnung β für den Anteil des abbremsbaren Zugsgewichtes erhalten wir — a_m allgemein mit

$$- a_m = \frac{\beta \cdot G \cdot 1000\, \mu_{vg}}{107 \cdot G} = \frac{\beta \cdot 1000\, \mu_{vg}}{107} = 9{,}35 \cdot \beta \cdot \mu_{vg} \qquad (30/\text{X})$$

und mit $1000 \cdot \mu_{vg} = 150$ und $\beta = 1$ bei Bremsung aller Achsen die höchsterreichbare Bremsverzögerung für Regelverhältnisse mit

$$- a_m' = \frac{1 \cdot 150}{107} = 1{,}40 \ \text{m/Sek}^2.$$

Für eine Fahrgeschwindigkeit von 160 km/h errechnet sich daraus die Bremszeit

$$t = \frac{160}{3{,}6 \cdot 1{,}40} \doteq 32 \ \text{Sek},$$

wozu noch ein Zuschlag für die Betätigung und das Ansprechen der Bremse kommt, die für Triebwagen mit 1,5 bis 2 Sekunden, für Züge mit mindestens 3 bis etwa 10 Sekunden bei älteren Bremsausführungen angesetzt werden kann. Wenn wir unter Vernachlässigung des Fahrwiderstandes sicherheitshalber annehmen, daß das Fahrzeug während dieser *„Vorbereitungszeit"* mit unveränderter Geschwindigkeit weiterläuft, so ergibt sich der gesamte Bremsweg aus

$$\text{Weg während der Vorbereitungszeit} \quad \frac{160}{3{,}6} \cdot 2 = 89 \ \text{m}$$

$$\text{Reiner Bremsweg} \quad 32 \cdot \frac{160}{3{,}6 \cdot 2} = \underline{710 \ \text{m}}$$

$$\text{mit rund} \quad \underline{800 \ \text{m}.}$$

---

[1] S. Note 5 auf S. 187.

Wir ersehen aus dieser Rechnung, daß auch trotz unveränderter Ausnutzung der Reibungsgrenze durch eine neuzeitliche Bremse mit dem Vorsignalabstand von 700 m nicht auszukommen ist, weshalb dieser auf Schnellverkehrsstrecken auf 1000 bis 1200 m vergrößert wurde.

f) Bremszeiten und Bremswege in Abhängigkeit von Geschwindigkeit und Verzögerung.

Für den Betrieb wird man nicht mit den höchsterreichbaren Werten rechnen und mittlere Bremsverzögerungen von etwa $1{,}20$ m/Sek^2 für Schnelltriebwagen und von $0{,}7$ bis $1{,}00$ m/Sek^2 für Geschwindigkeiten bis etwa 120 km/h annehmen, wie dies auch im Beispiel für das Verfahren von Strahl geschehen ist. In nachfolgender Zahlentafel 23 sind die gesamten Bremswege mit einer Vorbereitungszeit von zwei Sekunden für verschiedene Geschwindigkeiten und mittlere Verzögerungen zusammengestellt, um ein Bild über die Regel- und höchsterreichbaren Grenzwerte zu geben.

Zahlentafel 23. Bremszeiten in Sekunden und Bremswege in Metern für Motorfahrzeuge aus verschiedenen Geschwindigkeiten. Vorbereitungszeit 2 Sek.

Mittl. Bremsverzögerung	km/h 60 m/Sek 16,67	90 25,0	100 27,8	120 33,3	140 39,7	160 44,5
$-\ a_m = 1{,}40$ m/Sek^2	14″	18″	22″	26″	30,5″	34″
	133 m	275 m	334 m	467 m	641 m	800 m
$= 1{,}20$,,	16″	23″	25,1″	29,8″	35″	40,1″
	157 m	313 m	376 m	531 m	734 m	940 m
$= 1{,}00$,,	18,7″	27″	29,8″	35,3″	41,7″	46,5″
	181 m	362 m	441 m	621 m	868 m	1080 m
$= 0{,}80$,,	23″	33,3″	36,8″	43,6″	51,6″	58″
	219 m	439 m	538 m	760 m	1025 m	1335 m
$= 0{,}70$,,	25,8″	37,8″	41,7″	49,5″	59″	—
	231 m	496 m	607 m	870 m	1220 m	—

Diese Zahlentafel zeigt nochmals deutlich, wie die Bremswege mit der Erhöhung der Geschwindigkeit stark ansteigen und daß Verbesserungen an der Bremse erst bei einer Überschreitung der Geschwindigkeit von etwa 100 km/h notwendig wurden, weil auch mit den einfachen Bremsen bei richtiger Durchbildung des Bremsgestänges und reichlich bemessenen Bremsklotzflächen mittlere Verzögerungen von $0{,}70$ bis $0{,}80$ m/Sek^2 einzuhalten waren.

g) Bremstafeln.

Für Motorfahrzeuge und Motorzüge sind die sogenannten *Bremstafeln*, die den Anteil des zu bremsenden Zugteiles b' in Hundertteilen des Zuggewichtes angeben, von geringer Bedeutung, da hier fast immer alle Achsen gebremst sind. Der Vollständigkeit halber wird aber eine neuere im Schrifttum[1] zu findende Formel mit den Bezeichnungen der vorliegenden Arbeit

$$b' \% = \frac{1}{\mu_g}\left(\frac{0{,}42 . V^2}{l} - \frac{w_m}{10} + 0{,}1 . s\right) + 0{,}012 . s . V \geqq 6 \qquad (31/\text{X})$$

gebracht, wobei l den Bremsweg in m einschließlich des während der Vorbereitungszeit durchlaufenen Weges bedeutet, der bei einem Vorsignalabstand von 700 m höchstens gleich oder besser kleiner als 700 m ist.

Die Bremshundertstel (Bremsprozente) steigen mit der Geschwindigkeit und dem Gefälle an, da s in Formel (31/X) für Gefälle positiv eingesetzt wird. Ausführliche Angaben über die Aufstellung von Bremstafeln sind unter anderen von Besser[2] veröffentlicht worden, wobei auch ein neues Verfahren angegeben wird, das auf der dynamischen Grundgleichung (23/X) und (24/X) gegründet ist. Besser schlägt dabei vor, $\int B . dl$ zuerst aus der Bremsdruckschaulinie über der Zeit, die in Zusammenhang mit dem Weg gebracht wird, zu ermitteln, und führt den Begriff „Bremswert" ein, „der das Gewicht derjenigen Masse in t angibt, welche die Bremse auf 700 m Weg abzubremsen vermag". Das entwickelte Verfahren ist für die Aufstellung von neuen Bremstafeln an Hand von Kurvenblättern geeignet, da es einen guten Einblick in die verschiedenen Abhängigkeiten gibt. Der Zugförderungstechniker, der nur mit Motorfahrzeugen zu tun hat, wird aber selten zur Aufstellung solcher Bremstafeln kommen.

h) Bauarten der Reibungsbremsen.

Auf die verschiedenen Bremsbauarten — verbesserte Klotzbremsen, Trommel- und Scheibenbremsen — kann hier nicht näher eingegangen werden, eine ausführliche Zusammenstellung der neuzeitlichen Bauarten findet sich in dem bereits erwähnten Aufsatz von Stroebe.[3]

Es soll nur gesagt werden, daß im allgemeinen das Streben darnach geht, die Klotzbremse durch Verringerung des spezifischen Klotzdruckes, Erhöhung der Abbremsung, der Durchschlagsgeschwindigkeit und durch einen sehr schnellen Druckanstieg im Bremszylinder[4] zu verbessern, da sich bei den Reibbelägen der anderen Bremsarten starke Erwärmungen herausstellten, durch welche die Reibungsverhältnisse unsicher werden.

i) Elektromagnetische Schienenbremse.

1. Allgemeines.

Über eine besondere Bauart müssen wir aber doch noch sprechen, und zwar über die elektromagnetische Schienenbremse, die sich dadurch

---

[1] Lehner: Der neuzeitliche Waggonbau. Berlin 1929, S. 204.
[2] Besser: Über die Aufstellung von Bremstafeln. Organ 1929, H. 11.
[3] S. Note 6 auf S. 13.
[4] S. Note 1 auf S. 187.

von allen anderen Bremsen unterscheidet, daß sie direkt auf die Schienen wirkt und dadurch von den Haftreibungswerten zwischen Schiene, Bremsklotz und Rad unabhängig wird.

Während bei der am Rad oder der Achse angreifenden Bremse der Haftreibungswert wegen der Gefahr des Festbremsens nur eine begrenzte Höchstbremskraft und dadurch eine begrenzte größte Verzögerung ermöglicht, kann die elektromagnetische Schienenbremse theoretisch beliebig hohe Bremskräfte erzielen, praktisch nur deswegen nicht, weil sich die langen Magnete in größerer Anzahl nicht unterbringen lassen.

Für Steilstrecken von Straßenbahnen fanden diese Schienenbremsen schon seit langem Verwendung, in letzter Zeit sind sie als Zusatzbremsen für hohe Geschwindigkeiten eingeführt worden. Die Schaltung ist dabei z. B. beim „Fliegenden Hamburger" so getroffen, daß die Schienenbremse selbsttätig nur bei der Schnell- oder Notbremsung eingreift.

2. Beschreibung einer Schienenbremse nach Jores-Müller.

Grundsätzlich besteht die elektromagnetische Schienenbremse nach Abb. 90, einer Ausführung von Jores-Müller, aus mehreren Magneten *1*,

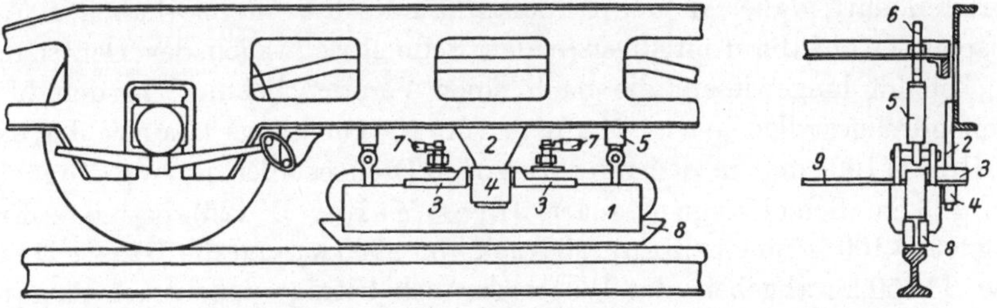

Abb. 90. Elektromagnetische Schienenbremse (nach Jores-Müller).

die sich bei Einschaltung des Bremsstromes mit hohem Anpreßdruck an die Schienen ansaugen, dabei durch die gleitende Reibung eine Bremskraft ausüben und die Geschwindigkeit des Fahrzeuges verringern. Die Magnete liegen in am Rahmen befestigten Armen, den „Mitnehmern" *2*, die in die „Mitnehmeranschläge" *3* der Magnete greifen. Die Mitnehmer sind mit einem nichtmagnetischen Überzug, den „Bronzebuchsen" *4*, versehen. Die Magnete hängen meist an Federn *5* mittels der „Stellbolzen" *6*, mit welchen der Zwischenraum zwischen Magnet und Schiene eingestellt werden kann, sie besitzen mehrere Anschlußkabel *7* und auswechselbare Polstücke *8*, die „Schienenschuhe" heißen. Zwei im Fahrzeug gegenüberliegende Magnete werden durch „Spurhalter" *9* miteinander verbunden. Eine ähnliche Ausführung der AEG beschreibt Balke.[1] In fortschreitender Entwicklung sucht man höchste Leistung mit geringstem Gewicht zu

---

[1] Balke: Neue Magnet-Schienenbremsen. V. T. 1936, H. 8.

vereinen, dazu höchste Betriebssicherheit als wichtigste Eigenschaft einer Bremse.

Bei den Magneten muß die Kraft, mit welcher sich der Magnet durch die Luft an die Schienen heranzieht, der Anpreßdruck und die abgebbare Bremskraft unterschieden werden.

Auf die Anzugkraft brauchen wir nicht näher eingehen, es ist nur bemerkenswert, daß der Abstand der Magnete von den Schienen etwa 18 mm nicht überschreiten darf, wenn sie noch durch den Magnetismus zur Schiene herabgehen sollen, weshalb sie auch bei den Schnelltriebwagen, bei denen ein so kleiner Abstand zu Unzukömmlichkeiten führen könnte, an Druckluftzylinder im Abstand von 130 bis 200 mm über Schienenoberkante (S. O.) aufgehängt sind, die bei Bremsung die Sperrung freigeben, wodurch die Magnete durch ihr Eigengewicht an die Schiene gehen.

3. Anpreßdruck und Gleitzahlen.

Wichtig ist dagegen der Anpreßdruck, da dieser mit der Gleitzahl μ_g für die Bremskraft maßgebend ist. Der Anpreßdruck ist von den Bauformen abhängig, und zwar bei gleichen Schienenkopfflächen von den eingebauten Magnetspulen, deren Erwärmung gewisse Grenzen nicht überschreiten darf, daher in der Stromaufnahme ihre Grenze haben. Als Beispiel sei auf die dreiteiligen neuen Schnelltriebwagen der Deutschen Reichsbahn hingewiesen, die nach einer Veröffentlichung[1] in den Maschinendrehgestellen je vier Magnete von 100 cm Länge (Bauart Jores-Müller D 100) und in den zwei Jakobs-Drehgestellen je zwei Magnete von 125 cm Schleiflänge (Bauart Jores-Müller D 125) besitzen. Ein Magnet D 100 kann einen Anpreßdruck von 9000 kg und die Bauart D 125 etwa 11 250 kg abgeben, der Wattverbrauch beträgt dabei nach Angabe des Lieferwerkes etwa 550 und 700 Watt bei 20 Volt und 750 bzw. 950 Watt bei 100 Volt Erregung. Der gesamte Anpreßdruck der Magnete erreicht daher bei den dreiteiligen Schnelltriebwagen $8 . 9000 + 4 . 11 250 =$ $= 117 000$ kg.

Wie aus den Angaben über die Erregungsspannung ersichtlich ist, wird die Erregung von der Wagenbatterie gespeist, schon deswegen, um nicht auf die elektrische Übertragung beschränkt zu sein. Außerdem wäre aber die Speisung durch den Generatorstrom deshalb schwierig, weil man im Fahrschalter eine eigene Bremsstellung mit möglichst konstanter Spannung vorsehen müßte, bei der die Leistungsabgabe an die Fahrmotoren während der Bremsung zu unterbrechen wäre.

Die Gleitzahl μ_g für Geschwindigkeiten um 150 km/h wird mit 0,05 angegeben, doch sind Versuche im Gange, durch günstige Ausbildung der Schienenschuhe höhere Werte zu erzielen. Nach Breuer[1] ist eine Gleit-

---

[1] Breuer: Schnelltriebwagen der Deutschen Reichsbahn. Z. V. D. I. 1935, H. 37.

zahl von 0,065 bei Bremsung aus 160 km/h jedenfalls als Mittelwert über den Bremsbereich zu erzielen, womit sich die zusätzliche Bremskraft der dreiteiligen Schnelltriebwagen durch die elektromagnetische Schienenbremsung mit $0,065 . 117000 \doteq 7600$ kg errechnet, welche Zahl auch in der angegebenen Veröffentlichung angeführt ist.

Für lamellierte Schienenschuhe gibt Reckel[1] folgende Gleitzahlen:

Durchschnittswert bei Bremsung aus 10 km/h 0,155

      „   „   „   „ 50 „ 0,09

      „   „   „   „ 90 „ 0,06

Diese Werte sind etwas niedriger als die zuerst angeführten, die schon einer weiteren Entwicklung, die nach steter Verbesserung der Ausnutzung hinarbeitet, entsprechen und daher für eine Vergleichsrechnung angewendet werden dürfen.

4. Beispiel einer Bremsung.

Wir wollen noch untersuchen, welche Verkürzung des Bremsweges durch die zusätzliche Schienenbremsung erreichbar ist, und halten dabei fest, daß zur Bremskraft B durch die Radbremsung noch die Bremskraft B' durch die Schienenbremsung kommt, weshalb Formel (30/X) bei Bremsung aller Achsen nunmehr lautet:

$$- a_m = 9,35 . \mu_{vg} + \frac{B'}{107 . G}. \qquad (32/\text{X})$$

Für den dreiteiligen hydraulischen Schnelltriebwagen mit einem Gewicht von etwa 125 t in besetztem Zustand errechnet sich daher mit $\mu_{vg} = 0,150$ die höchstmögliche betriebsmäßige Verzögerung mit

$$- a_m = 1,40 + \frac{7600}{107 . 125} = 1,40 + 0,57 = 1,97 \ \text{m/Sek}^2$$

und damit die Bremszeit aus einer Geschwindigkeit von 160 km/h

$$t = \frac{160}{3,6 . 1,97} = 22,6 \ \text{Sek}$$

und der Bremsweg mit einer Vorbereitungszeit von zwei Sekunden

$$l = 2 . \frac{160}{3,6} + \frac{160}{7,2} . 22,6 = 594 \ \text{m}.$$

Der Ruck $\dfrac{da}{dt}$, die dritte Ableitung des Weges nach der Zeit, wäre dabei schon über der bei Schienenfahrzeugen üblichen Größe, da sein Wert $\dfrac{1,97}{2} \doteq 1,00$ m/Sek^3 erreichte, wenn die volle Verzögerung nach zwei Sekunden vorhanden wäre. Die Bremseinstellung ist deswegen beim Triebwagen auch sanfter, da der Bremsweg aus 160 km/h mit 700 bis

---

[1] Reckel: Die Magnetschienenbremse an den Schnelltriebwagen der Deutschen Reichsbahn. G. A., H. vom 15. X 1935.

750 m angegeben wird.[1] Ein solcher Bremsweg ergibt sich ungefähr aus einer mittleren Gleitzahl von 0,130 und einer Vorbereitungszeit von vier Sekunden, über die Verzögerung und die Zeit gerechnet,

$$- a_m = 9,35 \cdot 0,13 + 0,57 = 1,22 + 0,57 = 1,79 \text{ m/Sek}^2$$

$$t = \frac{160}{3,6 \cdot 1,79} = 25 \text{ Sek}$$

mit
$$l = 178 + \frac{44,5}{2} \cdot 25 = 733 \text{ m},$$

wobei ein Ruck von $\frac{1,79}{4} = 0,45 \text{ m/Sek}^3$ auftritt.

Mittels der Schienenbremsung wäre es also möglich, sogar bei 160 km/h fast mit einem Vorsignalabstand von 700 m auszukommen, worin ihre Bedeutung für solche Strecken liegt, die noch nicht auf einen größeren Signalabstand umgebaut sind. Der Aufwand für die Magnetschienenbremsung an Gewicht und Raum ist aber nicht unerheblich, sie erfordert auch einen ausgezeichneten Oberbau, wenn sie störungsfrei arbeiten soll. Die aufzuwendende Bremsleistung spielt dagegen eine geringere Rolle, da Schnellbremsungen mit der Magnetschienenbremse während der Fahrt eines Schnellfahrzeuges nicht allzu häufig vorkommen werden.

G. Die Wucht eines in Bewegung befindlichen Fahrzeuges.

Bei der Bremsung muß die dem Fahrzeuge oder Zuge innewohnende Wucht vernichtet werden, die uns auch ein Bild über die aufzuwendende Bremsarbeit gibt. Wenn wir für die Ersatzmasse, die auch hier wieder verwendet werden muß, den Wert $(1 + \gamma) \cdot 102 \cdot G$ und für die Geschwindigkeit v in m/Sek $\frac{V}{3,6}$ einsetzen, lautet der Wuchtsatz

$$\frac{102 \cdot (1 + \gamma) \cdot G \cdot V^2}{2 \cdot 12,96} = 3,94 \, (1 + \gamma) \cdot G \cdot V^2 \qquad (33/\text{X})$$

und für rasche Überschlagsrechnungen

$$\sim 4 \cdot G \cdot V^2, \qquad (34/\text{X})$$

wobei die genauen Zahlen für $102 \, (1 + \gamma) = 105, 107, 108$ bzw. 110, 4,05, 4,13, 4,16 bzw. 4,25 lauten.

Für die Abbremsung des dreiteiligen Schnelltriebwagens von 125 t Gewicht aus einer Geschwindigkeit von 160 km/h sind daher

$$\sim 4 \cdot 125 \cdot 160^2 = 12\,800\,000 \text{ kgm}$$

zu vernichten, was der Hebung einer Last von 12,8 t um 1000 m entspricht. Aus diesen Zahlen ergibt sich die ungeheure Wucht, die ein schnellfahrendes Fahrzeug besitzt, wodurch die Vorsorgen für die ausreichende Abbremsung innerhalb der Signalabstände verständlich werden.

---

[1] S. Note 1 auf S. 192.

Wenn aus den einzelnen Abschnitten einer Strecke — der Anfahrt, der Streckenfahrt und der Bremsung — die erforderlichen Zeiten für die Fahrten von Haltepunkt zu Haltepunkt errechnet sind, kann der Fahrplan erstellt werden, der nur mehr die Fahrzeit von Abfahrt bis Ankunft angibt und daher in gezeichneten Fahrplänen Gerade für den Zusammenhang zwischen Zeit und Weg enthält.

Neben den Regelfahrzeiten, die nach den Bemerkungen am Schluß der Beschreibung des Strahl-Verfahrens entweder auf Grund von Zuschlägen oder einer verringerten Leistung bestimmt werden, enthalten die Dienstfahrpläne auch noch die kürzesten Fahrzeiten, die zur Einbringung von Verspätungen verwendet werden dürfen.

Die Fahrzeiten sind zusammen mit der Leistungsausnutzung die Grundlage für die Ermittlung des Brennstoffverbrauches, der wir uns im nächsten Abschnitt zuwenden.

XI. Der Brennstoffverbrauch von Motorfahrzeugen.

A. Zusammenhänge und Ermittlungsverfahren.

Für den Brennstoffverbrauch eines Motorfahrzeuges ist die Motorleistung maßgebend, die sich nach Abschnitt IV aus der Zugförderleistung und der Leistung für die Hilfseinrichtungen, wie Kühlung, Anlassen und Beleuchtung, und Bremsluft, zusammensetzt. Als brauchbaren Mittelwert haben wir angenommen, daß die Hilfsleistung durch Zuschlag von $7,5^0/_0$ zur Zugförderleistung zu berücksichtigen ist und diesem Zuschlag durch Verminderung des Gesamtwirkungsgrades der Kraftübertragung η auf η_1 Rechnung getragen, womit wir die Formel (29/IV)

$$N_m \doteq \frac{Z \cdot V}{270 \cdot \eta_1} \, \mathrm{PS}$$

erhielten.

Der Brennstoffverbrauch eines Verbrennungsmotors wird allgemein in Gramm je Pferdekraftstunde angegeben, den wir b g/PSh nennen wollen. Er hängt von der Bauart des Motors, dem Brennstoffe, Belastungszustand und den Drehzahlen ab, die verschiedenen Abhängigkeiten sind an Hand zahlreicher Abbildungen im Abschnitt V dargestellt. Die *spezifischen Brennstoffverbrauchskurven* besitzen bei einer gewissen Belastung ein Minimum, das meist zwischen Dreiviertel- und Vollast liegt, und steigen bei Unterbelastung und unveränderter Drehzahl rasch an, besonders bei den Ottomotoren. Daher sind Regelungen, wie z. B. das Ward-Leonard-System, bei dem der Motor bei allen Beslastungen mit gleicher Drehzahl läuft, unwirtschaftlich, vorteilhaft dagegen jene Steuerungen, bei denen die Möglichkeit besteht, ungefähr auf der Einhüllenden der spezifischen Brennstoffverbrauchskurven zu fahren.

Für die Berechnung des Brennstoffverbrauches einer Fahrt sind die *Verbrauchskurven* für verschiedene Motorleistungen und Drehzahlen *je Zeiteinheit* besser verwendbar als die spezifischen Verbrauchskurven, da wir damit den Brennstoffverbrauch aus der Fahrzeit ermitteln können, die ohnedies für die Ermittlung des Fahrplanes bestimmt werden muß.

Wir wählen als Zeiteinheit die Minute und bezeichnen den Brennstoffverbrauch in Gramm je Minute (g/Min) mit β, den wir entweder aus den spezifischen Verbrauchskurven mit $\beta = \dfrac{N_m \cdot b}{60}$ oder aus Gesamtverbrauchskurven je Stunde mit $\beta = \dfrac{B}{60}$ errechnen. Auf Abb. 91 sind die Kurven β

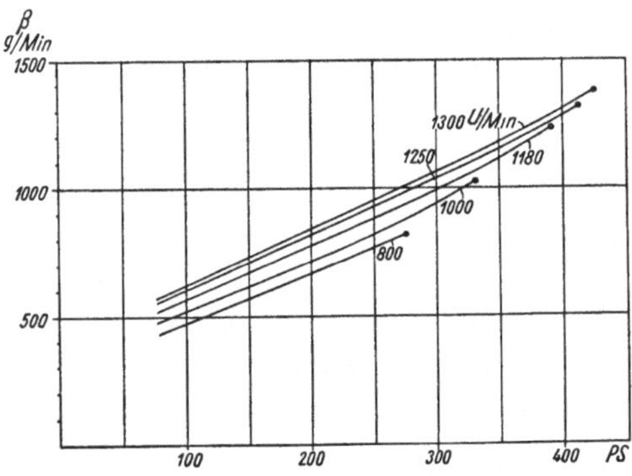

Abb. 91. Brennstoffverbrauchskurven in g/Min eines 425 PS-Dieselmotors.

für den 425 PS-Dieselmotor aufgetragen, den wir dem Großteil unserer Beispiele zugrunde legten, und zwar für die Drehzahlen von 1300, 1250, 1180, 1000 und 800 U/Min. Ihr annähernd geradliniger Verlauf entsprechend der Abb. 19 des Abschnittes V ist für die Ermittlung von Zwischenwerten angenehm. Die Ringe bezeichnen die Punkte des vollen Drehmomentes bei den verschiedenen Drehzahlen. Die Verbrauchswerte sind gegenüber den Prüfstandswerten um 10% erhöht, da die Betriebsbedingungen im Fahrzeug unter Berücksichtigung der unvermeidlichen Abnutzungen nicht so günstig sind wie bei der Prüfung.

Um den Zusammenhang mit der Fahrstrecke herzustellen, wird das s-V-Schaubild durch *Eintragung der β-Kurven für Voll- und Teillasten* in Abhängigkeit von der Geschwindigkeit vervollständigt. Aus einem in dieser Weise ausgestalteten Schaubild entnimmt man einerseits die auf den verschiedenen Neigungen erreichbaren Geschwindigkeiten, aus denen die Fahrzeiten in Minuten mit Umwandlung der Sekunden in Hundertteile von Minuten bestimmt werden, anderseits den zur Leistungsstufe und Fahrgeschwindigkeit gehörigen Brennstoffverbrauch in g/Min. Man erhält so für die einzelnen Neigungsabschnitte den Brennstoffverbrauch in Gramm und durch deren Zusammenzählen den gesamten Brennstoffverbrauch für die betrachtete Strecke.

Dieses Verfahren ist für jede Kraftübertragung verwendbar, es gibt ohne zu großen Arbeitsaufwand brauchbare Werte. Wenn die Fahrzeit auf zeichnerischem Wege bestimmt wurde, so ergibt sich schon aus der Ermittlung, welche Abschnitte mit Vollast, Teilstufen oder im Leerlauf zurückgelegt werden. Fahrten mit Teillaststufen sind auf Strecken mit geringen Widerständen oder mit beschränkten Geschwindigkeiten zu erwarten, Leerlauf auf Gefällen und bei der Bremsung.[1] Da der Brennstoffverbrauch häufig für die Hin- und Rückfahrt auf derselben Strecke benötigt wird, können hier sogar die Geschwindigkeitsübergänge bei den Neigungsbrüchen vernachlässigt werden, da sich deren Einfluß bei der Hin- und Rückfahrt praktisch ausgleicht.

B. Verbrauch während der Anfahrt.

Bevor wir auf die Ausgestaltung der s-V-Schaubilder für die verschiedenen Kraftübertragungen eingehen, ist es zweckmäßig, sich über den Verbrauch während der Anfahrt zu unterrichten, da dann die Verhältnisse für den Anfahrbereich, die Streckenfahrt, Geschwindigkeitsübergänge, Auslauf und Bremsung klargestellt sind.

Die allgemeine Lösung dieser Aufgabe ist schwierig, weil sich im Anfahrbereich nicht nur die Wirkungsgrade oder Ausnutzungsziffern rasch ändern, sondern auch die spezifischen Brennstoffverbrauchskurven, weil außerdem die Art der Regelung des Verbrennungsmotors von Bedeutung ist. Im ersten Teil der Anfahrt kann die eingebaute Motorleistung bei keiner Übertragung voll ausgenutzt werden, sei es weil die Grenze der konstanten Leistung noch nicht erreicht oder weil wegen einer direkten Verbindung der Motorwelle mit der Triebachse eine starke Drehzahldrückung vorhanden ist, dazu kommen noch Unterschiede bei derselben Kraftübertragung, je nach der Auslegung der Geschwindigkeitsstufen oder der Grenze der konstanten Leistung.

a) Bei Flüssigkeitsgetrieben mit Wandlern.

Am klarsten liegen die Verhältnisse bei der hydraulischen Übertragung, bei der im größten Teil des Anfahrbereiches der Anfahrwandler eingeschaltet ist, der bei Vollast mit der Höchstdrehzahl arbeitet, wie aus den Abb. 49 und 50 zu ersehen ist. Der vollen Motorleistung und der Höchstdrehzahl entspricht der höchste Vollastverbrauch, der auch annähernd bei den Marschwandlern erreicht wird, so daß wir für Motorfahrzeuge mit Flüssigkeitsgetrieben bestehend aus Anfahr- und Marschwandlern die Anfahrzeit mit dem Vollastverbrauch β g/Min multiplizieren können, um den Verbrauch für die Anfahrt zu erhalten.

b) Bei Flüssigkeitskupplungen und Stufengetrieben.

Bei Verwendung von Flüssigkeitskupplungen treten dieselben Verhältnisse auf wie bei Stufengetrieben, bei welchen in jeder Stufe der Verbrauch beträchtlich schwankt. Die Grenzen liegen z. B. für den 425-PS-Triebwagen mit mechanischer Übertragung, dessen Kennlinien auf Abb. 40

---

[1] Gerstmeyer: Die Diesel-Lokomotive und die moderne Zugförderung, G. A., H. vom 1. XII. 1928.

aufgetragen sind, in der Vollaststufe zwischen den Verbrauchswerten für 425 PS bei 1300 U/Min und für rund 270 PS bei 800 U/Min, also nach Abb. 91 zwischen 1380 und rund 800 g/Min. Der theoretische mittlere Verbrauch wäre daher $\dfrac{1380 + 800}{2} = 1090$ g/Min, der aber bei der Anfahrt praktisch beträchtlich überschritten wird, weil die für den Beharrungszustand errechneten Verbrauchszahlen β bei den raschen Drehzahländerungen nicht eingehalten werden können, was auch durch das „Rauchen" des Verbrennungsmotors während der Anfahrt bestätigt wird. Über die tatsächliche Verbrauchserhöhung bei der Anfahrt liegen noch zu wenig Unterlagen vor, man wird aber keinen großen Fehler machen, wenn man auch für die Stufengetriebe annimmt, daß der Verbrauch während der Anfahrt annähernd dem Vollastverbrauch entspricht.

c) Bei elektrischer Kraftübertragung.

Bei der elektrischen Kraftübertragung liegen die Verhältnisse wieder ähnlich wie bei den Wandlern der Flüssigkeitsgetriebe. Im ersten Anfahrbereich ist die Leistung wohl noch nicht ganz ausgenutzt, doch ist hier der spezifische Brennstoffverbrauch höher, daran schließt sich der Vollastverbrauch, so daß auch bei der elektrischen Kraftübertragung für die Anfahrzeit ungefähr mit dem Vollastverbrauch gerechnet werden kann. Zwecks Nachprüfung dieser Überlegung wurden während der Anfahrt eines 420 PS diesel-elektrischen Triebwagens Reihe VT 42 der Ö. B. B. die Dauer der im ersten Anfahrbereich auftretenden und am Strommesser abgelesenen Stromstärken gemessen. Die Triebwagen dieser Reihe besitzen zwei Dieselmotoren von je 210 PS Motorleistung bei 1350 U/Min, weshalb sich die Werte der Stromstärken, Generator- und Motorleistung und des Brennstoffverbrauches in kg/h für *einen* Maschinensatz verstehen, während der Verbrauch β g/Min und der abschnittsweise ermittelte Verbrauch in Gramm der letzten Spalte für den Triebwagen, also für beide Maschinensätze gilt. Die Leistungen der Hilfseinrichtungen sind durch Heranziehung der Wirkungsgrade η_1 berücksichtigt.

Zahlentafel 24. Brennstoffverbrauch während der Anfahrt eines diesel-elektrischen Triebwagens, Reihe VT 42 auf der Waagerechten bis 80 km/h, Gewicht 50 t, Motorleistung 2 × 210 PS.

Zeit t Sek T Min	Stromstärke A	kW	η_1	N_m PS	b g/PSh	B kg/h	g/Min	Verbrauch in g
2 = 0,033	900	19	0,58	45	418	18,8	625	21
5 = 0,083	860	65	0,66	134	226	27,5	915	76
7 = 0,116	830	96	0,70	186	198	36,7	1220	143
63 = 1,05	Vollast Mittelw.			200	198	39,6	1320	1390
77 = 1,282								1630

Für die Vollast ist hier wegen der Drehzahldrückung nicht der höchste, sondern ein Mittelwert von rund 1320 g/Min einzusetzen.

Für die Anfahrt bis 80 km/h in 77 Sek $\doteq$ 1,28 Min ergibt sich darnach ein Verbrauch von 1630 g, dem in derselben Zeit von 1,28 Min ein Verbrauch bei Vollast von 1,28 . 1320 $\doteq$ 1690 g gegenübersteht, also um etwa 4% mehr als der abschnittweise ermittelte Verbrauch für die Anfahrt. Daraus ist der Schluß zu ziehen, daß es auch bei elektrischer Kraftübertragung ebenso wie bei der hydraulischen und mechanischen eine gewisse Sicherheit bedeutet, wenn der Verbrauch für die Anfahrt aus der Anfahrzeit $\times$ dem Verbrauch für die Vollast, auf die Zeiteinheit bezogen, bestimmt wird. Dieser Vorgang ist auch deswegen einleuchtend, weil der Bereich, in dem die Leistung noch nicht konstant ausgenutzt wird, in einigen Sekunden, im Beispiel sind es 14 Sekunden, durchlaufen wird, so daß die geringere Leistungsaufnahme, die dazu noch zum Teil durch ungünstige spezifische Verbrauchszahlen ausgeglichen wird, nur wenig merkbar ist.

Aus den in Abschnitt X entwickelten Beziehungen können wir versuchen, den Anfahrverbrauch als Produkt von Anfahrzeit und Vollastverbrauch in einer Überschlagsformel auszudrücken.

Die Anfahrzeit ist

$$t_a = \frac{V}{3,6 \cdot 60 \cdot a_m} \text{ Min,}$$

die mittlere Anfahrbeschleunigung a_m nach (16/X) mit Vernachlässigung des zweiten Gliedes, weil es für die Ebene ($s = 0$) mit $\frac{w}{107}$ bei nicht zu hohen Endgeschwindigkeiten gegenüber dem ersten klein ist,

$$a_m \sim \frac{2,5 \cdot LZ}{\frac{2}{3} V}$$

$$t_a \doteq \frac{\frac{2}{3} V^2}{540 \cdot LZ} \sim \frac{V^2}{810 \cdot LZ} \text{ Min.}$$

Der Vollastverbrauch β_v g/Min ergibt sich aus Motorleistung und spezifischem Verbrauch bei der Vollast b_v mit

$$\beta_v = \frac{N_m \cdot b_v}{60} = \frac{LZ \cdot G}{\eta_1} \cdot \frac{b_v}{60}.$$

so daß der Anfahrverbrauch gleich

$$t_a \cdot \beta_v \doteq \frac{V^2 \cdot G \cdot b_v}{48\,600 \cdot \eta_1} \text{ Gramm} \qquad (1/\text{XI})$$

und für diesel-elektrische Fahrzeuge mit Motoren um 400 PS mit einem Gesamtwirkungsgrad η_1 einschließlich der Hilfsbetriebe von 0,75

$$\text{Anfahrverbrauch } t_a \cdot \beta_v \doteq \frac{V^2 \cdot G \cdot b_v}{36\,500} \text{ Gramm.} \qquad (2/\text{XI})$$

Für die Anfahrt des Triebwagens VT 42 bis 80 km/h, Gewicht $G = 50$ t und $b_v \sim 195$ g/PSh, errechnet sich damit der

$$\text{Anfahrverbrauch mit } \frac{80^2 \cdot 50 \cdot 195}{36\,500} = 1700\,\text{g},$$

was mit dem aus der Fahrzeit und β_v errechneten Wert von $\sim 1690\,\text{g}$ übereinstimmt.

Unsere Überlegung, den Verbrauch für die Anfahrt annähernd dem Produkte Anfahrzeit in Min $\times$ Vollastverbrauch gleichzusetzen, könnten wir noch durch die Tatsache überprüfen, daß die dem Fahrzeug innewohnende Wucht, die nach den letzten Absätzen des Abschnittes X gleich 4 bis $4{,}25 \cdot G \cdot V^2$ ist, in einem Zusammenhange mit dem für die Anfahrt verbrauchten Brennstoffe stehen muß. Leider läßt sich dafür keine allgemeingültige Formel aufstellen, weil sich im Anfahrbereiche, wie schon erwähnt, sowohl die vom jeweiligen Gesamtwirkungsgrade abhängige Motorleistung als auch der spezifische Brennstoffverbrauch, auf den noch die Ausnutzungsziffer von Einfluß ist, rasch ändern. Da auch die Verbrennungsmotoren derselben Verbrennungsart, Otto- und Dieselmotoren, Unterschiede hinsichtlich des spezifischen Verbrauches aufweisen, könnte man nur für ein bestimmtes Fahrzeug gültige Beziehungen aufstellen, die aber vorerst nicht verallgemeinert werden dürfen. Erst wenn eine ausreichende Zahl von Ergebnissen, zuerst z. B. über Dieselfahrzeuge mit einer bestimmten Kraftübertragung in einem bestimmten Leistungsbereiche, vorlägen, könnte man an eine allgemeine Auswertung schreiten, wozu größere Bahnverwaltungen wohl in der Lage wären, wenn zugleich mit den Anfahrschaulinien auch der Brennstoffverbrauch bestimmt würde.

Daß diese Anregung in der Richtung der derzeitigen Entwicklung liegt, beweist ein ausführlicher Bericht über die versuchsmäßige Durchprüfung eines dreiteiligen diesel-elektrischen Schnelltriebwagens der Deutschen Reichsbahn.[1] Darin finden sich Angaben über den Brennstoffverbrauch für die Anfahrt bis 160 km/h mit dem wenig besetzten und mit dem voll ausgelasteten Dreiwagenzug, und zwar etwa 20 und 21,5 l Gasöl, was bei einer Wichte von 0,85 17 und 18,3 kg Gasöl entspricht. Wenn wir für diese gemessenen Verbrauchswerte das Verhältnis zwischen Brennstoff und Wucht untersuchen, ergibt sich folgendes Bild:

Anfahrt mit wenig besetztem Zug, Gewicht 132 t, $102\,(1 + \gamma) = 108$,

Wucht . . . . $4{,}16 \cdot 132 \cdot 160^2 = 14\,100\,000\,\text{kgm}$

kgm je Gramm Brennstoff . . . . . . $\dfrac{14\,100\,000}{17\,000} = 830\ \text{„}$

Anfahrt mit voll ausgelastetem Zug, Gewicht 142 t, $102\,(1 + \gamma) = 107$,

Wucht . . . . $4{,}13 \cdot 142 \cdot 160^2 = 15\,000\,000\,\text{kgm}$

kgm je Gramm Brennstoff . . . . . . $\dfrac{15\,000\,000}{18\,300} = 820\ \text{„}$

---

[1] S. Note 1 auf S. 148.

Dem Mittelwerte von 825 kgm je Gramm Gasöl würden Verbrauchswerte von 17,1 bzw. 18,2 kg entsprechen, die vielleicht tatsächlich vorhanden waren, da die Werte mit „etwa" angegeben und die Wichte
geschätzt sind. Es wären nun Verbrauchsmessungen für Anfahrten mit
kleineren Endgeschwindigkeiten durchzuführen, um feststellen zu können,
ob sich der oben ermittelte Wert von etwa 825 kgm/g auch dafür verwenden läßt, worauf durch Versuche mit anderen diesel-elektrischen Fahrzeugen darnach zu forschen wäre, ob dieser Zahl eine allgemeine Gültigkeit
zukommt. Dasselbe Verfahren müßte auch für diesel-mechanische und
diesel-hydraulische Fahrzeuge angewendet werden, um die Grundlage für
die rasche Ermittlung des Brennstoffverbrauches während der Anfahrt
zu verbreitern. Für Dampflokomotiven verschiedener Bauart sind solche
Zahlen für die Anfahrt und Angaben über den ungefähren Mehrverbrauch
für die Anfahrt gegenüber der Durchfahrt veröffentlicht.[1]

Die Ergebnisse der Untersuchungen wären am besten in Schautafeln
einzutragen, die über der Geschwindigkeit Kurven der während der Anfahrt zur Verfügung stehenden Arbeit am Radumfang je Gewichtseinheit
des Brennstoffes für verschiedene Motorbauten zu enthalten hätten. Aus
dem Vergleiche solcher Schautafeln verschiedener Kraftübertragungen
könnte man dann die Unterschiede in der Leistungsausnutzung im Anfahrbereich feststellen. Ohne dem Brennstoffverbrauch eine zu hohe
Bedeutung beizumessen, da er bekanntlich nur einen zwischen 8 und 20%
liegenden Anteil der Betriebskosten ausmacht, ist er doch für die Beurteilung der Auslegung und Durchbildung der Kraftübertragungen
wichtig, da er das praktische Ergebnis aller vorhandenen theoretisch
schwer erfaßbaren Einflüsse aufzeigt.

C. Mehrverbrauch für die Fahrt mit Haltestellen.

Zu der Besprechung des Verbrauches während der Anfahrt gehört noch
die Frage des Mehrverbrauches eines Fahrzeuges oder Zuges für die Fahrt
mit Anhalten und Anfahren gegenüber der Durchfahrt. Diese Frage
läßt sich ebenfalls nicht allgemein lösen, sie muß dahin eingeschränkt
werden, wie groß der Mehrverbrauch für die Fahrt mit der Bedienung
von Haltestellen gegenüber der Durchfahrt mit einer bestimmten Strecken-
geschwindigkeit und der dadurch gegebenen Leistung ist.

Welchen Einfluß das Verhältnis der Leistungsausnutzung in diesem
Falle hat, ergibt sich schon aus der vorstehenden Erörterung über den
Verbrauch während der Anfahrt, aus dem zu entnehmen ist, daß der
Mehrverbrauch für das Anhalten um so größer gegenüber dem Verbrauch
für die Durchfahrt sein wird, je weniger Leistung für die Durchfahrt

---

[1] **Bager:** Über wirtschaftlichen Brennstoffverbrauch im Eisenbahnbetrieb. Berlin: W. Ernst & Sohn. 1925. S. 8.

benötigt wird. Wenn wir die Anfahrt des diesel-elektrischen Triebwagens Reihe VT 42 heranziehen, so errechnen wir für die Durchfahrt mit 80 km/h eine Zugkraft von etwa 300 kg und damit eine Motorleistung von etwa 130 PS. Der Verbrauch β wird dafür etwa 550 g/Min betragen, während der Anfahrweg von etwa 1070 m bei 80 km/h in 0,8 Min durchlaufen wird, so daß der Verbrauch für die Durchfahrt $550 \cdot 0,8 = 440$ g beträgt, gegenüber 1630 bis 1690 g für die Anfahrt.

Das Bild ändert sich, wenn wir eine Anfahrt bis 105 km/h betrachten, welche Geschwindigkeit in etwa 2,4 Min erreicht wird. Der Verbrauch für die Anfahrt steigt um $1,12 \cdot 1320 \doteq 1500$ g auf 3130 g, während für die Durchfahrt auf der Waagerechten mit etwa 230 PS Motorleistung auf der 2,77 km langen Anfahrstrecke $\left(\text{Zeit } \dfrac{60}{105} \cdot 2,77 = 1,59 \text{ Min}\right)$ gerechnet werden muß. Bei einem Brennstoffverbrauch β von etwa 830 g/Min ergibt sich ein Verbrauch von $830 \cdot 1,59 = 1320$ g und damit ein Mehrverbrauch von 1810 g gleich etwa 140% des Verbrauches für die Durchfahrt.

Wenn wir schließlich eine Anfahrt auf einer Steigung von 15%₀ betrachten, die bis zu einer Geschwindigkeit von 75 km/h reicht, so ist der Mehrverbrauch für die Anfahrt fast ausschließlich durch den Zeitunterschied zwischen Anfahrt und Durchfahrt gegeben, da auch für letztere schon annähernd die Vollast erforderlich ist.

Das Anfahren ist mit einem Mehrverbrauch verbunden, weil die Beschleunigung Arbeit erfordert, die aber in gewissem Maße beim Anhalten zurückerhalten wird, wenn das Fahrzeug vor der Bremsung auslaufen kann. Im Auslauf leistet die aufgespeicherte Wucht Arbeit, deren Rest bei der Bremsung vernichtet werden muß. Für die Auslauf- und Bremszeit ist mit dem Leerlaufverbrauch des Verbrennungsmotors zu rechnen, da er mit niederst zulässiger Drehzahl läuft und von der Triebachse abgeschaltet ist. In diesem Bereich ist gegenüber der Durchfahrt ein Minderverbrauch vorhanden, der aber meist nicht ins Gewicht fällt, weil gerade bei Motorfahrzeugen eine Verkürzung der Fahrzeiten angestrebt wird, wodurch fast ohne Auslauf und mit voller Bremsung gefahren werden muß.

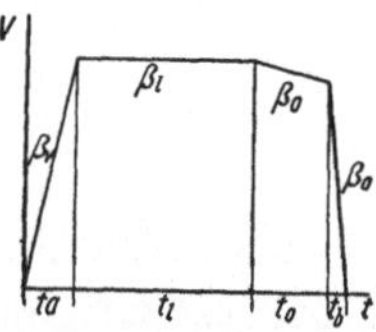

Abb. 92. Kennzeichnende Abschnitte einer Strecke für den Brennstoffverbrauch.

Als Erläuterung für eine Untersuchung des Mehrverbrauches auf einer bestimmten Strecke möge die Abb. 92 dienen, auf der über der Zeit der Verlauf der Geschwindigkeit aufgetragen ist. Wenn wir den Vollastverbrauch mit β_v, den Verbrauch für die Leistungsfahrt mit β_1 und den Leerlaufverbrauch für Auslauf und Bremsung mit β_0 bezeichnen, so ergibt sich mit den Benennungen der Abb. 92 der Gesamtverbrauch für die Strecke von A bis B mit

$$t_a \cdot \beta_v + t_1 \cdot \beta_1 + (t_0 + t_b) \cdot \beta_0, \qquad (3/\mathrm{XI})$$

dem der Verbrauch für die Durchfahrt $t'_1 \cdot \beta_1$ gegenüberzustellen ist. Wenn die Strecke verschiedene Neigungen aufweist, so sind diese sowohl für $t_1 \cdot \beta_1$ als auch $t'_1 \cdot \beta_1$ zu berücksichtigen.

Zusammenfassend ist über den Mehrverbrauch für Anhalten gegenüber der Durchfahrt zu sagen, daß er um so geringer wird, je näher die für die

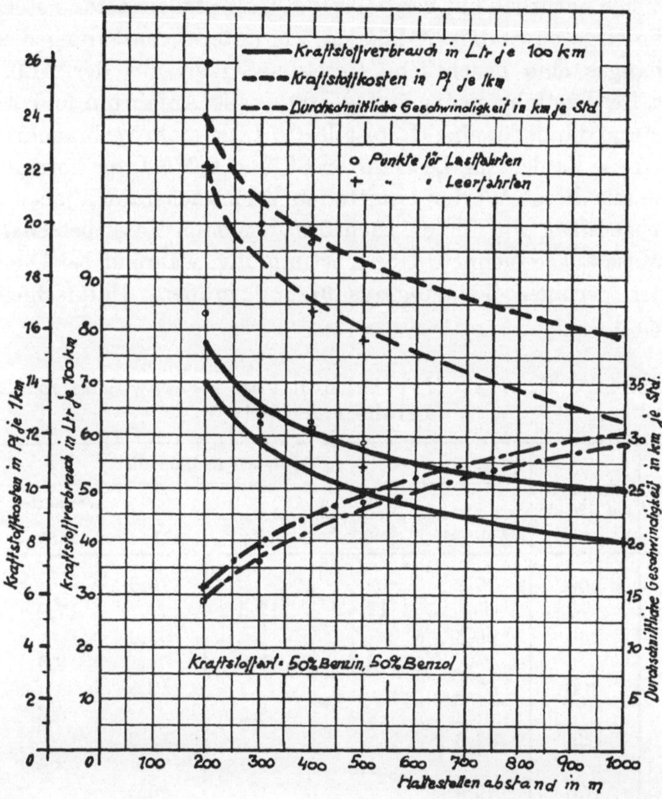

Abb. 93. Brennstoffverbrauch von Kraftwagen in Abhängigkeit vom Anhalten.

Durchfahrten benötigte Leistung der Volleistung kommt, besonders wenn es der Fahrplan gestattet, die Auslaufstrecken nicht zu kurz zu bemessen.

Dazu sei aus dem Schrifttum noch eine Abbildung über den Kraftstoffverbrauch in Abhängigkeit vom Anhalten gebracht, und zwar die Abb. 93, die einer Veröffentlichung über Kraftwagen,[1] entnommen ist, also für mechanische Kraftübertragung gilt. In dieser Abbildung ist über dem Haltestellenabstand in Meter der Kraftstoffverbrauch in Litern je

---

[1] Strommenger im Auftrage des Verbandes Deutscher Kraftverkehrsgesellschaften: Der öffentliche Kraftomnibusverkehr. Verlag Ruhfus. 1937.

100 km und die dazugehörige durchschnittliche Geschwindigkeit aufgetragen, die ebenfalls ersichtlichen Kraftstoffkosten sind für uns ohne Belang, da wir nur das Verhältnis der Verbrauchswerte überprüfen wollen.

Wir können die Haltestellenabstände in eine Beziehung zu dem Brennstoffverbrauch je 100 km bringen, da bei einem Abstand von 200 m innerhalb von 100 km 500 mal angefahren und gehalten werden muß usw. Trotz der sich natürlich mit vergrößertem Haltestellenabstand steigernden Durchschnittsgeschwindigkeit können wir unter Verwendung dieses Zusammenhanges eine beachtliche Gesetzmäßigkeit aus der Abb. 93 ableiten, da für Lastfahrten für 500 — 100 = 400 Anfahrten und Anhalten 28,1 Liter und damit für eine Haltestelle 0,7 Liter mehr verbraucht wurden, während diese Zahlen für Leerfahrten 30 und 0,075 Liter betragen. Wir stellen die aus diesen Werten ermittelten Verbrauchszahlen jenen der Abbildung gegenüber und finden nach der folgenden Tafel bei Lastfahrten eine teilweise ausgezeichnete Übereinstimmung, während bei Leerfahrten wegen der geringen Leistungsausnutzung größere Unterschiede vorhanden sind.

Zahlentafel 25. Kraftstoffverbrauch von Kraftwagen mit zahlreichen Anhalten.

Haltestellen-abstand	Anhalten auf 100 km	Verbrauch in l/km für					
		Lastfahrten			Leerfahrten		
		Abb. 93	Diff.	Rechn.	Abb. 93	Diff.	Rechn.
200 m	500	77,9			70,0		
			17,4	17,5		17,0	18,8
400 „	250	60,5			53,0		
			3,3	3,5		3,5	3,75
500 „	200	57,2			49,5		
			5,4	5,25		6,5	5,6
800 „	125	51,6			43,0		
			1,8	1,75		3,0	1,9
1000 „	100	49,8			40,0		

Die Zahlentafel zeigt jedenfalls, daß durch planmäßige Versuche auch dieses schwer zugängliche Gebiet aufgeschlossen werden kann.

D. Ergänzung des s-V-Schaubildes durch die Brennstoffverbrauchskurven β

a) eines diesel-hydraulischen Triebwagens.

Wir schreiten nun zur Ergänzung des s-V-Schaubildes durch die Brennstoffverbrauchskurven β, zeichnen aber nicht nur die s-V-Kurve

für die Vollast ein wie in Abb. 80, sondern auch die *s*-*V*-Kurven für die
Teillaststufen. Wir errechnen diese zuerst für den 425 PS diesel-hydraulischen Triebwagen aus den Zugkraft-Geschwindigkeitskurven der

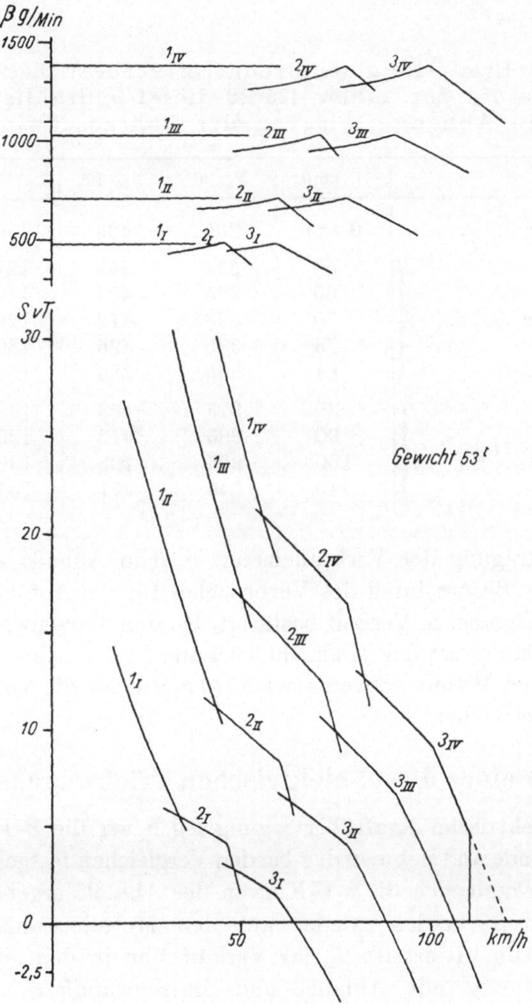

Abb. 94. *s*-*V*-Schaubild eines 425 PS diesel-hydraulischen Triebwagens mit Brennstoffverbrauchskurven β.

Abb. 50 für ein Gewicht von 53 t nach der Formel (1/X) und erhalten die
s-*V*-Kurven der Abb. 94, die Vollastkurve stimmt mit jener für 53 t der
Abb. 80 überein.

Für die Verbrauchskurven β ziehen wir einerseits die Zugförderleistungen der Abb. 50, zu denen wir die Hilfsleistungen nach den Aufstellungen für die Motorkennlinien der Abb. 39 zuschlagen, und anderseits das Schaublatt Abb. 91 heran. Die Ermittlung erfolgt am besten wieder in einer Zahlentafel, wie sie nachstehend für die Vollaststufe angelegt wurde.

Zahlentafel 26. Ermittlung der Brennstoffverbrauchskurven β g/Min der Vollaststufe für einen 425 PS-diesel-hydraulischen Triebwagen in Abhängigkeit von der Fahrgeschwindigkeit.

	V km/h	N_z PS	N_m PS	n_m U/Min	g/Min
Anfahrwandler	0—60	395	425	1300	1380
Marschwandler	55	371	399	1210	1270
	60	375	403	1220	1280
	70	383	412	1260	1325
	78	395	425	1300	1380
	84	355	386	1310	1280
Marschwandler II	80	375	403	1220	1280
	90	383	412	1260	1325
	100	395	425	1300	1380
	110	340	371	1310	1240

Nach Eintragung der Verbrauchskurven β in Abb. 94 zeigt sich der bereits bei der Besprechung des Verbrauches für die Anfahrt dargelegte, annähernd waagerechte Verlauf bestätigt, bei den Marschwandlern treten in Zusammenhang mit der Drehzahldrückung kleine Schwankungen auf, die aber auf den Mittelwert von etwa 1330 g/Min für die Vollast bezogen, nur $\pm$ 3,8% erreichen.

b) eines diesel-elektrischen Triebwagens.

Für die elektrische Kraftübertragung legen wir die Z-V-Kurven der Abb. 77 zugrunde und nehmen das bei den Vergleichen festgelegte Gewicht von 57 t an, womit sich die s-V-Kurven der Abb. 95 ergeben. Die Verbrauchskurven β werden wieder aus den Motorleistungen und den Kurven der Abb. 91 ermittelt, ihr Verlauf ähnelt dem der hydraulischen Übertragung mit Anfahr- und Marschwandlern, so daß sich auch für die Vollaststufe etwa derselbe Mittelwert des Verbrauches ergibt.

c) eines diesel-mechanischen Triebwagens.

Bei den Stufengetrieben und bei Flüssigkeitsübertragungen mit Kupplungsstufen ergibt sich ein ganz anderes Bild. Aus den Z-V-Kurven der Abb. 40 werden für das Triebwagengewicht von 52,5 t die s-V-Kurven der

Abb. 96 berechnet, sie sind ebenfalls stufenförmig, jedoch wegen des mit
steigender Fahrgeschwindigkeit, steigenden Luftwiderstandes und wegen

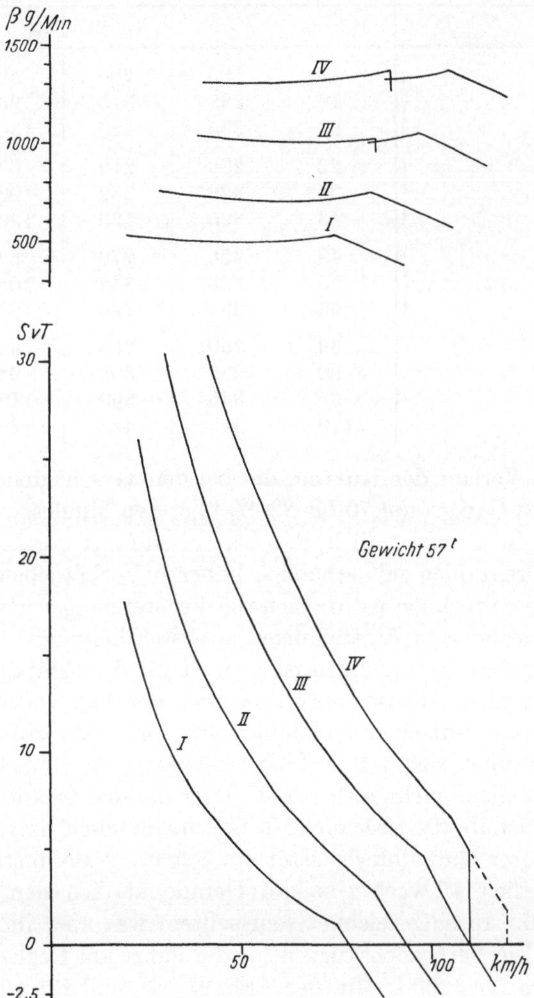

Abb. 95. *s-V*-Schaubild eines 425 PS diesel-elektrischen Triebwagens mit Brennstoffverbrauchskurven β.

des dadurch verringerten Zugkraftüberschusses gegen den Endpunkt der
Stufe abfallend.

Die Brennstoffverbrauchskurven β für die Stufenbereiche sind schräg
ansteigende Kurven, was nach dem Zusammenhang mit der Motordrehzahl
zu erwarten war. Die Ermittlung der β-Kurven für die Vollaststufe ist
in der Zahlentafel 27 dargelegt.

Zahlentafel 27. Ermittlung der Brennstoffverbrauchskurven β g/Min der Vollaststufe für einen 425 PS diesel-mechanischen Triebwagen in Abhängigkeit von der Fahrgeschwindigkeit.

	V km/h	N_z PS	N_m PS	n_m U/Min	g/Min
1. Gang	10	190	200	590	620
	16	298	315	950	970
	22	395	425	1300	1380
2. Gang	22	208	219	670	690
	34	320	339	1030	1070
	43	395	425	1300	1380
3. Gang	43	256	270	820	820
	55	328	347	1050	1070
	68	395	425	1300	1380
	69	250	263	805	800
	80	292	308	940	940
	95	346	369	1120	1150
	110	395	425	1300	1380

Nach dem Verlauf der Kurven, die bei den verschiedenen Laststufen innerhalb eines Ganges um 70 bis 220% über den Mindestwert ansteigen, ist die Feststellung verständlich, daß bei der Anfahrt mit der raschen Erhöhung der Drehzahlen mit erheblich höheren Verbrauchswerten als für die Beharrung zu rechnen ist, da sich die Verbrennungsverhältnisse nicht so rasch den geänderten Einstellungen anpassen können.

Bei den Stufenübertragungen ist aber damit die Eintragung der Verbrauchskurven nicht abgeschlossen, da noch der Fall vorkommen kann, daß das Fahrzeug auf einer der Senkrechten an den Stufenendpunkten fahren muß, wenn es sich z. B. auf einer Steigung von $18^0/_{00}$ befindet. Der 4. Gang reicht nicht mehr aus, der 3. Gang hat bei 68 km/h noch einen Leistungsüberschuß, der aber nicht in Geschwindigkeit umgesetzt werden kann. Der Motor läuft unterbelastet am Regler, weshalb statt der Senkrechten eigentlich schwach geneigte Gerade ähnlich den gestrichelten Linien der Abb. 15 eingezeichnet sein sollten, was aber immer vernachlässigt wird. Die Verbrauchskurven für die Fahrt am Regler ergeben sich aus der Kurve für 1300 U/Min der Abb. 91, sie sind für alle vier Gänge gleich. Sie werden aber in Abb. 96 rechts mit einem neuen waagerechten Maßstab getrennt für die vier Gänge mit der Bezeichnung 110 R bis 22 R eingezeichnet, so daß man für sie von der Steigung ausgehen muß, da sich ja die Geschwindigkeit nur um das Reglerspiel ändert. Wenn wir z. B. den Verbrauch auf der Steigung von $18^0/_{00}$ wissen wollen, für den sich die Fahrt am Regler mit der Geschwindigkeit von etwa 68 km/h ergeben hat, so geht man waagerecht von $18^0/_{00}$ nach rechts und liest auf der β-Kurve für 68 R den Verbrauch von 1175 g/Min ab.

Mit derart ergänzten s-V-Schaubildern, auf denen noch der Leerlaufverbrauch bei der untersten, mit 600 U/Min angenommenen Leerlaufdreh-zahl, aus dem Leerlaufverbrauch von etwa 12 kg je Stunde mit $\dfrac{12\,000}{60} =$

$= 200$ g/Min berechnet, eingetragen ist, kann man aus den Streckenschau-

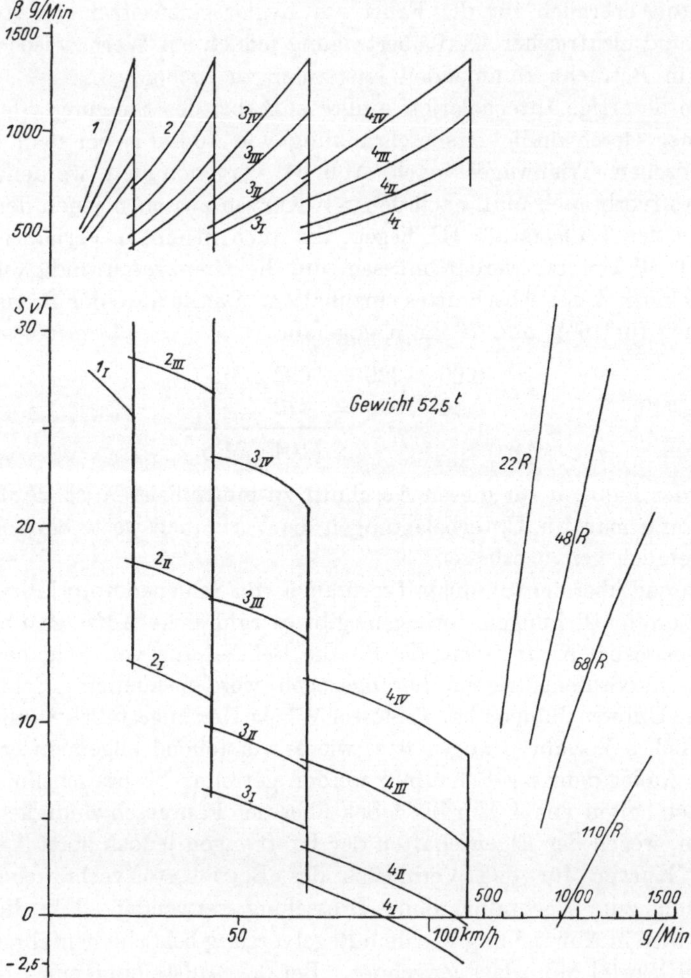

Abb. 96. s-V-Schaubild eines 425 PS diesel-mechanischen Triebwagens mit Brennstoffverbrauchs-kurven β in g/Min.

bildern den Brennstoffverbrauch für die Fahrt des Fahrzeuges oder Zuges bestimmen. Wird dabei bis auf den Auslauf und die Bremsung ständig die Vollaststufe verwendet, wie beim Beispiel für das S t r a h l - Verfahren auf Abb. 86, so ist die Bestimmung des Brennstoffverbrauches sehr einfach. Kommen jedoch Abschnitte mit Unterbelastungen vor, wie sie z. B. nach Abb. 86 durch eine Geschwindigkeitsbeschränkung auf 80 km/h bedingt wären, ist im s-V-Schaubild jener Brennstoffverbrauch zu suchen, der bei der betreffenden Steigung und 80 km/h Fahrgeschwindigkeit auftritt. Liegt die Steigung dabei zwischen zwei Stufen, wie jene von $18^0/_{00}$ für die mechanische Übertragung, so ist bei diesen, wie schon oben gesagt, der Brennstoffverbrauch für die Fahrt am Regler einzusetzen, bei hydraulischer und elektrischer Kraftübertragung jedoch ein Wert zwischen den beiden in Betracht kommenden Laststufen zu suchen.

Eine derartige Interpolation müßte z. B. bei der Steigung von $16^0/_{00}$ und einer Geschwindigkeitsbeschränkung von 70 km/h bei dem diesel-hydraulischen Triebwagen nach Abb. 94 vorgenommen werden. Der Brennstoffverbrauch muß nach den s-V-Kurven zwischen jenen der Vollast und der Teillaststufe III liegen, die auch in einem Verhältnis von etwa 60 : 40 benutzt werden müssen, um die Grenzgeschwindigkeit von etwa 70 km/h dieses Abschnittes einzuhalten. Damit wäre der Brennstoffverbrauch für $16^0/_{00}$ und 70 km/h ungefähr

$$
\begin{array}{rl}
0{,}60 \cdot 1320 = & 692 \ \text{g/Min} \\
0{,}40 \cdot 1030 = & \underline{412 \quad ,,} \\
& 1104 \ \text{g/Min}
\end{array}
$$

da mit der Fahrzeit für diesen Abschnitt zu multiplizieren ist. Auf diese Weise kann man für Unterbelastungen die Verbrauchswerte einfach und doch ziemlich genau erfassen.

Während über den Brennstoffverbrauch von Schienenmotorfahrzeugen wenig Veröffentlichungen vorliegen, gibt es zahlreiche Aufsätze über die Verhältnisse bei Kraftwagen, die für die Behandlung von Schienenfahrzeugen mit Stufengetrieben herangezogen werden können. Sehr ausführliche Untersuchungen hat Professor W. Müller angestellt[1-4] und dabei ein ähnliches Verfahren angegeben, wie es vorstehend allgemein erörtert wurde. Außer dem s-V-Schaubild werden getrennt Verbrauchslinien für die Zeiteinheiten von 1 Min bis 4 Sek über der Fahrgeschwindigkeit aufgetragen, wegen der Eigenschaften der Kraftwagen jedoch statt Teillastkurven Kurven für das Verhältnis des Betriebsstoffverbrauches bei Drosselung zum Verbrauch ohne Drosselung verwendet. Für die Anfahrten wird in Abweichung von dem Regelvorgang bei Schienenfahrzeugen mit drei Viertel Motorlast gerechnet. Bei der Aufstellung eines Nomogramms für einen Straßenschlepper[4] werden vereinfachende Annahmen

---

[1] W. Müller: Ein neues Verfahren zur Ermittlung der Fahrzeiten, des Betriebsstoffverbrauches und der Fahrkosten der Kraftwagen. V. T. 1930, H. 8.

[2] W. Müller: Betriebswirtschaftliche Untersuchung einer Kraftverkehrslinie. V. T. 1931, H. 19 u. 20.

[3] W. Müller: Fahrzeiten und Brennstoffverbrauch bei einem städtischen Kraftverkehrsnetz. V. T. 1931, H. 36 u. 37.

[4] W. Müller: Nomogramm zur Ermittlung des Rohölverbrauches eines Diesel-Straßenschleppers. V. T. 1932, H. 2.

bezüglich des Verbrauches und der Leistungsausnützung getroffen und die Werte aus einer Doppelleiter entnommen, die auf der einen Seite neben den Zugkräften die Motorleistungen N_m und auf der anderen Seite den Verbrauch β in g/Min enthält. Eine Durcharbeitung des Verfahrens von Professor W. Müller bringt Warning,[1] der für das Stufengetriebe bei Bergfahrten mit gleichförmiger Geschwindigkeit eine nicht gleichmäßige Zunahme des Verbrauches mit vergrößerter Steigung, was bei Gang- und Geschwindigkeitswechsel richtig ist, einen erhöhten Verbrauch für erhöhte Geschwindigkeiten und ebenfalls für vergrößerte Übersetzungen feststellt.

E. Verfahren von Eberan-Eberhorst.

Ein zweites für Kraftwagen und damit gegebenenfalls für Motorfahrzeuge mit Stufengetriebe verwendetes Verfahren gibt Eberan-Eberhorst[2] an, das nachstehend erörtert wird, da es einen guten Überblick über die verschiedenen Einflüsse ermöglicht. Für den Zusammenhang zwischen Motordrehzahl und Fahrgeschwindigkeit wird der Begriff der Schnelläufigkeit S nach der Formel (2/VII) und (3/VII)

$$S = \frac{100 \cdot i}{\pi \cdot D} \quad \text{und} \quad V = \frac{6}{S} \cdot n_m$$

herangezogen. Nach Abb. 97 werden im rechten oberen Viertel die Verbrauchskurven B in kg/h für verschiedene Drehzahlen über der Motorleistung eingetragen. Im linken unteren Viertel befinden sich Hilfslinien für verschiedene Schnelläufigkeiten S, die entsprechend den Stufenübersetzungen aus (2/VII) errechnet werden, und im rechten unteren Viertel Hilfskurven für den Zusammenhang zwischen Fahrgeschwindigkeit und Motorleistung auf verschiedenen Steigungen, die aus $N_m = \dfrac{V}{270 \cdot \eta_1} \cdot$ $\cdot (W' + G \cdot s)$ zu ermitteln sind. Bei einer gegebenen Schnelläufigkeit und Fahrgeschwindigkeit, im Beispiel $S = 200$ und $V = 48$ km/h, erhält man für einen 150 PS benzinmechanischen Triebwagen, Gewicht 24 t, links die Motordrehzahl $n_m = 2000$ U/Min und rechts die Motorleistung, aus denen man im rechten oberen Viertel den stark eingezeichneten Brennstoffverbrauch B kg/h bei 2000 U/Min erhält. Für die bei Kraftwagen übliche Umrechnung auf den Verbrauch für 100 km wird das Verhältnis $B : V = B_{100} : 100$ km/h, also

$$B_{100} = \frac{B \cdot 100}{V} \tag{4/XI}$$

verwendet, wozu im rechten unteren Viertel eine senkrechte Hilfslinie

---

[1] Warning: Der Brennstoffverbrauch der Kraftfahrzeuge. Der Einfluß des Windes, der Straße, der Nutzlast und der Geschwindigkeit. V. T. 1937, H. 8.

[2] S. Note 1 auf S. 82.

im Abstand von $V = 100$ km/h eingezeichnet ist. Es wird eine Parallele vom Nullpunkt zum Schnittpunkt der Waagerechten für $V = 48$ km/h mit der senkrechten Hilfslinie vom Endpunkt des Verbrauchswertes B

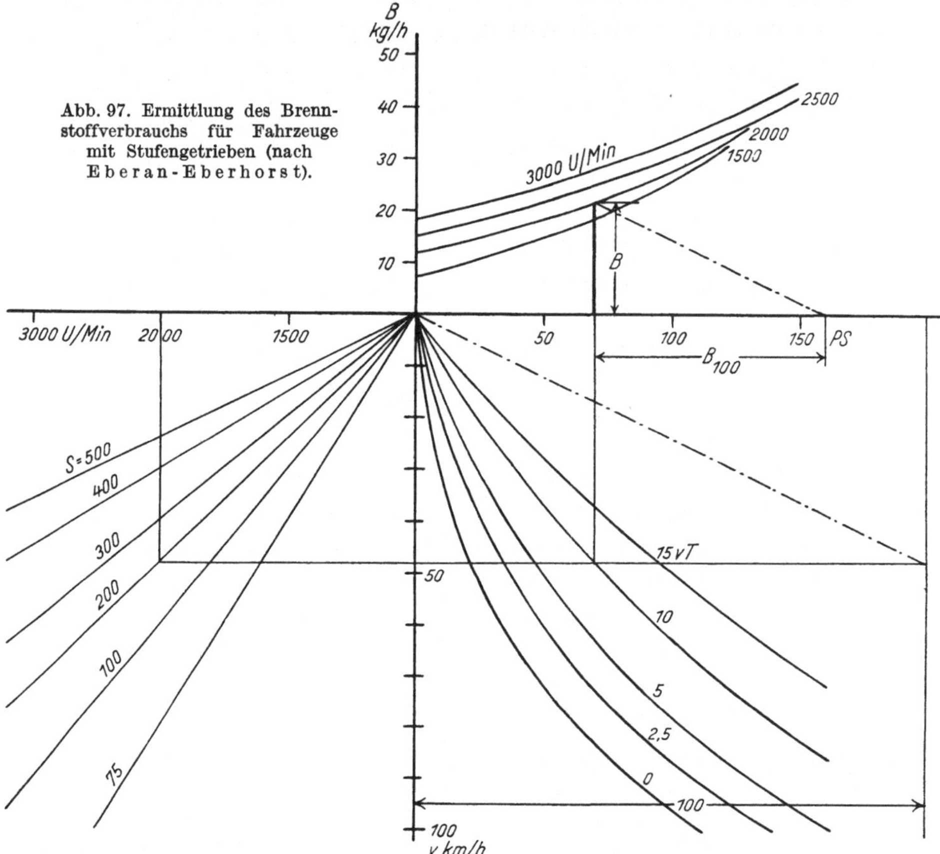

Abb. 97. Ermittlung des Brennstoffverbrauchs für Fahrzeuge mit Stufengetrieben (nach Eberan-Eberhorst).

gezogen, die auf der Abszissenachse die Strecke B_{100} abschneidet, deren Größe aus dem Maßstab der Ordinatenachse in kg/h bestimmt wird. Aus der Streckenlänge l in km und dem Wert B_{100} ergibt sich der Streckenverbrauch $l \cdot B_{100} : 100$ in kg.

F. Arbeiten von Richter, Kamm und Berndorfer.

Professor Richter hat sich insbesondere mit der Abhängigkeit des Verbrauches von der Fahrgeschwindigkeit und Belastung[1] beschäftigt und die Verhältnisse für Voll- und Teillasten an Hand der Motorkenn-

---

[1] S. Note 3 auf S. 31.

linien geprüft. In einer zweiten Veröffentlichung[1] wird der Einfluß der Straßensteigungen untersucht und die Unterschiede im Verhalten der Stufengetriebe gegenüber den Übertragungen mit praktisch konstanter Leistungsausnutzung klargestellt, auf die schon im Abschnitt IV hingewiesen wurde.

Die Arbeit von Kamm und Berndorfer[2] wurde schon erwähnt, sie gibt einen Bericht über den heutigen Stand und die Entwicklungsmöglichkeiten der Kraftwagen hinsichtlich Geschwindigkeit und Brennstoffverbrauch. Auch hier werden auf Grund der Motorkennlinien die verschiedenen Abhängigkeiten untersucht, dabei vier Kraftwagen unterschiedlicher Leistungen und Gewichte miteinander verglichen und die für ein vollkommenes Getriebe geltenden Forderungen aufgestellt.

G. Näherungsformel des Verfassers für den Brennstoffverbrauch in Gramm je Tonnenkilometer.

Das in diesem Abschnitt für Motorfahrzeuge ausgearbeitete Verfahren, das vom Verfasser schon seit geraumer Zeit verwendet wird, ist ganz allgemein brauchbar und kann bei Vorhandensein der notwendigen Unterlagen über den Verbrauch des Verbrennungsmotors so genau durchgeführt werden, als es zweckentsprechend ist. Über die Genauigkeit ist zu sagen, daß sie nicht zu weit getrieben werden braucht. Im Betrieb sind immer gewisse Unsicherheiten vorhanden, für die wir schon einen Zuschlag von $10^0/_0$ zu den Prüfstandswerten machten, der in seiner Höhe etwas willkürlich ist, aber mit den Erfahrungen der Praxis im Einklang steht. Wegen dieser Verhältnisse wollen wir noch eine Näherungsformel näher betrachten.

a) Ableitung für die Vollaststufe der elektrischen Kraftübertragung.

Für Überschlagsrechnungen, die in den meisten Fällen für Planungen und Vergleiche ausreichen, hat der Verfasser eine überaus einfache Näherungsformel für die Vollaststufe der Motorfahrzeuge mit elektrischer Kraftübertragung entwickelt, die bei geschickter Verwendung allgemeiner benutzt werden kann, wie im folgenden nachgewiesen wird. Mit Heranziehung der Gleichung (29/IV) leiten wir die ganz allgemein gültige Beziehung für den *Brennstoffverbrauch je Tonnenkilometer* ab, wenn wir in (29/IV) die Zugkraft Z durch das Produkt aus dem Gesamtgewicht des Zuges und den gesamten spezifischen Widerstand Σw in kg/t, also

$$Z = G \cdot \Sigma w$$

---

[1] S. Note 2 auf S. 38.
[2] S. Note 1 auf S. 144.

ersetzen. Bei einem Verbrauch des Verbrennungsmotors von b g/PSh errechnet sich der Brennstoffverbrauch je Tonnenkilometer, den wir mit $\mathfrak{B}$ bezeichnen wollen, aus

$$\mathfrak{B} = \frac{\text{Verbrauch je km in g}}{\text{Gewicht in t}},$$

$$= \frac{N_m \cdot b \text{ in g/PSh}}{G^t \cdot V^{\text{km/h}}},$$

$$= \frac{G \cdot \Sigma w \cdot V \cdot b}{270 \cdot \eta_1 \cdot G \cdot V},$$

$$= \frac{b}{270 \cdot \eta_1} \cdot \Sigma w \text{ g/tkm}. \qquad (5/\text{XI})$$

Diese Formel zeigt uns, daß der Brennstoffverbrauch in g/tkm außer von dem spezifischen Brennstoffverbrauch des Motors b und dem mit Berücksichtigung der Hilfseinrichtungen aufgestellten Gesamtwirkungsgrad der Übertragung η_1 nur von der Summe der jeweils vorhandenen spezifischen Fahrwiderstände in kg/t abhängt, was uns jetzt dieErklärung dafür gibt, warum wir im Abschnitt IV die in Betracht kommenden Werte berücksichtigen und auch bei Erfassung des Gesamtwiderstandes durch neue Formeln auf die Größe des spezifischen Fahrwiderstandes hinwiesen.

Wenn wir daher von einem Fahrzeug für die verschiedenen Geschwindigkeiten und Belastungszustände den spezifischen Brennstoffverbrauch, die Wirkungsgrade η_1 und die spezifischen Fahrwiderstände in der geraden Ebene kennen, ist es uns an Hand der Formel (5/XI) möglich, für eine Strecke mit bekannten Steigungs- und Krümmungswiderständen den Brennstoffverbrauch in g/tkm und dadurch abschnittsweise den Gesamtverbrauch des Zuges zu errechnen.

Für Überschlagsrechnungen können wir für den Quotienten $\dfrac{b}{270 \cdot \eta_1}$ eine einfache Form suchen, die uns die rasche Bestimmung des Brennstoffverbrauches in g/tkm gestattet. Wir kommen dabei zwangsläufig zur elektrischen Kraftübertragung, die im Fahrbereich einen sehr gleichmäßigen Verlauf des Gesamtwirkungsgrades η und damit auch für η_1 aufweist und außerdem eine praktisch wenig veränderliche Drehzahl besitzt, so daß auch der spezifische Brennstoffverbrauch im Fahrbereich bei Vollast nur wenig schwankt.

Nach der Zahlentafel 2 ist für mittlere Leistungen um 300 PS für die elektrische Kraftübertragung mit einem Wert von etwa 200 für $270 \cdot \eta_1$ zu rechnen, während der spezifische Brennstoffverbrauch b mit dem schon besprochenen Zuschlage zu den Prüfstandwerten für Ottomotoren neuzeitlicher Bauart zwischen 270 und 300 g/PSh Benzin und für Dieselmotoren bei 200 g/PSh Gasöl liegt.

Wenn wir diese Werte in die Formel (5/XI) einsetzen, erhalten wir überaus einfache Faustformeln für den Verbrauch je Tonnenkilometer, und zwar *für Benzinbetrieb* zu

$$\mathfrak{B} \doteq 1{,}35 \text{ bis } 1{,}5 \, . \, \Sigma w \ \text{g/tkm} \tag{6/XI}$$

und *für Dieselbetrieb* zu

$$\mathfrak{B} \doteq \Sigma w \ \text{g/tkm}, \tag{7/XI}$$

wobei Σw selbstverständlich in kg/t einzusetzen ist. Die Faustformel (7/XI) sagt uns, daß der Brennstoffverbrauch von diesel-elektrischen Fahrzeugen in Gramm je Tonnenkilometer gleich der Summe der spezifischen Fahrwiderstände in kg/t ist, während dieser Wert bei benzinelektrischen Fahrzeugen nach der Formel (6/XI) mit 1,35 bis 1,5 zu multiplizieren ist.

Für Fahrzeuge mit Holzgas- oder Holzkohlengasbetrieb, die einen Verbrauch von 1000 bis 1200 g Hartholz bzw. 450 bis 500 g Holzkohle je PSh aufweisen, würden die Faustformeln für Holzgas

$$\mathfrak{B} \doteq 5{,}5 \text{ bis } 6 \, . \, \Sigma w \ \text{g/tkm} \tag{8/XI}$$

und für Holzkohlengas

$$\mathfrak{B} \doteq 2{,}5 \, . \, \Sigma w \ \text{g/tkm} \tag{9/XI}$$

lauten.

Die Faustformeln lassen sich auch aus dem Wärmeinhalt des Brennstoffes ableiten, da z. B. bei Annahme eines Wärmeinhaltes eines Kilogramms Gasöl von 10000 kcal ein Gramm Gasöl einen solchen von 10 kcal besitzt, dem nach dem mechanischen Wärmeäquivalent 4270 kgm entsprechen.

Den in Abschnitt V mit etwa $35^0/_0$ ermittelten wirtschaftlichen Wirkungsgrad eines Dieselmotors bei Vollast ermäßigen wir entsprechend dem gemachten Zuschlage zum Brennstoffverbrauch für den Betrieb um $10^0/_0$ auf $31{,}5^0/_0$ und multiplizieren ihn noch mit dem Gesamtwirkungsgrad der elektrischen Kraftübertragung einschließlich Hilfsbetriebe von etwa 0,75, womit wir die am Radumfang zur Verfügung stehende Arbeit eines Gramms Gasöl mit $4270 \, . \, 0{,}315 \, . \, 0{,}75 = 1008$ kgm oder ungefähr 1 kgm erhalten, was nichts anderes bedeutet, als daß die Beförderung einer Tonne mit dem Widerstand Σw kg/t auf einem Weg von einem Kilometer einen Treibölverbrauch $\mathfrak{B} = \Sigma w$ g/tkm erfordert, was wir oben unter Heranziehung der Grundformel der Zugförderung errechneten.

Für die Streckenfahrt bedeutet daher 1 g Gasöl etwa 1000 kgm am Radumfang, während bei der Anfahrt nur etwa 825 kgm zur Verfügung standen.

Diese neuen Näherungsformeln gelten, wie aus der Ableitung ersichtlich, für den Bereich der praktisch konstanten Leistungsausnutzung bei elektrischer Kraftübertragung, ihre allgemeinere Bedeutung ist darin begründet, daß die gemittelten Werte der Leistung am

Radumfang bei den anderen Kraftübertragungen nicht viel von jenen der elektrischen Kraftübertragung abweichen. Auf Abb. 98 sind die Kurven der Ausnutzungsziffer, Wirkungsgrade und Leistungen am Radumfang für die mechanische, hydraulische und elektrische Kraftübertragung aufgetragen, eine Berücksichtigung des Gewichtes ist entbehrlich, da die Faustformeln ja für den Verbrauch in tkm gelten, wodurch das Gewicht nachträglich für den Gesamtverbrauch herangezogen wird. Die Kurven der Leistungen am Radumfang stellen unter Beweis, daß die stellenweise höheren Wirkungsgrade und Ausnutzungsziffern der anderen Übertragungen im Mittel gerechnet annähernd mit der Kurve der elektrischen Kraftübertragung übereinstimmen. Wie schon aus dem Kurvenverlauf zu ersehen, darf man dabei nicht eine einzelne Geschwindigkeit vergleichen, sondern wegen der Mittelwerte eine längere Strecke oder ein Streckennetz.

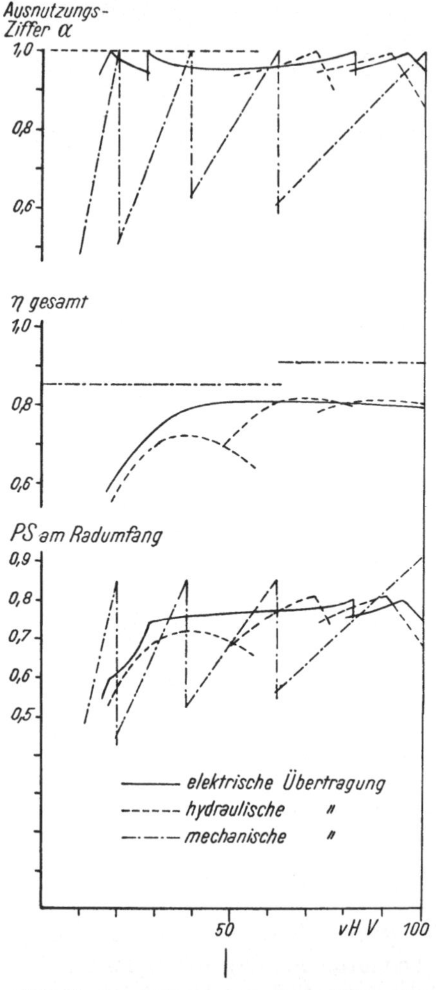

Abb. 98. Vergleich der Ausnutzungsziffern, Gesamtwirkungsgrade und Leistungen am Radumfang für verschiedene Kraftübertragungen.

b) Ergänzungen bei nicht voller Leistungsausnutzung.

Wir haben bis jetzt nur von der Vollast gesprochen, können aber die Gültigkeit der Faustformeln für alle jene Drehzahlen oder Fahrstufen erweitern, bei denen der Quotient $\dfrac{b}{270 . \eta_1}$ annähernd gleich 1 bleibt, was bei einer Steuerung der Fall sein wird, die mit einer der herabgesetzten Leistung entsprechend erniedrigten Motordrehzahl arbeitet, wodurch es, wie schon eingangs dieses Abschnittes erwähnt, möglich ist, auf der Einhüllenden der Brennstoffverbrauchskurven zu fahren. Solange der absinkende Wirkungsgrad durch den sich etwas vermindernden spezifischen Brennstoffverbrauch annähernd ausgeglichen wird, behält der Quotient den für Vollast angegebenen Wert.

Eine Grenze ergibt sich jedoch für Fahrten auf Gefällen, bei denen der Verbrennungsmotor wegen des Antriebes der Windflügel für die Kühlerbelüftung, der Batterieladung für Anlassen und Beleuchtung und der Beschaffung der Bremsluft weiterlaufen muß. Da diese Leistungen im Vergleich zur Vollast niedrig sind, kann man für die Gefällstrecken mit dem Leerlaufverbrauch bei der untersten Leerlaufdrehzahl rechnen. Für unsere Faustformeln wählen wir aber einen anderen Weg und legen fest, daß für sie ein Mindestwert $\mathfrak{B}_{min}$ gilt, und zwar nach Betriebserfahrung

für Benzinbetrieb $\qquad$ $\mathfrak{B}_{min} \doteq 8$ bis 10 g/tkm $\qquad\qquad$ (10/XI)

für Dieselbetrieb $\qquad$ $\mathfrak{B}_{min} \doteq 4$ bis 6 　　,,　$\qquad\qquad$ (11/XI)

Wenn daher die Summe der spezifischen Fahrwiderstände bei Benzinfahrzeugen 8 bis 10 kg/t und bei Dieselfahrzeugen 4 bis 6 kg/t unterschreitet, treten an Stelle von Σw die angegebenen Mindestwerte, womit die überschlägige Ermittlung des Brennstoffverbrauches auch für Gefällstrecken möglich ist.

Nordamerikanische Versuche,[1] die sich auf zahlreichen Laboratoriumsprüfungen und auf Straßenversuchen mit Personen- und Lastkraftwagen aller Art aufbauten, brachten als eines der wichtigsten Ergebnisse, daß bei normalem Gang und gleichbleibender Geschwindigkeit der durchschnittliche Treibstoffverbrauch auf Steigungen gleichmäßig mit jedem Prozent Steigungszunahme über der Waagerechten zunahm, was nach der Formel (5/XI) bei Fahrt mit der gleichen Gangstufe und derselben Geschwindigkeit zu erwarten war.

c) Nachprüfung der Formelwerte gegenüber den genauen Verbrauchszahlen.

1. **Auf Grund der Kurvenblätter der drei Kraftübertragungen.**

Wir haben nun die Möglichkeit, auf Grund der bereits ermittelten Verbrauchskurven β für die verschiedenen Kraftübertragungen die Abweichungen der genauen Werte von den mit der Faustformel (7/X) sich ergebenden Verbrauchszahlen zu prüfen und gehen dabei in der Weise vor, daß wir $\mathfrak{B}'$ g/tkm aus

$$\mathfrak{B}' = \frac{60 \cdot \beta}{G \cdot V} \text{ g/tkm},\qquad\qquad (12/XI)$$

also aus dem Stundenverbrauch dividiert durch das Gewicht und die Stundengeschwindigkeit errechnen. Den gewonnenen Wert $\mathfrak{B}'$ vergleichen wir mit dem aus der Faustformel (7/XI) ermittelten $\mathfrak{B} = \Sigma w = \frac{W'}{G} \pm s$ durch Bildung der Verhältniszahl $\frac{\mathfrak{B}'}{\mathfrak{B}}$, die bei Anwendbarkeit der Faust-

---

[1] Der Einfluß der Straßensteigungen auf den Betriebsstoffverbrauch der Kraftfahrzeuge. Nordamerikanische Untersuchungen. V. T. 1936, H. 20.

Zahlentafel 28. Nachprüfung der Faustformel für den Verbrauch $\mathfrak{B} \doteq \varSigma w$ g/tkm für einen 425 PS diesel-hydraulischen Triebwagen, Gewicht 53 t.

$$\mathfrak{B}' = \frac{60 \cdot \beta}{G \cdot V} \qquad \mathfrak{B} = \frac{W'}{G} \pm s.$$

Neigung $^0/_{00}$	Laststufe	V km/h	β g/Min	$\mathfrak{B}'$ g/tkm	$\mathfrak{B} = \varSigma_w$ g/tkm	$\dfrac{\mathfrak{B}'}{\mathfrak{B}}$
— 2,5	IV	—	—	—	—	—
	III	—	—	—	—	—
	II	94	540	6,5	4,2	1,55
	I	71	360	5,7	2,3	2,48
0	IV	120	1100	10,4	9,3	1,12
	III	106	890	9,3	7,9	1,17
	II	88	615	7,9	6,1	1,30
	I	64	450	7,9	4,5	1,75
+ 2,5	IV	114	1200	11,9	11,1	1,07
	III	100	945	10,6	9,8	1,08
	II	82	680	9,4	8,2	1,15
	I	50	450	10,2	6,2	1,65
+ 5,0	IV	109	1260	13,1	13,1	1,00
	III	94	1000	12,1	11,7	1,03
	II	71	690	11,0	9,9	1,11
	I	38	480	14,3	8,2	1,74
+ 10,0	IV	96	1350	15,9	16,8	0,95
	III	74	960	14,7	15,1	0,97
	II	50	670	15,1	13,7	1,10
	I	23	480	23,5	12,8	1,84
+ 15,0	IV	79	1360	19,4	20,4	0,95
	III	59	970	18,6	19,0	0,97
	II	35	710	22,9	18,0	1,27
	I	—	—	—	—	—
+ 20,0	IV	60	1280	24,0	24,2	0,99
	III	45	1030	25,8	23,4	1,10
	II	29	710	27,6	22,9	1,21
	I	—	—	—	—	—
+ 25,0	IV	50	—	31,1	28,7	1,08
	III	38	1380	30,6	28,2	1,09
	II	—	1030	—	—	—
	I	—	—	—	—	—

formel in der Nähe von 1 liegen muß. Zum besseren Verständnis führen wir die Vergleichsprüfung für den 425 PS diesel-hydraulischen Triebwagen mit 53 t Gewicht durch, dessen s-V- und β-Kurven auf Abb. 94 aufgetragen sind.

Die Werte der Zahlentafel 28 müssen wir noch durch jene der Bruchpunkte der Kreisläufe ergänzen und tragen sie dann in einem Schaublatt nach Abb. 99 auf. Die Laststufen mit den Bezeichnungen der Abb. 50 sind voll ausgezogen, die gestrichelten Kurven entsprechen den Steigungen. Aus der Abb. 99 sehen wir, daß die Laststufen 3_{IV}, 3_{III}, 2_{IV}, 2_{III}, 1_{IV} und 1_{III}, also alle Kreisläufe mit Vollast und Teillast III, sehr wenig vom Wert $\dfrac{\mathfrak{B}'}{\mathfrak{B}} = 1$ abweichen, grössere Unterschiede treten nur für den hohen Geschwindigkeitsbereich von 3_{II} und für Teillaststufen I auf. Da diese Teillaststufen gegenüber den anderen sehr selten gefahren werden, ergibt sich die beachtenswerte Tatsache, daß die Faustformeln mit vorstehender Einschränkung auch bei hydraulischer Kraftübertragung brauchbare Ergebnisse erzielen lassen, wobei für den Bereich der konstanten Leistung der Marschwandler in der Vollaststufe ähnliche Verhältnisse wie bei der elektrischen Kraftübertragung herrschen.

Nach demselben Vorgang prüfen wir den 425 PS dieselelektrischen Triebwagen unter Verwendung des Schaublattes Abb. 95 und erhalten die Abb. 100, auf der ähnlich wie auf der Abb. 99 nur ein Teil der Laststufen II und I wesentliche Abweichungen vom Werte $\dfrac{\mathfrak{B}'}{\mathfrak{B}} = 1$ aufweist. Die

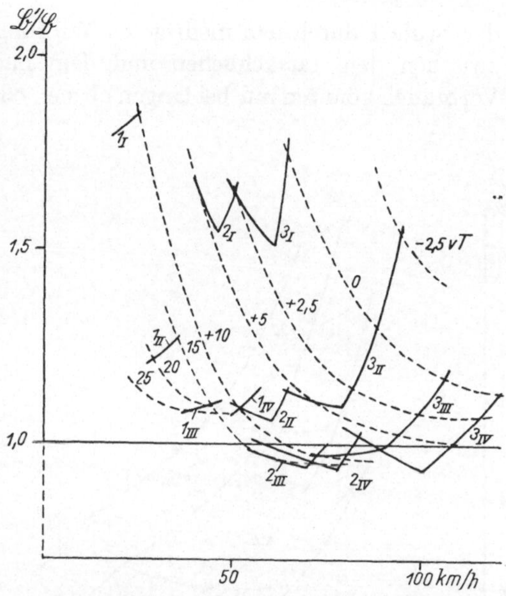

Abb. 99. Nachprüfung der Faustformel $\mathfrak{B} = \varSigma w\,\mathrm{g/tkm}$ für einen diesel-hydraulischen Triebwagen.

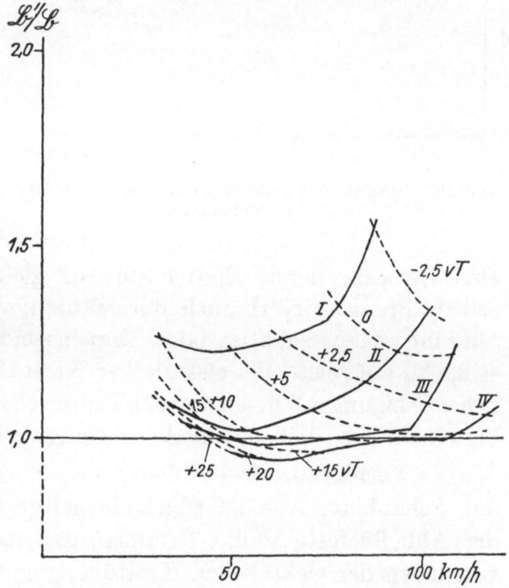

Abb. 100. Nachprüfung der Faustformel $\mathfrak{B} = \varSigma w\,\mathrm{g/tkm}$ für einen diesel-elektrischen Triebwagen.

ansteigenden Äste der Stufen bei hohen Geschwindigkeiten und im Anfahrbereich ergeben sich durch die Unterbelastungen, die höhere Lage der Stufe I durch den niedrigeren Wirkungsgrad. Größere Unterschiede zwischen dem tatsächlichen und dem nach Formel (7/X) errechneten Verbrauch könnten nur bei langen ebenen oder schwach geneigten Strecken auftreten, doch werden sie bei Verwendung der Mindestverbrauchszahlen nach (9/XI) kaum auffallend sein.

Die aus den β-Kurven der Abb. 95 ermittelten Verbrauchswerte $\mathfrak{B}'$ in g/tkm sind auf der Abb. 101 über der Geschwindigkeit aufgetragen, wobei die Stufen wieder voll und die Neigungen gestrichelt eingezeichnet sind. Das Ansteigen des Verbrauches bei den hohen Geschwindigkeiten ergibt sich durch den erhöhten Fahrwiderstand, bei den niedrigen Geschwindigkeiten wirkt sich der absinkende Wirkungsgrad aus. Bemerkenswert ist der Verlauf der $\mathfrak{B}'$-Kurven für $+2{,}5$ und $-2{,}5^0/_{00}$, sie liegen ungefähr im selben Abstand von der Kurve für die Ebene, d. h. daß

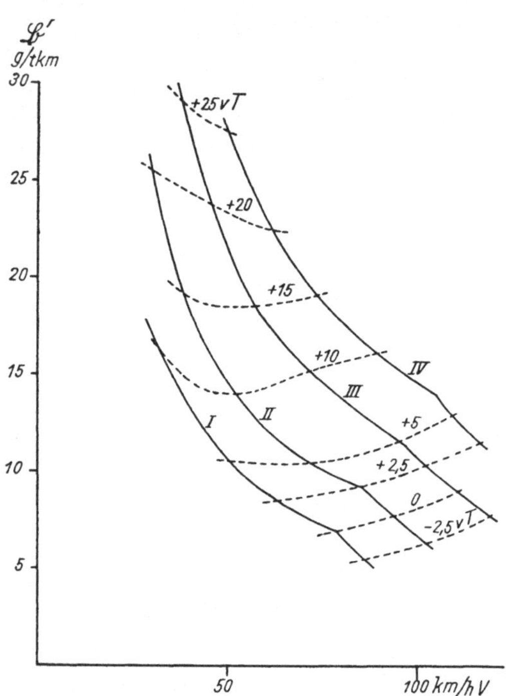

Abb. 101. Brennstoffverbrauch in g/tkm eines diesel-elektrischen Triebwagens.

eine Strecke, deren Endpunkte auf gleicher Höhe liegen, mit demselben Brennstoffverbrauch durchfahren wird, gleichgültig, ob die Verbindung waagerecht ist oder abwechselnde Neigungen von $+2{,}5$ und $-2{,}5^0/_{00}$ aufweist. Bei elektrischer Kraftübertragung sind die „unschädlichen Neigungen" daher tatsächlich unschädlich, was bei Stufengetrieben bei einem eventuell notwendigen Gangwechsel nur annähernd zutrifft.

Die Verhältnisse bei Stufengetrieben zeigt die Abb. 102, für welche das Schaublatt Abb. 96 zugrunde gelegt wurde. Die bei Besprechung der Abb. 98 festgestellte Tatsache, daß die Mittelwerte nicht erheblich von jenen der elektrischen Kraftübertragung abweichen, zeigt sich auch hier recht deutlich, da die Verhältniswerte $\dfrac{\mathfrak{B}'}{\mathfrak{B}}$ ungefähr im gleichen Abstand um die Waagerechte für 1 verlaufen, wenn wir die Teillaststufe I außer Betracht lassen. Einzelne Stufen liegen wegen der höheren Wirkungsgrade beträchtlich günstiger als bei den anderen Übertragungen, mit ihnen sind aber wegen der niedrigen Ausnutzungsziffer nur geringere Geschwindigkeiten erreichbar, so daß die dadurch verlängerte Fahrzeit gegenüber den anderen Kraftübertragungen den geringeren Verbrauch wieder ausgleicht und praktisch derselbe Wert wie bei den schon besprochenen Übertragungen aufscheinen wird.

Zusammenfassend ist über die Prüfung der Näherungsformeln zu sagen, daß sie unter Berücksichtigung der immer vorhandenen Unsicherheiten bis auf Teillaststufen mit niedrigen Wirkungsgraden auf wesentliche Unterbelastungen allgemein verwendbar ist. Bei bekannten Streckenverhältnissen wird sie sogar für den Vergleich verschiedener Triebwagen herangezogen werden können, da sie den Einfluß des spezifischen Brennstoffverbrauches und des Gesamtwirkungsgrades der Übertragung erkennen läßt.

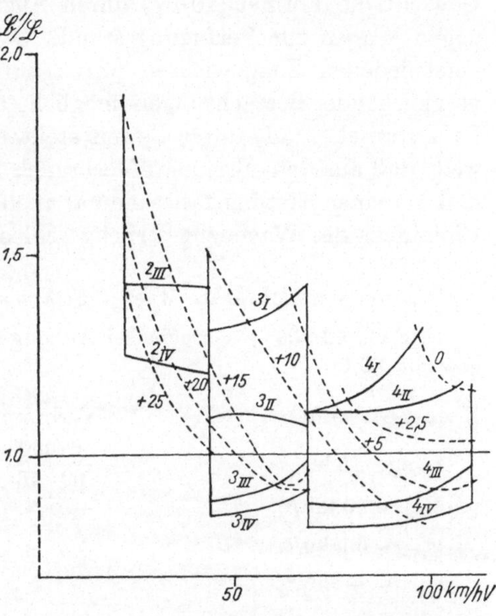

Abb. 102. Nachprüfung der Faustformel $\mathfrak{B} = \Sigma w$ g/tkm für einen diesel-mechanischen Triebwagen.

2. Auf Grund der Meßergebnisse von Streckenfahrten.

Die Näherungsformel wird durch Ergebnisse der Brennstoffmessung an einem der ersten Maybach-Triebwagen mit mechanischer Übertragung bestätigt, bei denen der Verbrauch in g/tkm für verschiedene Zuggewichte ermittelt wurde[1]. Die Verbrauchskurven steigen über der Geschwindigkeit langsam an und liegen um so tiefer, so größer das Zuggewicht ist, da der spezifische Fahrwiderstand des Zuges mit steigendem Zuggewicht sinken muß. Für den Triebwagen allein sind bei 50 km/h 5,3 g/tkm abzulesen, der Fahrwiderstand betrug bei Auslaufversuchen bei dieser Geschwindigkeit 5,5 kg/t, daher ist $\dfrac{\mathfrak{B}'}{\mathfrak{B}} \doteq 0{,}97 \sim 1$. Für 87,8 t Zuggewicht ergibt sich ein Verbrauch von 3,2 g/tkm, was für die Anhängelast von 50 t einen Rollwiderstand von etwa 1,6 kg/t bedeutet, der auch mit der Reichsbahnformel I übereinstimmt.

---

[1] Ebel: Die neuen Verbrennungstriebwagen der Deutschen Reichsbahn-Gesellschaft und ihre Versuchsergebnisse. Organ 1926, H. 2.

Anschließend folgen einige Messungsergebnisse von Probefahrten der Reihe VT 42 der Ö. B. B.,[1] für deren Laufwiderstand bei etwa 50 t Gewicht die Formel (10/IV) durch Auslaufversuche mit fast werkstattneuen Wagen zur Verfügung stand. Durch wiederholte Meßfahrten mit verschiedenen Zuggewichten waren auf der Strecke Wien—Semmering vergleichende Betrachtungen möglich, die alle die Verwendbarkeit der Faustformel (7/XI) unter Beweis stellten. Die Übereinstimmung ging so weit, daß aus dem Brennstoffverbrauch auf ungünstige Windverhältnisse und bei einer Erstlingsfahrt einmal auch auf den Einfluß des zu geringen Einlaufens des Wagenzuges rückgeschlossen werden konnte.

Versuchsfahrt Wien—Semmering am 13. XI. 1936.

Zug VT 42 . 08 + vierachsiger Anhängewagen mit eckiger Kopfform, Zuggewicht 89 t.

Wien—Gloggnitz.

Länge 75 km,

$V_m \sim 80$ km/h,

$w_m \sim 6{,}5$ kg/t,

$s_m \sim + 3\ ^0/_{00}$

Verbrauch: 67 kg Gasöl.

$$\frac{67000}{89 \cdot 75} = \underline{10 \text{ g/tkm.}}$$

$\dfrac{\mathfrak{B}'}{\mathfrak{B}} = 1{,}05$

$$\Sigma\, w = 6{,}5 + 3 = \underline{9{,}5 \text{ g/tkm.}}$$

Gloggnitz—Breitenstein.

Länge: 22,5 km.

$V_m \sim 35$ km/h

$w_m \sim 4{,}6$ kg/t

$w_k \sim 1$ kg/t

$s_m \sim + 15{,}3\ ^0/_{00}.$

Verbrauch: 42 kg Gasöl.

$$\frac{42000}{89 \cdot 22{,}5} = \underline{21 \text{ g/tkm.}}$$

$\dfrac{\mathfrak{B}'}{\mathfrak{B}} \doteq 1{,}00$

$$\Sigma\, w = 4{,}6 + 1 + 15{,}3 = \underline{20{,}9 \text{ g/tkm}}$$

Breitenstein—Semmering.

Länge 5,8 km,

$V_m \sim 30$ km/h

$w_m \sim 4{,}5$ kg/t

$w_k \sim 1$ kg/t

$s_m \sim + 19{,}6\ ^0/_{00}.$

Verbrauch: 13 kg Gasöl.

$$\frac{13000}{89 \cdot 5{,}8} = \underline{25{,}2 \text{ g/tkm}}$$

$\dfrac{\mathfrak{B}'}{\mathfrak{B}} = 1{,}00$

$$\Sigma\, w = 4{,}5 + 1 + 19{,}6 = \underline{25{,}1 \text{ g/tkm}}$$

Nur bei der Strecke Wien—Gloggnitz zeigt sich wegen des annähernd ebenen Teiles Wien—Wiener Neustadt eine Abweichung von 5%, die aber teilweise durch Anfahrten in mehreren Stationen begründet ist. Auf den Steigungsstrecken ergibt sich in Übereinstimmung mit Abb. 100 der Brennstoffverbrauch praktisch genau aus der Faustformel. Auf der Semmeringstrecke war ein Zuschlag für die Krümmungen als $w_k = 1$ zu machen, da

---

[1] S. Note 6 auf S. 16.

diese Gebirgsbahn Krümmungen bis 250 m Halbmesser ausweist, die nicht ausgeglichen sind.

Versuchsfahrt Wien—Bruck a. d. Mur am 19. III. 1937.

Zug VT 42 . 13 $+$ vierachsiger Steuerwagen Cast, Zuggewicht 78 t.

Wien—Wiener Neustadt.   Verbrauch: 34 kg Gasöl.

Länge: 48,2 km.

$V_m \sim 85$ km/h

$w_m \sim 6,8$ km/h

$s_m \sim + 1,7\ ^0/_{00}$

$$\frac{34000}{78 . 48,2} = \frac{9\ \text{g/tkm}}{8,5\ \text{g/tkm}}\quad \frac{\mathfrak{B}'}{\mathfrak{B}} = 1,055$$

$$\Sigma\,w = 6,8 + 1,7 = $$

Wiener Neustadt—Gloggnitz.   Verbrauch: 22 kg Gasöl.

Länge: 26,8 km.

$V_m \sim 60$ km/h (Langsamfahrten)

$w_m \sim 5,6$ kg/t

$s_m \sim + 5,3\ ^0/_{00}$

$$\frac{22000}{78 . 26,8} = \frac{10,5\ \text{g/tkm}}{10,9\ \text{g/tkm}}\quad \frac{\mathfrak{B}'}{\mathfrak{B}} = 0,954$$

$$\Sigma\,w = 5,6 + 5,3 = $$

Gloggnitz—Semmering.   Verbrauch: 48 kg Gasöl.

Länge: 28,3 km.

$V_m \sim 40$ km/h

$w_m \sim 4,8$ kg/t

$w_k \sim 1$ kg/t

$s_m \sim + 16\ ^0/_{00}$

$$\frac{48000}{78 . 28,3} = \frac{21,8\ \text{g/tkm}}{21,8\ \text{g/tkm}}\quad \frac{\mathfrak{B}'}{\mathfrak{B}} = 1,00$$

$$\Sigma\,w = 4,8 + 1 + 16 = $$

Semmering—Bruck a. d. Mur.   Verbrauch: 26 kg Gasöl.

Länge: 54,5 km.

$V_m \sim 100$ km/h

$w_m \sim 7,8$ kg/t

$w_k \sim 1$ kg/t

$s_m \sim - 8\ ^0/_{00}$

$$\frac{26000}{78 . 54,5} = \underline{6\ \text{g/tkm}}$$

$$\Sigma\,w < \text{Minimum,}\quad \underline{4\ \text{bis}\ 6\ \text{g/tkm}}$$

Bruck a. d. Mur—Semmering.   Verbrauch: 65 kg Gasöl.

Länge: 54,5 km.

$V_m \sim 75$ km/h

$w_m \sim 6,3$ kg/t

$w_k \sim 1$ kg/t

$s_m \sim + 8\ ^0/_{00}$

$$\frac{65000}{78 . 54,5} = \frac{15,3\ \text{g/tkm}}{15,3\ \text{g/tkm}}\quad \frac{\mathfrak{B}'}{\mathfrak{B}} = 1$$

$$\Sigma\,w = 6,3 + 1 + 8 = $$

Semmering—Wiener Neustadt.   Verbrauch: 22 kg Gasöl.

Länge: 55,1 km.

$$V_m \sim 90 \text{ km/h} \qquad \frac{22000}{78 \cdot 55,1} = 5,1 \text{ g/tkm}$$

$$w_m \sim 7,1 \text{ kg/t} \qquad \Sigma\, w < \text{Minimum,} \quad \underline{4 \text{ bis } 6 \text{ g/tkm}}$$

$$s_m \sim -\, 10,8 \; {}^0\!/\!{}_{00}$$

Wiener Neustadt—Wien.   Verbrauch: 34 kg Gasöl.

Länge: 48,2 km.

$$V_m \sim 110 \text{ km/h} \qquad \frac{34000}{78 \cdot 48,2} = \underline{\quad 9 \text{ g/tkm} \quad} \quad \frac{\mathfrak{B}'}{\mathfrak{B}} = 1,28$$

$$w_m \sim 8,7 \text{ kg/t} \qquad (4 \text{ Anfahrten})$$

$$s_m \sim -\, 1,7 \; {}^0\!/\!{}_{00} \qquad \Sigma\, w = 8,7 - 1,7 \quad = \quad \underline{7 \text{ g/tkm}}$$

Bei dieser Versuchsfahrt wieder dasselbe Bild wie bei der zuerst angeführten. Auf den Steigungsstrecken ist eine außerordentlich gute Übereinstimmung des gemessenen Verbrauches mit den Werten der Faustformel vorhanden, ein beachtlicher Unterschied besteht nur auf der Rückfahrt für den letzten Streckenabschnitt von Wiener Neustadt bis Wien, auf dem hinter einem Personenzug gefahren wurde, weshalb der Probezug in vier Stationen anhalten, den Blockabstand abwarten und dann wieder anfahren mußte. Dieser Unterschied ist dem Durchlaufen der Motoren während der Aufenthalte und dem wiederholten Anfahren anzulasten, bei dem für die Beschleunigung auf längerem Weg die Volleistung benötigt wird.

Als weiteres Beispiel für die Prüfung der Faustformeln für den Brennstoffverbrauch sei noch auf die erste Streckenfahrt des „Fliegenden Hamburgers" am 19. XII. 1931 hingewiesen, der bei einem Gewicht von etwa 80 t für die 286 km lange fast ebene Strecke Berlin—Hamburg rund 175 kg Gasöl verbrauchte. Die mittlere Geschwindigkeit war 125 km/h und der mittlere spezifische Fahrwiderstand ungefähr $\frac{600}{80} = 7,5$ kg/t, was nach der Faustformel (7/XI) einem Verbrauch von 7,5 g/tkm entspricht, während tatsächlich $\frac{175\,000}{80 \cdot 286} = 7,65$ g/tkm von den Motoren verbraucht wurden. Also auch hier, obwohl große Strecken mit Teillasten gefahren wurden, eine gute Übereinstimmung der beiden Werte.

d) Vorberechnung des Brennstoffverbrauches für eine Fahrt Wien—Salzburg.

Zum Abschluß der Erörterungen über die Näherungsformeln wird noch die vor einiger Zeit gestellte Aufgabe gebracht, den ungefähren Brennstoffverbrauch eines Triebwagens der Reihe VT 42[1] für die 314 km lange Strecke Wien—Salzburg vorauszuberechnen, wobei Höchstgeschwindigkeiten bis 120 km/h ausnahmsweise gestattet und eine Durch-

---

[1] S. Note 6 auf S. 16.

Zahlentafel 29. Überschlägige Ermittlung des Brennstoffverbrauches eines Triebwagens, Reihe VT 42 auf der Strecke Wien—Salzburg. Gewicht 53 t, V_{max} 120 km/h.

Streckenabschnitt	Länge km	V_{mittel} km/h		Σ_w g/tkm	Verbrauch g/t
Wien—Rekawinkel	25	80		18	450
Rekawinkel—Neulengbach	14	100	B Min	5	70
Neulengbach—St. Pölten	22	110		10	220
St. Pölten—Amstetten	64	110		12	768
Amstetten—Haag	26	80		18	468
Haag—St. Valentin	14	90	B Min	5	70
St. Valentin—Vöklamarkt	100	100		13	1300
Vöklamarkt—Ederbauer	15	80		18	270
Ederbauer—Steindorf	8	100	B Min	5	40
Steindorf—Seekirchen	12	100		10	120
Seekirchen—Salzburg	14	90	B Min	5	70
	314				3846

Gesamtverbrauch 3846 . 53 t = 204 kg gerechnet, Gesamtverbrauch 200 kg gemessen.

schnittsgeschwindigkeit von 90 bis 95 km/h auf dieser teilweise schwierigen Strecke für den Probezug in Aussicht genommen waren. Für die Lösung dieser Aufgabe wurde die Strecke in kennzeichnende Abschnitte zerlegt und für diese auf Grund der erreichbaren Geschwindigkeiten und Neigungen ein mittlerer Wert der Summe der spezifischen Fahrwiderstände angenommen. Die Ermittlung erfolgte wieder in einer Zahlentafel.

Die Aufstellung einer solchen Zahlentafel erfordert schon eine gewisse Übung bei der Ermittlung der Summe der spezifischen Widerstände, die man aber nach einigen Versuchsfahrten besitzt, wenn dabei stets die verschiedenen Einflüsse beobachtet wurden.

H. Schmierölverbrauch.

Zum Schlusse des Abschnittes über den Brennstoffverbrauch sind noch einige Hinweise über den Schmierölverbrauch zweckmäßig, da dieser bei Dieselfahrzeugen einen beachtlichen Anteil der Betriebskosten erreichen kann. Der Schmierölverbrauch wird von den Motorenfirmen oft nur mit beträchtlichem Spiel angegeben, es werden Zahlen zwischen 5 und 8 g/PSh genannt, als Mittelwert ist vorsichtigerweise mit etwa 6 g/PSh zu rechnen.

Am einfachsten wäre es, wenn ein fester Zusammenhang zwischen dem Treiböl- und Schmierölverbrauch bekannt wäre, da dann letzterer als Verhältniswert von dem nach irgendeinem Verfahren ermittelten Brennstoffverbrauch angegeben werden könnte. Es sind darüber schon einige Zahlen veröffentlicht, so z. B. von der Canadian National Railway,[1] nach denen die Betriebsergebnisse des Jahres 1933 bei den 350 PS diesel-elektrischen Triebwagen mit Westinghouse-Ausrüstung ein Verhältnis der Literverbrauchswerte von Treiböl und Schmieröl von 100 : 4 ergaben, was etwa dem Verhältnis 100 : 4,7 dem Gewichte nach entspricht. Ein weitaus größerer Wert bei den älteren Beardmore-Wagen kann wegen der wenig neuzeitlichen Bauart der Verbrennungsmotoren außer Betracht gelassen werden.

Derselbe durchschnittliche Verhältniswert des Ölverbrauches wurde nach Dir. Labrijn bei den diesel-elektrischen Verschublokomotiven (Lokomotoren) der Niederländischen Eisenbahnen beobachtet, da dort als Mittelwert über ein ganzes Jahr für alle vorgenannten Fahrzeuge der Schmierölverbrauch 3,9 bis 4 l je 100 l Brennstoffverbrauch betrug.

Für Benzinbetrieb sind ähnliche Zahlen bekanntgegeben worden,[2] die aus Aufschreibungen der Verbrauchsziffern von Nebenbahntriebwagen herrühren. Der Verbrauch der Triebwagen mit 75 PS Ottomotoren an Brennstoff, meist einer Mischung von Benzin und Benzol, und an Schmieröl je km betrug:

	Brennstoff	Schmieröl	Verhältnis
Schleswiger Kreisbahn............	390 g/km	18,4 g/km	100 : 4,7
Oldenburger Kreisbahn............	357 ,,	20,4 ,,	100 : 5,7
Rensburger Kreisbahn	380 ,,	14,7 ,,	100 : 3,9
	im Mittel	—	100 : 4,8

Nach diesen Zahlen dürfte es daher zulässig sein, in Wirtschaftlichkeitsberechnungen den Schmierölverbrauch dem Gewichte nach überschlägig mit 5% des errechneten Brennstoffgewichtes einzusetzen, wodurch sich eine gesonderte Berechnung des Schmierölverbrauches erübrigte, der bei den niedrigen Preisen des Dieselöls einen nicht unerheblichen Anteil der reinen Betriebskosten bedeutet.

XII. Zusammenfassung der Grundlagen der Mechanik. Prüfung der Maschinenanlagen, Aus- und Ablaufversuche, Meßfahrten mit Motorfahrzeugen.

Die Arbeit der Zugförderungstechniker erstreckt sich einerseits auf die Lösung von Zugförderungsaufgaben aller Art, anderseits aber auch

---

[1] S. Note 2 auf S. 21.

[2] Fratschner: Über die Wirtschaftlichkeit des Eisenbahnbetriebes mit Kleinzügen. Verkehrst. W. 1929, H. 20.

auf die Prüfung und Übernahme von ausgeführten Fahrzeugen, da erst die Gegenüberstellung der theoretischen und praktischen Ergebnisse die richtige Beurteilung aller maßgebenden Einflüsse gewährleistet. Für die Prüfung sind Messungen in den Werkstätten über die Leistungsfähigkeit der einzubauenden Maschinen und auf der Strecke über die Laufeigenschaften des Fahrzeuges und die Leistungsausnutzung im Betriebe notwendig.

Bevor wir auf die Einzelheiten der Erprobungen eingehen, dürfte eine knappe Wiederholung und Zusammenfassung der für die Zugförderung wichtigen Grundlagen der Mechanik zweckmäßig sein, da sich dann besonders die Verhältnisse der Streckenfahrten rascher erfassen lassen.

A. Mechanik.
a) Arten der Bewegung.

In Horst Müllers „Führer durch die technische Mechanik"[1] findet sich eine ausführliche Darstellung, die zur Ergänzung der nachfolgenden Angaben herangezogen werden möge.

$$\text{Geschwindigkeit} \quad v = \frac{dl}{dt} \qquad \text{Tangente} \ \frac{l}{t} \ \text{Kurve}$$

$$\text{Beschleunigung} \quad a = \frac{dv}{dt} = \frac{d^2 l}{dt^2} \qquad \text{,,} \quad \frac{v}{t} \quad \text{,,} \qquad (1/\text{XII})$$

$$\text{Ruck} \quad \psi = \frac{da}{dt} = \frac{d^2 v}{dt^2} = \frac{d^3 l}{dt^3} \qquad \text{,,} \quad \frac{a}{t} \quad \text{,,}$$

1. Gleichförmige Bewegung.

$$a = 0, \ v = v_0 = \text{konst.} \qquad (2/\text{XII})$$

$$l - l_0 = v_0 \cdot t$$

2. Gleichförmig beschleunigte Bewegung.

$$\psi = 0, \ a = a_0 = \text{konst.}$$

$$v - v_0 = a_0 \cdot t, \quad t = \frac{v - v_0}{a_0} \qquad (3/\text{XII})$$

[siehe auch (3/X) und (12/X)].

$$l - l_0 = \frac{1}{2} a_0 t^2 + a_0 \cdot t = \frac{v^2 - v_0^2}{2 a_0} = \frac{v + v_0}{2} \cdot t \qquad (4/\text{XII})$$

[siehe auch (4/X), (6/X) und (13/X)].

3. Ungleichförmig beschleunigte Bewegung, abhängig von der Zeit.

$$\psi = f'(t), \ a = f(t)$$

$$v - v_0 = \int_0^t a \cdot dt, \qquad (5/\text{XII})$$

---

[1] S. 54ff. Berlin: Julius Springer. 1935.

$$l - l_0 = \int_0^t v \cdot dt = \int_0^t \int_0^t a \cdot dt \cdot dt + v_0 t. \qquad (6/\text{XII})$$

4. Ungleichförmig beschleunigte Bewegung, abhängig vom Weg.

$$\psi = f'(l), \quad a = f(l)$$

$$a = \frac{dv}{dt} = \frac{dv}{dl} \cdot \frac{dl}{dt} = v \cdot \frac{dv}{dl}. \qquad (7/\text{XII})$$

$$\frac{1}{2}(v^2 - v_0{}^2) = \int_{l_0}^{l} a \cdot dl \qquad (8/\text{XII})$$

$$t = \int_{l_0}^{l} \frac{dl}{v} \qquad (9/\text{XII})$$

Die Formel (9/XII) benötigen wir bei der Zeitbestimmung aus den Kurven der schreibenden Geschwindigkeitsmesser mit der Angabe der Geschwindigkeit über dem Weg.

5. Ungleichförmig beschleunigte Bewegung, abhängig von der Geschwindigkeit.

α) **Allgemeine Abhängigkeit.**

$$a = f(v)$$

$$t = \int_{v_0}^{v} \frac{dv}{a} \qquad (10/\text{XII})$$

[siehe auch (7/X)].

Aus $\quad a = v \dfrac{dv}{dl} \qquad l - l_0 = \displaystyle\int_{v_0}^{v} \frac{v\,dv}{a} \qquad (11/\text{XII})$

[siehe auch (8/X)].

β) **Quadratische Abhängigkeit (turbulente Strömung).**

Beschleunigung $\qquad a = a_0 - c \cdot v^2$

$$t = \int_{v_0}^{v} \frac{dv}{a_0 - c \cdot v^2}$$

$$t = \frac{1}{2\,c \cdot v_g} \ln \frac{v_g + v}{v_g - v} \cdot \frac{v_g - v_0}{v_g + v_0} \qquad (12/\text{XII})$$

Grenzgeschwindigkeit v_g für $t = \infty$

$$v_g = \frac{a_0}{c}$$

$$l - l_0 = \frac{1}{2\,c} \cdot \ln \frac{v_g{}^2 - v_0{}^2}{v_g{}^2 - v^2} \qquad (13/\text{XII})$$

Verzögerung

$$a = -(a_0 + c \cdot v^2)$$

$$t = - \int_{v_0}^{v} \frac{dv}{a_0 + c \cdot v^2} = + \int_{v}^{v_0} \frac{dv}{a_0 + c \cdot v^2} =$$

$$= \frac{1}{\sqrt{c \cdot a_0}} \left[\operatorname{arctg} \frac{v_0}{\sqrt{\frac{a_0}{c}}} - \operatorname{arctg} \frac{v}{\sqrt{\frac{a_0}{c}}} \right] \qquad (14/\text{XII})$$

$$l - l_0 = \frac{1}{2\,a} \cdot \ln \frac{\frac{a_0}{c} + v_0^2}{\frac{a_0}{c} + v^2} \qquad (15/\text{XII})$$

Die Formeln (13/XII) und (14/XII) sind die Grundlagen für analytische Rechnungen mit dem Fahrwiderstand, dessen zweites Glied, der Luftwiderstand, die zweite Potenz der Geschwindigkeit enthält. Opatowski hat aus ihnen mit einigen vereinfachenden Annahmen die Formeln (4/VII) und (5/VII) für den Geschwindigkeitsverlust und den während der Unterbrechung der Zugkraft durchlaufenen Weg entwickelt.[1]

b) Zusammenhang der Bewegungsvorgänge.

Nach H. Müller[2] folgt weiter noch eine kurze, sehr übersichtliche Darstellung der Bewegungsvorgänge.

1. Verlauf der Kurven, abhängig von der Zeit.

Weg—Zeit $l \quad t$	Geschwindigkeit—Zeit $v \quad t$	Beschleunigung—Zeit $a \quad t$
Horizontale Gerade	0	0
	(Ruhezustand)	
Geneigte Gerade	Horizontale Gerade	0
	(gleichförmige Bewegung)	
Parabel 2. Ordnung	Geneigte Gerade	Horizontale Gerade
	(gleichförmig beschleunigte Bewegung)	
Größt- oder Kleinstwert Wendepunkt	$v = 0$	—
	Größt- oder Kleinstwert	$a = 0$
—	Wendepunkt	Größt- oder Kleinstwert
Knick	Sprung	kurzzeitige Beschleunigung
tangentialer Übergang zwischen zwei Kurven Übergang höherer Ordnung	Knick	Sprung
	tangentialer Übergang	Knick

2. Mit der Zeit als Parameter.

Mit Beachtung der unter 1 festgelegten Zusammenhänge geben die Tangenten der gegebenen Weg-Zeit-Kurve die Geschwindigkeit-Zeit und deren Tangentenwerte die Beschleunigung-Zeit-Kurve.

---

[1] S. Note 1 auf S. 83.
[2] S. Note 1 auf S. 227.

Bei gegebener Geschwindigkeit-Zeit-Kurve bildet man die Beschleunigung-Zeit-Kurve wie oben aus den Tangentenwerten, die Weg-Zeit-Kurve dagegen durch Integrieren oder die Flächenermittlung unter der v-t-Kurve.

Ist die Beschleunigung-Zeit-Kurve gegeben, so ist die v-t-Kurve durch ihre Integration und die Weg-Zeit-Kurve durch die Integration der v-t-Kurven zu erhalten, was E. Meyer[1] bei seinem rechnerisch-zeichnerischen Verfahren für die Ermittlung der Anfahrkurven und Fahrdiagramme verwendet.

3. Mit dem Weg als Parameter.

Wenn die Geschwindigkeit-Weg-Kurve z. B. durch einen schreibenden Geschwindigkeitsmesser gegeben ist, so sind die Beschleunigungen die

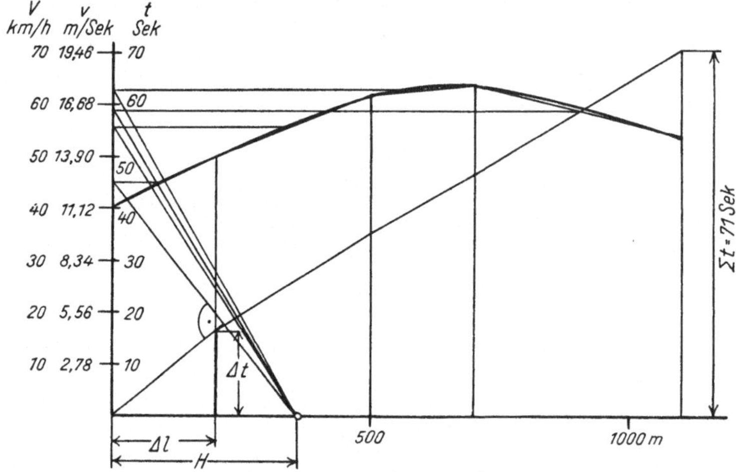

Abb. 103. Ermittlung der Fahrzeit aus der Geschwindigkeit-Weg-Kurve.

Subnormalen,[2] da diese analytisch als $y \cdot y' = v \cdot \dfrac{dv}{dl}$ entsprechend (7/XII) dargestellt werden können.

Für die Ermittlung der Zeit kann die Integration der v-l-Kurve durch Ersatz der Kurvenstücke durch Gerade erfolgen, wie wir es schon im Abschnitt X beim Verfahren für die Bestimmung der Anfahrkurven kennenlernten, das Ehrensberger[3] veröffentlicht hat.

Der Vollständigkeit halber sei noch ein bekanntes zeichnerisches Verfahren[4] angeführt, das in Abb. 103 erläutert wird. Die v-l-Kurve wird durch eine flächengleiche Treppenkurve ersetzt, die Abschnitte $\varDelta l$ sind beliebig. Auf der Abszissenachse wird der Polabstand H als Einheit auf-

---

[1] S. Note 1 auf S. 174.
[2] Pogány: Schienenautobus. Organ 1926, H. 2.
[3] S. Note 2 auf S. 166.
[4] Hütte. 26. Aufl., Bd. 1, S. 252.

getragen und vom Schnittpunkte der Waagerechten entsprechend den mittleren Geschwindigkeiten mit der Ordinatenachse zum Pol ein Strahl gezogen. Die senkrecht auf diesem Strahl errichtete Gerade schneidet auf der senkrechten Endordinate des Wegabschnittes eine Strecke ab, die bei entsprechender Wahl des Maßstabes die für die Zurücklegung des Abschnittes notwendige Zeit angibt.

Nach (9/XII) ist nämlich $t = \int_{l_0}^{l} \dfrac{dl}{v}$ und für abschnittsweise Berechnung $t = \dfrac{\Delta l}{v_m}$. Der Abschnitt auf der Senkrechten $\Delta t = \Delta l \cdot \mathrm{tg}\,\alpha$ entspricht $\dfrac{\Delta l}{v_m}$, da $\mathrm{tg}\,\alpha = \dfrac{H}{v_m} = \dfrac{1}{v_m}$ ist. Die Maßstäbe müssen in folgender Abhängigkeit stehen:

$$E_t = \frac{E_l}{E_v} \cdot \frac{1}{H}, \tag{16/XII}$$

Für die Abb. 103 sind folgende Werte gewählt:

E_l 10 = 1 mm (1 km = = 100 mm) H = 36 mm

E_v 0,278 m/Sek = 1 mm (10 km/h = 10 mm) $E_t = \dfrac{10}{0,278 \cdot 36} = 1\ \mathrm{mm}$ (1 Min = = 60 mm)

Eine einfache Flächenermittlung ermöglichen die Kehrwert-Integrimeter des Math.-mech. Institutes A. Ott, Kempten (Allgäu), die für

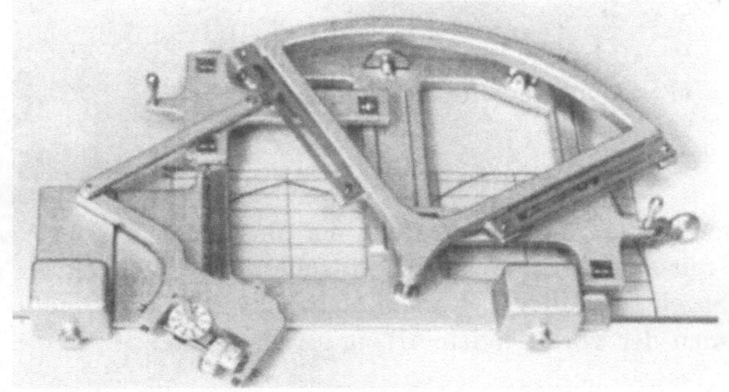

Abb. 104. Kehrwert-Integrimeter von A. Ott, Kempten.

Fahrplanzwecke in zwei Größen, für 110 mm entsprechend 110 km/h und für 180 km/h geliefert werden können. Dieses Gerät, dessen Aufbau die Abb. 104 zeigt, ermöglicht bei den Maßstäben von 1 km Weg = 20 mm Abszisse und 1 km/h Geschwindigkeit = 1 mm Ordinate die Ablesung 0,01 Min als Ablesungseinheit der Planimeterrolle.[1]

----

[1] S. Note 1 auf S. 175.

c) Grundgesetze der Kinetik.

Als Abschluß der Darstellung der für die Zugförderung in Betracht kommenden Kinematik seien noch die Grundgesetze der Kinetik angeführt, und zwar:

1. Der Impulssatz.

Impuls $=$ Masse M $\times$ Geschwindigkeit v.

2. Die dynamische Grundgleichung.

Kraft $=$ Masse $\times$ Beschleunigung.

3. Die Arbeit und der Arbeits- oder Wuchtsatz.

Arbeit $=$ Kraft $\times$ Weg,
$= $ Wucht oder kinetische Energie $= \dfrac{M}{2} v^2$.

4. Die Leistung.

Leistung $=$ Kraft $\times$ Geschwindigkeit,
$=$ Arbeit je Zeiteinheit.

5. Die Fliehkraft.

$$
\begin{aligned}
\text{Fliehkraft} &= \frac{M}{R} \cdot v^2 \\
&= M \cdot R \cdot \omega^2 \\
v &= R \cdot \omega \\
R &= \text{Abstand von der Drehachse} \\
\omega &= \text{Winkelgeschwindigkeit.}
\end{aligned}
$$

B. Prüfung der Maschinen.

Wir wenden uns nun der Prüfung der Maschinen in den Werkstätten zu, wofür nur allgemeine Angaben gemacht werden können, da sonst auf weitere Einzelheiten der Maschinen eingegangen werden müßte, die aus dem Rahmen der vorliegenden Arbeit fallen würden.

a) Verbrennungsmotoren.

Wie schon in Abschnitt V angegeben, ist es wichtig, die Motoren auf dem Prüfstand mit einer dem eingebauten Zustande möglichst ähnlichen Kühl- und Auspuffanlage zu prüfen und dabei alle jene Hilfseinrichtungen, die am Motor angebaut sind, wie Lüfterflügel, Lichtmaschine usw., einsetzen zu lassen, damit die zu prüfende Leistung schon weitest der Zugförderungsleistung angenähert wird.

Für die Prüfung der Leistungen stehen Bremsen verschiedenster Ausführung in Verwendung, mit denen die „Abbremsung" erfolgt. Neben dem alten einfachen Pronyschen Zaum, der für kleine Leistungen ausreicht, findet man Wasserbremsen, die aber immer mehr durch neuzeitliche elektromagnetische Leistungswaagen[1] ersetzt werden, die auch als „Pendeldynamo" oder „Pendelmaschinen" bezeichnet werden. Diese Leistungswaagen besitzen ein drehbar gelagertes Gehäuse mit Pendelarmen, an denen bei der Messung die Gewichte aufgehängt werden, wobei das Drehmoment gleich dem Produkt der Hebelarmlänge und dem angehängten Gewicht ist. Es handelt sich also um einen Pronyschen Zaum, bei dem die Leistung elektrisch abgebremst wird.

Bei den Prüfungen sind nicht nur die Volleistung und eine im Fahrzeug möglichst nicht in Anspruch zu nehmende Höchstlast nahe der Rauchgrenze, sondern auch die Teillasten bei verringerten Füllungen oder herabgesetzten Drehzahlen oder einer Kombination beider Regelarten festzustellen, und zwar durch „natürliche" Aufnahmen ohne Zwischenregelung, damit jene Werte erhalten werden, die später im Fahrzeug auftreten.

Gleichzeitig mit der Leistungsbestimmung sind die Auspufftemperaturen der einzelnen Zylinder beim Austritt aus demselben festzustellen, da diese ein ausreichendes Bild über Belastungsfähigkeit des Motors geben, wenn die Aufnahme von Indikatordiagrammen mittels eines neuzeitlichen Indikators[2] nicht vorgesehen ist.

Für spätere Berechnungen des Brennstoffverbrauches sind die Verbrauchskurven für Voll- und Teillasten bei den in Betracht kommenden Drehzahlen aufzunehmen,[3] dazu der Leerlaufverbrauch bei der untersten Leerlaufdrehzahl und der Verbrauch an Schmieröl, soweit dies bei den noch wenig eingelaufenen Motoren möglich ist.

Schließlich sind für die Nachprüfung der Größe der Kühlanlagen die in das Kühlwasser übergehenden Wärmemengen wichtig, die aus dem Unterschied der Temperaturen des zu- und abfließenden Kühlwassers $\times$ der Durchflußmenge gemessen werden.

Bei den Prüfungen ist auch die praktische Schwingungsfreiheit der Motoren nachzuweisen, wofür Sondergeräte verwendet werden. Wenn Schwingungsdämpfer vorhanden sind, ist auf ihre dauernde Arbeitsfähigkeit ein entsprechendes Augenmerk zu legen.

Über die Dauer der Übernahmsproben wurden schon im Abschnitt V einige Angaben gemacht, die dahin zu ergänzen sind, daß die bewährten Motorenbauanstalten aus eigenem Antrieb die Motoren gründlich durchprüfen, um schon auf dem Prüfstand volle Klarheit über etwaige Schwä-

---

[1] Lötterle: Elektrodynamische Leistungswaagen. Z. V. D. I., H. vom 9. X. 1937.

[2] S. Note 1 auf S. 56.

[3] Schönherr: Die Ausbesserung von Verbrennungstriebwagen im Reichsbahn-Ausbesserungswerk Wittenberge. Organ 1932, H. 14.

chen der Bauart oder Planung zu erhalten. Dauerläufe von 80 bis 100 Stunden sind insbesondere für den ersten Motor einer Baureihe üblich, welche Zeit zum Teil schon durch die umfangreichen Prüfpläne gegeben ist.

Nach den Dauerläufen werden die Motoren meist nochmals geöffnet, um den Zustand der arbeitenden Teile, z. B. der Kolben und Lager, nach einer das Regelmaß überschreitenden Beanspruchung zu untersuchen.

b) Übertragungsteile.

1. Stufengetriebe.

Auch bei Stufengetrieben, die früher nach dem Einlaufen meist ohne weitere Proben zum Einbau kamen, werden jetzt Messungen der Wirkungsgrade in Abhängigkeit von' der Belastung durchgeführt, wobei für den Antrieb ein elektrischer Prüfmotor dient, dessen genaue Leistungen N_m aus den Ablesungen der Strom- und Spannungsmeßgeräte und den bekannten Wirkungsgraden ermittelt werden. Statt der Triebachse wird an der Sekundärseite eine Bremse angetrieben, die uns die Abtriebsleistung gibt. Der Unterschied der Antriebs- von der Abtriebsleistung gibt die Verlustleistung N_v, aus der ähnlich Formel (2/V) der Wirkungsgrad η aus $1 - \dfrac{N_v}{N_m}$ ermittelt wird.

Die Prüfung soll sich womöglich nicht auf einzelne Bestandteile, wie z. B. das Stufengetriebe, erstrecken, sondern die gesamte Übertragung zwischen Motorwelle und Triebachse erfassen. In der bereits angezogenen Veröffentlichung von Lehel[1] ist eine solche Prüfung von zwei fertigen über die Achsen gekuppelten Drehgestellen ausführlich beschrieben, das erste wurde durch einen Motor angetrieben, während das zweite auf einen Stromerzeuger arbeitete, dessen Leistung gemessen wurde. Über das Ergebnis der Messungen wurde schon im Abschnitt VII gesprochen. Darnach liegen die Wirkungsgrade der Gänge 1 bis 4 fast etwas höher als jene des direkten 5. Ganges, obwohl bei diesen zwei Zahnradpaare mehr in Eingriff stehen, wenn auch der Wirkungsgrad eines Stirnradpaares mit 0,99 (!) angegeben ist. Dieses Ergebnis zeigt die Schwierigkeit der richtigen Erfassung der Verluste trotz eines beträchtlichen Aufwandes, was zu weiteren Verbesserungen der Meßverfahren aneifern soll.

Es ist auch festzustellen, ob die Getriebeverluste nach beiden Fahrtrichtungen gleich oder ob bei ungünstig ausgebildeten Wendegetrieben eine Fahrtrichtung bevorzugt ist. Bei älteren mechanischen Triebwagen sind Ausführungen geliefert worden, bei denen die Rückwärtsfahrt einen um 8% schlechteren Wirkungsgrad aufwies als die Vorwärtsfahrt, was auf Strecken mit beidseitigen großen Steigungen schon sehr merkbar war.

Die Prüfung der Schaltkupplungen muß sich auf deren sachgemäßes

---

[1] S. Note 1 auf S. 93.

Arbeiten beschränken, da etwaige, das Regelmaß übersteigende Abnutzungen erst im Betrieb bemerkt werden können.

2. Flüssigkeitsgetriebe.

Die Prüfung der Flüssigkeitsgetriebe, und zwar wieder möglichst einbaufertig, mit Gelenkwellen und Achsantrieben, erfolgt ebenfalls durch Antrieb eines Motors mit genau bekannten Eigenschaften und Messung der Abtriebleistung durch Bremsung. Für jeden Kreislauf sind getrennt die Wirkungsgrade und Ausnutzungsziffern zu ermitteln, welche die Grundlage für Schaublätter nach Abb. 49 bilden.

Wichtig ist die Messung der Wärmeaufnahme des Getriebeöls, da diese Verlustwärme einerseits eine Nachrechnung des Wirkungsgrades gestattet, anderseits aber für die Bemessung der Ölkühlanlage richtunggebend ist.

3. Elektrische Übertragung.

Für die Prüfung der elektrischen Maschinen sind die von den Verbänden der Elektrofirmen ausgearbeiteten Regeln maßgebend, durch welche der Stunden- und Dauerlauf mit ihren zulässigen Erwärmungen, der funkenfreie Lauf des Kollektors, die Spannungsprobe, die Schleuderdrehzahl des Ankers, die Aufnahme der Leerlaufkurve und der Wirkungsgrade aus den Verlusten festgelegt sind.

Die Fahrmotoren werden dabei fast immer in Kreisschaltung[1] geprüft, bei der zwei Fahrmotoren gleicher Bauart miteinander mechanisch gekuppelt werden. Der antreibende Motor wird von einer Stromquelle, meist aus dem Netz, gespeist, der getriebene läuft als Generator und speist gegebenenfalls ins Netz zurück, so daß nur die Verlustleistung beider Motoren zu decken ist. Der Ohmsche Widerstand wird aus Strom und Spannung nach Formel (5/IX) bestimmt.

Bei Fahrzeuggeneratoren sind außer den Regelmessungen noch zusätzliche Proben wünschenswert und üblich, so die Aufnahme der Erregungskurven und der äußeren Kennlinien bei verschiedenen Drehzahlen. Anschließend an die elektrische Erprobung wird sehr häufig der Generator mit dem Verbrennungsmotor gekuppelt, um die Abstimmung der Widerstände in Anpassung an die Leistung des Verbrennungsmotors noch außerhalb des Fahrzeuges vornehmen zu können und so die tatsächlich erreichbaren Kennlinien zu erhalten.

Die Kosten einer Prüfung des zusammengesetzten Maschinensatzes sollen besonders bei neuen Bauarten nicht gescheut werden, da sie höhere Auslagen bei der Inbetriebsetzung ersparen. Die auf diese Weise ermittelten Generatorkennlinien geben zusammen mit den Bahnmotorkurven

---

[1] Busch: Prüfstand für Bahnmotoren bei der Bremer Straßenbahn. V. T. 1937, H. 19.

nach dem in Abschnitt IX geschilderten Verfahren eine dem Betriebszustand entsprechende Zugkraft-Geschwindigkeitskurve, wodurch die
Nachprüfung der gewährleisteten Zahlen und die Behebung etwa vorhandener Unstimmigkeiten schon vor dem Einbau möglich ist. An Hand
der Kennlinien kann man sich auch einen „Federbusch" nach Abb. 74
vorbereiten, der für die Probefahrten als wertvolles Hilfsmittel zur Nachprüfung der Leistungen und Geschwindigkeiten dienen kann.

Die Messungen am zusammengebauten Maschinensatz werden auch
nach Überholungen in den Werkstätten immer selbstverständlicher, da
sie bei schon bekannten Eigenschaften des Stromerzeugers eine einfache
Leistungsprüfung des Verbrennungsmotors nach den Ausbesserungsarbeiten ermöglichen. Die Abbremsung erfolgt dabei häufig durch einen
Wasserwiderstand, der aus zwei Blechplatten besteht, die in einem Behälter, der mit Soda versetztes Wasser enthält, verschieden tief eingesenkt
werden können. Je nach der eingetauchten Fläche ändert sich die Stromaufnahme, so daß die Belastungen in einfacher Weise hergestellt werden
können. Die Blechplatten müssen wegen der Gefahr einer Erdung isoliert
aufgehängt sein, dürfen daher auch bei einem eisernen Trog nicht bis
zum Boden gelangen können, außerdem ist wegen der möglichen Knallgasbildung für entsprechenden Luftabzug zu sorgen.

4. Hilfseinrichtungen.

Manchmal werden die Kühlanlagen, im Wagen eingebaut, derart geprüft, daß sie bei Messung des zusammengebauten Maschinensatzes zur
Kühlung des Kühlwassers verwendet werden, ein Vorgang, der mit
bestem Erfolg bei einer für Griechenland bestimmten Triebwagenreihe
angewendet wurde. Daß dabei der Fahrwind entfällt, spielt meist keine
Rolle, da die neuzeitlichen Kühlanlagen ohne Rücksicht auf diesen ausgelegt werden, um seinen wechselnden Einfluß auszuschalten.

Die Lichtmaschinen und Batterien sind in den Lieferwerken zu
prüfen, letztere besonders auf die Möglichkeit eines wiederholten Anlassens auch bei niedrigen Temperaturen, obwohl sich jetzt immer mehr
die Auffassung Bahn bricht, daß die Verbrennungsmotoren vor dem Anlassen in betriebswarmen Zustand zu bringen sind, wofür die Deutsche
Reichsbahngesellschaft jetzt nachträglich an den Motorfahrzeugen
Dampfanschlüsse einbaut, mit welchen Heizdampf in die Kühlwasserräume der Motoren geführt wird. Die Anwärmung vor dem Anlassen vermindert die Erhaltungskosten, sie soll deshalb weitgehendst verwendet
werden.

Für die Luftpresser oder Luftsaugepumpen kommt ebenfalls die Übernahme im Lieferwerk in Frage, da es sich fast immer um erprobte Bauarten aus größeren Baureihen handelt, die von auf diesem Gebiete erfahrenen und bewährten Werken geliefert werden. Für die Prüfung der

Druckluftanlage nach Überholungen sind dagegen besondere Einrichttungen empfehlenswert. Bei elektrischem Antrieb der Bremslufterzeuger ist auch bei elektrischer Kraftübertragung vorzugsweise der Hilfsgenerator oder die Batterie als Speisung heranzuziehen, damit der Maschinensatz bei Fahrt auf langen Gefällen nicht mit erhöhter Drehzahl zwecks Erzeugung der notwendigen Druck- oder Saugluft laufen muß, was wegen der geringen erforderlichen Leistung hohen Brennstoffverbrauch und die Gefahr einer Verölung für den Motor bedeutet.

Für elektrischen Antrieb von Lüfterflügeln gilt dasselbe, doch sind hier wiederholt vom Hauptstrom, dem für die Bahnmotoren erzeugten Strom, angetriebene Lüftermotoren verwendet worden, die aber mit einer Verbundwicklung ausgerüstet werden, um eine von der Spannung möglichst unabhängige Drehzahlkennlinien zu erhalten. Bei der Fahrt auf Steigungen ist nämlich gerade die größte Kühlwirkung bei den niedrigen Spannungen erforderlich, die bei Verwendung von Hauptstrommotoren niedrige Drehzahlen ergeben würden.

c) Ergebnisse der Prüfungen.

Nach dieser skizzenhaften Darstellung der Werkprüfungen sollen bei der Inbetriebsetzung eines Motorfahrzeuges auf Grund der Versuche folgende Unterlagen zur Verfügung stehen:

1. Kennlinien der Motor- und Zugförderleistungen

über der Drehzahl bei Voll- und Teillasten, Angaben über das Regelverfahren des Verbrennungsmotors.

2. Brennstoffverbrauchskurven

für Voll- und Teillasten in Abhängigkeit von den Drehzahlen. Leerlaufverbrauch bei der untersten Leerlaufdrehzahl. Angaben über den Schmierölverbrauch.

3. Ausnutzungsziffern und Wirkungsgradkurven

der Kraftübertragung sowohl für Voll- als auch für Teillasten. Bei elektrischer Kraftübertragung Kennlinien der Generatoren und Bahnmotoren mit der Abhängigkeit von Drehmoment, Stromstärke, Geschwindigkeit und Spannung, gegebenenfalls Ausarbeitung eines Schaublattes mit „Federbusch".

C. Ermittlung der Fahrwiderstände.
a) Allgemeines.

Mit diesen Unterlagen ist es, wie in den vorhergehenden Abschnitten eingehend erläutert, möglich, die Zugkraft-Geschwindigkeitskurven für

Voll- und Teillasten zu errechnen und damit die Grundlage für die Lösung der verschiedenen Zugförderaufgaben zu schaffen.

Die Lösung selbst erfordert aber die Kenntnis der **Fahrwiderstände**, deren Ermittlung wir uns nun zuwenden. Am Beginn des Abschnittes IV wurde schon auf die Arbeiten von **Frank, Sanzin, Strahl** und **Nordmann** hingewiesen, die an die Entwicklung der Versuchsverfahren maßgebend beteiligt waren.

Über die Schwierigkeiten der theoretischen Erfassung der genauen Werte der Widerstände möge eine Wiedergabe aus dem jüngsten Schrifttum[1] ein Bild geben:

„L. **Perdonnet** hat im Jahre 1863 einen Preis ausgesetzt, die Widerstände der Eisenbahnen richtig zu erfassen und ihre Abhängigkeit von den maßgebenden Veränderlichen mit Einschluß aller Zufälligkeiten darzustellen. Es wird noch viele Jahre nach Stellung der Aufgaben brauchen, bis es der Gemeinschaftsarbeit zwischen Eisenbahntechnikern und Einzelforschern gelungen sein wird, diese Fragen im Sinne unserer heutigen Anforderungen zufriedenstellend zu lösen."

In dem angezogenen Aufsatz von G. **Vogelpohl** sind die physikalischen Überlegungen über die Bewegungswiderstände von Eisenbahnfahrzeugen zu finden, dazu ein Nachweis über das Schrifttum des ganzen Gebietes in zahlreichen Fußnoten. In der Zusammenfassung wird gesagt, auf welche Weise eine eingehendere Kenntnis über die Einzelwiderstände erzielt werden kann, wozu getrennte Messungen über die Lagerreibung und den Luftwiderstand durch Strömungsmessungen am ganzen Zug, also statt eines „Meßwagens" ein „Meßzug" empfohlen werden.

Für die Ermittlung der Fahrwiderstände stehen zwei Wege offen, und zwar:

Auslauf- und Ablaufversuche oder

Fahrversuche mit Bestimmung der jeweils benötigten Zugkraft am Radumfang.

b) Auslauf- und Ablaufversuche.

Der erste Weg wurde erstmals von Prof. **Frank** im Jahre 1879 begangen,[2] er ergänzte wiederholt seine Messungen,[3,4] so daß seine Widerstandsformeln für Dampfzüge mit nicht windschnittigen Lokomotiven noch immer von Bedeutung sind.

1. Bestimmung des Massenzuschlages.

Bei den **Ablauf-** und **Auslaufversuchen** wird nicht mit einer Beharrungsgeschwindigkeit, sondern mit veränderlichen Geschwindig-

---

[1] S. Note 1 auf S. 24.

[2] **Frank:** Die Widerstände der Lokomotiven und Bahnzüge. 1886.

[3] **Frank:** Organ 1899, S. 146 ff.

[4] **Frank:** Die Widerstände der Eisenbahnzüge und die zu ihrer Berechnung dienenden Formeln. Z. V. D. I. 1906, S. 593 u. 1907, S. 94.

keiten gefahren, wodurch die Beschleunigung oder Verzögerung die Messungen beeinflußt. Wir müssen daher auf die dynamische Grundgleichung zurückgehen, in der wieder als Masse nicht das Gewicht des Zuges dividiert durch die Endbeschleunigung, sondern eine Ersatzmasse einzuführen ist, die, wie schon in Abschnitt IV erwähnt, zur Berücksichtigung der sich drehenden Massen dient. Die Grundgleichung lautet daher mit den bereits bekannten Bezeichnungen a für die Beschleunigung und γ für den Massenzuschlag nach Formel (21/IV)

$$\Delta Z = \frac{1000\,(1 + \gamma)}{g} \cdot G \cdot a,$$

wenn das Gewicht G in Tonnen eingesetzt wird. Für Dampflokomotiven liegt γ sehr nahe bei 0,05, so daß der Bruch $\dfrac{1 + \gamma}{g}$ gleich 0,107 und bei Einsetzung des Gewichtes in Tonnen gleich 107 wird, was wir aus dem Abschnitt IV. ebenfalls schon wissen. Für die bekannte russische diesel-elektrische Lokomotive[1] hat Lomonossoff einen bedeutend höheren Wert, und zwar 0,18, ermittelt,[2] der bei elektrischen Oberleitungslokomotiven mit Stangenantrieb und schweren Motoren noch übertroffen wird.[3, 4] Für die Regelfahrzeuge mit Verbrennungsmotoren, auch für die mit elektrischer Kraftübertragung genügt der in dieser Arbeit verwendete Massenzuschlag von 0,05 bis 0,08, in Übereinstimmung mit den für ähnliche Fahrzeuge im Schrifttum zu findenden Angaben, die Werte von 105[5] bis 110 enthalten. So fand der Verfasser als Ergebnis zahlreicher Anfahrversuche mit zweiachsigen diesel-elektrischen Triebwagen der Litauischen Staatsbahnen einen Wert von 107, der auch für den vollbesetzten diesel-elektrischen Dreiwagenzug der Deutschen Reichsbahn bestätigt wurde, während er sich für denselben unbesetzten Zug mit 108 entsprechend einem Massenzuschlag von 6% ergab.[6] Durch diese Grenzen — einerseits Leichttriebwagen von 20 t Gewicht und 150 PS Leistung, anderseits Dreiwagenzüge mit 140 t Gewicht und 1200 PS Leistung — erscheint die in den vorangegangenen Abschnitten getroffene Wahl von 107 bis 108 für $\dfrac{1000\,(1 + \gamma)}{g}$ als gerechtfertigt.

Bei Zerlegung der Überschußzugkraft lautet die Formel (21/IV)

$$Z - G\,(w \pm s) = \frac{1000\,(1 + \gamma)}{g} \cdot G \cdot a,$$

---

[1] S. Note 1 auf S. 1.   [2] S. Note 1 auf S. 36.

[3] Sanzin: Versuche zur Ermittlung des Fahrwiderstandes der Mittenwaldbahnlokomotive. E. K. B. 1919, H. 11.

[4] Markt: Rollwiderstand und Massenwirkung umlaufender Getriebeteile der Einphasenlokomotive der Niederösterreichisch-Steirischen Alpenbahn. E. u. M. 1921, H. 18.

[5] Hochenegg: Projekt, betreffend die Schnellbahnelektrisierung der Wiener Stadtbahnen. E. u. M. 1923, H. 51.

[6] S. Note 1 auf S. 148.

in der bei Aus- und Ablaufversuchen Z gleich Null ist, wodurch das Gewicht herausfällt und als Bewegungsgleichung für das abrollende oder auslaufende Fahrzeug

$$\frac{dv}{dt} = a = \frac{g}{1000\,(1+\gamma)}\,(\mp s - w) \qquad (17/\mathrm{XII})$$

und als Gleichung für den spezifischen Widerstand w in kg/t

$$w = \mp s - \frac{1000\,(1+\gamma)}{g}\cdot a \qquad (18/\mathrm{XII})$$

entsteht, nach welcher für die Bestimmung von w der Massenzuschlag γ bekannt sein und die Beschleunigung a festgestellt werden muß.

Um den Massenzuschlag zu erhalten, werden Punkte gleicher Fahrgeschwindigkeit, bei denen also ein gleicher spezifischer Fahrwiderstand vorhanden sein muß, der vorläufig unbekannt ist, auf möglichst voneinander abweichenden Neigungen verglichen, ein Verfahren, das unter anderen von Sanzin,[1] Markt[2] und Lomonossoff[3] beschrieben wurde. Nach Formel (18/XII) werden die bei zwei gemittelten Fahrversuchen gewonnenen Ergebnisse gleichgesetzt, woraus sich

$$1 + \gamma = \frac{g}{1000}\cdot\frac{\pm s_2 - \mp s_1}{a_1 - a_2} \qquad (19/\mathrm{XII})$$

ergibt. Die Vorzeichen $\mp$ bei den Neigungen in (17/XII) bis (19/XII) bedeuten dabei, daß umgekehrt wie bei $\pm$ eine Steigung als negativ und ein Gefälle als positiv einzusetzen ist, was besonders deutlich aus der Formel (17/XII) hervorgeht, nach der sich auf einer Steigung eine negative Beschleunigung, also eine Verzögerung ergibt, während auf einem Gefälle gleicher Größe wie der Fahrwiderstand die Beschleunigung gleich Null wird, also der Beharrungszustand eintritt.

Da der Massenzuschlag meist auf derselben Strecke, einmal durch Ablauf auf dem Gefälle und zum zweitenmal durch Auslauf auf der Steigung ermittelt wird, wobei das Fahrzeug entweder durch eigene Kraft oder durch eine Schiebemaschine ungefähr auf die Endgeschwindigkeit des Ablaufes zu bringen ist, können sowohl für s_1 als auch s_2 die absoluten Werte der Neigung herangezogen und im Nenner die absoluten Werte der Beschleunigung addiert werden, wodurch sich die Formel (19/XII) in folgender Weise anschreiben läßt:

$$1 + \gamma = 0{,}001\cdot g\cdot\frac{2\cdot[s]}{[a_1] + [a_2]} \qquad (20/\mathrm{XII})$$

Werden z. B. die Fahrversuche auf einer Strecke mit 7,5⁰/₀₀ Neigung durchgeführt, so ist in den Zähler der Formel (20/XII) für $2\cdot[s]$ der Wert 15 einzusetzen, der Nenner ergibt sich durch die Addition der absoluten Werte der ermittelten Beschleunigung und Verzögerung.

---

[1] S. Note 3 auf S. 239.

[2] S. Note 4 auf S. 239.

[3] S. Note 1 auf S. 36.

2. Auslaufversuche.

Wenn man den Massenzuschlag des Fahrzeuges in der vorstehend geschilderten Weise ermittelt hat, kann man den spezifischen Fahrwiderstand w durch Auslaufversuche auf einer genau bekannten Strecke dadurch bestimmen, daß man jeweils kleine Geschwindigkeitsbereiche herausgreift, den Zusammenhang zwischen den Geschwindigkeiten und der Zeit mißt, daraus die Beschleunigung oder Verzögerung errechnet und dann w aus Gleichung (18/XII) findet.

Während des Auslaufes wird entweder die Geschwindigkeit am vorher überprüften Geschwindigkeitsmesser in bestimmten Zeitabständen abgelesen, oder wenn dieser zu träge und zu ungenau arbeitet, die Zeit-Weg-Kurve auf dem Meßstreifen eines schreibenden Meßgerätes aufgenommen, wobei gleichzeitig auf dem Meßstreifen die Zeit durch eine geeignete Vorrichtung vermerkt wird, so daß auch hiermit die Geschwindigkeit-Zeit-Kurve gegeben ist. Schließlich kann man auch die Zeit für das Durchlaufen von 100 oder 200 m durch Stoppuhren messen. Man wählt gewisse Geschwindigkeitsabschnitte und bringt das Fahrzeug z. B. um den Widerstand für 60 km/h zu erhalten auf eine Geschwindigkeit von 70 km/h und läßt es bis 50 km/h auslaufen. Aus der Aufnahme nimmt man einen Teil, z. B. von 65 bis 55 km/h, heraus, der theoretisch nach einer Parabel verläuft, praktisch aber nur unwesentlich von einer schrägen Geraden abweichen wird, weshalb die Beschleunigungen oder Verzögerungen aus dem Quotienten $\dfrac{\Delta v}{\Delta t}$ ermittelt werden können. In der Zahlentafel 30 ist diese Ermittlung an einem Beispiel vorgeführt.

Zahlentafel 30. Ermittlung der Verzögerung und des spezifischen Fahrwiderstandes eines Motorfahrzeuges aus einem Auslaufversuch.

Massenzuschlag γ .... $= 0{,}05$
Geschwindigkeitsabschnitt $\Delta V = 10$ km/h oder Δv ...... $= 2{,}78$ m/Sek
Zeit für den Geschwindigkeitsverlust von 65 auf 55 km/h . $= 55$ Sek
Verzögerung $- a = \dfrac{-\Delta v}{\Delta t}$ .... $= 0{,}0508$ m/Sek²
$1000\,(1 + \gamma)\,\dfrac{1}{g}$ .... $= 107$
Neigung der Strecke s .... $= 0$
Spezifischer Widerstand bei 60 km/h, $w = 0 + 107 \cdot 0{,}0508 = 5{,}44$ kg/t

Alle Versuche sind wiederholt durchzuführen und aus den Ergebnissen die Mittelwerte zu bilden, wobei grobe Abweichungen, sei es, daß sie durch Meßfehler oder äußere Einflüsse entstanden, auszuscheiden sind. Dieses Verfahren der abschnittsweisen Bestimmung der Beschleunigungen hat vor dem früher üblichen Messen der Zeit und des Weges bis zum Stillstand des Fahrzeuges den Vorteil, daß es praktisch genau die Widerstände der mittleren Abschnittsgeschwindigkeiten ergibt, während bei dem

Auslauf bis zum Stillstand nur mittlere Widerstandswerte des durchlaufenen Bereiches erhalten wurden.

3. Auswertung der Meßergebnisse.

Für die Auswertung der Versuchsergebnisse empfiehlt Sanzin[1] als zeichnerisches Verfahren die Auftragung der errechneten Beschleunigungen über den Neigungen für die verschiedenen Geschwindigkeiten, da alle Werte *einer* Geschwindigkeit nach den Formeln (17/XII) und (18/XII) auf einer Geraden liegen und die Geraden zueinander parallel sein müssen. Darnach kann man auch sofort die Genauigkeit eines Versuches überprüfen, wobei Sanzin noch dazu rät, die Versuche für die Ermittlung des spezifischen Fahrwiderstandes auf etwa drei möglichst weit auseinanderliegenden Neigungen auszuführen, was aber nur in gebirgigen Ländern durchführbar ist.

Eine solche Auswertung ist auszugsweise auf Abb. 105 aufgetragen, auf der die ermittelten Beschleunigungen eines Triebwagens auf einem Gefälle von $25^0/_{00}$ für die Geschwindigkeiten von 10 und 40 km/h, auf $-15^0/_{00}$ für 80 km/h, die Verzögerungen auf $-7^0/_{00}$ und $+3^0/_{00}$ für 100 und 120 km/h und schließlich für die übrigen Geschwindigkeiten auf der Steigung von $7^0/_{00}$ aufgetragen sind. Die Schnittpunkte der Geraden mit der Waagerechten für $\pm a = 0$ ergeben die spezifischen Fahrwiderstände für die Ebene, die mit den rechnerisch nach Art der Zahlentafel 30 ermittelten übereinstimmen müssen.

Es ist zu empfehlen, einige Widerstände der Beharrung auch direkt zu ermitteln, was bei mittleren Geschwindigkeiten auf Gefällen von 3 bis $6^0/_{00}$ immer möglich sein wird. Solche Beharrungspunkte sind für die Bestimmung der Widerstandskurve von Wichtigkeit.

Die für die Auslauf- und Ablaufversuche verwendete Strecke muß sorgfältig ausgewählt werden, wobei neuerdings zur Ausschaltung des seitlichen Windanfalles die Versuche vorzugsweise in Waldeinschnitten durchgeführt werden,[2] während ein in Richtung der Strecke herrschender Wind durch die Fahrt in beiden Richtungen möglichst ausgeschaltet wird. Die Windverhältnisse sind bezüglich Stärke und Richtung durch ein an der Strecke aufgestelltes Windmeßgerät aufzuzeichnen oder in den Haltepunkten zu prüfen.

Die Versuchsstrecken sollen gerade sein, da nach Abschnitt IV bezüglich des Widerstandes in den Krümmungen noch eine beträchtliche Unsicherheit besteht, bei steifrahmigen Fahrzeugen sind auch Unterschiede in Abhängigkeit von der Steifigkeit des Oberbaues veröffentlicht.[3]

---

[1] S. Note 3 auf S. 239.

[2] S. Note 1 auf S. 148.

[3] **Feyl** und **Pflanz**: Steifigkeit des Oberbaues, Verschleiß und Krümmungswiderstand. Organ 1937, H. 1.

Schließlich sollen die Strecken genau vermessen und die Hundert- und Zweihundertmeterzeichen durch Signalstangen recht deutlich sichtbar gemacht sein.

Wie schon erwähnt, sind die Geschwindigkeitsmesser zu prüfen, und zwar durch Stoppuhren, die auch zur Zeitmessung des durchlaufenen Weges als Überwachung des Versuches verwendet werden können. Wenn

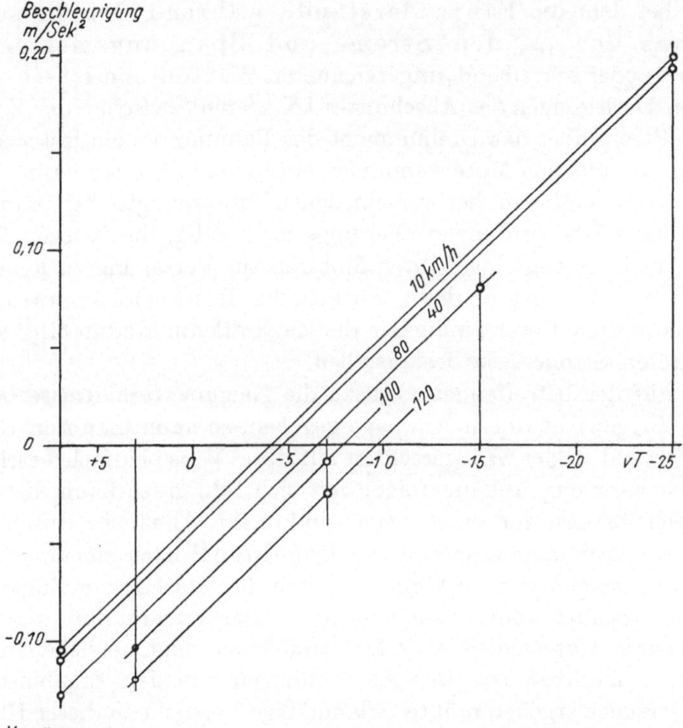

Abb. 105. Beschleunigungen und Verzögerungen in Abhängigkeit von Neigung und Fahrgeschwindigkeit.

ein Beobachter abwechselnd zwei Stoppuhren betätigt, deren Zeit von einem zweiten abgelesen und von einem dritten zusammen mit den Wegstrecken in eine Tafel eingetragen wird, erhält man die l-t-Kurve und daraus nach der Darstellung der Bewegungsvorgänge, 2. mit der Zeit als Parameter, durch zweimalige Tangentenbildung die gewünschte Beschleunigung-Zeit-Kurve.

Trotz aller Vorsicht muß man damit rechnen, daß die Versuchsergebnisse in gewissen Grenzen streuen, da auch bei gut unterhaltenem Oberbau kleine Fehler in der Höhenlage und Richtung auftreten, durch welche die Ausläufe beeinflußt werden.[1] Je größer die Zahl der Versuche ist,

---

[1] S. Note 3 auf S. 242.

desto eher kann man aus der Häufigkeit auf die bei Regelverhältnissen auftretenden Fahrwiderstände schließen.

c) Fahrversuche mit Leistungsmessungen.

Zur Ergänzung der Auslauf- und Ablaufversuche kann bei diesel-elektrischen Triebwagen der eingangs erwähnte zweite Weg herangezogen werden, bei dem die **Fahrwiderstände während der Leistungs-fahrt aus den an den Strom- und Spannungsmessern ab-gelesenen oder schreibend aufgezeichneten Werten ermittelt** werden. Nach den Darlegungen des Abschnittes IX besteht zwischen der Zugkraft und dem Strom über das Drehmoment des Bahnmotors ein fester Zusammenhang, der aus den Motorkennlinien entnommen werden kann. Wegen gewisser Abweichungen bei verschiedenen Motoren gleicher Bauart ist es für genaue Überprüfungen allerdings notwendig, die Kurven für den oder die im Fahrzeug eingebauten Motoren zur Verfügung zu haben. Mit diesen Hilfsmitteln ist es dann möglich, im **Beharrungszustand** bei einer bestimmten Geschwindigkeit die Zugkraft am Radumfang aus der beobachteten Stromstärke festzustellen.

Sind auf der betreffenden Strecke die Neigungsverhältnisse bekannt und das Zuggewicht durch Abwaage gegeben, so kann man den Gesamt-fahrwiderstand in der Waagerechten auf diese Weise einfach bestimmen. Kann das Fahrzeug Anhängewagen mit sich führen, so kann dieses Ver-fahren schrittweise für einen, zwei und mehr Anhänger durchgeführt werden, wodurch dem Wunsche von Vogelpohl[1] nach einem „Meßzug" Rechnung getragen werden könnte. Durch die Messung der Zugkraft bei der Leistungsfahrt könnte auch darüber Klarheit erhalten werden, ob ein meßbarer Unterschied zwischen treibenden und getriebenen Achs-antrieben bemerkbar ist, was Abweichungen von den Ergebnissen der Auslaufversuche ergeben müßte. Planmäßige Versuche in dieser Richtung sind jedenfalls zu empfehlen, sie bieten auch keine Schwierigkeiten, da sowohl genaue Motorkennlinien aus den Prüfstandsaufnahmen als auch entsprechende Strommeßgeräte ohne zusätzliche Kosten zu beschaffen sind.

d) Ermittlung der Formeln.

Die spezifischen oder gesamten Fahrwiderstände werden nun über der Geschwindigkeit aufgetragen, deren mittlere Werte eine Kurve bilden, deren analytische Form meist durch schrittweise Annäherung mit ge-wählten Werten gefunden wird. Für das erste, von der Geschwindigkeit unabhängige Glied für den Rollwiderstand usw. sind die Werte der Kurven bei den niedrigen Geschwindigkeiten richtunggebend, die ge-gebenenfalls durch Schleppversuche mittels dazwischengeschalteter Meß-

---

[1] S. Note 1 auf S. 24.

dose ergänzt werden. Für das zweite Glied bei zweigliedrigen Formeln wird der Beiwert c_2 gesucht, da die übrigen Werte $0{,}5 \left(\dfrac{V}{10}\right)^2 . F$ bekannt sind. Bei dreigliedrigen Formeln werden die Beiwerte für den linearen und quadratischen Anteil des Luftwiderstandes auf dieselbe Weise ermittelt.

Mit der Formel für den Fahrwiderstand, die mit solchen für ähnliche Fahrzeuge zu vergleichen und in Einklang zu bringen ist, können zusammen mit der Zugkraft-Geschwindigkeit-Kurve alle Zugförderungsaufgaben gelöst werden, wie wir es in Abschnitt X gesehen haben.

D. Meßfahrten.

Die Erprobung der Motorfahrzeuge während der Meßfahrten erstreckt sich aber noch auf die Nachprüfung dieser rechnerisch aus den Kennlinien ermittelten Schaublätter, um über sichere Grundlagen für die Erstellung der Fahrpläne zu verfügen.

Bei mechanischen und hydraulischen Triebwagen wird die Leistungsprüfung außer auf Aufnahmen von Anfahrkurven auf die Ermittlung der Beharrungsgeschwindigkeiten auf verschiedenen bekannten Steigungen, also auf die Prüfung der Steigfähigkeit aufgebaut werden, wobei die Drehzahl des Antriebsmotors beobachtet wird. Aus den Prüfungskennlinien desselben ist unter Berücksichtigung der Hilfsleistungen die jeweilige Zugförderleistung bestimmbar und aus den Kennlinien der Übertragung die Wirkungsgrade, so daß die Leistung am Radumfang aus diesen Unterlagen mit jener aus Fahrwiderstand und Geschwindigkeit ermittelten verglichen werden kann. Stimmen beide Ergebnisse überein, so ist die Gewähr gegeben, daß die Einhaltung der rechnerisch ermittelten Z-V-Kurve gesichert ist. Wenn dagegen bei längeren Versuchsreihen ständig Abweichungen beider Ergebnisse auftreten, so hat sich entweder in die Grundlagen der Prüfung ein Fehler eingeschlichen oder es sind durch äußere Einflüsse andere Verhältnisse geschaffen, die bei der Auswertung keine Berücksichtigung fanden. Dabei ist zuerst nach den Ursachen einer etwa verringerten Motorleistung durch den Einbau des Motors in das Fahrzeug zu forschen, die z. B. im Ansaugen von erwärmter Luft aus einem Luftsack, vergrößertem Gegendruck in der Auspuffleitung, verschmutztem Brennstoffilter, wasserhaltigem Brennstoff begründet sein können. Wenn die Motorleistung dagegen als prüfstandgemäß erkannt wird, so sind bei Feststehen der Wirkungsgrade die Streckenverhältnisse, also Fahrwiderstand, Windanfall usw. zu untersuchen, um die Ursachen der Abweichungen zu finden.

Für die laufende Überwachung der Motorleistung im Fahrzeug sind bei der Deutschen Reichsbahn Versuche in Gang, wobei das übertragene

Drehmoment durch ein neues Meßgerät ständig beobachtet werden kann.[1] Wenn ein solches brauchbares Gerät entwickelt sein wird, tritt die Nachprüfung der Leistung eines Motorfahrzeuges auf der Strecke in ein neues Stadium.

Bemerkenswert ist ein bei der Deutschen Reichsbahn übliches Verfahren zur Einstellung der Beharrungsgeschwindigkeiten, bei dem die gewünschte Geschwindigkeit bei mechanischen und hydraulischen Fahrzeugen durch Abbremsung eines Anhängewagens durch die Handbremse hergestellt und die Zugkraft am Haken durch eine Meßdose mit entsprechendem Meßbereich gemessen wird.[1] Die bei der eingestellten Geschwindigkeit verfügbare Überschußzugkraft ist dem Unterschied der an der Meßdose abgelesenen Hakenzugkraft und dem Laufwiderstand des ungebremsten Anhängewagens gleich.

Neben der Steigfähigkeit und der Ermittlung der Überschußzugkraft ist die Aufnahme von Anfahrkurven zu erwähnen, die bei nicht zu trägen Geschwindigkeitsmessern durch unmittelbare Beobachtung der jeweils erforderlichen Zeit oder durch schreibende Geschwindigkeitsmesser mit Zeitmarken erhalten werden. Dabei ist zwecks Vergleiches mit den errechneten Kurven auf die Zeitspanne zu achten, die bei Fernsteuerung für das Auflaufen des Dieselmotors benötigt wird.

Die französischen Bahnverwaltungen haben bei ihren Prüfungen einen Verhältniswert für die „relative Lebendigkeit" oder das Anzugsvermögen eingeführt,[2] mit welchem das Verhältnis zwischen den Werten der praktischen und der theoretischen rechnerischen Ermittlung bezeichnet wird. Es erscheint jedoch vorteilhafter, auch bei der rechnerischen Ermittlung schon jene Annahmen zu treffen, die auf der Strecke eintreten werden, was auf Grund ähnlicher Bauarten fast immer möglich ist. Für die Aufnahme der Geschwindigkeit-Zeit-Kurve empfehlen Dumas und Levy[2] einen TEL-Geschwindigkeitsmesser, dessen Meßstreifen zwar wie üblich in Abhängigkeit vom durchlaufenen Weg vorgeschoben wird, aber jede Sekunde die mittlere Geschwindigkeit des Abschnittes anzeigt. Aus der aus dem Streifen entnommenen Geschwindigkeitssteigerung wird übrigens genügend genau mit den für das Fahrzeug bekannten Umrechnungszahlen direkt die Beschleunigung erhalten, deren unterster erfaßbarer Wert bei etwa $0,05$ m/Sek^2 liegen soll, also bei hohen Geschwindigkeiten schon für Auslaufversuche ausreichend sein müßte.

Als Maßstab für die Bequemlichkeit der Reisenden ziehen die französischen Bahnverwaltungen ein Beschleunigungsmeßgerät, z. B. der Bauart H. M. P. von Huguenard, Magnan und Plagnol heran,[2] das an verschiedenen Stellen des Wagenkastens in beliebiger Lage angeordnet werden kann und die Größe der Beschleunigung über der Zeit auf einem

---

[1] Stroebe: Entwicklung des Triebwagens. I. E. K. V., Aprilheft 1937, S. 77.
[2] S. Note 1 auf S. 170.

Meßstreifen aufträgt. Die Tangentenwerte der Beschleunigungskurve geben den Ruck, der für stehende Fahrgäste, mit denen man im Schienenfahrzeug zum Unterschied vom Personenkraftwagen rechnen muß, etwa 0,50 m/Sek^3 nicht überschreiten soll.

Bei Triebwagen mit elektrischer Kraftübertragung sind außer den vorerwähnten Prüfungen noch direkte Ablesungen der jeweiligen Ströme und Spannungen durchführbar, die uns unter Berücksichtigung etwaiger elektrischer Hilfsantriebe die Zugförderleistung in kW an den Generatorklemmen angeben. Mit genauen Meßinstrumenten ist bei Vorhandensein der Kennlinien der Bahnmotoren direkt die Zugkraft am Radumfang zu erhalten, worauf schon bei den Leistungsversuchen als Nachprüfung der Auslaufversuche hingewiesen wurde.

Das bei der Prüfung mechanischer oder hydraulischer Triebwagen erwähnte Verfahren der Deutschen Reichsbahn mit Abbremsung eines Anhängewagens kann bei elektrischer Übertragung auf die Bremsung des Triebfahrzeuges selbst abgeändert werden, und zwar nicht nur für Beharrungsgeschwindigkeiten, bei denen die Leistung wieder aus den Strom- und Spannungsmeßgeräten bestimmt wird, sondern auch bei Anfahrten, wie es bei den Niederländischen Eisenbahnen und den Österreichischen Bundesbahnen durchgebildet wurde.

Der Vorgang der Messungen mit gebremster Anfahrt ist folgender:

Auf einer beliebig geneigten, am besten jedoch auf annähernd waagerechter Strecke wird mit jeder Fahrstufe gebremst angefahren und in bestimmten Zeitabschnitten, zuerst etwa 3 bis 5 und später 10 Sek, oder Geschwindigkeitsabschnitten auf ein vom Versuchsleiter gegebenes Glockenzeichen von mehreren Beobachtern der Strom, die Spannung, die Motordrehzahl und die Fahrgeschwindigkeit aufgezeichnet. Zur Kontrolle der Geschwindigkeitsablesungen kann unabhängig davon noch die Zeit bei dem Durchfahren durch die Hundertmeterpunkte aufgenommen werden. Durch dieses Verfahren sind auf relativ kurzen Strecken die äußeren Kennlinien des Generators für jede einzelne Fahrstufe rasch und einfach zu erhalten, aus denen im Verein mit einem vorbereiteten „Federbusch" die Z-V-Kurven ermittelt werden können.

Die Zahlentafel 31 zeigt eine solche Aufnahme einer gebremsten Anfahrt anläßlich der Prüfung eines dreiachsigen 210 PS diesel-elektrischen Triebwagens Reihe VT 43^2 der Österreichischen Bundesbahnen für die Vollaststufe. Da hier die Zeit nur den gemeinsamen Bezug für alle Werte darstellt und mit der Anfahrzeit einer Regelanfahrt nichts zu tun hat, wurde sie in die Zahlentafel nicht hineingenommen, um Irrtümer hintanzuhalten.

---

[1] S. Note 8 auf S. 16.

Zahlentafel 31. Anfahrt eines 210 PS-diesel-elektrischen Triebwagens mit Geschwindigkeitseinstellung durch Handbremse. Fahrzeughöchstgeschwindigkeit 85 km/h.

V km/h	A gesamt	Volt	kW einschließlich Lüfter	A Lüfter	A Zugförderung	n_m U/Min
0	920	48	44,0	30	890	1390
10	830	142	117,9	55	775	1360
15	770	155	119	45	725	1330
20	680	180	122,5	32,5	647,5	1290
25	600	208	124,8	27,5	572,5	1270
30	555	232	128,8	25	530	1260
35	515	252	129,8	22,5	492,5	1280
40	470	278	130,8	22	448	1310
45	445	294	131	20,5	424,5	1330
50	415	316	131,1	20	395	1350
55	375	325	122	19	356	1360
60	378	344	129	19	359	1290
65	360	360	129,6	18	342	1310
70	344	376	129,3	17	327	1330
75	330	398	131,5	15	315	1350
80	310	405	125,3	13	297	1360
85	300	410	123	12	288	1365

Wenn wir diese Werte in Abb. 106 über dem Strom auftragen, so ersehen wir daraus den Spannung-Strom-Verlauf oder die äußere Kennlinie für die Vollaststufe, ebenso deren Drehzahlverhalten und die kW-Kurve. Ab 60 km/h wurde mit verstärkter Erregung ähnlich wiebei der RZM-Steuerung gefahren, deren Einschaltung erfolgt jedoch durch den Führer von Hand aus. Dieses Beispiel wurde wegen der Speisung eines Lüftermotors vom Hauptstrom aus gewählt, um zu zeigen, daß die für die Zugförderung maßgebende Kennlinie, die in Abb. 106 stark ausgezogen ist, um die jeweiligen Stromaufnahmen des Lüftermotors gegen den Ursprung verschoben wird. Erst aus dieser äußeren Kennlinie der für die Zugförderung zur Verfügung stehenden kann der Zusammenhang mit den Motorkennlinien geschaffen werden. Eine ausführliche Darstellung der Abnahmefahrten diesel-elektrischer Triebwagen ist auch im Schrifttum zu finden.[1] Aus den Meßwerten werden auch die Wirkungsgrade, Ausnutzungsziffern und damit die Leistung am Radumfang ermittelt, die nach der Grundformel der Zugförderung $\dfrac{Z \cdot V}{270} = N$ mit dem Produkt aus Zugkraft und Geschwindigkeit dividiert durch 270 übereinstimmen muß.

Aus dem Unterschied der Z-V- und Fahrwiderstandskurve ergibt sich wie früher die Überschußzugkraft, aus welcher das s-V-Schaubild,

[1] Friedrich: Abnahmefahrten mit diesel-elektrischen Triebwagen. Organ 1934, H. 18.

Anfahrkurven und Fahrtschaubilder in schon bekannter Weise errechnet werden.

Bei der Prüfung der elektrischen Übertragung muß auch die Erwärmung der elektrischen Maschinen beobachtet werden, über deren Messung schon im allgemeinen Teil des Abschnittes IX einige Angaben gemacht wurden. Die Formel (8/IX) ist für die Errechnung der Temperatursteigerung der Wicklungen geeignet, die Kollektoren werden häufig durch angelegte Thermometer direkt oder durch Thermoelemente

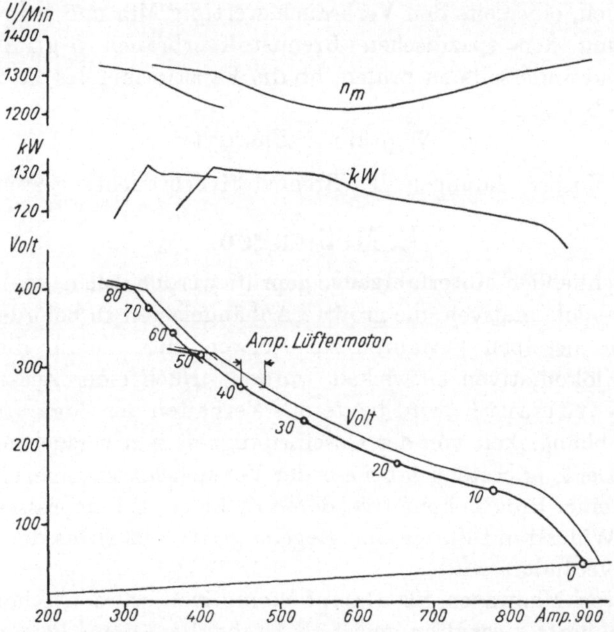

Abb. 106. Ergebnisse von Meßfahrten mit gebremster Anfahrt eines diesel-elektrischen Triebwagens.

in Bändchenform über Millivoltmeter gemessen. Für die Erwärmung der elektrischen Maschinen ist die Stromstärke maßgebend, für die Hauptstromfelder und Anker sind daher einerseits Anfahrten und Steigungsfahrten zu beobachten, für Nebenschlußfelder dagegen die Dauer der mit höheren Stromstärken verbundenen hohen Spannungen der Schnellfahrten von Einfluß. Die Fahrzeuge sind daher auch entsprechend ihrer Auslegung und zukünftigen Verwendung zu erproben. Ein Vorortezug hat seinen Anfahrplan, ein Verschubfahrzeug die Wagengestellung und ein Schnelltriebwagenzug seine Schnellfahrten durchzuführen, ohne daß die zulässigen Erwärmungsgrenzen überschritten werden. Gelegentlich werden nach vorheriger Durchrechnung auch Fahrten mit größeren Lasten oder auf höheren Steigungen als im Regelbetrieb vorgesehen durchgeführt, um unter scharfer Überwachung die Grenzen der Beanspruchungen festzustellen.

Während der Anfahrten und Beharrungsfahrten ist der Brennstoffverbrauch durch Verwendung eines geeichten Meßgefäßes zu bestimmen. Nach den Erörterungen des Abschnittes XI dürfte ein allgemeiner einfacher Zusammenhang zwischen der in das Fahrzeug hineinzubringenden Wucht oder kinetischen Energie und dem Anfahrtverbrauch bestehen, so daß solche Verbrauchsmessungen unter den verschiedensten Verhältnissen durchzuführen wären. Aus dem Verbrauch der Beharrungsfahrten ist es möglich, einerseits den Verbrauchswert β g/Min und bei ermittelter Motorleistung den spezifischen Brennstoffverbrauch b g/PSh zu bestimmen und anderseits zu prüfen, ob die Faustformel des Verfassers für Dieselbetrieb (7/XI)

$$\mathfrak{B} \text{ g/tkm} \doteq \varSigma w \text{ kg/t}$$

für rasche Vorberechnungen des Brennstoffverbrauches verwendbar ist.

E. Meßwagen.

Wenn schließlich Motorfahrzeuge geprüft werden sollen, wie Verschub- und Streckenlokomotiven, die größere Anhängelasten zu befördern haben, so kommen dieselben Verfahren zur Verwendung, die für die Prüfung von Dampflokomotiven entwickelt wurden. Nach einer Zusammenstellung von Nordmann[1] „wird heute das Verhalten der Zugkraft am Zughaken in Abhängigkeit von der Geschwindigkeit rein versuchsmäßig festgestellt". Der Zug besteht dabei aus der Versuchslokomotive, einem Meßwagen und einer Bremslokomotive, deren Zylinder als Luftpresser arbeiten, wobei ihr Widerstand durch eine Regelung des Austrittes der erzeugten Druckluft verändert wird.

Die ersten Meßwagen für Dampflokomotiven wurden schon anfangs des Jahrhunderts geschaffen, meist als Umbauten älterer Personenwagen, die auch für elektrische Meßwagen verwendet wurden.[2]

Ebenso wie nach Einführung des elektrischen Betriebes Sondermeßwagen eingerichtet oder erbaut werden mußten, so sehen sich jetzt die Bahnverwaltungen veranlaßt, neue Bauarten von Meßwagen für Motorfahrzeuge in Dienst zu stellen, worüber Stroebe in seiner schon wiederholt angezogenen Veröffentlichung[3] berichtet und auf Seite 81 ein Meßblatt des Reichsbahn-Meßwagens für die Untersuchung von Motorfahrzeugen bringt.

Auf diesem Meßblatt sind über dem durchlaufenen Weg die Motordrehzahlen, die Fahrstufen, die Fahrgeschwindigkeit, Strom und Span-

---

[1] S. Note 1 auf S. 25.

[2] Curtius: Elektrische Meßwagen der Deutschen Reichsbahn. E. B., Juniheft 1930.

[3] S. Note 1 auf S. 246.

nung des Hilfsstromerzeugers, Batterieladung und -entladung und der Stromverbrauch der Hilfsbetriebe aufgezeichnet. Für Temperaturmessungen ist ein Schreibgerät mit sechs Farben vorhanden und endlich für die Aufzeichnung der Zugkraft am Haken, die in einer in der Zugstange des Meßwagens eingebauten Zugkraftmeßdose gemessen wird, ein Zugkraftschreiber, auf dessen Meßstreifen auch die Geschwindigkeit eingetragen wird. Der Meßbereich der Zugkraftmeßdose muß den Verhältnissen der Motorfahrzeuge angepaßt sein und auch bei kleinen Zugkräften noch die notwendige Genauigkeit gegeben sein.

Von nordamerikanischen Meßwagen sind auch einige Beschreibungen im Schrifttum zu finden,[1–3] die für sehr hohe Zugkräfte ausgelegt sind, um die schweren amerikanischen Lokomotiven mit ihren hohen Anfahrzugkräften untersuchen zu können. Die Meßausrüstung unterscheidet sich wenig von der der europäischen Meßwagen, es sind Einrichtungen für die Messung des Kohlenverbrauches im Tender vorhanden und ein besonderes Augenmerk den Aufenthalts- und Schlafräumen der Mannschaft zugewendet, was bei den in Amerika in Betracht kommenden großen Entfernungen verständlich ist. Für die Untersuchung von Triebwagen kommen diese Meßwagen nicht in Frage, es ist nicht bekannt, ob in Amerika dafür Sonderbauarten verwendet werden oder in Bau sind.

XIII. Sonderverhältnisse bei Verwendung von Schmalspurfahrzeugen auf öffentlichen Bahnen, Verschiebe- und Industrielokomotiven.

Den Sonderheiten der Zugförderung bei Verwendung von Schmalspur-, Verschiebe- und Industriefahrzeugen ist ein besonderer Abschnitt vorbehalten, da sowohl die Verhältnisse der Schmalspurfahrzeuge von jenen der Regelspur abweichen als auch insbesondere zwischen dem Betrieb von Industrie- und Grubenbahnen und dem öffentlicher Bahnen beträchtliche Unterschiede bestehen.

A. Schmalspurfahrzeuge auf öffentlichen Bahnen Europas.

a) Unterschiede gegenüber Regelspurfahrzeugen.

Bei den Schmalspurfahrzeugen für öffentliche Bahnen mit Verbrennungsmotoren als Antrieb ergeben sich die Abweichungen weniger

---

[1] Canadian Pacific builds new Dynamometer Car. R. A., H. vom 1. XII. 1928.

[2] Northern Pacific builds new Dynamometer Car. R. A., H. vom 9. II. 1929.

[3] New Dynamometer Car placed in service on the Milwaukee. R. A., H. vom 28. VI. 1930.

durch die Größe der eingebauten Leistung, da auch hierfür immer stärkere Motoren vorgesehen werden,[1] sondern durch die bei schmalspurigen Gleisen höheren Fahrwiderstände und die fast immer relativ niedrig begrenzte Höchstgeschwindigkeit, wenn wir bei den europäischen Schmalspurbahnen bleiben und die Hauptbahnen mit 1067 mm Spur (Kapspur) Südafrikas und besonders Japans außer Betracht lassen.

Die relativ niedrige Höchstgeschwindigkeit, die z. B. für 750/760 mm Spur mit 50 km/h schon recht hoch ist und in dieser Höhe nur auf wenigen Strecken dieser Spurweite ausgefahren werden kann, ergibt sich durch die Anlage dieser Bahnen, da bei ihrem Bau zwecks Ersparung von Kosten die Trasse möglichst an das Gelände angeschmiegt wurde, was bei den Hügel- und Gebirgsstrecken fast immer zahlreiche Krümmungen mit kleinen Halbmessern und größere Steigungen bedeutet. Da sich die niedrigste Betriebsgeschwindigkeit, d. i. jene Geschwindigkeit, mit der betriebsmäßig auf den Strecken des größten Fahrwiderstandes gefahren wird, nicht im gleichen Maße verringert und auch auf Schmalspurbahnen in der Regel 20 bis 25 km/h nicht unterschritten wird, um die Reisegeschwindigkeiten nicht zu tief absinken zu lassen, verengt sich der eigentliche Fahrbereich auf ein Verhältnis von etwa 1 : 2 gegenüber 1 : 3 bis sogar 1 : 5 bei regelspurigen Fahrzeugen, was bei allen Kraftübertragungen eine Erhöhung der Ausnutzungsziffern ergibt. Bei Stufengetrieben rücken die Stufen näher zusammen, bei den Marschwandlern der Flüssigkeitsgetriebe und bei der elektrischen Kraftübertragung wird der Bereich der konstanten Leistung kleiner, wodurch kleinere Drehzahlsenkungen auftreten. Durch die Erhöhung der Ausnutzungsziffern werden die bei kleineren Leistungen um 100 PS etwas absinkenden Wirkungsgrade der elektrischen Maschinen praktisch ausgeglichen, so daß ,abgesehen von Sonderfällen, die in Abschnitt IX gemachten Angaben über die am Radumfang zur Verfügung stehende Leistung sinngemäß verwendet werden können. Der Vorgang für die Ermittlung der Zugkraft-Geschwindigkeit-Kurve bleibt derselbe, wie er in den vorhergehenden Abschnitten geschildert wurde, sie wird wieder aus der durch die Motordrehzahl im Zusammenhang mit der Ausnutzungsziffer gegebenen Zugförderleistung und aus den Wirkungsgraden ermittelt, wobei wir als Zwischenwert die Leistung am Radumfang und schließlich die Grundformel der Zugförderung (2/IV) heranziehen.

b) Fahrwiderstandswerte.

Für die *s-V*-Schaubilder, Anfahr- und Streckenkurven benötigen wir, wie bekannt, den Fahrwiderstand, für den nur Formeln für den spezifischen

---

[1] Dieselmotortriebwagen für Schmalspur in der Schweiz, Organ 1929, Heft 9.

Widerstand vorliegen, was bei den in Betracht kommenden Höchstgeschwindigkeiten auch ausreichend ist.

Nachdem wir in Abschnitt IV unter den Formeln (14/IV) schon die Krümmungswiderstände in kg/t nach Röckl für Spurweiten von 1000, 760/750 und 600 mm kennengelernt haben, benötigen wir noch die Lauf- und Rollwiderstände, für die Formeln von Frank und Haarmann vorliegen. Die beträchtlichen Unterschiede beider Formelgruppen weisen darauf hin, daß bei Schmalspurstrecken noch viel mehr als bei regelspurigen Bahnen die Gleislage auf den Widerstand von Einfluß ist, da beide Eisenbahnfachleute wohl richtig gemessen, doch auf verschiedener Grundlage gearbeitet haben dürften. Bei den Ziffern für Lokomotiven bedeutet m die Anzahl der gekuppelten Achsen, wodurch ein loser Zusammenhang mit dem festen Achsstand dieser Fahrzeuge hergestellt wird.

Zahlentafel 32. Spezifischer Fahrwiderstand für Lokomotiven und Wagen der Schmalspurstrecken nach Frank und Haarmann.

Spurweite mm	w_{Lok}. kg/t	w_{Wagen} kg/t	Veröffentlicht von
1000	$2,7 \cdot m + 0,0015 \cdot V^2$	$2,6 + 0,0003 \cdot V^2$	Frank
1000	$4 \cdot m + 0,0025 \cdot V^2$	$1,7 + 0,0013 \cdot V^2$	Haarmann
750/760	$2,8 \cdot m + 0,0010 \cdot V^2$	$2,7 + 0,0002 \cdot V^2$	Frank
750/760	$4 \cdot m + 0,0030 \cdot V^2$	$2 \ \ + 0,0015 \cdot V^2$	Haarmann
600	$2,9 \cdot m + 0,0008 \cdot V^2$	$2,8 + 0,0002 \cdot V^2$	Frank
600	$4 \cdot m + 0,0035 \cdot V^2$	$2 \ \ + 0,0017 \cdot V^2$	Haarmann

Nach den Erfahrungen des Verfassers ist auf Schmalspurbahnen mit 760 mm Spur des öffentlichen Verkehrs für Lokomotiven annähernd mit Mittelwerten der Formeln von Frank und Haarmann und für Wagen mit den Ziffern nach Haarmann zu rechnen, da bei Geschwindigkeiten um 40 km/h zweiachsige Lokomotiven mit Einzelachsantrieb einen spezifischen Fahrwiderstand von 6,5 bis 7 kg/t aufwiesen, während er für zweiachsige leichte Anhängewagen 4 bis 4,5 kg/t betrug. Es ist zu hoffen, daß auch auf diesem Gebiete bald neuere Ergebnisse veröffentlicht werden, wozu jene Bahnverwaltungen beitragen können, die Motorfahrzeuge auf Schmalspurstrecken in Betrieb haben. Bei elektrischer Kraftübertragung können dabei ohne besonderen Aufwand Beobachtungen über die Stromstärken und damit über die Zugkräfte gesammelt werden, deren Auswertung zumindest ein Bild über den Größenwert der Fahrwiderstände geben kann, das dann gelegentlich durch Auslaufversuche zu ergänzen ist.

B. Verschiebelokomotiven.

Die Verschiebelokomotiven sind in diesem Abschnitt besonders erwähnt, da sie gewissermaßen den Übergang zu den Industriefahrzeugen bilden, in deren Förderbetrieben sie ebenso wie in den der öffentlichen

Bahnverwaltungen eine bedeutsame Rolle spielen. Kennzeichnend ist bei ihnen ein großer Zugkraftbereich auch bei kleineren Leistungen,[1] weshalb für sie häufig die elektrische Kraftübertragung verwendet wird, die durch die stufenlose Leistungsausnutzung und einfache Bedienung für den Verschubbetrieb besondere Vorteile bietet.

Wenn die Verschiebelokomotiven auch für den Streckendienst mit höheren Geschwindigkeiten eingesetzt werden, wie dies z. B. bei den Lokomotoren der Niederländischen Eisenbahnen[2,3] der Fall ist, so ergeben sich für die Auslegung der Übertragung erschwerte Bedingungen, da der Verschiebedienst eine gute Leistungsausnutzung schon um etwa 10 km/h verlangt, während der Streckendienst dasselbe für etwa 30 bis 50 km/h erfordern ·kann. Bei Stufengetrieben haben diese weit auseinanderliegenden Forderungen zur Vermehrung der Stufenzahl auf sechs und mehr geführt, wodurch die Bedienung einen größeren Schaltaufwand benötigt. Bei elektrischer Kraftübertragung zwingen sie zum Einbau größerer Maschinen als der Leistung entspricht, so könnten z. B. die zwei Bahnmotoren der erwähnten 70 PS Locomotoren der N. E. etwa 200 PS verarbeiten. Die Leistungsverringerung bedeutet, wie schon in Abschnitt IX gesagt, keine verringerte Beanspruchung, sie erfordert im Gegenteil besondere Vorsorgen für die Lüftung, da die hohen Stromstärken bei niedrigeren Geschwindigkeiten und damit Drehzahlen der Bahnmotoren auftreten, so daß die sonst verwendete Eigenlüftung durch am Anker angebaute Lüfter vorteilhaft durch Fremdlüftung ersetzt wird. Für diesen Zweck kann im Stromerzeuger, dessen Drehzahl in jeder Fahrstufe annähernd unverändert bleibt, ein Lüfterflügel für die Fremdlüftung der Bahnmotoren eingebaut werden, was auch bei den Schmalspurlokomotiven 2040/s und 2041/s der Ö. B. B.[4-6] vorgesehen ist.

Eine andere Lösung, die eine Kombination von elektrischer und mechanischer Übertragung bedeutet, hat bei diesel-elektrischen Verschublokomotiven der Französischen Nordbahn[6] zur Einschaltung eines zweistufigen Cotal-Getriebes geführt, wodurch ein Verschubbereich von 0 bis 20 km/h und ein Überstellbereich von 0 bis 60 km/h geschaffen wurde.

Die amerikanischen Verschiebelokomotiven mit ihren Leistungen bis 600 PS und mehr wären auf den meisten europäischen Bahnen schon für den Dienst auf Nebenbahnen und den Vororteverkehr ausreichend, auch bei ihnen sind aber geeignete Vorsorgen für den großen Zugkraftbereich getroffen, meist werden für die Anfahrt Reihenschaltung, für die Strecken-

---

[1] W i t t e : Die Kleinlokomotive, ein Betriebsmittel zur Rationalisierung des Eisenbahnverkehrs, Organ 1932, Heft 14.

[2] S. Note 10 auf S. 17.

[3] S. Note 1 auf S. 18.

[4] S. Note 13 auf S. 15.

[5] S. Note 14 auf S. 15.

[6] S. Note 15 auf S. 15.

fahrt Nebeneinanderschaltung und Feldschwächung der Bahnmotoren verwendet.

Bei der Ermittlung der Z-V-Kurven sind die geschilderten Verhältnisse des großen Leistungsbereiches wohl zu beachten, sie können bei elektrischer Kraftübertragung zu Sonderbauarten der Bahnmotoren mit möglichst hohen Wirkungsgraden im Bereich der großen Ströme führen. Jedenfalls erleichtert eine Vergrößerung des Luftspaltes nach Abschnitt IX die Konstanthaltung der Leistung.

Die Fahrwiderstände dieser ohne Rücksicht auf den Windanfall gebauten Fahrzeuge ist natürlich höher als jener der Triebwagen, daher geben meist die „Erfurter Formeln" (5/IV) und die vom Verfasser für Triebwagen mit eckiger Kopfform verwendete, nach (9/IV) mit der Einführung eines Mindestwertes von 4 kg/t brauchbare Zahlen. Im Bereich der großen Zugkräfte tritt die Bedeutung des Fahrwiderstandes der Lokomotive gegenüber jenem des Wagenzuges zurück, für den bei Güterzügen mit regelloser Folge von leeren und beladenen Wagen verschiedenster Bauarten ebenfalls die „Erfurter Formel" herangezogen wird, während für Personenzüge, falls solche zu führen sind, die Auswertung von Sauthoff (7/IV) nach den neueren Versuchen der Deutschen Reichsbahn in Frage kommen kann.

C. Industrie- und Förderlokomotiven.

a) Besonderheiten, Bauarten. Wirkungsgrade, Leistungen.

Für die Lokomotiven der Industrie- und Grubenbahnen stehen selten die Gleise in jenem guten Zustand zur Verfügung, mit denen bei den regel- und schmalspurigen Strecken des öffentlichen Verkehrs zu rechnen ist. Bei Bauten sind diese Gleise oft behelfsmäßig verlegt, dazu kommen enge Krümmungen, die manchmal Vielecken ähneln, einfache Weichen und steile Rampen, um z. B. aus einer Baugrube herauszukommen oder eine Dammkrone zu erreichen, weshalb das Fahren mit höheren Geschwindigkeiten ausgeschlossen ist. Da die Förderstrecken meist verhältnismäßig kurz sind, treten die Anforderungen bezüglich der Geschwindigkeit weiter zurück, die Zugkraft wird ausschlaggebend, um die Anhängelasten so groß als möglich machen zu können.

Über die verschiedenen Bauarten der Kleinlokomotiven geben die Werbeschriften der Erzeuger Auskunft, eine ältere Zusammenstellung ist auch im Schrifttum[1] zu finden, aus der hervorgeht, daß die Stufengetriebe die weiteste Verbreitung gefunden haben, wenn auch in Österreich und in der Tschechoslowakei zahlreiche Kleinlokomotiven mit elektrischer

---

[1] Schulz: Über Motorlokomotiven. G. A., H. vom 1. XII. 1926 u. H. vom 15. I. u. 15. IV. 1927.

Kraftübertragung laufen.[1-4] Die Stufenzahl ist auf zwei bis drei beschränkt, wobei die Geschwindigkeit des niedrigsten ersten Ganges zwischen 3 und 4 km/h gewählt wird. Bei zwei Stufen liegt dann der zweite Gang meist bei 8 km/h, während bei drei Stufen in der Regel für diesen 6 bis 8 und für den dritten 12 bis 15 km/h vorgesehen wird.

Die Zugförderleistung kann häufig gleich der vom Erzeuger angegebenen Motorleistung gesetzt werden, weil diese auf Grund der langjährigen Erfahrung schon eine gewisse Sicherheit enthält und weil die Hilfsleistungen bis auf Ausnahmsfälle gering sind, meist beschränkt auf den Antrieb eines vom Motor angetriebenen Lüfterflügels und gegebenenfalls einer kleinen Lichtmaschine für die Ladung der Beleuchtungs- und Anlaßbatterie. Wenn man vorsichtshalber aber doch einen Zuschlag zur Zugförderleistung machen will, so ist er mit $4^0/_0$ ausreichend bemessen, wodurch sich ähnlich Formel (29/IV) für Kleinlokomotiven der Zusammenhang

$$N_m = N_z + H_h \doteq 1{,}04 \cdot N_z,$$

$$= \frac{1{,}04 \cdot Z \cdot V}{270},$$

$$= \frac{Z \cdot V}{270 \cdot \eta_2} \tag{1/XIII}$$

ergibt, in dem η_2 den zwecks Berücksichtigung der Hilfseinrichtungen herabgesetzten Wirkungsgrad der Übertragung bedeutet.

Zur Festsetzung von η_2 müssen wir wieder zuerst die Wirkungsgrade η der Übertragung kennen, deren Verlauf grundsätzlich mit dem in den vorhergehenden Abschnitten besprochenen übereinstimmt, doch wegen der bekannten Tatsache, daß gewisse Grundverluste praktisch unverändert bleiben und daher bei kleinen Leistungen einen höheren Verlust ergeben als bei großen, im allgemeinen um einige Hundertteile tiefer liegt. Bei Zahnradgetrieben der Kleinlokomotiven werden schon aus Gründen des Preises nicht so sorgfältig ausgeführte Zahnräder wie bei größeren Fahrzeugen verwendet, über den absinkenden Wirkungsgrad bei elektrischen Maschinen gibt die Zahlentafel im allgemeinen Teil des Abschnittes IV ein ungefähres Bild.

Die mechanischen Stufengetriebe der Kleinlokomotiven haben daher häufig Wirkungsgrade von nur etwa 0,80 bis 0,82, bei elektrischer Kraftübertragung und Leistungen zwischen 15 und 30 PS ist mit einem η von 0,70 bis 0,74 zu rechnen. Damit erhalten die Nenner der Leistungsformel der Zugförderung (28/IV) folgende Werte:

---

[1] S. Note 1 auf S. 37.

[2] S. Note 3 auf S. 129.

[3] Randzio: Neue Stollenbauten. Die Bautechnik 1925, H. 26.

[4] Gelinek: Die Entwicklung der Gebus-Lokomotive. Wasserwirtschaft 1930, H. 15.

Für mechanische Übertragung

$$270 . 0,80 \text{ bis } 0,82 = 216 \text{ bis } 221$$

im Mittel $\qquad$ 220

Für elektrische Übertragung

$$270 . 0,70 \text{ bis } 0,74 = 189 \text{ bis } 200$$

im Mittel $\qquad$ 195

$$(2/\text{XIII})$$

Die Nenner der Formel (1/XIII) lauten dann für die Gesamtwirkungsgrade η_2 mit Berücksichtigung der Hilfseinrichtungen im Mittel

für mechanische Übertragung $220 : 1,04 \doteq 210$
für elektrische Übertragung $195 : 1,04 \doteq 188,$
der aber meist mit $\qquad \doteq 190$

$$(3/\text{XIII})$$

eingesetzt wird.[1]

Die **Ausnutzungsziffern** ergeben sich bei den Stufengetrieben, wie bekannt, aus dem Drehzahlverlauf, der auch bei elektrischen Übertragungen, jedoch mit den viel geringeren Schwankungen dafür maßgebend ist. Damit sind die **Zugförderleistungen** gegeben und bei bestimmten Geschwindigkeiten die vorhandenen Zugkräfte am Radumfang ermittelbar, und zwar nach den Formeln (28/IV) oder (1/XIII), die nunmehr lauten:

$$\text{für mechanische Kraftübertragung } N_z = \frac{Z . V}{220},$$

$$N_m = \frac{Z . V}{210},$$

$$\text{für elektrische Kraftübertragung } N_z = \frac{Z . V}{200},$$

$$N_m = \frac{Z . V}{190}.$$

$$(4/\text{XIII})$$

b) Vergleich der mechanischen und elektrischen Kraftübertragung.

Der Vergleich beider Kraftübertragungen darf nun nicht zur Behauptung führen, daß die Stufengetriebe wegen des höheren Wirkungsgrades eine bessere Ausnutzung ergeben, im Gegenteil, gerade bei Kleinlokomotiven haben sich auf Strecken mit stark wechselnden Neigungen oder Anhängelasten elektrische Übertragungen durch ihre stufenlose Leistungsausnutzung einen großen Verwendungsbereich gesichert. Nicht der höhere Wirkungsdrang allein, sondern das Produkt aus Wirkungsgrad und Ausnutzungsziffer ist für die Ausnutzung maßgebend, da es auf den Verlauf der Leistung am Radumfang ankommt. Zur Klarstellung

---

[1] S. Note 1 auf S. 37.

sind auf der Abb. 107 Z-V-Kurven einer 15 PS-Diesellokomotive mit mechanischer und elektrischer Kraftübertragung aufgetragen, für welche die Zugkräfte nach den Formeln (4/XIII) für $N_z = 15$ PS errechnet wurden, weil diese Maschinen noch von Hand angelassen werden und daher als Hilfseinrichtung nur den kleinen Lüfterflügel besitzen. Die Geschwindigkeitsstufen der Getriebelokomotive sind in Übereinstimmung mit bekannten Ausführungen auf 3,5 und 8 km/h gelegt, während für die diesel-elektrische Vergleichsmaschine eine Bauart der Maschinen- und

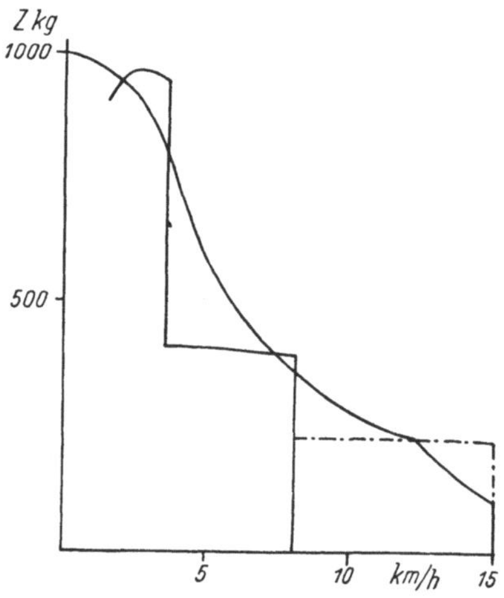

Abb. 107. Z-V-Kurven von Kleinlokomotiven mit mechanischer und elektrischer Übertragung.

Waggonbau-Fabriks A. G. in Simmering, Wien XI, mit 1000 kg Anfahrzugkraft und 15 km/h Höchstgeschwindigkeit zugrunde gelegt wurde.

Die stetige Leistungsausnutzung der elektrischen Kraftübertragung ermöglicht z. B. bei einer Zugkraft von 485 kg eine Geschwindigkeit von 6 km/h, bei welcher die Getriebelokomotive noch nicht auf den zweiten Gang umgeschaltet werden kann und daher noch mit 3,5 km/h fahren muß. Leerfahrende Züge können beispielsweise mit 10 km/h befördert werden, wenn sie nur etwa 250 kg Zugkraft benötigen, während die Getriebelokomotive die Geschwindigkeit von 8 km/h nicht wesentlich überschreiten kann und ihr Motor bei dem Drehmoment entsprechend 250 kg Zugkraft unterbelastet am Regler läuft. Nur bei den Zugkräften, die den Stufenendpunkten entsprechen, wirkt sich der höhere Wirkungsgrad der Stufengetriebe aus, so daß die Erfahrungen des Betriebes, nach denen sich bei elektrischer Übertragung und wechselnden Neigungen geringere Brennstoffverbrauchszahlen ergeben haben, aus den Verhältnissen der Abb. 107 ihre Bestätigung finden. Durch die Einfügung einer dritten Stufe wird die Leistungsausnutzung der Getriebelokomotive verbessert, wie aus der strichpunktierten Stufenlinie hervorgeht, die stufenlose Leistungsausnutzung behauptet aber auch dann noch ihre Vorteile.

c) Fahrwiderstandswerte.

Wenn wir die Zugkraft-Geschwindigkeit-Kurve kennen, brauchen wir noch die Fahrwiderstände, um die Steigung-Geschwindigkeit-Kurven oder -Tafeln errechnen zu können. Bei den schon erwähnten, teilweise behelfsmäßigen Gleisanlagen mit oft schwachen Schienen und nicht immer einwandfreiem Zustand der Achslager ist es überflüssig, von den dafür in Betracht kommenden Zahlen eine zu große Genauigkeit zu verlangen, dagegen wichtig, über tatsächlich auftretende Werte zu verfügen, die auch bei ungünstigen Verhältnissen die Sicherheit für die Erfüllung der Gewährleistungen ermöglichen.

Der Luftwiderstand ist bei den geringen Geschwindigkeiten ohne Einfluß, weshalb die ausschließliche Verwendung des spezifischen Fahrwiderstandes für die Zugkraftermittlung berechtigt ist. Die nachfolgende Zahlentafel gibt eine Übersicht über diese Werte in kg/t, die schon die notwendige Sicherheit enthalten, weshalb ihre Verwendung bis auf besonders ungünstige Strecken- oder Wagenverhältnisse allgemein möglich ist.

Zahlentafel 33. Spezifische Fahrwiderstände in kg/t für schmalspurige Gruben- und Industriebahnen.

Art der Bahn	Spurweite mm	Spez. Fahrwiderstand kg/t
Grubenbahnen	um 500	12—15
,, ...	,, 600	11—13
,, ...	,, 750	8—10
Förderbahnen obertags	,, 500	12—13
,, ,, ...	,, 600	10—12
,, ,, ...	,, 750	8
,, ,, ...	,, 1000	6

Die unteren Grenzwerte werden mehr bei elektrischer und die oberen mehr bei mechanischer Kraftübertragung herangezogen, um bei letzteren für Anfahrten einen gewissen Zugkraftüberschuß zu sichern. Während nämlich bei der elektrischen Übertragung durch den Achsantrieb mittels Hauptstrommotoren noch bei Stillstand des Zuges die volle Anfahrzugkraft zur Verfügung steht, ja sogar ein auf der Steigung rückrollender Zug aufgefangen und auf der Steigung beschleunigt werden kann, muß beim Einschalten des ersten Ganges des Stufengetriebes durch ein Rutschen der Kupplung der Drehzahlunterschied zwischen der noch stillstehenden Achse und dem Motor ausgeglichen und der Zug auf die Geschwindigkeit des ersten Ganges gebracht werden, worüber im Abschnitt VII schon gesprochen wurde.

Zu den spezifischen Roll- und Laufwiderständen kommen wieder der Steigungs-, Krümmungs- und Beschleunigungswiderstand. Besondere Verhältnisse bestehen nur beim Krümmungswiderstand, für dessen Bestimmung entweder die Formeln von Röckl nach (14/IV) oder besser von Protopapadakis nach (20/IV) zugrunde gelegt werden können, die außer dem Krümmungshalbmesser noch den Achsstand enthalten.

Eine ausführliche Untersuchung über die Fahrwiderstände des Rollmaterials im Baubetrieb hat Dr. Ing. Engel veröffentlicht,[1] in der nach theoretischen und praktischen Einzeluntersuchungen des Fahrwiderstandes über Fahrwiderstandsmessungen und über die Auswertung der Versuchsergebnisse berichtet wird. Die Ergebnisse der Messungen bestätigen im allgemeinen die Werte unserer Zahlentafel 33, die bekanntgegebenen Formeln erfordern aber schon genaue Angaben über den Lokomotiv- und Wagenpark, weshalb bezüglich der Einzelheiten auf die Veröffentlichung verwiesen werden muß. Die anregende Arbeit ist jedenfalls als Anleitung für die Durchführung von Messungen an einem vorhandenen Fahrpark bestens zu empfehlen.

d) Zugkräfte.

Wenn wir das Lokomotivgewicht mit G und die Anhängelast mit Q, beide in Tonnen, bezeichnen, so ergibt sich die Zugkraft am Radumfang aus

$$Z = G \cdot w_{\text{Lok}} + Q \cdot w_{\text{Wagen}} + (G + Q)\,(\pm s + w_k + 107 \cdot a) \qquad (5/\text{XIII})$$

und die bei Förderlokomotiven häufig angegebene Zugkraft am Haken der Lokomotive, die sich immer für die Ebene versteht,

$$Z_H = Q \cdot (w_{\text{Wagen}} \pm s + w_k + 107 \cdot a), \qquad (6/\text{XIII})$$

die sich aus

$$Z_H = Z - G \cdot w_{\text{Lok}} \qquad (7/\text{XIII})$$

ergibt.

e) Reibungsgewicht.

Für den Zusammenhang zwischen Zugkraft und Reibungsgewicht, das bei Kleinlokomotiven fast immer dem Lokomotivgewicht entspricht, ist die Formel (32/IV) heranzuziehen, in der jedoch der Reibungswert f vorsichtig zu wählen ist, wenn die Förderstrecken verschmutzt oder durch Blätterfall rutschig sein können, was auch gutwirkende Sandstreuvorrichtungen zweckmäßig macht.

Die elektrische Kraftübertragung ist wegen des sanften Anfahrens wieder etwas im Vorteil, für die Anfahrt kann bei trockenen Schienen bis $f = 250$ kg/t gegangen werden, während bei Getriebelokomotiven selten $f = 200$ kg/t überschritten wird.

f) Steigungs- und Belastungstafeln.

Aus der Überschußzugkraft ergeben sich entweder bei gegebenem Zuggewicht die Steigungen oder für verschiedene Steigungen die Anhängelasten, wie dies aus der Zahlentafel 34 mit den Bruttoanhängelasten

---

[1] Engel: Die Fahrwiderstände des Rollmaterials im Baubetrieb, Mitteilungen des Forschungsinstitutes für Maschinenwesen im Baubetrieb, VDI-Verlag, Berlin, 1932.

auf Steigungen und in Kurven einer 15-PS-Diesel-Getriebelokomotive für 600 mm Spur nach einer Werbeschrift der Humboldt-Deutz-Motoren A. G. zu sehen ist, die die Form solcher Tafeln zeigen soll.

Zahlentafel 34. Bruttoanhängelasten in Tonnen auf Steigungen und in Kurven einer 15-PS-Deutz-Getriebelokomotive, Spurweite 600 m.

Steigungen	Krümmungshalbmesser in Meter							
	gerade	40	30	20	gerade	40	30	20
waagerecht	80	60,7	57	49,7	29	21,3	19,8	16,8
+ 2,5 °/₀₀	65	51,7	49	42	23	17,6	16,5	14,2
+ 5,0 °/₀₀	55	44,6	42,6	38,1	19	14,8	14	12,1
+ 10,0 °/₀₀	42	35	33,6	30,5	14	10,9	10,3	9,2
+ 20,0 °/₀₀	27	23,6	22,8	21,3	8	6,3	6	5,4
+ 33,3 °/₀₀	18	15,7	15,3	14,5	4	3,2	3	2,6
+ 40,0 °/₀₀	15	13,2	12,9	12,2	3	2,2	2,1	1,7
+ 50,0 °/₀₀	11	10,3	10,1	9,6	1,5	1	0,9	0,7
+ 66,7 °/₀₀	8	7,1	7	6,5	1,2	—	—	—
+ 80,0 °/₀₀	5,9	5,4	5,3	5	—	—	—	—
	1. Gang, 3,5 km/h				2. Gang, 8 km/h			

g) Beispiel.

Zum Schlusse rechnen wir noch ein Beispiel aus der Praxis durch und nehmen an, daß eine Kleinlokomotive für 600 mm Spur anzubieten ist, die eine Bruttoanhängelast $Q = 25$ t über eine 300 m lange Steigung von $30°/_{00}$ mit Krümmungen bis 20 m befördern soll, wobei eine Geschwindigkeit von 4 bis 6 km/h gewünscht wird.

Die Summe der spezifischen Fahrwiderstände errechnet sich bei Gleichsetzung des Widerstandes von Lokomotive und Wagen mit

Fahrwiderstand in waagerechter Gerader .... 10 bis 12 kg/t

Steigungswiderstand 30   30   „

Krümmungswiderstand bei Annahme $A = 1,00$ m und

$f = 220$ kg/t nach (20/IV) $w_k = \dfrac{203}{20}$ 10   10   „

Summe der Fahrwiderstände in der Beharrung $\Sigma w = 50$ bis 52 kg/t

Nun suchen wir das erforderliche Reibungsgewicht G mit $\alpha = 1$ nach Formel (32/IV) aus dem Verhältnis von

$$\frac{Q}{G} = \frac{200}{50} - 1 = 3$$

und daraus

$$G = \frac{Q}{3} = \frac{25}{3} = 8,3 \text{ t}$$

und erhalten damit das gesamte Zuggewicht

$$G + Q = 8,3 + 25 = 33,3 \text{ t}.$$

Die auf der Steigung erforderliche Zugkraft ergibt sich aus

$$Z = 33{,}3 \cdot 50 = 1665 \text{ kg}$$

oder

$$Z = 33{,}3 \cdot 52 = 1732 \text{ kg}.$$

Für eine Getriebelokomotive rechnen wir mit dem höheren Wert der Zugkraft und ermitteln zuerst mit der Stufengeschwindigkeit von 4 km/h die Leistung

$$N_m = \frac{1732 \cdot 4}{210} = 33 \text{ PS, die für}$$

6 km/h auf $\quad N_m = \dfrac{1732 \cdot 6}{210} \doteq 50 \text{ PS steigen würde.}$

Wir ersehen daraus, daß mit einer Bauart von 45 PS das Auslangen zu finden sein wird, die im ersten Gang bei 4 km/h eine Zugkraft von etwa $\dfrac{210 \cdot 45}{4} \doteq 2350$ kg aufweist, also noch einen Zugkraftüberschuß von über 600 kg für die Steigungsfahrt besitzt, der aber nicht in Geschwindigkeit umgewandelt werden kann, weil die anderen Gänge für 8 und 15 km/h übersetzt sind. Oft ist es möglich, durch Änderung eines Zahnradpaares die Stufengeschwindigkeiten zu verschieben, was hier in dem Verhältnis von 6 : 8 notwendig wäre, um im zweiten Gang mit 6 km/h über die Steigung zu kommen, wodurch die anderen Stufengeschwindigkeiten auf 3 bzw. 11,5 km/h sinken würden. Mit dieser Auslegung stünde für die Anfahrt die hohe Zugkraft des ersten Ganges von etwa 3100 kg zur Verfügung und für die Beharrungsfahrt die verlangte obere Geschwindigkeitsgrenze von 6 km/h auf einem der günstigen Stufenendpunkte der Z-V-Kurve.

Weil aber die maßgebende Steigungsstrecke nach der Anfrage nur 300 m lang ist, wäre ein Wahlangebot auf die nächstniedrigere Bauart mit 30 PS angezeigt, da gerade bei Kleinbahnen die Geschwindigkeitsforderungen manchmal ohne zu große Überlegungen aufgestellt werden, weshalb es Aufgabe des Anbotstellers ist, dem Kunden eine in der Anschaffung billigere Lokomotive vorzuschlagen, wenn auch mit ihr der Leistungsplan noch annähernd eingehalten werden kann.

Die 30-PS-Lokomotive hat in der Regelausführung z. B. Geschwindigkeitsstufen von 3,5, 7 und 14 km/h und damit Zugkräfte von etwa 1800, 900 und 450 kg. Die verlangte Zugkraft von 1732 kg ist demnach im ersten Gang verfügbar, die hierdurch von 4 auf 3,5 km/h verringerte Geschwindigkeit bedeutet bei einer Streckenlänge von 300 m einen Zeitverlust von $\dfrac{60}{3{,}5} \, 0{,}3 - \dfrac{60}{4} \, 0{,}3 = 0{,}64$ Min, der in den seltensten Fällen im Förderplan einer Industriebahn bemerkbar sein wird. Dabei ergibt sich eine zusätzliche Sicherheit dadurch, daß die größte Zugkraft für die Krümmung berechnet werden mußte, in der nicht unbedingt angefahren werden muß, da man den Zug ungünstigstenfalls vorsichtig auf eine Gerade zurückrollen lassen kann, auf welcher der spezifische Fahrwiderstand um 10 kg/t geringer als in der Krümmung ist.

In dem Angebote ist noch anzugeben, bis zu welcher Steigung 25 t mit dem zweiten und dritten Gang befördert werden können, wozu wir zuerst die Zugkräfte durch das gesamte Zuggewicht dividieren und $\frac{900}{3,33} = 27$ kg/t bzw. $\frac{450}{33,3} = 13,5$ kg/t als Σw und nach Abzug von 12 kg/t die Steigung mit 15 bzw. $1,5^0/_{00}$ erhalten. Der dritte Gang wird daher bei der Lastfahrt wenig in Anspruch genommen werden können, wenn es sich um eine Steigungsstrecke handelt, er wird jedoch für die Leerfahrt günstig sein und eine rasche Rückbeförderung des Leerzuges ermöglichen.

Wir wollen nach der Getriebelokomotive noch die Planung für eine diesel-elektrische Kleinlokomotive durchführen, bei der wir von einer größten Zugkraft von 1665 kg ausgehen und damit die Leistungen

$$N_m = \frac{1665 \cdot 4}{190} = 35 \text{ PS bei } V = 4 \text{ km/h und}$$

$$N_m = \frac{1665 \cdot 6}{190} = 52,5 \text{ PS bei } V = 6 \text{ km/h}$$

erhalten.

Mit einem Antriebsmotor von 45 PS ist jetzt sehr gut den Forderungen der Anfrage gerecht zu werden, da sich bei der erforderlichen Zugkraft eine Geschwindigkeit von $\frac{45 \cdot 190}{1665} = 5,1$ km/h ergibt, die in den verlangten Grenzen liegt. Man ersieht daraus schon den Unterschied zwischen einer stetigen und einer Stufenübertragung, die mit ihren festen Stufen und damit Zugkräften bestimmten Forderungen viel schwerer nachkommen kann.

Auch ein 30-PS-Motor wird noch ungefähr der Anfrage Genüge leisten, da er eine Geschwindigkeit von $\frac{30 \cdot 190}{1665} = 3,4$ km/h auf der Steigung in der Krümmung ermöglicht, was gegenüber 4 km/h bei 0,3 km Länge einen Zeitverlust von nur 0,79 Min bedeutet. Zur Beantwortung der Frage nach der notwendigen Stundenzugkraft wäre eigentlich ein Längenschnitt der ganzen Strecke notwendig, doch genügt auch die Angabe, daß die Förderstrecke außer der angeführten größeren Steigung nur wenige Höhenunterschiede aufweist und daher für die übrigen Teile nur mit 5 bis $10^0/_{00}$ zu rechnen ist. Man wird dann die durch etwa 10 Min abgebbare Höchstzugkraft in die Nähe der errechneten Zugkraft von 1665 kg legen, womit sich bei einem Verhältniswert von etwa 1,6 für selbstlüftende und etwa 1,4 für gekapselte Fahrmotoren Einstundenzugkräfte von rund 1000 bzw. 1200 kg als erforderlich herausstellen. Die Anfahrzugkraft ist damit auf etwa 2200 kg festgelegt, der ein Reibungswert von $\frac{2200}{8,3} = 265$ kg/t oder $\frac{1}{3,77}$ entsprechen würde, der aber nur in den seltensten Fällen vorhanden sein wird, wodurch eine Strombegrenzung für die Anfahrt geschaffen ist, da sich die Räder vor Erreichung der höchstzulässigen Stromstärke durchzudrehen beginnen.

Bei Vorlage des Längenschnittes der Strecke wird aus den Zugkräften für die einzelnen kennzeichnenden Abschnitte die jeweilige Geschwindigkeit aus dem Z-V-Schaublatt ermittelt, dabei fast immer die Beschleunigungen und Verzögerungen außer Betracht gelassen, wenn die Geschwindigkeitsunterschiede nicht zu groß sind. Aus den Geschwindigkeiten und den einzelnen Längen ergeben sich die Fahrzeiten, zu denen häufig die Arbeitszeiten für Beladung, Entladung und Umstellung der Lokomotive hinzuzufügen sind, um angeben zu können, wie oft in einer Schicht ein ganzes Arbeitsspiel mit Hin- und Rückfahrt durchgeführt werden kann. Diese Angabe ist zur Beurteilung der Schichtleistung der Lokomotive notwendig, wobei das Leergewicht der Wagen von der Bruttoanhängelast abgezogen werden muß, um die Nutzleistung zu erhalten, die allein für den Kunden maßgebend ist.

Aus den Fahrzeiten wird der Brennstoffverbrauch entweder nach dem im Abschnitt XI angegebenen genaueren Verfahren ermittelt, wobei die Leistungsausnutzung berücksichtigt werden muß, oder man zieht die Grundlage der Faustformel (5/XI) heran und setzt bei elektrischer Übertragung als Beiwert

$$\left.\begin{array}{ll}\text{für Benzinbetrieb } \dfrac{300}{190} \doteq 1{,}6 \text{ und erhält } \mathfrak{B} \doteq 1{,}6\, \Sigma\, w \text{ g/tkm} \\[2mm] \text{oder} \\[2mm] \text{für Dieselbetrieb } \dfrac{220}{190} \doteq 1{,}15 \qquad \mathfrak{B} \doteq 1{,}15\, \Sigma\, w \text{ g/tkm.}\end{array}\right\} \quad (8/\text{XIII})$$

Für Stufengetriebe sind eigene Beiwerte nach dem vorstehenden Vorgang nicht tunlich, sie würden zu geringe Verbrauchsziffern ergeben, da die Stufen nach Abschnitt XI sprunghaft Verbrauchsänderungen ergeben, die bei der Durchrechnung einer einzelnen Fahrt nicht vernachlässigt werden können.

Bei den Förderlokomotiven werden aber häufig auch Erfahrungszahlen angegeben, die mittlere Verbrauchswerte auf Grund der Beobachtungen in ähnlichen Betrieben unter Einrechnung der Stehzeiten und Leerfahrten bedeuten. Diese Erfahrungszahlen liegen zwischen 0,5 und 0,66 des Vollastverbrauches, womit also vorausgesetzt wird, daß etwa 40 bis 50% der gesamten Zeit annähernd mit Vollast gefahren wird und der Rest auf den geringen Leerlaufverbrauch entfällt. Für die 30 PS-Lokomotive mit einem spezifischen Brennstoffverbrauch von 220 g Dieselöl je PSh, der für Motoren dieser Größe die Regel ist, würde dies einen Verbrauch von $0{,}5$ bis $0{,}66 \cdot \dfrac{30 \cdot 220}{1000} = 3{,}3$ bis $4{,}4$ kg/h und damit für eine achtstündige Schicht 26,5 bis 35 kg Dieselöl ergeben. Die kleinere Ziffer ist eher für elektrische Kraftübertragung passend, während die größere ungefähr mit jenen Werten übereinstimmt, die von Erzeugern von Getriebelokomotiven mitgeteilt werden.

Der Schmierölverbrauch wird bei den Dieselkleinlokomotiven mit guter Wartung ungefähr mit 6,5 bis 7% des Gewichtes des Brennstoffverbrauches einzusetzen sein, was für die 30 PS-Maschinen rund 2,0 bis 2,3 kg Schmierölverbrauch je Schicht ergibt.

Aus den Verbrauchszahlen sind die reinen Fahrkosten zu ermitteln, zu denen noch Tilgung und Verzinsung der Anschaffung, sonstiges Betriebsmaterial, Instandhaltung und Löhne kommen, worüber wir im nächsten Abschnitt noch Einzelheiten hören werden.

XIV. Wirtschaftlichkeitsberechnungen für Motorfahrzeuge.

A. Allgemeines.

Die Wirtschaftlichkeit eines Fahrzeuges oder einer Kraftanlage im allgemeinen wird nicht allein durch die Ausnutzung der im Brennstoff enthaltenen Wärmemenge bestimmt, sondern auch durch andere Einflüsse, die nachstehend kurz erläutert werden.

Wenn es nur von dem Wärmeaufwand für die Leistungseinheit abhinge, ginge der Dieselmotor unbestritten als Sieger aus dem Wettbewerb hervor, da er für eine effektive PSh nur etwa 1800 bis 2000 kcal benötigt. Ihm am nächsten kommt der Ottomotor mit Benzol- und Benzinbetrieb, der etwa 2300 und 2600 kcal erfordert, dann Dampfturbinenkraftwerke mit 3000 bis 5000 kcal für die Speisung von Oberleitungsstrecken, während Heißdampf-Kolbendampfmaschinen mit Vorwärmung noch etwa 8000 kcal verbrauchen.[1]

B. Einflüsse auf die Wirtschaftlichkeit.

a) Einteilung.

Für die *Einteilung der auf die Wirtschaftlichkeit der Motorfahrzeuge einwirkenden Einflüsse*, über die zahlreiche Untersuchungen vorliegen,[1-6]

---

[1] Pforr: Die Aussichten der elektrischen Zugförderung auf den Eisenbahnen. AEG-Mitteilungen 1925, H. 1.

[2] S. Note 2 auf S. 226.

[3] Buer: Öltriebwagen im Wettbewerb mit Dampflokomotiven. V. T. 1928, H. 12.

[4] Straßer: Die Wirtschaftlichkeit der Diesellokomotive im Vollbahnbetrieb. Organ 1929, H. 8.

[5] Lipetz: Economics of the Oil Engine Locomotive. R. A., H. vom 30. VIII. 1930.

[6] Geiger: Die Wirtschaftlichkeit von Diesellokomotiven. Organ 1931, H. 7.

gehen wir von einer Einteilung aus, die Dr. Friedrich in seinem schon mehrmals angeführten Werk[1] aus einer von Sax[2] gegebenen Zergliederung der Betriebskosten nach Dienstzweigen als für Motorfahrzeuge zweckmäßig entwickelt hat.

Diese Unterteilung der Kosten stellt sich wie folgt dar:
1. Kosten für Verzinsung der Betriebsmittel.
2. Kosten für Erneuerung der Betriebsmittel:
   a) Wagenteil,
   b) Maschinenanlage.
3. Kosten für Ausbesserung der Betriebsmittel.
4. Gesamtkosten für zusätzliche ortsfeste Anlagen.
5. Kosten für Bedienstete:
   a) Fahrpersonal,
   b) Begleitpersonal.
6. Kosten für Betriebskraft.
7. Kosten für Betriebsmaterialien.
8. Kosten für Betriebspflege.
9. Kosten für anteilig anfallende Unterhaltung und Erneuerung der Gleisanlagen.
10. Kosten für zusätzlichen Rangierdienst.

b) Erläuterung.

Die Kosten 1 bis 4 sind als **feste Kosten** zu bezeichnen, da sie fast von der Ausnutzung unabhängig sind, fast deswegen, weil sich unter ihnen die aus den Aufschreibungen der Ausbesserungswerke als Jahreskosten ausgedrückten Ausbesserungskosten befinden, die aber in Wirklichkeit doch von dem Umfang des Betriebes abhängen.

Die Kosten 5 bis 10 dagegen sind **veränderliche Kosten**, die mit der Ausnutzung zusammenhängen, da z. B. um so mehr Brennstoff verbraucht wird, je mehr Kilometer gefahren werden usw. Als Einheit für die Ermittlung der veränderlichen Kosten kommen in Betracht:

Der **Zug- bzw. Triebfahrzeugkilometer**, der aber bei veränderlichen Zuggewichten keine eindeutigen Zahlen ergibt, weshalb

der **Nutzflächenkilometer** eingeführt wurde, der für ein bestimmtes Betriebsmittel die für Beförderungszwecke (Personen, Gepäck, Güter) zur Verfügung stehende Nutzfläche je km anzeigt. Schließlich kommt noch

der **Bruttotonnenkilometer** in Betracht, der eindeutige Verhältnisse schafft, da er mit den zu fördernden Bruttotonnen, deren Zusammenhang mit den Nutztonnen leicht herzustellen ist, jeweils die richtigen Werte für den Zugkilometer ergibt.[3]

---

[1] Friedrich: Der Eisenbahntriebwagen. S. 44 ff.

[2] Sax: Die Verkehrsmittel in Volks- und Staatswirtschaft. III. Die Eisenbahnen. S. 280.

[3] Buttler: Diesellokomotiven im Kleinbahnbetrieb. AEG-Mitteilungen. Novemberheft 1926.

Der Anteil der festen Kosten an der Einheit der veränderlichen Kosten ergibt sich aus der Teilung durch die Zahl der Einheiten, ihre Summe die gesamten spezifischen Kosten, die für die Wirtschaftlichkeit maßgebend sind.

Für die Kosten können wegen der verschiedenen Grundlagen, gegeben durch die verschiedenen Werkstoff-, Lohn- und Brennstoffkosten in den einzelnen Ländern, allgemein gültige Aufschlüsse nicht gegeben werden, wir können daher nur die Richtlinien aufzeigen, nach denen bei der Aufstellung der Kosten vorzugehen ist.

C. Amerikanische Betriebskostenaufstellung.

Zur Unterrichtung über die Größe der Einflüsse sei aber vorerst nach Lipetz[1] eine in Hundertteile umgerechnete vergleichende Betriebskostenaufstellung für Dampf- und diesel-elektrische Lokomotiven gebracht, die auf Grund der Aufschreibungen einer großen Anzahl von Betriebsstunden von Verschiebelokomotiven einer Reihe von amerikanischen Bahnverwaltungen veröffentlicht wurde. Die Kosten 1 und 2 und 3 und 8 der Einteilung nach Dr. Friedrich sind zusammengefaßt, die nach 9 und 10 fehlen.

Zahlentafel 35. Gegenüberstellung der Betriebskosten je Betriebsstunde von Dampf- und diesel-elektrischen Verschiebelokomotiven, ausgedrückt in Prozenten der gesamten Kosten der diesel-elektrischen Lokomotiven.

Durchschnittswerte von 7 nordamerikanischen Bahnverwaltungen.

	Dampflokomotive %	Diesel-elektrische Lokomotive %
1., 2. Verzinsung und Erneuerung	15,8	37,7
3., 8. Ausbesserung und Betriebspflege	20,0	20,8
4. Heizhauskosten	10,0	5,6
5. Fahr- und Begleitpersonal	40,4	29,5
6. Brennstoffkosten	28,3	4,7
7. Sonstige Betriebskosten:		
a) Schmiermittel	0,6	1,5
b) Wasser	0,8	0,2
	115,9	100,0

Bemerkenswert sind in der Zahlentafel 35 die geringen Brennstoffkosten der Motorlokomotiven, auf die schon in Abschnitt XI hingewiesen wurde, und die hohen Verzinsungs- und Erneuerungsanteile derselben. Demgegenüber erreichen die Betriebskosten der Dampflokomotiven ohne Berücksichtigung einer Verzinsung und Rücklage fast genau $100^0/_0$, also

---

[1] S. Note 5 auf S. 265.

die gesamten Kosten der Diesellokomotiven. Dieses Ergebnis war ungefähr auch bei der Prüfung solcher Wirtschaftlichkeitsberechnungen in Mitteleuropa zu erhalten, bei denen die Dampflokomotiven als abgeschrieben betrachtet wurden, was aber nicht zu rechtfertigen ist, da in solchen Fällen der Lokomotivpark so veraltet ist, daß richtig die vollen Anschaffungskosten neuer Maschinen anteilig einzusetzen wären.

D. Die Kosten

a) für Verzinsung und Abschreibung mit Angaben über die Lebensdauer.

Die Kosten für Verzinsung und Abschreibung hängen einerseits von dem Zinsfuß ab, der für die Anschaffungssumme zu rechnen ist und anderseits von der Lebensdauer der einzelnen Teile des Fahrzeuges, da die Annahme einer gleichen Lebensdauer für das ganze Triebfahrzeug allgemein verlassen wurde.

Die Summe k' $^0/_0$ der jährlichen Verzinsung bei einem Zinsfuß von k $^0/_0$ und des jährlichen Erneuerungsanteiles r $^0/_0$ bei einer Tilgungszeit von n Jahren ergibt sich unter Verwendung der Verzinsungsziffer

$$p = 1 + \frac{k}{100} \text{ aus } \frac{k'}{100} = \frac{k}{100} + \frac{r}{100} = (p-1) + \frac{p-1}{p^n-1}$$

$$\frac{k'}{100} = \frac{p^n \cdot (p-1)}{p^n-1}. \tag{1/XIV}$$

Die Auswertung erfolgt auf logarithmischem Wege, wenn man keine Zahlentafel für die Abschreibung oder den Erneuerungsanteil[1] zur Verfügung hat; es sind auch Zahlentafeln für die Summe des Verzinsungs- und Tilgungsanteiles vorhanden,[2] die für rasche Ermittlung zweckmäßig sind, weshalb nachstehend eine solche auszugsweise Zusammenstellung eingefügt wird.

Zahlentafel 36. Verzinsung und Tilgung eines Kapitals von 100 RM.

Zeit Jahre	Bei einem Zinsfuß von					
	3 %	4 %	5 %	6 %	8 %	10 %
5	21,84	22,46	23,10	23,74	25,10	26,40
10	11,72	12,33	12,95	13,59	14,90	16,28
15	8,37	9,00	9,63	10,31	11,68	13,15
20	6,72	7,36	8,02	8,72	10,19	11,75
25	5,74	6,40	7,10	7,82	9,37	11,02
30	5,10	5,78	6,46	7,26	8,88	10,61

Die Ziffern der Zahlentafel 36 sind in Dezimalform mit der Anschaf-

[1] Hütte, 26. Auflage, Bd. 1, S. 67.
[2] Z. B. Siemens-Kalender 1933, S. 84.

fungssumme zu multiplizieren und geben damit den gesamten jährlichen Betrag, der für Verzinsung und Erneuerung aufgebracht werden muß. Hat ein Teil der Anlage im Werte von 50000 RM z. B. eine Lebensdauer von 25 Jahren, so ergibt sich mit einem Zinssatz von 5% der oben angeführte jährliche Gesamtbetrag mit $0,071 \times 50000 = 3550$ RM.

Über die Lebensdauer ist zu sagen, daß diese für den wagenbaulichen Teil eines Motorfahrzeuges mit etwa 25 Jahren, für die elektrischen Einrichtungen mit etwa 20 Jahren und für Verbrennungsmotoren und Getriebe mit 10 bis 15 Jahren eingesetzt werden kann. Für die letzteren Teile ist es auch möglich, von einer bestimmten Kilometerleistung auszugehen, die aber wegen der ständigen Verbesserung der Planung und Werkstoffe höher als vor einigen Jahren[1] mit etwa 750000 bis 1000000 km gewählt werden kann. So nehmen die Österreichischen Bundesbahnen auf Grund der guten Betriebserfahrungen die Großausbesserungen der dieselelektrischen Fahrzeuge erst nach 200000 km Lauf vor und rechnen damit, die oben angeführten hohen Kilometerleistungen vor einer Erneuerung der Dieselmotoren zu erreichen, wenn nicht zu überschreiten.

b) für Ausbesserung der Betriebsmittel.

Wir kommen nun zu den unter 3 in der Einteilung angeführten Kosten der Ausbesserung der Betriebsmittel, worunter nur die Überholungen in den Hauptwerkstätten zu verstehen sind, da die kleinen Instandsetzungen in den „Heizhäusern" unter 8. Betriebspflege fallen. Diese Ausbesserungskosten schwanken in weiten Grenzen, da sie nicht nur von der Güte der einzelnen Maschinen, sondern auch wesentlich von der Wartung abhängen, für die bei der Einführung des Motorverkehrs häufig zu wenig geschulte Mannschaft zur Verfügung stand, was sich in hohen Ausbesserungskosten auswirkte. So hatte eine im Jahre 1933 ausgelieferte Triebwagenreihe der Ö. B. B. von 10 Stück 160-PS-Triebwagen im Jahre 1934 noch 34 Untauglichkeitsfälle, im Jahre 1935 dagegen 10 und im Jahre 1936 nur mehr 4, so daß bei den eingefahrenen Wagen und einer mit dem Fahrzeug vertrauten Bedienung erst auf etwa 250000 Wagenkilometer ein Liegenbleiben entfiel.

Für neuzeitliche Motorfahrzeuge mit sorgfältig entwickelten Einzelteilen dürften derzeit nachfolgende Hundertteile der Anschaffungssumme brauchbare Jahreswerte der Ausbesserungskosten ergeben:

Wagenbaulicher Teil........................... 2 bis 3%

Verbrennungsmotor und Zubehör.............. 5 „ 6%

Getriebe .... 4 „ 5%

Elektrische Übertragung und Zubehör .... 3 „ 4%

Diese Ausbesserungskosten sind als Mittelwerte aufzufassen, da in den

---

[1] S. Note 1 auf S. 266.

ersten Jahren geringere Erneuerungen notwendig sein werden, bis dann wieder kostspieligere Teile auszuwechseln sein werden.

c) für zusätzliche ortsfeste Anlagen.

Die Gesamtkosten für zusätzliche ortsfeste Anlagen nach 4 der Einteilung sind für Motorfahrzeuge durch Brennstoffvorratsanlagen gegeben, deren Jahresanteil an den Betriebskosten aus der Verzinsung, Tilgung und Unterhaltung der Anlagen errechnet wird. Dr. Friedrich[1] nennt für die zwei letzten Posten $3,20\%$, so daß bei 5% Verzinsung und einem Anschaffungspreis von etwa 2500 M jährlich $0,082 \cdot 2500 = 205$ M aufzubringen sind.

d) der Bedienungsmannschaft.

Die Kosten des Personals ergeben sich aus der Diensteinteilung und Entlohnung der Mannschaft, wobei Urlaubsansprüche, Krankenkassenbeiträge und sonstige soziale Abgaben berücksichtigt werden müssen. Gegenüber Dampflokomotiven sind die geringeren Vorbereitungs- und Nacharbeitszeiten zu beachten, ebenso die einmännige Bedienung. Als Führer der Motorfahrzeuge haben sich erfahrungsgemäß jüngere Schlosser oder Mechaniker am besten bewährt, die durch den Umgang mit Krafträdern oder Kraftwagen den Eigentümlichkeiten der Motorfahrzeuge eher gerecht werden als umgeschulte Dampflokomotivführer, von denen sich aber auch viele gut in den Motordienst eingefügt haben. An Begleitpersonal kann durch entsprechende Vorkehrungen für die Abfertigung sehr gespart werden, so reicht für Zweiwagenzüge meist ein den Zugförderungsdienst besorgender Schaffner aus, wie zahlreiche Beispiele beweisen.

e) der Betriebskraft.

Über die Kosten der Betriebskraft sind aus dem Abschnitt XI ausreichende Unterlagen zu finden, um die Brennstoffmengen festzustellen, die auf die Leistungseinheit entfallen. Bei dem Einsetzen der Brennstoffkosten sind die allgemeinen Marktverhältnisse zu beachten, die eine steigende oder fallende Richtung aufweisen können. Dieser Hinweis ist deshalb notwendig, weil immer damit zu rechnen ist, daß ein Brennstoff, wenn er auch derzeit als Abfall betrachtet wird, im Preise steigt, sobald ihn der Techniker mit dem ganzen Einsatz seines Könnens und seiner Arbeit durch neue Erfindungen der Allgemeinheit nutzbar gemacht hat, was bei Wirtschaftlichkeitsrechnungen auf längere Sicht so gut als möglich berücksichtigt werden muß.

f) der Betriebsstoffe.

Die Kosten der Betriebsstoffe sind hauptsächlich durch den Schmierölverbrauch gegeben, da die anderen Stoffe, wie Putzwolle, Putzlappen

---

[1] S. Note 1 auf S. 266.

usw., durch einen Zuschlag von etwa 20% zu den Schmierölkosten ungefähr erfaßt werden können. Über die absolute Höhe ist nach Dr. Friedrich[1] zu sagen, daß nach den Aufschreibungen der Deutschen Reichsbahn die Post 7 zwischen 0,30 bis 2,20 Pfennig je Fahrzeugkilometer liegt, also nur einen kleinen Bruchteil der Gesamtkosten ausmacht, was auch durch die amerikanischen Erhebungen nach Zahlentafel 35 bestätigt wird.

g) der Betriebspflege.

Für die Kosten der Betriebspflege gelten die für Post 3 gemachten Angaben, weshalb eine Zusammenfassung der Ausbesserungs- und Wartungskosten eine gewisse Berechtigung hat. Größere Erhaltungskosten des Betriebes bedeuten fast immer geringere Ausbesserungskosten und umgekehrt, wenn Fahrzeuge mit ungeeigneter Auslegung und schlechter Werkstoffwahl ausgeschieden werden. Im allgemeinen werden die Kosten der Betriebspflege unter jenen der Betriebsstoffe liegen, sie sind z. B. bei der Deutschen Reichsbahn im Mittel mit 0,30 und 1,60 Pfennig je Fahrzeugkilometer erhoben worden.[1] Es ist aber auch manchmal üblich, die Kosten der Betriebspflege in Hundertteilen der Fahrzeugkosten auszudrücken und damit wie auch Lipetz zu den Ausbesserungskosten hinzuzufügen, Ansätze von 0,75 bis 1,0% erscheinen bei mittleren Laufleistungen von 80000 bis 100000 km je Jahr ausreichend.

h) für Unterhaltung und Erneuerung der Gleisanlagen.

Über die anteilig entfallenden Kosten für Unterhaltung und Erneuerung der Gleisanlagen ist auf die Formeln von Ehrensberger[2] hinzuweisen, mit deren sinngemäßer Anwendung Dr. Friedrich[1] für mittlere Triebwagen zu 10,3 Pfennig je Fahrzeugkilometer kommt. Häufig werden diese Kosten bei Vergleichen mit der Begründung außer acht gelassen, daß sie sich von jenen bei Dampfbetrieb nicht wesentlich unterscheiden, was dann berechtigt sein kann, wenn die Ersparnisse an Gleisunterhaltung wegen der besseren Laufeigenschaften der Motorfahrzeuge durch die mit den höheren Geschwindigkeiten verbundene stärkere Gleisbeanspruchung wieder verlorengehen.

i) für zusätzlichen Rangierdienst.

Die Kosten für den zusätzlichen Rangierdienst sind bei Motorfahrzeugen unbedeutend, während sie beim Dampfbetrieb doch einen beachtlichen Bruchteil der Kosten ausmachen können. Allgemein sind aber diese Verhältnisse nicht zu erfassen, weshalb sie nur in Sonderfällen

---

[1] S. Note 1 auf S. 266.

[2] Ehrensberger: Anweisung für die betriebswirtschaftliche Wartung der Strecken. Organ 1925.

berücksichtigt werden können, was für den Motorverkehr eher ungünstig ist.[1]

k) Zusammenfassung.

Wenn alle Einzelkosten ermittelt sind, so sind, wie schon eingangs gesagt, alle festen Jahres- oder in Hundertteilen der Anschaffungspreise berechneten Kosten durch die Zahl der Fahrzeug-, Nutzflächen- oder Bruttotonnenkilometer je Jahr zu teilen, um den Anteil für die gewählte Einheit zu erhalten, zu dem die schon für die Einheit berechneten Kosten hinzugerechnet werden. Das Ergebnis sind die spezifischen Gesamtkosten, die alle für die Wirtschaftlichkeit maßgebenden Einflüsse enthalten.

Bei Vergleichen verschiedener Betriebsarten können sich in Abhängigkeit von der Jahresausnutzung verschiedene Wertigkeiten ergeben, da bei höheren Verzinsungs- und Erneuerungskosten erst durch größere Laufleistungen die billigeren Brennstoff- und sonstigen Betriebskosten zur Auswirkung kommen können.

E. Überschlagsformeln für den Vergleich von Motor- und Dampfbetrieb.

Nach dieser Anleitung für die Erstellung von Wirtschaftlichkeitsberechnungen sei noch eine einfache Überschlagsformel für die möglichen Ersparnisse durch den Einsatz von Motorfahrzeugen gegenüber der Anschaffung von Dampflokomotiven gebracht, die in ähnlicher Form für amerikanische Verhältnisse von Lipetz entwickelt wurde.[2]

Wenn die für einen bestimmten Förderplan mit einer Jahressumme der Betriebsstunden $= h$ benötigten Dampf- bzw. Motorfahrzeuge mit Z_D und Z_M, deren Anschaffungskosten je Stück mit A_D und A_M und die Kosten einer Betriebsstunde ohne Verzinsung und Erneuerung mit b_D und b_M bezeichnet werden, so sind die jährlichen Ersparnisse E bei einem Verzinsungs- und Erneuerungssatz von $k'\,^0/_0$ gleich

$$E = [Z_D \cdot A_D - Z_M \cdot A_M]\, \frac{k'}{100} + h\,[b_D - b_M] \qquad (2/\mathrm{XIV})$$

Die Zahl der Motorfahrzeuge für einen bestimmten Verkehr ist kleiner als jene der Dampflokomotiven, da die Ausrüstungszeiten (Brennstoffnahme, Vorbereitungszeit) wesentlich kürzer und die Laufleistungen höher sind.

Dagegen sind die Anschaffungskosten der Dampflokomotiven niedriger als die der Motorfahrzeuge, und zwar auf die Tonne umgerechnet im Verhältnis wie 3,5 bis 4 zu 6,5 bis 7. Wenn weiter die Erfahrungstatsache herangezogen wird, daß zwei Motorfahrzeuge drei Dampflokomotiven ersetzen und das Gewicht der Dampflokomotiven einschließlich Tender um

---

[1] S. Note 1 auf S. 266.

[2] Lipetz: Diesel Engine Potentialities and Possibilities in Rail Transportation. Engineering Bulletin Purdue University. Märzheft 1935.

etwa $20^0/_0$ höher ist als bei Motorlokomotiven der zu vergleichenden Größe, so kann man den ersten Klammerteil mit

$$3 . 1{,}20 . (3{,}5 \text{ bis } 4) - 2 . 1{,}0 . (6{,}5 \text{ bis } 7)$$

aufschreiben. Man ersieht daraus, daß er für erste Überprüfungen gleich Null gesetzt und aus der Rechnung ausgeschieden werden kann.

Der Vergleich schränkt sich daher auf die Kosten einer Betriebsstunde ein, die aus den Fahrzeug- oder Bruttotonnenkilometern ermittelt werden können, und auf die Zahl der jährlichen Betriebsstunden. Die jährlichen Ersparnisse ergeben sich ungefähr aus

$$E \doteq h \, [b_D - b_M]. \tag{3/XIV}$$

Wenn wir annehmen, daß die Stundenkosten b_D um 50 bis $100^0/_0$ größer sind als b_M, was nach der Zahlentafel 35 und dem von Dr. Friedrich durchgearbeiteten Vergleich[1] zu erwarten ist, so erhält man die Überschlagsformel

$$E \sim 0{,}5 \text{ bis } 1{,}0 . h . b_M, \tag{4/XIV}$$

womit die Grenzen der erreichbaren Ersparnisse ungefähr erfaßt werden können.

Sollen also z. B. zwei Dieselfahrzeuge mit je 4000 Betriebsstunden statt drei Dampflokomotiven in einen Verkehr eingesetzt werden, so ersieht man aus (4/XIV), daß jährlich etwa Ersparnisse von

$$0{,}5 \text{ bis } 1{,}0 . 8000 . b_M = 4000 \text{ bis } 8000 . b_M$$

erzielt werden können. Aus den Kosten einer Betriebsstunde kann man sich daher rasch ein Bild machen, welche Einsparungen durch Motorfahrzeuge erzielt werden können, wenn die Voraussetzung über den Ausgleich ihrer höheren Anschaffungskosten durch geringere Gewichte und Stückzahlen als gegeben zu betrachten ist.

Auf Genauigkeit erhebt die vereinfachte Formel (4/XIV) keinen Anspruch, sie ist aber trotzdem geeignet, zu günstige oder zu ungünstige Darstellungen des Verhältnisses von Dámpf- zu Motorbetrieb auf ein den tatsächlichen Verhältnissen ungefähr entsprechendes Maß richtigstellen zu können.

XV. Ausblick auf die Zukunft. Probleme der Triebwagen und die Verwendung von Großlokomotiven im Eisenbahnbetrieb.

A. Aussichten der Verbrennungsmotoren.

Voraussagen für die Entwicklung eines Verkehrsmittels in der Zukunft sind immer in gewissen Grenzen unsicher, da sich, abgesehen von

---

[1] S. Note 1 auf S. 266.

neuartigen Konstruktionen und von Erfindungen auf diesem Gebiete die
Wertung eines Brennstoffes ändern kann, so daß sich durch Rücksicht-
nahme auf staats- und wirtschaftspolitische Maßnahmen in verschiedenen
Ländern[1] unterschiedliche Gesichtspunkte für die Beurteilung der Zweck-
mäßigkeit ergeben können. Dazu kommt noch, daß die Durchbildung der
neueren Fahrzeuge auch für die bisher verwendeten Betriebsmittel Anregungen schafft, die mit ihrer Verwertung einen neuerlichen Wettbewerb hervorrufen, eine Erscheinung, die in der Technik ganz allgemein
auftritt. Trotz dieser Verhältnisse darf man wohl sagen, daß die Verbrennungsmotoren ihre Bedeutung im Eisenbahnbetrieb in absehbarer
Zeit nicht nur behaupten, sondern noch steigern werden, wenn vielleicht
auch einmal ihr Ersatz durch Explosionsturbinen oder Raketenantriebe
gegeben sein wird. Die Verbrennungsmotoren sind nach den Angaben am
Beginn des Abschnittes XIV derzeit die wirtschaftlichsten Kraftanlagen
hinsichtlich der Ausnutzung der zugeführten Wärme, weshalb in jenen
Ländern, denen natürliche Ölquellen versagt sind oder nur in geringem
Maße zur Verfügung stehen, die Brennstoffchemie unter staatlicher
Führung die Erzeugung der notwendigen Treibstoffe aus vorhandenen
Rohstoffen ermöglichen wird.

Das Deutsche Reich schreitet auf diesem Wege richtunggebend voran
und schafft im Rahmen des Vierjahrplanes gewaltige Anlagen für die
Verflüssigung von Kohle, die zusammen mit den vorhandenen Erdöl-
quellen die Sicherung des ständig sich erhöhenden Treibstoffbedarfes der
Motorisierung gewährleisten werden. In den Rahmen dieser Bestrebungen
fallen in anderen Ländern der Ersatz von Benzin durch feste Treibstoffe,
wie Holz, Holzkohle, Torfkohle und Preßlinge aus diesen Stoffen, wozu
die Ausnutzung gasförmiger Brennstoffe, wie Erdgas, Stadtgas usw.,
kommt, durch welche der Anteil des Ottomotors in den Schienenmotorfahrzeugen wieder vergrößert werden kann, nachdem er in letzter Zeit
durch den sparsameren und praktisch feuersicheren Dieselmotor in den
Hintergrund gedrängt wurde. `

B. Entwicklung der Kraftübertragungen.

Im Zusammenhang mit den Verbrennungsmotoren stehen die Kraftübertragungen, die für die Umwandlung des Drehmoments in eine den
Anforderungen der Zugförderung entsprechende Form derzeit nicht ent-
behrt werden können. Die ausführlichen Beschreibungen der Einzelheiten
der Stufengetriebe, der Flüssigkeitsgetriebe, der elektrischen und einer
zusammengesetzten elektro-mechanischen Übertragung haben uns gezeigt,
daß diese bei richtiger Durchbildung einander fast gleichwertig sind, wenn

---

[1] Bergmann: Kohle, Elektrizität und Öl, die Energieträger für den
Eisenbahnbetrieb. Z. V. D. I. 1936, H. 16.

auch möglichst stufenlose Lösungen beachtenswerte Vorteile bieten, die ihnen für ausgedehnte Fahrbereiche eine bevorzugte Verwendung sichern.

Für kleinere Massen, wie sie beim Kraftwagen und leichteren Schienenfahrzeugen gegeben sind, reichen die Schubgetriebe vollkommen aus, der Eisenbahndienst dagegen verlangt Sonderbauarten mit ständig in Eingriff befindlichen Zahnradpaaren, getrennten Stufenkupplungen, geringstmöglicher Zugkraftunterbrechung und Sicherung gegen Fehlschaltungen, Eigenschaften, die bei neuzeitlichen Eisenbahngetrieben verwirklicht sind.

Für mittlere Leistungen um 400 PS stehen Flüssigkeitsgetriebe und elektrische Kraftübertragung miteinander im Wettbewerb. Bei den Flüssigkeitsgetrieben ist das niedrigere Gewicht vorteilhaft, bei neuzeitlichen elektrischen Kraftübertragungen stufenlose Ausnutzung der Zugförderleistung in Geschwindigkeitsbereichen bis $1:5$, wodurch sie für Fahrzeuge mit freizügiger Verwendung für häufige Anfahrten, Steigungsfahrten mit Anhängelasten und Schnellfahrten auf ebenen Strecken nützlich sind.

Für Großlokomotiven, zu denen man auch die Maschinenwagen der nordamerikanischen,[1] kanadischen Bahnen und der in Ausführung befindlichen 1300 PS-Vierwagenzüge der Deutschen Reichsbahn zählen muß, hat sich bis jetzt praktisch nur die elektrische Kraftübertragung durchgesetzt,[2] alle anderen Lösungen sind über Versuche nicht hinausgekommen, wie aus Abschnitt VI zu entnehmen ist. Die großen Hoffnungen, die man auf die Druckluftübertragung setzte,[3] haben sich bis jetzt nicht erfüllt, es scheint, daß die Entwicklung mehr zum unmittelbaren Antrieb hindrängt, der eine Änderung der Drehmomentkennlinien des Verbrennungsmotors verlangt, wozu die Aufladung zusammen mit einer gut durchgebildeten Anfahrvorrichtung gute Dienste leisten kann. Bei der Beurteilung diesbezüglicher Vorschläge[4] muß man sich vor Augen halten, daß der unmittelbare Antrieb außer einem Motor mit größerem Hubraum eine Reihe von zusätzlichen Einrichtungen erfordert, denen durch Gewicht und Preis eines normalen Motors mit einer mittelbaren Übertragung eine Grenze gesetzt ist, die zwecks Erreichung eines Vorteils möglichst unterschritten werden muß, da bei unmittelbarem Antrieb die Frage des wirtschaftlichen Brennstoffverbrauches im ganzen Fahrbereiche immer schwierig zu lösen sein wird.

---

[1] Bangert: Neuzeitliche Eisenbahnfahrzeuge in den Vereinigten Staaten von Amerika. Z. V. D. I. 1937, H. 18.

[2] Brown: Die diesel-elektrische Lokomotive.

[3] Geiger: Dieselmotor und Kraftübertragung für Großöllokomotiven. Z. Ö. I. A. V. 1925, H. 37/38.

[4] Hennig: Warum Schnelltriebwagen mit unmittelbarem Dieselantrieb. G. A., H. vom 1. V. 1934.

C. Probleme der Triebwagen.

Wenn wir uns den Problemen der Triebwagen zuwenden, so gilt wie für alle Schienenmotorfahrzeuge allgemein, daß die Motorleistung ausreichend bemessen sein muß, wenn der Betrieb dauernd störungsfrei bleiben soll. Die auf dem Prüfstand erreichbaren Höchstleistungen der Dieselmotoren in der Nähe der Rauchgrenze sind im Fahrzeug nicht in Anspruch zu nehmen. Über das Maß der Herabsetzung der Füllung bestehen verschiedene Ansichten, bei den nicht aufgeladenen Dieselmotoren der Ö. B. B. hat sich z. B. eine Verminderung um etwa $20^0/_0$ auf einen Mitteldruck von $5,2 \, kg/cm^2$ sehr bewährt, was in der langen Laufzeit von etwa 200000 km zwischen zwei Großausbesserungen zum Ausdruck kommt.

Mit der Motorausnutzung steht die Betriebssicherheit in unmittelbarem Zusammenhang, da dieser Forderung gegenüber alle anderen Gesichtspunkte zurücktreten müssen. Durch eine hohe Betriebssicherheit ergeben sich hohe Betriebszeiten als Verhältnis der Betriebstage zu den Kalendertagen, das bei einer Reihe von amerikanischen Triebwagen über $90^0/_0$[1] liegen, während ein benzolelektrischer Nebenbahntriebwagen der Strecke Börssum—Wasserleben und ein diesel-elektrischer Schmalspurtriebwagen der Südharzbahn sogar $97^0/_0$ erreichten, die zum Teil durch geschickte Einteilung der Erhaltungsarbeiten und Beteiligung der Mannschaft an möglichst hohen Betriebszeiten erreicht wurden.[2] In der angezogenen Veröffentlichung[2] ist als Voraussetzung für die Erzielung dieser günstigen Betriebsergebnisse die größtmögliche Einfachheit der ganzen Anlage angegeben, auf die immer wieder hingewiesen werden muß, ebenso wie auf geeignetes Führerpersonal, das sich mit den Einzelheiten des Triebfahrzeuges voll vertraut machen muß.

Welche Bedeutung das Fahrzeuggewicht für die Zugförderung hat, ist durch die Ausführungen über die Leistungsziffer LZ bekannt. Sie ist für die Anfahrt und Steigungsfahrt maßgebend und wirkt sich natürlich auch bei der Streckenfahrt aus, wenngleich ihr Einfluß bei Schnellfahrten nur unter Berücksichtigung des Luftwiderstandes, der ein reiner Formwiderstand ist, betrachtet werden darf. Bei Herabsetzung der Gewichte ist aber auch der wagenbauliche Teil in Betracht zu ziehen, und zwar sowohl der Triebwagen als auch der Anhängewagen, um das Zuggewicht im Verhältnis zur Sitzplatzanzahl so gering als möglich zu machen. Der Besteller solcher Fahrzeuge muß sich aber vor Augen halten, daß die so beliebte Gegenüberstellung von Einheitspreisen für das Kilogramm oder die Tonne Fahrzeuggewicht bei Sonderbauarten nicht zulässig ist, da die Gewichtsverminderung, abgesehen von der erhöhten Planungs-

---

[1] F r i e d r i c h: Der Eisenbahntriebwagen, S. 49.
[2] S. Note 1 auf S. 15.

arbeit, die manchmal mit kostspieligen Versuchen verbunden ist, durch hochwertige und daher teuere Baustoffe erzielt wird. Der Vorteil liegt für den Besteller in der ständigen Beförderung geringerer Gewichte, wodurch die Wirtschaftlichkeit erhöht wird.

Über die Vorteile der Triebwagen als kleinere Zugeinheit zur Beschleunigung und Verdichtung des Verkehrs[1] auf Neben- und Hauptbahnen wurde in Abschnitt II schon gesprochen, wobei die kurzen Umkehrzeiten in den Endstationen, der geringe Zeitbedarf für Indienststellung und Brennstoffassung und die Ersparung an Mannschaft durch einmännige Bedienung zu beachten ist. Die bessere Ausgestaltung der Fahrgasträume im Verein mit der schnelleren Beförderung und der Herstellung neuer Anschlüsse wirkt verkehrswerbend, was durch die Erfahrungen bestätigt erscheint.

Für die neuen Schnellverbindungen zwischen Großstädten mit Geschwindigkeiten bis 160 km/h, bei denen durch eingehende Versuche ein ruhiger Wagenlauf erreicht wurde, sind zahlreiche Schnelltriebwagen gebaut worden, wobei noch nicht entschieden ist, ob der Einbau der Maschinenanlagen in die Drehgestelle, der hauptsächlich von der Deutschen Reichsbahn verwendet wurde, oder der besonders in Nordamerika übliche Einbau in den Wagenkasten vorzuziehen ist. Der Einbau größerer Maschinenanlagen in den Wagenkasten führt zwangläufig zum Maschinenwagen und damit zu Großlokomotiven im Zugverband, deren Möglichkeiten wir zum Schlusse noch kurz erörtern wollen.

D. Motorgroßlokomotiven.

Die Vorteile der Motorgroßlokomotiven liegen in dem sparsamen Brennstoffverbrauch, der ihnen wie allen Motorfahrzeugen eigen ist,[2] wozu noch die besseren Übertragungswirkungsgrade kommen, deren absolute Höhe bekanntlich in Abhängigkeit von der Größe der Maschinen steht. Nach Abschnitt XIV ist aber der Brennstoffverbrauch nicht allein für die Wirtschaftlichkeit ausschlaggebend, in der amerikanischen Aufstellung macht er nur etwa $5^0/_0$ der gesamten Betriebskosten aus, welcher Anteil bei europäischen Bahnen auf etwa 10 und mehr Prozent steigen kann.

Wegen der großen Bedeutung der Anschaffungs- und Ausbesserungskosten hängt die zukünftige Verwendung von Großlokomotiven von der Höhe dieser beiden Posten ab, die wieder mit der zu leistenden Entwicklungsarbeit in Zusammenhang stehen. Da aber auch der Schiffbau

---

[1] Jänecke: Schnellere Personenbeförderung und Verwendung von Triebwagen bei der Reichsbahn. Verkehrstechn. W. 1932, H. 47.

[2] Candee: Why the Diesel Engine is a good Railroad Tool. R. A., H. vom 25. X. 1935.

und der Luftschiff- und Flugzeugbau Verbrennungsmotoren mit hoher
Leistung, kleinen Gewichten und geringem Raumbedarf benötigen, verteilt sich diese Entwicklungsarbeit auf mehrere Verkehrsmittel, auch wenn

Abb. 108. 4000 PS diesel-elektrische Lokomotive der P. L. M.

nicht die gleichen Anforderungen gestellt werden. Die Erkenntnisse
laufen aber doch soweit parallel, daß sie gegenseitig herangezogen werden
können.

Wenn derzeit bei der Großlokomotive der P. L. M.[1-3] ein Gewicht
von 64,5 kg/PS erreicht ist, für das vor wenigen Jahren etwa 60 kg/PS

---

[1] S. Note 7 auf S. 19.
[2] S. Note 8 auf S. 19.
[3] S. Note 9 auf S. 19.

angestrebt wurde,[1] so können wir das Einheitsgewicht für die Zukunft auf etwa 50 kg/PS herabsetzen und uns fragen, wie dieses verteilt werden müßte, wenn wir vorläufig mangels einer anderen praktischen Lösung bei der elektrischen Kraftübertragung bleiben.

Zahlentafel 37. Gewichtsaufteilung für Großlokomotiven.

Dieselmotor samt Zubehör	16—12 kg/PS
Elektrische Übertragung	14—12 „
Lokomotivbautechnischer Teil	30—26 „
	60—50 kg/PS

Mit Berücksichtigung der Aufladung sind die Werte für den Dieselmotor als sicher zu bezeichnen, da der 1300-PS-MAN-Dieselmotor W 8 V 30/38 für einen Vierwagenzug der Deutschen Reichsbahn nach Stroebe[2] 10000 kg, also etwa 8 kg/PS wiegt, so daß für Zubehörteile sogar nach dem niedrigeren Wert der Zahlentafel 37 noch 4 kg/PS oder 5,2 t bei 1300 PS zur Verfügung stehen, womit bei entsprechender Durchbildung bestimmt das Auslangen gefunden werden kann.

Für die Werte der elektrischen Kraftübertragung wurde außer Erfahrungen des Verfassers eine Darstellung der Abnahme des Einheitsgewichtes von elektrischen Kraftübertragungsanlagen für Eisenbahnfahrzeuge, über den Jahren 1923 bis 1935 aufgetragen; der Veröffentlichung von Bangert[3] verwendet, die für 1935 zu etwa 14 kg/PS kommt, so daß eine Verminderung auf etwa 12 kg PS durch bauliche Maßnahmen und durch die Zulässigkeit höherer Erwärmungen auf Grund besonderer Isolationen durchaus im Bereiche der Möglichkeit steht. Unter baulichen Maßnahmen werden der Zusammenbau von Verbrennungsmotoren und Stromerzeugern und die Verwendung raschlaufender Bahnmotoren mit steiler Kennlinie verstanden, erstere verringert das Gewicht des Stromerzeugers auf das aus elektrischen Gründen notwendige „Aktivgewicht", letztere ist außer auf das Gewicht der Bahnmotoren auch auf die Größe des Generators von Einfluß, da sie den Spannungsbereich vermindert, wie in Abschnitt IX näher ausgeführt wurde.

Für das Einheitsgewicht des lokomotivbautechnischen Teiles sind neuzeitliche Herstellungseinrichtungen und -verfahren vorausgesetzt, also Schweißvorrichtungen und Glühöfen, wie sie nach Bangert[3] in dem eigenen Werk der General Motors Co. für diesel-elektrische Lokomotiven in Langrange bei Chicago vorhanden sind. Bei 1300 PS würden diese Zahlen der Zahlentafel 37 Gewichte des mechanischen Teiles von 39, bzw. 34 t ergeben, wonach vierachsige Lokomotiven dieser Leistung mit einem

---

[1] Mayer: Aussichten der Diesellokomotiven und Triebwagen. Beitrag zur Weltkonferenz 1933.

[2] S. Note 6 auf S. 13.

[3] S. Note 1 auf S. 275.

Dienstgewicht von 78, bzw. 65 t gebaut werden könnten, also mit Achsdrücken von 19, bzw. 16,25 t, die auch bei den meisten europäischen Bahnverwaltungen zulässig sind.

Wenn wir bei dem Beispiel von 1300 PS bleiben, so sind für die Zugförderung etwa 1240 PS verfügbar, da bei so großen Motorleistungen für die Hilfseinrichtungen ein Abzug von 5 bis 5,5% ausreicht, wenn nicht ein eigener Hilfsdieselmotor aufgestellt wird, und am Radumfang bei einem Übertragungswirkungsgrad von 0,815 bis 0,82 etwa 1000 PS. Dieser Leistung entspricht bei 50 km/h eine Zugkraft am Radumfang von mindestens 5000 kg und bei 100 km/h eine solche von 2700 kg, womit bei windschnittiger Form der Lokomotive und geringem Luftwiderstand des Wagenzuges in der Ebene etwa 300 t mit Geschwindigkeiten um 100 km/h und mit 50 km/h noch dieselbe Anhängelast über eine Steigung von fast 10‰ befördert werden kann. Damit erscheint die Verwendbarkeit einer diesel-elektrischen Großlokomotive für die Zukunft gesichert, die auch wirtschaftlich arbeiten würde, wenn die Voraussetzungen für die Faustformel (3/XIV) gegeben sind, der für Diesellokomotiven ungefähr der doppelte Preis einer gleich leistungsfähigen Dampflokomotive bei einem um 20% verringerten Gewichte wegen des Entfalles des Tenders und der Vorratsgewichte an Kohle und Wasser und eine etwa anderthalbfach größere Laufleistung zugrunde gelegt ist.

Durch die Möglichkeit der Vielfachsteuerung mehrerer solcher vierachsiger Lokomotiven[1] von einem Führerstande aus kann jedes Zuggewicht wirtschaftlich befördert werden, diese Lösung wäre daher noch stärkeren Diesellokomotiven vorzuziehen, da sie eine bessere Anpassung an die Verkehrsanforderungen ermöglicht.

Wohin auch immer die Entwicklung führen wird, eines ist sicher: Die Gemeinschaft der Techniker wird ihr ganzes Wissen und Können einsetzen, um der Wirtschaft ihres Volkes und damit der Wirtschaft der ganzen Welt stets neue Wege zu zeigen, wie unter voller Bedachtnahme auf die höchste Wirtschaftlichkeit aus den vorhandenen Energiequellen die größten Leistungen gewonnen werden können.

---

[1] Sawyer: The Future Possibilities of Diesel Motive Power. R. A., H. vom 12. V. 1934.

Namen- und Sachverzeichnis.

Abschreibung 267 f.
Achilles 94.
AEG 3, 130, 132, 191.
AEG-Lempsteuerung 128, 130.
AEG-Vollastschaltung 132.
Afrika, Motorisierung 22.
Ahrens 15.
Allen, O. F. 47.
Alsthom 134.
Anfahrschaulinien 159 ff.
Anfahrt, Verbrauch während der 197 ff.
Anfahrweg 159 ff.
Anfahrzeit 159 ff.
Anlassen von Verbrennungsmotoren 64, 120.
Anpreßdruck einer Schienenbremse 192.
Arad Csanader Bahn 2.
Ardelt-Werke 85, 88 ff.
Argentinische Staatsbahnen 21.
Arpad-Schnelltriebwagen 17.
Asien, Motorisierung 22.
Aspinall 24.
Aufladung 63 f., 275, 279.
Auslaufversuche 241.
Ausnutzungsziffer 40, 76, 80, 252, 257.
Australien, Motorisierung 22.
Austro-Daimler 16.

Bager 201.
Balke 191.
Bangert 275, 279.
Bauarten von Verbrennungsmotoren 65 f.
Baumstark 6.
Beardmore 226.
Beckering 17.
Belgien, Motorisierung 20.
Bergmann 274.
Bergmann-Werke 3.
Berndorfer 144, 212 f.
Beschleunigung 35, 159 ff.

Besser 190.
Beurteilung der Kraftübertragungen 76 f.
Bewegungsvorgänge 229 ff.
Bildung des Brennstoff-Luftgemisches 52.
Bilek 46, 151.
Blondel-Dubois 34.
Brennstoffe 53.
Brennstoffverbrauch 58 ff., 195 ff., 264 f.
Brennstoffverbrauchszahlen 62.
Bremsklotzdruck 185 ff.
Bremsneigung 37.
Bremsung 182 ff.
Bremsverzögerung 180 ff.
Bremsweg 170, 188 ff.
Bremszeit 170, 188 ff.
Breuer 13, 28, 30, 68, 192.
Brill Co. 3.
Brown 275.
Brown Boveri Cie. (BBC) 3, 68, 131, 133.
— — BBC-Leistungswächtersteuerung 131.
— — BBC-Öldruckfeldreglersteuerung 133, 138.
Büchi 63 f., 68, 72.
Buer 265.
Bugatti 18.
Busch 235.
Bussien 150.
Buttler 266.

Caesar 175.
Calfas 18.
Candee 154, 277.
Christiani 75.
Clark 25.
Cotal 85, 254.
Crochat 4.
Curtius 250.

Dänemark, Motorisierung 19.
Daimler 1.
Dannecker 6.
Delanghe 7.
Deutschland, Motorisierung 12ff.
Deutzer Gasmotorenfabrik 1, 3.
Diamond 14.
Diesel 47f., 51.
Diesel Elektriska V. A. 3.
Dieselmotoren 6, 50ff.
Dittmann 175, 177.
Dion Bouton 2.
Dobrowolski 20.
Dorner 17.
Draeger 6.
Drechsler 184.
Drehzahlregelung 58, 91, 99, 107, 130, 146.
Dumas 170, 246.

Ebel 221.
Eberan-Eberhorst 82, 211ff.
Ehrensberger 166ff., 230, 271.
Einteilung der Motorfahrzeuge 8f.
Elektrische Kraftübertragung 112ff.
Elektromagnetische Schienenbremse 190ff.
Elektromechanische Kraftübertragung 150ff.
Energieschaubilder 61f.
Engel 260.
England, Motorisierung 19.
Entz 149ff.
Erfurter Formel 25, 255.
Ermittlung der Z—V-Kurve bei elektrischer Kraftübertragung 144ff.
— — bei hydraulischer Kraftübertragung 107ff.
— — bei mechanischer Kraftübertragung 91ff.
Erwärmung des Getriebeöls bei Flüssigkeitsgetrieben 103.
— von Gleichstrommaschinen 118f.
Eßlingen Maschinenfabrik 1.

Fahrwiderstand 23ff.
— bei der Anfahrt 24.
— der Beschleunigung 35ff.
—, gesamt 36.
— in der Krümmung 33ff.
— in der Steigung 32f.
—, Verlauf der Kurven 24.
Fahrwiderstandsformeln 24ff.

Fahrwiderstandsformeln für Luftwiderstand 29ff.
—, Gruben- und Industriebahnen 259.
—, Schmalspurfahrzeuge 253.
—, Studiengesellschaft 26.
—, Triebwagen 27ff.
—, Wagenzüge 25f.
Fahrzeugkennlinien eines diesel-elektrischen Triebwagens 146ff.
— eines diesel-hydraulischen Triebwagens 107ff.
— eines diesel-mechanischen Triebwagens 91ff.
Faun-Werke 2.
Feldschwächung von Fahrmotoren 125.
Feyl 242.
Fieber 70.
Findeis 11.
Fischer-Hinnen 118.
Fliegender Hamburger 13, 14, 30, 191.
Fluchtlinientafeln 44, 163ff.
Flüssigkeitskupplung 101ff.
Foerster 33, 34, 37.
Forderungen an einen Fahrzeugdieselmotor 66, 276.
Föttinger 95.
Franco 7.
Frank 25, 238f., 253.
Frankreich, Motorisierung 18f., 51.
Fratschner 226.
Freemann 131.
Friedrich 7, 10, 45, 76, 248, 266ff.
Froude 24.
Fuchs 13, 103.
Füllungsregelung 57, 91, 99, 102, 107, 130, 147.

Gage 21.
Galton 43.
Ganz & Co. 17, 85.
Gebus-Steuerung 128f.
Geiger 76, 265, 275.
Gelber 134.
Gelinek 256.
General Electric Co. 3, 130.
Gerstmann 125.
Gerstmeyer 197.
Gesamtzahl der Motorfahrzeuge der Erde 22.
Geschwindigkeitsweltrekord 12, 31.
Ghega 43.
Glauser 22, 134.

Gleichstrommaschinen 114ff.
Gleitzahlen 182f.
Glinski 24.
Gotschlich 15.
Graßl 103.
Grazer Waggonfabrik 15.
Großlokomotiven 277.
Grubenlokomotiven 10, 259.
Grundformel der Zugförderung 23.
Grundformeln der Gleichstrommaschinen 114f.
Guillery 3.
Güldner 47.

Haarmann 253.
Haftreibungswerte 42ff.
Hamacher 18f.
Hasse 132.
Hauptbahnen 11.
Hauptstromfahrmotoren 121ff.
—, Achsantriebe 124.
—, Bestimmung der Anzahl 125.
—, Grundformeln 121.
—, Kennlinien 122.
—, Reihenschaltung und Feldschwächung 125.
Heilmann 1.
Hennig 275.
Heinze 129.
Hilfseinrichtungen und Hilfsleistung 38, 92, 236.
Hille 14.
Hochenegg 239.
Höchstbefahrbare Steigung 44f.
Hoffmann 34.
Holland, Motorisierung 17f.
Hubraumleistung von Motoren 65.
Huguenard 246.
Humboldt-Deutzmotoren A. G. 2, 7, 48.
Hupkes 18.
Hydraulische Kraftübertragung 95ff.

Indikatordiagramme 55.
Industrielokomotiven 10, 255.
Italien, Motorisierung 20.

Jacqinot 18.
Jaeger 51.
Jakobs-Drehgestelle 192.
Jänecke 277.
Jansa 17.

Jores-Müller 191f.
Judtmann 5, 8, 13, 15ff., 37, 129, 170ff., 213ff., 239, 253, 279.
Jugoslawien, Motorisierung 20.
Junkers 50.

Kaan 16.
Kamm 144, 212f.
Kanada, Motorisierung 21.
Kater 17.
Kehrwert-Integrimeter 175, 231.
Keuleyan 134.
Kennlinien eines Generators 136ff.
— eines Fahrmotors 122ff.
Kennzeichnung der Motorfahrzeuge in der Praxis 10.
Kettler 15.
Kinetik 232.
Kinkeldei 168ff.
Kitson 75.
Klein 166, 168.
Klingelfuß 63.
Koch 148.
Koller 17.
Konrad 133.
Koref 163, 181f.
Kothen 166.
Kraetsch 88.
Kreisprozeß 55.
Kraut 13.
Krizko 2.
Kruckenberg 12.
Krümmungswiderstand 33ff.
Kurzel-Runtscheiner 1.

Labrijn 7, 17, 226.
Landwehr-Pragenau 4.
Langen 2.
La Valle 20.
Lehel 93, 234.
Lehner, A. 15f.
Lehner, F. 190.
Leibbrand 14.
Leiner 17.
Leistung am Radumfang 38f.
Leistungsgewichte von Verbrennungsmotoren 65.
Leistungsziffer 31, 36, 45, 276.
Lemp 128, 130.
Leuchter 184.
Levy 170, 246.
Litauen, Motorisierung 20, 51.

Lipetz 75, 176, 265, 267ff., 272.
Locotractoren 11, 253ff.
Löffler-Riedler 47, 61.
Lomonossoff 1, 3, 4, 20, 36, 79, 103, 239f.
Lötterle 233.
Lucius 18.
Luckey 165.
Lubimoff 175f.
Lüdde 182f., 185.
Luftbedarf für Verbrennung 61.

Magnan 246.
Magnetische Schienenbremse 190ff.
Magnetwerke Eisenach 79.
MAN 13, 89, 279.
Manck 15.
Markt 239f.
Marienfelde-Zossen 12, 26.
Marschwandler 96ff.
Maschinen- und Waggonfabriks A. G. in Simmering 15, 60, 70.
Massenzuschlag 36, 238ff.
Max 131.
Maybach 13, 30, 60, 68f., 85, 104ff., 148, 221.
Mayer 279.
McCune 187.
Mechanik 227ff.
Mechanische Kraftübertragung 78ff.
Mellini 20.
Metzkow 43, 184, 186ff.
Meßfahrten 245ff.
Meßwagen 238, 250f.
Meyer, E. 140, 154, 174f., 230.
Miall 85, 88.
Michelin 18.
Mitteldruck, effektiver 57.
Motorleistung 38f.
Müller, A. E. 131, 134.
Müller, Horst 227ff.
Müller, K. A. 15.
Müller, W. 43, 210f.
Münz 51.
Mylius 82, 85ff.

NAG 3.
Näherungsformel für mittlere Beschleunigung 170ff.
— für Brennstoffverbrauch je tkm 213ff.
Nebenbahnen 10.
Nebesky 15.

Neusser 15.
Niederbarnimer Eisenbahn 89f.
Niederstraßer 2.
Nocon 25.
Norden 14, 134.
Nordmann 25, 155, 175, 238, 250.
North Eastern Railway 2.
Nußbaum 181.

Ogurek 20.
Opatowski 83, 229.
Örley, Wolfgang 51.
Ortlinghaus 79.
Österreich, Motorisierung 15.
Österreichische Daimlerwerke 4.
Ott 175, 231.
Otto 2, 47f., 51.
Ottomotoren 50ff., 274.

Pambour 29.
Parodi 134.
Pariser Gürtelbahn 19.
Paris-Lyon Méditerranée 19, 278.
Patton 1.
Patzl 51.
Pedersen 19.
Pendeldynamo 233.
Perdonnet 238.
Pflanz 184, 242.
Pforr 265.
Piot 19.
Plagnol 246.
Plünzke 79.
Pogány 230.
Polen, Motorisierung 20.
Poullain 22.
Porsche 2, 149f.
Preitner 16.
Preußisch-Hessische Staatsbahnen 3.
Pronyscher Zaum 233.
Protopapadakis 34f., 259.
Prüfung der Maschinen 232ff.
Prüß 15.

Randzio 256.
Rateau 19.
Rayburn 151.
Reckel 187, 193.
Reibungsbremsen 190.
Reibungsgewicht 42ff., 260.
Reibung zwischen Rad und Bremsklotz 182ff.

Reihenschaltung von Fahrmotoren 125.
Renault 18.
Richter 31, 38, 51, 60, 212.
Riehm 51f.
Rihosek 187.
Ripley 29.
Röckl 33f., 253, 259.
Royer 98.
Rumänien, Motorisierung 20.
Rummel 15.
Rußland, Motorisierung 20.
RZM-Steuerung 128f., 147.

Sabathé 55.
Sachs 125, 174.
Sächsische Staatsbahnen 3.
Sallinger 117.
Samuel 134.
Sanden 73.
Sanzin 25, 238ff., 242.
Sauthoff 25, 255.
Sawyer 280.
Sax 266.
Schager 187.
Schaltung von Gleichstrommaschinen 116f.
Schapira 20.
Scharrer 10.
Schienenbremse 190ff.
Schläpfer 66.
Schmalspurfahrzeuge 251ff.
Schmierölverbrauch 225.
Schmidt, Fritz A. F. 56.
Schneider 151.
Schönherr 233.
Schulz 255.
Schweden, Motorisierung 20.
Seefehlner 7, 125.
Semke 15.
Siemens-Schuckert 2, 125, 268.
Simmeringer Waggon- und Maschinenfabrik 15, 60, 70.
Slowakischer Pfeil 17, 151.
Soberski 20.
Sousedik-System 151ff.
Spies 95.
Stamm 14.
Steigfähigkeit 155ff.
Steigungs-Geschwindigkeitskurven $(s\text{-}V)$ 157f.
Steigungswiderstand 32f.

Steinhoff 15.
Still 75.
Stix 122, 136.
Strahl 25, 175f., 181f., 195, 209, 238.
Strang 3.
Straßer 265.
Stromerzeuger 126ff.
—, Grundformeln und Kennlinien 126ff.
—, Schaltungen für Motorfahrzeuge 128ff.
Stromlinienzüge in Nordamerika 21.
Strommenger 203.
Stroebe 13, 19, 73, 181, 246, 250, 279.
Strubel 134.
Stufenwahl bei mechanischen Getrieben 80ff.
Süberkrüb 79, 124, 134, 150.
Sulzer 3, 19.
System mixte 2.

Taschinger 6.
Temperaturbestimmung von elektrischen Maschinen 118f.
Theoretische untere Geschwindigkeitsgrenze 45, 168.
Thomas 150f.
Tietjens 29.
Tobler 66.
Triebwagen A. G. (TAG) 85.
Trollux 98.
Tschechoslowakei, Motorisierung 16f.

Überschußzugkraft 28, 36, 154, 260ff.
Unmittelbarer Antrieb 73.
Ungarn, Motorisierung 17.
Unrein 175f.

Veltle 175.
Vetiska 38.
Verbrennungsdruck 55.
Verbrennungsmotoren 47ff., 273f.
Verdichtungsdruck 55.
Verdichtungsverhältnis 53.
Vereinigte Staaten von Nordamerika, Motorisierung 20f.
Veress 17.
Verlauf des Kreisprozesses 55.
Verluste von Gleichstrommaschinen 117f.
Verlustwärme im Getriebeöl 103.
Verschiebelokomotiven 253ff.

Verschubbetrieb 11.
Verzögerung bei Einfahrt in Steigung 162f.
Viertaktmotoren 48f.
Voith 95, 104ff.
Vogelpohl 24, 29, 238, 244.
Vorteile des elektrischen Radantriebes 113.
Vorverdichtung 63f., 275, 279.

Wallner 14, 134.
Wandler, hydraulischer 96ff.
Ward Leonard 131, 195.
Warning 211.
Waskowsky 1.
Wechmann 3.
Wehrfreiheit 51.
Westinghouse E. & M. Co. 29, 31, 131, 226.
Westinghouse Torque System 133.
Wichert 183f.
Windkanal 29.
Winterthur Lokomotivfabrik 79, 85.
Wirkungsgrade von Gleichstrommaschinen 117f.
— von Kraftübertragungen 39f., 77.
— von Stufengetrieben 82.
— von Flüssigkeitsgetrieben 98, 103.
— von Verbrennungsmotoren, Gütegrad 53.
— —, innere 54.
— —, mechanische 54.
— —, theoretische, thermische 53.
— —, wirtschaftliche 54.

Wirkungsgrade von Zahnradvorgelegen 144.
Wirtschaftlichkeitsberechnungen 265.
Witte 14, 21, 254.
Wittekind 52.
Wögerbauer 19.
Wohlschläger 73.
Wood 34.
Wucht eines in Bewegung befindlichen Fahrzeuges 194f.
Wünsche 130.
Württembergische Staatsbahnen 1.

Zadnik 150.
Zahnräder 83.
Zarlatti 75.
Zemann 31.
Zeppelin-Luftschiffbau 29.
Zeulmann 144.
Zeuner 3.
Zielke 13, 31.
Zugförderleistung 38, 82.
Zugkraftüberschuß 28, 36, 154
Zugkraftunterbrechung 83f.
Zündung des Brennstoff-Luftgemisches 52.
Zusammenarbeit von Generator und Fahrmotoren 135ff.
Zusammenhang von Generator- und Fahrmotorkennlinien 140ff.
— zwischen Leistung und Drehmoment 56.
Zweitaktmotoren 49f.

Manzsche Buchdruckerei, Wien IX.

Henschel-Lokomotiv-Taschenbuch. Ausgabe 1935. Herausgegeben von **Henschel & Sohn A.-G.**, Kassel. Mit 227 Abbildungen und 75 Zahlentafeln im Text, auf Tafeln und 3 Doppelausschlagtafeln. 284 Seiten. 1935.

Gebunden RM 7.—

Die elektrischen Ausrüstungen der Gleichstrombahnen einschließlich der Fahrleitungen. Von Dr.-Ing. **Th. Buchhold** und Dipl.-Ing. **F. Trawnik**, Oberingenieure der Fa. Brown, Boveri & Cie. A.-G., Mannheim. Mit 267 Textabbildungen. VIII, 312 Seiten. 1931.

Gebunden RM 28.80

Fahrzeug-Getriebe. Beschreibung, kritische Betrachtung und wirtschaftlicher Vergleich der bei Maschinen verwendeten Getriebe mit fester und veränderlicher Übersetzung und ihre Anwendung auf Gleis- und gleislose Fahrzeuge. Von Reg.-Baumeister **Max Süberkrüb**. Mit 137 Abbildungen im Text, 16 Abbildungen im Anhang und 15 Zahlentafeln. VII, 190 Seiten. 1929.

RM 21.60; gebunden RM 22.95

Hochleistungs-Gaserzeuger für Fahrzeugbetrieb und ortfeste Kleinanlagen. Verhalten der Brennstoffe und des Gases, Berechnung und Aufbau der Gaserzeuger und Reinigungsanlagen, Wirtschaftliche Betrachtungen. Von Dipl.-Ing. **H. Finkbeiner**, Darmstadt. Mit 63 Abbildungen. IV, 99 Seiten. 1937.

RM 9.—; gebunden RM 10.20

Schnellaufende Verbrennungsmotoren. Von Harry R. Ricardo. Zweite, verbesserte Auflage, übersetzt und bearbeitet von Dr. A. Werner und Dipl.-Ing. P. Friedmann. Mit 347 Textabbildungen. VIII, 447 Seiten. 1932.

Gebunden RM 30.—

Die Brennkraftmaschinen. Arbeitsverfahren, Brennstoffe, Detonation, Verbrennung, Wirkungsgrad, Maschinenuntersuchungen. Von **D. R. Pye**. Übersetzt und bearbeitet von Dr.-Ing. F. Wettstädt. Mit 77 Textabbildungen und 39 Zahlentafeln. VII, 262 Seiten. 1933.

Gebunden RM 15.—

Zweitakt-Dieselmaschinen kleinerer und mittlerer Leistung. Von Ing. Dr. techn. **J. Zeman** VDI, Wien. Mit 240 Abbildungen im Text. XI, 245 Seiten. 1935. (Verlag von Julius Springer in Wien.)

RM 18.—; gebunden RM 20.—

Bau und Berechnung der Verbrennungskraftmaschinen. Von Prof. **Otto Kraemer**, Karlsruhe. Mit 179 Abbildungen. IV, 174 Seiten. 1937.

RM 6.90

Die Verbesserung der Wirtschaftlichkeit der Dampflokomotive durch konstruktive Maßnahmen zur Senkung des Brennstoffverbrauchs. Wege zur Erniedrigung des Brennstoffverbrauchs, dazu nötiger wirtschaftlicher Aufwand, Gestehungskosten, Unterhaltung usw. Von Dr.-Ing. **Wolfgang Lübsen.** Mit 25 Textabbildungen. VIII, 104 Seiten. 1935. RM 7.50

Leichte Dampfantriebe an Land, zur See, in der Luft. Technisch-wirtschaftliche Untersuchung über die Aussichten von vorwiegend leichten Dampfantrieben in ortsfesten Kraftwerken, auf Landfahrzeugen, Seeschiffen und in der Luftfahrt. Von **Friedrich Münzinger.** Zugleich zweite, vollständig umgearbeitete Auflage von „Die Aussichten von Zwanglaufkesseln". Mit 202 Abbildungen und 20 Zahlentafeln. VIII, 112 Seiten. 1937. RM 18.—; gebunden RM 20.—

Holzgasgeneratoren. Gesamtbericht des Ausschusses „Holz als Treibstoff" über die I. Vergleichsprüfung für ortsfeste Holzgasgeneratoren. (ÖKW-Veröffentlichung, Band 20.) Mit 88 Abbildungen (Diagrammen, Schnittzeichnungen, Lichtbildern) und 30 Zahlentafeln im Text und auf 17 Blättern. 1937. (Verlag von Julius Springer in Wien.) RM 5.—

Ersatztreibstoffe im Motorbetrieb. Vortrag, gehalten am 13. Dezember 1935 auf der IX. Vollversammlung des Österreichischen Kuratoriums für Wirtschaftlichkeit von Professor Dr. **Paul Schläpfer,** Zürich. (ÖKW-Veröffentlichungen, Band 15.) Mit 22 Figuren und 5 Tabellen. III, 24 Seiten. 1936. (Verlag von Julius Springer in Wien.) RM 2.—

Eisenbahn und Kraftwagen. Gesamtbericht zum Problem der „Arbeitsteilung und Zusammenarbeit von Eisenbahn und Kraftwagen". (ÖKW-Veröffentlichungen, Band 19.) 285 Seiten. 1936. Verlag von Julius Springer in Wien. RM 11.—

Verkehrsgeographie. Von Professor Dr.-Ing. **Otto Blum,** Hannover. Mit 46 Abbildungen im Text. VI, 146 Seiten. 1936. RM 6.90; gebunden RM 8.40

Die Grundlagen der Verkehrswirtschaft. Von Professor Dr.-Ing. **Carl Pirath,** Stuttgart. Mit 100 Abbildungen im Text und auf 2 Tafeln. VII, 263 Seiten. 1934. RM 18.—; gebunden RM 19.50

Kernpunkte der Preisbildung im Verkehrswesen. Mit besonderer Berücksichtigung der Deutschen Reichsbahn und des gewerblichen Güterfernverkehrs. Von Dipl.-Kaufmann Dr. rer. pol. **Emil Merkert.** Mit 12 Abbildungen im Text. IV, 76 Seiten. 1937. RM 4.80